METHODS AND PRACTICE OF ELECTRICAL DESIGN FOR COMPOSITE BUILDINGS

复合建筑电气设计方法与实践

孙成群　汪　卉　著

本书作者根据多年的复合建筑电气设计经验和工程实践，针对复合建筑人员密集、空间复杂、业态繁多等特点，强调建筑设计服务于社会理念，将安全、韧性、低碳、智慧、绿色和健康等技术融入复合建筑设计基因中，运用整体理论和还原理论，构建合理的电气系统模型，并利用复合建筑中电气系统的复合性、耦合性和非线性，使得建筑内的电气系统之间产生相互依存、相互助益，整体大于部分之和的效益。本书分为5章，分别是设计机理、强电系统、电气防灾系统、智能化系统、精品案例，通过设计实践阐述复合建筑电气设计机理和相关理论，为人们提供了更加安全、便捷、舒适的环境。

本书适合建筑电气工程设计、施工人员学习使用，可作为建筑电气工程师再教育培训教材，可供大专院校有关师生教学参考使用。

图书在版编目（CIP）数据

复合建筑电气设计方法与实践 / 孙成群，汪卉著.
北京 ：机械工业出版社，2024. 7. --ISBN 978-7-111
-76012-2

Ⅰ. TU85

中国国家版本馆 CIP 数据核字第 20240R0R72 号

机械工业出版社（北京市百万庄大街22号　邮政编码100037）
策划编辑：张　晶　　　　责任编辑：张　晶　范秋涛
责任校对：梁　园　牟丽英　　封面设计：张　静
责任印制：邓　博
北京盛通印刷股份有限公司印刷
2024年7月第1版第1次印刷
184mm×235mm · 19印张 · 438千字
标准书号：ISBN 978-7-111-76012-2
定价：89.00元

电话服务　　　　网络服务
客服电话：010-88361066　　机　工　官　网：www. cmpbook. com
　　　　　010-88379833　　机　工　官　博：weibo. com/cmp1952
　　　　　010-68326294　　金　　书　　网：www. golden-book. com
封底无防伪标均为盗版　　机工教育服务网：www. cmpedu. com

序言

北京市建筑设计研究院股份有限公司作为新中国第一家民用建筑设计企业，成立70多年来以深厚赓续的设计底蕴、奋斗不止的创新精神，见证了共和国建筑史的坚韧、自强，也躬身人民建筑铸就经典与辉煌，绘制了恢弘壮美的“建筑地图”，续写了中华民族的文脉传承。伴随着新中国的建设与发展，北京建院忠实履行国企发展职责，承载政治和社会责任，承担并完成了北京及全国各地许多重要的设计项目，贡献了不同时期的设计经典，不断实现建筑设计领域的技术创新和突破。

《复合建筑电气设计方法与实践》一书秉承“建筑设计服务社会，数字科技创造价值”的核心理念，运用整体理论和还原理论，解决复合建筑中电气系统存在的复合性、耦合性和非线性问题，将“安全、韧性、低碳、智慧、绿色和健康”等技术嵌入复合建筑设计基因中，创造性提出复合建筑电气系统性能评价公式，提高建筑投资的经济效益和社会效益，实现建筑的整体大于部分之和理念。在供配电系统设计中，提出了供配电系统主要节能措施及变电所设置能效评价公式以及建筑中电力碳排放计算公式。在电气防灾设计中，提出了复合建筑安全风险概率计算公式，强调“防”“消”相结合理念，因地制宜地采取防灾措施，避免复合建筑中电气设施受到火灾、地震、洪汛（涝）等灾害造成损毁，确保电气和智能化设备能够全天候工作。在复合建筑智能化系统设计中，构建了以云服务+物联网边缘计算+通信网络+智能终端的方式形成新型技术架构，使复合建筑逐步形成以人、建筑、环境互为协调的整合体，从而构成具有感知、传输、记忆、推理、判断和决策的综合“智慧能力”，使建筑具备安全、高效、便利及可持续发展的功能需求。同时，列举北京建院一些优秀工程案例，阐述复合建筑电气系统设计机理，使得建筑中各电气系统间实现相互融合、相互依存和相互助益，让建筑电气设计维系着“人—物—时”的三元关系，形成有机整体，实现最优配置，助力实现高品质建筑功能。

北京建院专注建筑设计，坚持长期主义的建筑设计价值观，始终坚定地以好的设计和好的建筑，持续服务党和国家的职能、城市的治理与运营、人民的美好生活。建筑设计的长期主义，既有坚守，也有迭代创新。未来，北京建院将以科技服务为主业，坚持创意、服务、创新的自律精神，坚持高质量发展，力争做时代的行业引领者，从而实现百年建院基业长青的美好愿景。北京建院将不负使命，面向未来，拥抱科技，以更加昂扬的斗志、更加振奋的精神、更加扎实的作风、更加务实的举措谱写高质量发展新篇章。

北京学者

北京市建筑设计研究院股份有限公司董事长

前言

随着中国城市化进程的快速推进，城市中的建筑也从原来的单一功能建筑趋向复杂化、综合化、立体化多种功能复合建筑发展，建筑呈现功能多元性，空间多样性。建筑电气作为在复合建筑中维持和改善建筑物空间的声、光、电、热以及通信和管理环境的能源系统与神经系统，必须针对复合建筑的人员密集、功能复杂等特点，构建合理的电气系统模型，运用整体理论和还原理论，解决复合建筑中电气系统存在的复合性、耦合性和非线性问题，以云服务＋物联网边缘计算＋通信网络＋智能终端的方式形成新型技术架构，构建合理的电气系统模型，让建筑电气系统维系着“人—物—时”的三元关系，实现电气系统的最优化配置，实现资源的共享，为人们提供更加安全、便捷、舒适的环境。

本书第一章设计机理，针对复合建筑体量大、空间复杂、业态繁多的特点，强调电气设计系统之间不应形成孤岛，建立公共空间与用户空间的电气系统，形成全新的联系，充分保证安全性、可靠性和灵活性要求，将“安全、韧性、低碳、智慧、绿色和健康”的观念嵌入复合建筑基因中。树立以人为本，充分考虑防灾减灾要求，在灾害发生时，不仅要保全生命财产，而且要保全建筑应急功能不中断，能够凭自身的能力抵御灾害、减轻灾害损失，从而降低复合建筑的脆弱性，提高建筑对火灾、地震、洪汛（涝）等灾害的抵抗能力、适应能力和恢复能力。提出复合建筑电气系统性能评价公式，实现建筑的整体大于部分之和理念，推动城市可持续发展。

第二章强电系统，针对复合建筑供配电系统应具有安全性、可靠性和灵活性的要求，需要避免建筑内人员，特别是在公共区域的人员在停电时产生恐慌和可能产生秩序严重的混乱，或者造成重大损失或产生重大影响，减少因事故中断供电造成的损失或影响，提高投资的经济效益和社会效益，提出了供配电系统主要节能措施及变配电所设置的能效评价公式以及建筑中电力碳排放计算公式。电力系统不仅要满足稳态运行要求，也要对系统的暂态进行动、热稳定校验，力争做到安全可靠、控制方便、维护简单、经济合理和技术先进。

第三章电气防灾系统，阐述电气防灾在复合建筑中的重要性，提出了复合建筑安全风险概率计算方法。复合建筑必须将外部防雷措施和内部防雷措施作为整体统筹综合考虑，因地制宜地采取防雷措施。复合建筑电气消防系统设计要注重不同用户空间和公共空间对火灾自动报警信息应能实现共享，有效疏散人员，防止火灾蔓延和扩大火势。复合建筑要采取必要措施防止受地震力影响可能产生的火灾、坠落等次生灾害的发生，并要保证地震后电气消防系统、应急通信系统、电力保障系统等电路连续性。为了避免复合建筑中电气设施受到汛、涝等水淹造成损毁，需要设置必要的防水措施，准确、快速地接收和处理警报信息，防止水灾带来电气和智能化系统的中断等引发的次生灾害与经济损失，确保电气设备和智能化设备能够全天候工作。

第四章智能化系统，阐述智能化系统以复合建筑为载体，是集架构、系统、应用、管理及其优化组合，运用计算机技术和通信技术为手段来创造、维持和改善建筑物空间的声、光、电、热以及通信和管理环境，有效提升智能化信息的综合应用功能。电气系统逐步形成以人、建筑、环境互为协调的整合体，从而构成具有感知、传输、记忆、推理、判断和决策的综合“智慧能力”，使建筑具备安全、高效、便利及可持续发展的功能需求。

第五章精品案例，阐述精品复合建筑电气设计案例。这些精品建筑电气设计汇聚了多个大型复合建筑的电气设计案例，剖析复合建筑中设置的诸多电气系统，阐述电气系统复合性、耦合性和非线性，证明了电气系统不是简单系统和随机系统，电气系统之间应是相互依存、相互助益的。这也反映出编者一贯倡导并身体力行的电气工程师敬业精神和拥有的为服务社会心态。

在本书编制过程中，得到刘侃、杨明轲、刘青、陆东、梁巍、程春辉、丘星宇等很多业内专家、学者的热情支持和具体帮助，在此深怀感恩之心，致以诚挚的谢意。限于编者水平，对书中谬误之处，真诚地希望广大读者批评指正。

北京市建筑设计研究院股份有限公司总工程师、首席专家 孙成群

目录

01

第一章　设计机理

Methods and Practice of Electrical Design for Composite Buildings

第一节 概 述

一、复合建筑定义

随着城市化进程的快速推进，城市中的建筑也从原来的单一功能建筑向复杂化、综合化、立体化等多种功能集于一体复合建筑方向发展。复合建筑是由两种或两种以上建筑功能或由一种建筑功能的不同用户组合而成的建筑。复合建筑功能之间是相互关联的，需要形成有机的整体，给人们呈现的是功能多元性，空间多样性，实现资源的共享。复合建筑多是将商业、居住、办公、文化设施和轨道交通等多种建筑功能融为一体，不仅在平面上形成延伸，而且在立体空间中也有丰富的结合，它所营造的生活空间，为人们提升生活品质带来了更多可能性，打破了传统的空间框架，注重空间立体化、功能多元化的创新。复合建筑的多种功能应产生合作互动、相辅相成、整体大于部分之和的效益。

“站城一体化”是伴随城市轨道交通场站而进行建设的一种复合建筑。它结合城市自身条件，依托铁路、轨道发展的外溢效应，因地制宜地采取措施，实现交通枢纽及其周边区域的协同发展。“站城一体化”的复合建筑将重要交通站点与城市空间紧密融合，也就是把日常办公、居住和城市服务等功能安排在车站步行可达的范围内，为市民提供便利的生活方式和经济活动条件，一是可以实现土地资源的复合利用和高强度开发，为城市发展节约珍贵的土地资源；二是通过聚集多元化城市功能，导入多种建筑设施，实现交通枢纽与商业区、居住区、综合功能区的复合发展，有助于完善城市的功能布局结构；三是可以更好地带动区域经济圈发展，激发城市活力，成为城市的经济引擎和更新发展的触媒点；四是能够承接服务城市商业、办公、休闲等多样功能。通过实现交通和多种功能有机结合，站、城融合型枢纽可以满足乘客的多元化需求，丰富乘客的出行体验感，有效提升出行便利性和舒适性。

随着我国城市化水平的不断提升，城市居民对经济活动和生活品质要求也不断提高。城市空间组织的立体化、功能的复合化与综合化是高密度城市形态的发展趋势，传统的平面城市发展模式已经无法满足人们对生活质量和便利性的需求。复合建筑可以通过垂直发展，有效提高城市土地的利用率，创造出全新的城市景观和居住体验，以适应中国快速城市化进程的一种综合解决方案。复合建筑不仅在平面上形成延伸，还丰富地结合了居住、办公、交通枢纽、商业、文化设施等业态，为人们的出行提供了更加安全、便捷、舒适的选择，不仅提高了人们的生活效率和城市舒适度，也最大程度节省时间成本，激发了城市活力，这就使得全国各地复合建筑的建设呈现出一片百花齐放的繁荣景象。

多维空间是复合建筑的重要符号，复合建筑的高效空间组合有其独特的优势，并具备由于空间特性的改变导致了空间与时间分布的独特性。复合建筑的设计需要聚焦城市生态保护、安全韧性、功能统筹、空间治理、一体化设计、基础设施保障、技术创新和政策法规建设等多个领域。电气设计要根据复合建筑体量大、空间复杂、业态繁多的特点，如图 1-1 所示，建立公共空间与用户空间电气系统形成全新的联系，通过改善交通、推动新建和既有建筑的韧性设计与改造，提高存量资源利用效率，满足不同的功能业态需求，实现总体建筑的协调统一，将“韧性、绿色、能源、智慧、科技”的理念嵌入复合建筑基因中，实现建筑的整体大于部分之和，推动城市可持续发展。

图 1-1 复合建筑业态分布示意

复合建筑电气设计要充分保证电气系统的安全性、可靠性和灵活性要求。安全性要求体现在保证电气系统运行时的系统安全、工作人员和设备的安全，以及能在安全条件下进行维护检修工作。可靠性要求体现在根据电气系统的要求，保证在各种运行方式下提高供电的连续性，力求系统可靠。灵活性要求体现在电气系统力求简单、清晰，避免误操作，提高运行的可靠性，处理事故也能简单迅速，灵活性还表现在具有适应发展的可能性。同时，复合建筑电气设计要坚持以人为本，以打造可持续、韧性、超高效的建筑为目标，充分考虑防灾减灾要求，在灾害发生时，不仅要保全生命财产，而且要保全建筑应急功能不中断，建筑能够凭自身的能力抵御灾害，减轻灾害损失，实现韧性要求，从而降低复合建筑的脆弱性，提高建筑对火灾、地震、水灾等灾害的抵抗能力、适应能力和恢复能力。

建筑电气是以物理学、电磁学、光学、声学、电子学等理论科学为基础的一门综合性学科，将科学理论、电气技术以及与之密切相关的电力技术、信息科学技术等应用于建筑工程领域内，在有限的建筑空间内，创造个性化的生活环境，建筑电气在维持复合建筑内环境稳态，保持建筑完整统一性及其与外环境的协调平衡中起着主导作用。复合建筑电气设计包含公共空间与用户空间的强电系统、电气防灾系统、智能化系统等内容，本书按这三个系统和精品案例进行论述。

复合建筑电气系统是维系建筑个性化生活环境的电力能源系统和神经系统，不仅具有稳态与暂态属性，而且存在复合性、耦合性和非线性。复合建筑电气设计不能单纯依据标准进行，形成系统的堆砌，要在建筑全生命周期内满足人、物、时的需求，并且要满足绿色环保要求，使得建筑电气系统在建筑中维系“人—物—时”的三元关系，打造强大的生态体系。同时复合建筑各空间中的建筑电气各子系统之间是相互依存和相互助益的关系，促进其电气系统之间的融合，并形成有机整体，实现建筑功能，体现技术的应用价值，满足人们对于建筑空间的安全性、舒适度、可操控性的要求。复合建筑中各种业态开发商对电气系统存在着鲜明的个性要求，但是电气系统不应形成孤岛，需要确立不同使用者的共同愿景，解决存在的问题，形成公共空间与用户空间各电气系统协同，全面、灵活地采取合理的措施，满足管理、运营等工作要求，通过数字化技术赋能，打造更加智慧的建筑，努力建设具有安全、便利、舒适属性的复合建筑空间，以满足持续变化的低碳使用和节能需求。复合建筑电气系统的性能可以利用主成分分析进行归类，建筑电气系统性能评价公式如下：

$$P_{\mathrm{TC}}(t)=\lim_{t\to Age}\frac{\sum_{i=1}^{n}(\omega_{\mathrm{ui}}\delta_{\mathrm{ui}}P_{\mathrm{ui}})+\sum_{i=1}^{m}(\omega_{\mathrm{ci}}\delta_{\mathrm{ci}}P_{\mathrm{ci}})}{\sum_{i=1}^{n}P_{\mathrm{ui}}+\sum_{i=1}^{m}P_{\mathrm{ci}}} \tag{1-1}$$

式中 $P_{\mathrm{TC}}(t)$——复合建筑电气系统性能；

t——复合建筑使用时间；

Age——复合建筑的使用年限；

P_{ui}——用户空间电气系统性能（见注）；

P_{ci}——公共空间电气系统性能（见注）；

ω_{ui}——用户空间系统协调因子；

ω_{ci}——公共空间系统协调因子；

δ_{ui}——用户空间用户满意程度因子；

δ_{ci}——公共空间用户满意程度因子。

注：单功能建筑电气系统性能评价公式参见《建筑电气设计导论》式（1-1）。

二、复合建筑电气设计

复合建筑电气设计包含强电系统、电气防灾系统、智能化系统，电气系统之间具有复合性、耦合性和非线性，然而电气系统不是简单系统和随机系统，应是相互依存、相互助益的，建筑电气设计的系统架构如图 1-2 所示。复合建筑所承载的功能日益多样化、综合化、复杂化，这对建筑节能环保和绿色低碳方面的能力提出了更高的要求，也使得电气设计变得更加复杂，只有将安全可靠、低碳环保、经济合理、技术先进以及施工维护方便嵌入建筑电气系统的基因中，才能把复合建筑建成多功能、高效率、复杂而统一的建筑。需要将“碳中和”理念植入复合建筑的规划、建设、管理、运营全生命周期和全方位系统中，以数字化手段整合节能、减排等“碳中和”措施，通过将建筑的用能和用水数据与历史数据以及区域内同类型建筑数据进行比较分析和评估，并将结果可视化展示，从而督促和帮助开展建筑能效提升工作。以智慧化管理实现建筑低碳化发展、能源绿色化转型、设施集聚化共享、资源循环化利用，满足复合建筑运营维护、日常管理、低碳节能要求，这些都给电气工程师开展设计工作带来极大的挑战。

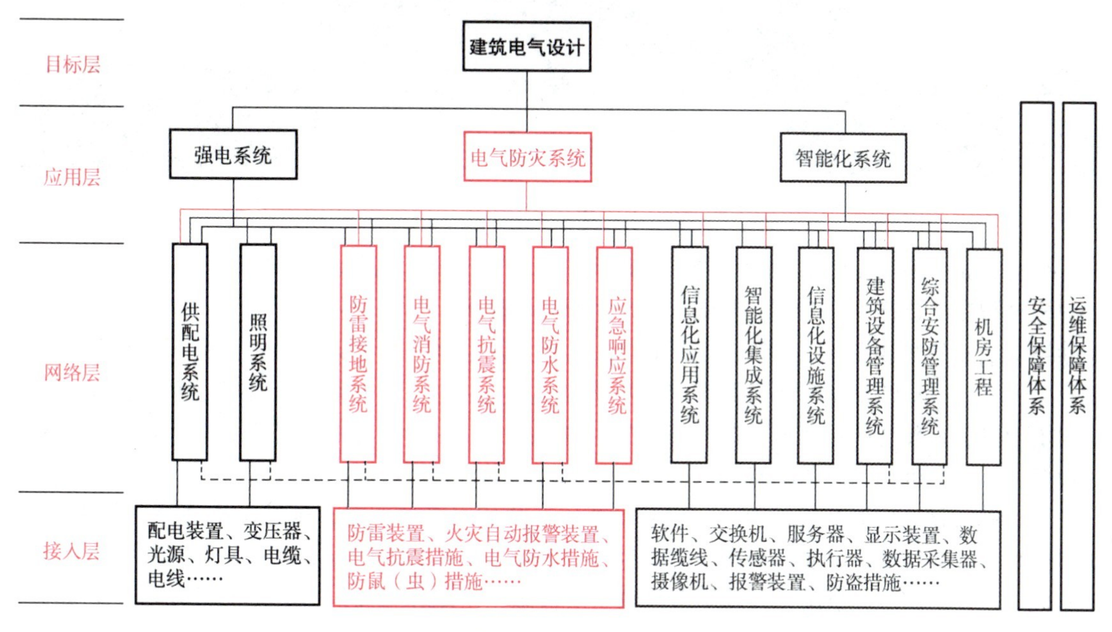

图 1-2　建筑电气设计的系统架构

1. 供配电系统

复合建筑供配电系统包括从市政电源进户到用电设备的输入端的整个电路，主要功能是在复合建筑内执行接受电能、变换电压、分配电能、输送电能的任务，需要进行全面的统筹规划，倘若配置不合理，将会产生能耗大、资金浪费等问题。因此，对用电设备进行合理的负荷分级尤其重要。复合建筑供配电系统设计，需要对公共空间与用户空间的特级负荷、一级负荷、二级负荷、三级负荷分别统计，区分其对供电可靠性的要求，对涉及安全用电、消防设施用电等要有充分保证，负荷等级可适当提高，确保建筑的安全使用，减少因事故中断供电造成的损失或影响的程度，提高投资的经济效益和社会效益。配置与不同负荷分级相适配供电的措施，避免产生能耗大、资金浪费及配置不合理等问题，以提高投资的经济效益和社会效益。同时需要通过数字化手段赋能，在保证复合建筑内部环境安全的前提下，让其能够更加灵活、快速地适应和满足持续变化的使用与节能需求。保证复合建筑供配电系统用电措施如图 1-3 所示。

图 1-3　保证复合建筑供配电系统用电措施

复合建筑要根据用电负荷的容量、保障供电时间、允许中断供电的时间进行应急电源设计。如果需要保障的负荷中有电动机负荷，启动电流冲击较大，但允许停电时间为 30s 以内的，可采用快速自启动的柴油发电机组作为应急电源，如果允许停电时间为毫秒级、容量不大的需要保障的负荷，在可以保障供电时间前提下，并可采用直流电源者，可由蓄电池装置作为应急电源，对于带有自动投入装置的独立于正常电源的专用馈电线路，在满足容量、保障供电时间、允许中断供电的时间时，可作为应急电源。

复合建筑是电气能源消耗大户，供配电系统的构成要简单明确，供配电线路深入负荷中心，将配变电所及变压器设在靠近负荷中心的位置，可降低电能损耗、提高电压质量、节省线材，公共空间与用户空间电气供配电线路与电能计费应清晰，不能存在盲点。节能非常重要，向能耗管理要效益是努力方向，采用传统的能源管理模式，已不适应复合建筑供配电系统的能源管理需要。建立集监控管理功能于一身的电能管理系统，实现能源系统电力各单元的数据采集、控制和管理。电气能源管理系统通过电能计划、监控、统计、消费分析、重点能耗设备管理和电能计量设备管理等多种手段，对复合建筑的公共空间与用户空间电能进行合理计划和利用，对能源系统进行更为精准的管理与控制。典型电能管理系统如图 1-4 所示。

2. 照明系统

照明是以人们的生活、活动为目的对光的利用。照明要以人为本，要考虑安全性、实用性以及照度要求，有效利用自然光，处理好人工照明与自然光的关系，并结合人性化的创意才能创造良好的可见度和舒适愉快的环境。复合建筑照明系统设计，要根据公共空间与用户空间对建筑环境的照度、色温、显色指数等不同管理和使用需求来进行，避免产生心理上的不平衡或不和谐感。通过与自然光有机结合，实现照明光源的优化、照度及照明时间的控制。合理的亮度分布，形成造型的立体感，消除不必要的阴影，创造完美的造型质感。选用效率高的光源及灯具，烘托不同的环境、气氛，提供良好的空间清晰度。需要眩光控制，限制眩光干扰，减少人们的烦躁。提供

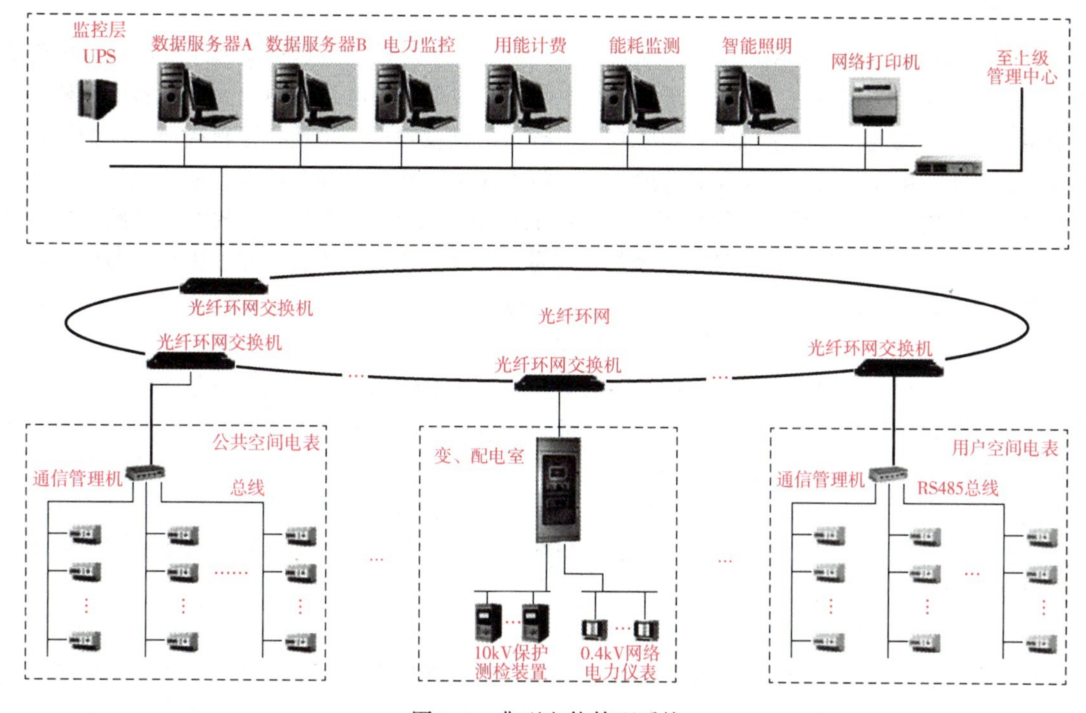

图 1-4 典型电能管理系统

适宜的空间照度分布和均匀度，有利于人们的活动安全，并正确识别周围环境，提高复合建筑照明系统的效率和智能化水平，改善复合建筑照明环境，提高居民的生活质量，做到安全性和实用性。

建筑的走廊、楼梯间、门厅、电梯厅及停车库照明要能够根据照明需求进行节能控制；大型公共建筑的公用照明区域应采取分区、分组及调节照度的节能控制措施。有天然采光的场所，其照明应根据采光状况和建筑使用条件采取分区、分组、按照度或按时段调节的节能控制措施。

复合建筑要合理设置消防应急照明和疏散指示系统，保证系统在发生火灾时能有效为建筑中的人员在疏散路径上提供必要的照度条件、提供准确的疏散导引信息，从而有效保障人员的安全疏散。在工作或活动不可中断的场所，应设置备用照明；在人员处于潜在危险之中的场所，应设置安全照明；在人员需要有效辨认疏散路径的场所，应设置疏散照明；在夜间非工作时间值守或巡视的场所，应设置值班照明；在需警戒的场所，应根据警戒范围的要求设置警卫照明；在可能危及航行安全的建（构）筑物上，应根据国家相关规定设置障碍照明。

复合建筑夜景照明设计要以人为本，注重整体艺术效果，突出重点，兼顾一般，创造舒适和谐的夜间光环境，并兼顾白天景观的视觉效果。建筑景观照明应设置平时、一般节日及重大节日多种控制模式。要合理选择照明光源、灯具和照明方式，并合理确定灯具安装位置、照射角度和遮光措施，控制投射范围，散射到被照面之外的溢散光不应超过20%，以避免光污染。

3. 接地系统

复合建筑接地系统可分为功能性接地和保护性接地。功能性接地包括交流系统的电源中性点接地和直流系统的工作接地。交流系统的电源中性点接地是指供电系统中电力变压器低压侧的三相绕组中性点的接地，直流系统的工作接地是指电子信息设备信号接地、逻辑接地。保护性接地的设计包括不同电压等级电气设备的保护接地、防雷保护接地、防静电接地与屏蔽接地等。防雷接地是指建筑物防直击雷系统接闪装置、引下线的接地（装置）；内部系统的电源线路、信号线路 SPD 接地。交流电气装置的接地目的就是要满足电力系统运行要求，并在发生故障时能够保证人身和电气装置的安全。低压电气装置采用接地故障保护时，建筑物内的电气装置必须采用保护总等电位联结。

涉及轨道交通复合建筑多采用直流牵引电源，通过接触轨向列车馈电，一部分电流会从走行轨流入大地，由于接地电阻不完全相同，电流将通过接地回路中各种不同的路径并相互干扰，导致形成杂散电流。杂散电流的特点是多样性和不稳定性，能导致杂散电流在接地回路中形成各种不同的路径和波动，对地铁沿线的金属管线、混凝土结构和通信系统均产生危害，因此，在设计接地系统时需要充分考虑这些因素，以有效遏制杂散电流的产生，避免对设备的正常工作产生影响、设备的侵蚀和对人的伤害。

4. 建筑防雷系统

雷电是一种客观存在的自然现象。地球上自有人类存在以来，雷电就给人类带来过灾害。复合建筑物由于建筑高度高、人员密集、功能复杂，一旦发生雷击，不仅会对人的生命和财产造成重大损失，更会对国家及社会的发展带来严重的影响。全世界每年因雷击造成的经济损失达 10 亿美元以上，人员伤亡也相当严重，全国平均每年因雷击伤亡人数达 3000 人左右。

复合建筑物防雷工程是一个系统工程，建筑物防雷等级划分依据是根据其重要性、使用性质、发生雷电事故的可能性和后果划分的。复合建筑物防雷系统包括外部和内部雷电防护系统，必须将外部防雷措施和内部防雷措施作为整体统筹综合考虑，并根据不同的防雷分类，因地制宜地采取防雷措施，这些措施包括防直击雷、防雷电感应和防雷电波侵入等。建筑物防雷的做法要与建筑的形式和艺术造型相协调，避免对建筑物外观形象造成破坏，影响建筑物美观。复合建筑物防雷目的是提高建筑物和设备对雷击的抵抗能力，减少雷电危害事故的发生，防雷分类不准确会导致建筑物防雷技术措施存在隐患，有时也会造成防雷施工成本升高，资源浪费。

外部防雷系统由接闪器、引下线和接地装置等组成，用于直击雷的防护。雷电如果直接对建筑物放电，不会立即消失，电荷会互相排斥，形成巨大的能量，损坏建筑物。雷电形成的高电位，会造成电气设备、线路的破坏。因此，建筑物内部需要提供一个良好的接地通路，否则，大电流会引起火灾、造成建筑物和电气设备损坏。

随着信息产业的发展和计算机的普及，复合建筑中使用了大量的电子信息设备，如果雷电对电子信息系统危害将产生很严重的后果。为了保障电子信息系统的安全，需要根据建筑物电子信息系统的特点，对被保护建筑物内的电子信息系统进行雷电电磁环境风险评估，做好内部防雷措施并与外部防雷措施协调统一。内部防雷系统由等电位联结、共用接地装置、屏蔽、合理布线和浪涌保护器等组成，用于减小和防止雷电流在需防护空间内所产生的电磁效应。对所采用的防雷装置应做技术经济比较，使其符合建筑形式和其内部存放设备要求。

5. 电气消防系统

电气消防系统包括火灾自动报警系统、消防应急照明系统、消防电源及配电系统等，是一项政策性很强、技术性复杂的系统。电气消防系统设计要注重“防”和“消”结合，“防”意在火灾初期能尽早发现火灾，有效疏散人员，防止火灾蔓延和扩大火势。“消”意指发生火灾之后，要保障消防设备可靠工作进行灭火。

（1）火灾自动报警系统 火灾自动报警系统是火灾探测报警与消防联动控制系统的简称，是以实现火灾早期探测和报警、向各类消防设备发出控制信号并接收设备反馈信号，进而实现预定消防功能为基本任务的一种自动消防设施，与自动灭火系统、消防应急照明和疏散指示系统、防烟排烟系统以及防火分隔系统等其他消防分类设备一起构成完整的建筑消防系统。复合建筑应根据不同场所合理选择火灾探测器，要综合考虑探测区域内可能发生的火灾初期的形成和发展特征、空间几何特征、环境条件、联动控制要求、可能引起误报等因素。对火灾初期有阴燃阶段，产生大量的烟和少量的热，很少或没有火焰辐射的场所，应选择感烟火灾探测器。对火灾发展迅速，可产生大量热、烟和火焰辐射的场所，可选择感温火灾探测器、感烟火灾探测器、火焰探测器或其组合。对火灾发展迅速，有强烈的火焰辐射和少量烟、热的场所，应选择火焰探测器。对火灾初期有阴燃阶段，且需要早期探测的场所，宜增设一氧化碳火灾探测器。对使用可燃气体的场所，应选择可燃气体探测器。对火灾形成特征不可预料的场所，可根据模拟试验的结果选择火灾探测器。在同一探测区域内设置多个火灾探测器时，可选择具有复合判断火灾功能的火灾探测器和火灾报警控制器。

火灾发生时，安装在保护区域现场的火灾探测器，将火灾产生的烟雾、热量和光辐射等火灾特征参数转变为电信号，经数据处理后，火灾特征参数信息将传输至火灾报警控制器，或直接由火灾探测器做出火灾报警判断，将报警信息传输到火灾报警控制器。火灾报警控制器在接收到探测器的火灾特征参数信息或报警信息后，经报警确认判断，显示发出火灾报警探测器的部位，记录探测器火灾报警的时间。处于火灾现场的人员，在发现火灾后可立即触动安装在现场的手动火灾报警按钮，手动报警按钮便将报警信息传输到火灾报警控制器，火灾报警控制器在接收到手动火灾报警按钮的报警信息后，经报警确认判断，显示发出火灾手动报警按钮的部位，记录手动火灾报警按钮报警的时间。火灾报警控制器在确认火灾探测器和手动火灾报警按钮的报警信息后，驱动安装在被保护区域现场的火灾警报装置，发出火灾警报，警示处于被保护区域内的人员有火灾发生。

在工程应用中，综合考虑设置火灾自动报警系统的场所使用性质、建筑规模、管理模式及消防安全目标等因素，将火灾自动报警系统按照系统功能和系统架构划分为区域报警系统、集中报警系统和控制中心报警系统三种系统形式。在复合建筑中大多采用集中报警系统或控制中心报警系统形式。

集中报警系统由火灾探测器、手动火灾报警按钮、火灾声光警报器、消防应急广播、消防专用电话、消防控制室图形显示装置、火灾报警控制器和消防联动控制器等组成。

控制中心报警系统由火灾探测器、手动火灾报警按钮、火灾声光警报器、消防应急广播、消防专用电话、消防控制室图形显示装置、火灾报警控制器、消防联动控制器等组成，且包含两个及两个以上集中报警系统。

火灾发生时，火灾报警控制器将火灾探测器和手动火灾报警按钮的报警信息传输至消防联动控制器。对于需要联动控制的自动消防系统和设施，消防联动控制器对接收到的报警信息按照预设的逻辑关系进行识别判断。若逻辑关系满足，消防联动控制器便按照预设的控制逻辑和时序启动相应消防系统和设施；消防控制室的消防管理人员也可以通过操作消防联动控制器的手动控制盘直接启动相应的消防系统和设施，从而实现相应消防系统和设施预设的消防功能。消防系统和设施动作的反馈信号传输至消防联动控制器显示。

（2）电气火灾监控系统　电气火灾监控系统由电气火灾监控设备和电气火灾监控探测器组成。电气火灾监控探测器分为剩余电流式电气火灾监控探测器、测温式电气火灾监控探测器和故障电弧探测器。它是当被保护电气线路中的被探测参数超过报警设定值时，能发出报警信号、控制信号并能指示报警部位的系统。它可以实时对电路环境进行监控，并针对可能发生电气火灾的故障隐患及时发出报警提醒，进而避免了火灾事故的发生。通过电路中的电流及温度等参数数值变化，便可知道设备状态是否正常，进而有效预防和避免电气火灾事故的发生。当系统监测到设备异常或者参数数值超出设定范围时，系统便针对这些异常现象发出报警提示，并显示故障点所在位置，提前对电气火灾发出预警，在火灾发生前便提醒工作人员对故障进行排查和排除，消除电气火灾隐患。电气火灾监控系统是隐患火灾自动报警的预警系统，合理设置电气火灾监控系统，可以有效探测供电线路及供电设备故障，以便及时处理，避免电气火灾发生。

在电气设备中的电流、温度、电弧等参数发生异常或突变时，电气火灾监控探测器将保护线路中的剩余电流、温度、故障电弧等电气故障参数信息转变为电信号，经数据处理后，探测器根据数据结果进行报警判断，将报警信息传输到电气火灾监控器。电气火灾监控器在接收到探测器的报警信息后，经报警确认判断，显示电气故障报警探测器的部位信息，记录探测器报警的时间，同时，警示人员采取相应的处置措施，排除电气故障，消除电气火灾隐患，防止电气火灾的发生。

（3）可燃气体探测报警系统　可燃气体探测报警系统是火灾自动报警系统的独立子系统，属于火灾预警系统，系统可以在一定程度上避免由于可燃气体泄露引发的火灾和爆炸事故的发生。

可燃气体探测报警系统是探测保护区域内泄露的可燃气体的浓度，在可燃气体浓度低于爆炸下限时发出警报信号的系统。它由可燃气体报警控制器、可燃气体探测器和火灾声光警报器组成，当发生可燃气体泄漏时，安装在保护区域现场的可燃气体探测器，将可燃气体浓度参数信息传输至可燃气体报警控制器，经确认判断达到了预设报警浓度后进行报警，显示报警部位并发出泄漏可燃气体浓度信息，同时驱动保护区域现场的声光警报器，必要时可控制并关断燃气的阀门，防止燃气的进一步泄漏。

复合建筑工程的火灾自动报警系统设计应根据不同功能设施的建筑面积和物业管理模式设置火灾自动报警系统。在设置视频安防监控系统的区域，火灾自动报警系统宜通过数据通信与视频安防监控系统联网，在火灾时视频安防监控系统可与火灾报警系统联动并自动将火警现场图像传送至消防控制室，可以更直观地尽早知晓和判断火情，有利于采取合理的应急响应行动，提高火灾预警能力。

当复合建筑的总建筑面积大于$5\times10^5m^2$时，火灾自动报警系统应采用控制中心报警系统，火灾自动报警系统的消防联动控制网络应采用环形结构，以确保在环形接线出现一点断线时，不影响系统工作，提高消防联动控制的可靠性。不同用户空间和公共空间的消防控制室对火灾自动报警信息应能实现共享。复合建筑内的主消防控制室应能显示整个工程内的所有火灾报警信号和联动控制状态信号。主消防控制室应能显示以下信息：

1）消防设备的状态信息。

2）消防水池的进水管和出水管上的阀门状态信息、消防给水管网内的动态压力信息。

3）火灾时楼梯间前室或消防电梯前室或合用前室、前室与走道之间和楼梯间与走道之间的余压动态信息。

分消防控制室应能显示本区域的所有火灾报警信号和联动控制状态信号。不同功能设施的火灾自动报警系统应单独组网。

火灾自动报警系统信息安全设计应满足现行国家标准《信息安全技术　网络安全等级保护基本要求》（GB/T 22239）规定的信息系统保护等级第二级的要求，保证火灾自动报警系统的信息安全。为实现火灾早期报警和建筑消防设施运行状态控制和管理，鼓励复合建筑应用智慧消防系统，提高消防安全管理水平，以满足城市智慧消防的要求。

1）设置智慧消防系统的建筑，不能降低既有消防设施的技术性能和可靠性，也不能影响既有消防设施的功能，智慧消防系统要与建筑消防设施统一管理。

2）智慧消防系统尽量与视频监控系统对接，实现消防安全可视化管理，并具备火灾报警的同时联动视频确认、联动平面图查看火情的功能。

3）智慧系统要具备元数据进行数据挖掘、数据分析、数据赋能、数据融合的功能。

4）消防设施设置的数据采集装置，要尽量具有采集子系统的全生命周期信息、传感器的监测信息、动作信息、故障信息、报警信息、工作环境信息等功能。

5）传输网络要可靠，传输网络宜采用运营商专线的方式直接接入城市的骨干网，信息采集装置到智慧消防信息运行中心的传输网络宜采用专用通信网，数据传输网络尽量采用无线传输。

6）智慧消防系统要确保数据传输的安全性。

（4）消防设备电源监控系统　消防设备电源监控系统是为保证消防设备电源的可靠性，通过检测消防设备电源的电压、电流、开关状态等有关设备电源信息，从而判断电源设备是否有断路、短路、过压、欠压、缺相、错相以及过流（过载）等故障信息并实时报警、记录的监控系统，从而可以有效避免在火灾发生时，消防设备由于电源故障而无法正常工作的危急情况，最大限度保障消防联动系统的可靠性。

（5）防火门监控系统　防火门监控系统对防火门的工作状态进行24h实时自动巡检，对处于非正常状态的防火门给出报警提示。当发生火情时，该监控系统自动关闭防火门，为火灾救援和人员疏散赢得宝贵时间。防火门起到隔离作用，在火灾发生时，能迅速隔离火源，有效控制火势范围，为扑救火灾及人员的疏散逃生创造良好条件。

（6）应急照明及疏散指示系统　消防应急照明和疏散指示系统是一种辅助人员安全疏散和消防作业的建筑消防系统，其主要功能是在火灾等紧急情况下，控制消防应急照明灯具的光源应急点亮，为建（构）筑物的疏散路径的地面以及消防控制室、消防水泵房等消防作业场所提供基本的照度条件，以有效确保人员对疏散路径的识别和消防作业的顺利开展；控制消防应急标志灯具光源的应急点亮、熄灭，正确指示各疏散路径的疏散方向、疏散出口和安全出口的位置及可用状态信息、人员所处的楼层信息等疏散引导信息，确保人员准确识别疏散路径和相关引导信息、增强疏散信心，以有效提高人员安全疏散的能力。

集中控制型系统中，应急照明控制器应能按照预设逻辑自动控制系统应急启动，或操作应急照明控制器手动控制系统的应急启动。

1）集中控制型系统的自动应急启动。

应急照明控制器接收到火灾报警控制器的火灾报警输出信号后，向应急照明集中电源或应急照明配电箱发出系统自动应急启动控制信号，应急照明集中电源或应急照明配电箱接收到控制信号后，控制其配接非持续型消防应急照明灯具的光源应急点亮、持续型标志灯具的光源由节电点亮模式转入应急点亮模式。

基于电击防护的考虑，应急照明控制器在接收到火灾报警控制器的火灾报警输出信号后，控制其配接的额定输出电压等级大于 DC36V 的 B 型应急照明集中电源转入蓄电池电源输出、B 型应急照明配电箱切断主电源输出；基于在无电击风险的前提下，有效延长系统持续应急时间的考虑，额定输出电压等级不大于 DC36V 的 A 型应急照明集中电源和 A 型应急照明配电箱仍保持主电源输出，待其主电源断电后，应急照明集中电源自动转入蓄电池电源输出、应急照明配电箱切断主电源输出。

2）集中控制型系统的手动应急启动。手动操作应急照明控制器的应急启动按钮，应急照明控制器指令应急照明集中电源或应急照明配电箱手动应急启动控制信号，应急照明集中电源或应急照明配电箱接收到控制信号后，控制其配接非持续型消防应急照明灯具的光源应急点亮、持续型标志灯具的光源由节电点亮模式转入应急点亮模式；同时应急照明集中电源转入蓄电池电源输出、应急照明配电箱切断主电源输出。

（7）电气线路　复合建筑人员密集、建筑功能复杂、当发生火灾后消防扑救难度大，造成的损失和危害较大，所以，建筑内的消防用电的可靠性应得到充分保证，其负荷等级应不低于一级。当工程的总建筑面积大于 $5\times10^5\text{m}^2$ 时，集中设置的消防负荷的主用电源和备用电源均应能满足同一时间发生 2 次火灾时该工程内消防用电设备的用电需求。消防用电设备的电源容量应按交通功能设施中消防用电设备所需电源容量的最大值与其他非交通功能设施中消防用电设备所需电源容量的最大值之和确定。消防用电的配电装置应设置在建筑物的电源进线处或配变电站处，其应急电源配电装置宜与主电源配电装置分开设置；主用电源和备用电源的变电所宜布置在各自房间内；当低压配电室设置细水雾灭火系统时，不同电力变压器的低压配电装置应设置在各自房间内；低压配电系统在变电站应采用消防用电与非消防用电分组设计；应急照明应由应急电源引出专用回路供电，并应按不同功能设施及车站的公共区与设备管理区采用不同回路供电。备用照明和疏散照明应由不同分支回路供电。为消防用电设备供电和通信的电线、电缆选择和敷设应满足火灾时连续供电的需要。

6. 电气抗震系统

我国地处环太平洋地震带和喜马拉雅-地中海地震带上，地震频发，且多属于典型的内陆地震，强度大、灾害重，是世界上地震导致人员伤亡最为严重的国家之一。复合建筑人员密集又功能复杂，因此，为了增强复合建筑抗震能力，必须进行抗震设计，以减轻地震破坏、避免人员伤亡、减少经济损失。电气抗震系统是为了保证消防系统、应急通信系统、电力保障系统等重要电气工程的震害在可控范围内，避免造成次生灾害的系统。

复合建筑设计应充分考虑地震力的影响，地震力分为水平地震力和垂直地震力，水平地震力原则上作用点位于重心位置，水平地震力计算见式（1-2），垂直地震力计算见式（1-3）。

$$F_H = K_H W \tag{1-2}$$

式中 F_H——水平地震力（kN）；

K_H——设计水平烈度；

W——机器的重量（kN）。

$$F_v = K_v W \tag{1-3}$$

式中 F_v——垂直地震力（kN）；

K_v——设计垂直烈度；

W——机器的重量（kN）。

变电所、柴油发电机房、通信机房、消防控制室、安防监控室和应急指挥中心应布置在对抗震有利的位置，避开对抗震不利或危险场所。对高压电器、封闭母线等设施应采用动力设计法计算，对变压器、柴油发电机组、电抗器、电动机、开关柜、通信设备、蓄电池等设施可采用静力设计法计算。重要电力、通信设施应设置两组相互独立通道，通信网络应为环形网络。电气、通信设备不应设置在可能致使其功能障碍等二次灾害的部位；设防地震下需要连续工作的附属设备，应设置在建筑结构地震反应较小的部位。

复合建筑内的电气、通信设备的设置应与结构主体牢固连接，安装螺栓或焊接强度必须满足抗震要求，应能将设备承受的地震作用全部传递到建筑结构上。变压器的基础台面要适当加宽，要取消滚轮及其轨道并应固定在基础上。柴油发电机组应设置振动隔离装置，设备与基础之间、设备与减振装置之间的地脚螺栓应能承受水平地震力和垂直地震力。

复合建筑屋面设置的电气、通信设施应采取防止由于设备损坏后坠落伤人的安全防护措施。与变压器、柴油发电机设备连接母线应对接入和接出的柔性导体留有位移的空间。蓄电池、电力电容器应采用柔性导体连接，端电池宜采用电缆作为引出线，蓄电池安装重心较高时，应采取防止倾倒措施。电力电容器应固定在支架上，其引线宜采用软导体。当采用硬母线连接时，应装设伸缩节装置。配电箱（柜）、通信设备的安装螺栓或焊接强度应满足抗震要求，靠墙安装的配电柜、通信设备机柜底部安装应牢固。当底部安装螺栓或焊接强度不够时，应将顶部与墙壁进行连接，非靠墙落地安装时，根部应采用锚栓或焊接的固定方式。当抗震设防烈度为8度时，可将几个柜在重心位置以上连成整体，壁式安装的配电箱与墙壁之间应采用锚栓连接，柜内的元器件应考虑与支承结构间的相互作用，元器件之间采用软连接，接线处应做防震处理，配电箱（柜）面上的仪表应与柜体组装牢固。安装在吊顶上的灯具，应考虑地震时吊顶与楼板的相对位移。

电气、电信间及电缆管井不应设置在易受振动破坏的场所。重要的电力、通信电缆、接地线应采取防止地震时被切断的措施，金属导管、刚性塑料导管的直线段部分每隔30m应设置伸缩节。电缆桥架、电缆槽盒内敷设的缆线在引进、引出和转弯处，应在长度上留有余量，并在进口处应转为挠性线管过渡。由于地震力的影响可能会产生电气火灾等引起的次生灾害的电气线路，以及地震后需要保持电气消防系统、应急通信系统、电力保障系统等电路连续性的电气链路按照现行国家标准《建筑机电工程抗震设计规范》（GB 50981）安装抗震支吊架。

7. 电气防水（涝）系统

复合建筑电气系统复杂，一旦发生洪涝、水淹等灾难性事件，修复难度大，将对电力、电信设备和人员造成巨大的损失，甚至损害公众安全。为了避免电气设施和重要场所受到水淹造成损毁，应设置防水措施，确保电气设备和智能化设备能够全天候工作，准确、快速地接收和处理警报信息，防止水灾带来电气和智能化系统的中断等引发的次生灾害及经济损失。

建筑物电气设备和智能化设备主要用房选址应地势平整，用房标高宜在50年一遇高水位上，用房排水设计合理，设置避免下雨天气、水流涨潮等天然灾害发生时泥石流、水、泥浆等自然灾害物质进入机房等可靠的防洪措施。开关站、环网柜、备用发电机及蓄滞洪区、低洼地带的变电站、重要建筑和生命线工程的电气设备及智能化机房和备用发电机房应设置在地面一层及以上。开关站、环网柜、地上配电室、备用发电机房地面应高于室外地坪，其标高差值不应小于0.6m，在蓄滞洪区、低洼地带不应小于1.0m。

在有多层地下层时，用户变电所不应设置在最底层；当只有地下一层时，应采取抬高地面和防止雨水、消防水等积水的措施，变电所下方设净高不小于2.2m夹层。变电所低压配电柜内应设置应急电源接入开关，地下变电站尚应在地上增设应急电源接入装置。机房不应设在卫生间、浴室等经常积水场所的直接下一层，当与其贴邻时，应采取防水措施；无关的管道和线路不得穿越；不应有变形缝穿越；地面或门槛应高出本层楼地面，其标高差值不应小于0.10m，设在地下层时不应小于0.15m，必要时应设置排水设施。在建筑物电气设备用房和智能化设备用房室外设置安装漏水监测仪，及早掌握水淹危险的情况，做出应急反应。设备用房周边设置排水沟、集水坑等确保室外的积水可以迅速排放清除，提高抗灾能力。配置应急防水处理设备，如排水泵等，确保电气设备用房和智能化设备用房室内一旦发生水淹，可以及时将水排出室外，避免短路或损坏大量设备，从而保障设备和人员安全。

变电所的电缆夹层、电缆沟应采取防水、排水措施。室外地坪下的电缆进、出口和电缆保护管也应采取防水措施。电缆隧道和电缆沟应采取防水措施，其底部排水沟的坡度不应小于0.5%，并应设置集水坑，积水可经止回阀直接接入排水管道或经集水坑（井）用泵排出。当有条件时，积水可直接排入下水道。

8. 智能化系统

智能化系统以建筑物为载体，集架构、系统、应用、管理及其优化组合为一体，运用计算机技术和通信技术为手段来创造、维持和改善建筑物空间的声、光、电、热以及通信和管理环境，有效提升智能化信息的综合应用功能，使建筑物逐步形成以人、建筑、环境互为协调的整合体，从而构成具有感知、传输、记忆、推理、判断和决策的综合“智慧能力”，使建筑具备安全、高效、便利及可持续发展的功能需求。智能化系统包括信息化应用系统、智能化集成系统、信息设施系统、公共安全系统、建筑设备管理系统和机房工程。智能化系统整体架构如图 1-5 所示。

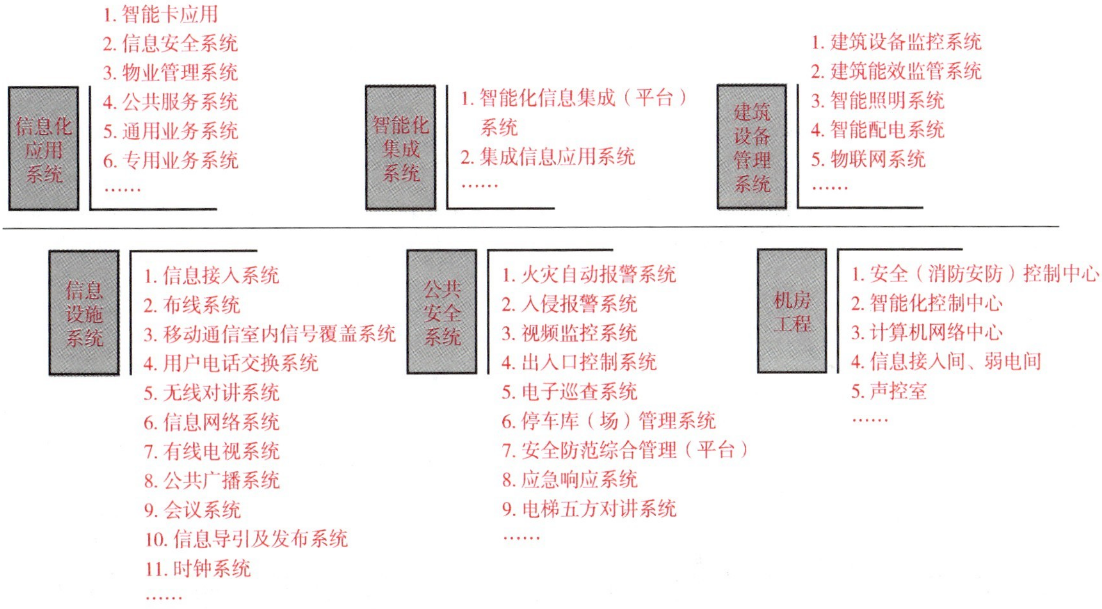

信息化应用系统
1. 智能卡应用
2. 信息安全系统
3. 物业管理系统
4. 公共服务系统
5. 通用业务系统
6. 专用业务系统
……

智能化集成系统
1. 智能化信息集成（平台）系统
2. 集成信息应用系统
……

建筑设备管理系统
1. 建筑设备监控系统
2. 建筑能效监管系统
3. 智能照明系统
4. 智能配电系统
5. 物联网系统
……

信息设施系统
1. 信息接入系统
2. 布线系统
3. 移动通信室内信号覆盖系统
4. 用户电话交换系统
5. 无线对讲系统
6. 信息网络系统
7. 有线电视系统
8. 公共广播系统
9. 会议系统
10. 信息导引及发布系统
11. 时钟系统
……

公共安全系统
1. 火灾自动报警系统
2. 入侵报警系统
3. 视频监控系统
4. 出入口控制系统
5. 电子巡查系统
6. 停车库（场）管理系统
7. 安全防范综合管理（平台）
8. 应急响应系统
9. 电梯五方对讲系统
……

机房工程
1. 安全（消防安防）控制中心
2. 智能化控制中心
3. 计算机网络中心
4. 信息接入间、弱电间
5. 声控室
……

图 1-5 智能化系统整体架构

1）信息化应用系统。用于满足建筑物规范化运行和管理信息化要求，提供建筑业务运营及管理的信息化支撑和保障。这是由多种类信息设施、操作程序和相关应用等组合而成的系统。

2）智能化集成系统。为实现智能建筑的运营、运维及管理目标，构建统一的智能化信息集成平台，对智能化子系统以多种类智能化信息集成方式，形成具有接口规范、信息汇聚、资源共享、协同运行和优化管理等综合应用功能的系统，并为信息化集成系统提供数据接口，供企业资源计划（ERP）或办公自动化（OA）系统获取建筑运营的相关数据。

3）信息设施系统。为满足建筑物的应用与管理对信息通信的要求，将各类具有接收、交换、传输、处理、存储和显示等功能的信息系统整合，形成建筑物公共通信服务综合基础条件的系统。

4）公共安全系统。为维护公共安全，运用现代科学技术构建的综合技术防范或安全保障体系综合功能的系统，以应对危害社会安全的各类突发事件。

5）建筑设备管理系统。为保障建筑可靠稳定运行，将与建筑物有关的暖通空调、给水排水、电力、照明和电梯等机电设备实现集中实时监视、控制和管理的综合性系统。

6）机房工程。为机房内各智能化系统设备及装置提供安置和运行条件，以确保各智能化系统安全、可靠和高效地运行，且便于维护的建筑功能环境而实施的综合工程。

随着新技术和市场需求的迅猛发展，信息高速传输、海量数据并发与处理、运行态势感知和应急响应决策等应用需求彻底改变了信息传输和信息处理的技术体系，数字化、网络化、智能化成为技术主流，大数据、人工智能改变了智能建筑的生态链，模拟信息传输和现场总线技术逐渐退出了智能建筑产品的主流技术，信息化、智慧化正在快速融入智能建筑架构体系中。智能建筑从以实时控制为主导的管理理念，上升到以建筑全生命周期管理为目标的高度，智能建筑也引入了“深度学习”的概念，使人工智能和大数据成为建筑全生命周期管理的工具，“智能建筑”与信息化应用深入融合，智能建筑焕发出强大的生命力。复合建筑智慧化要求充分借助大数据、云技术、人工智能等新技术实现深度感知、智慧分析和自我决策，为人们提供安全、高效、绿色、健康、生态及可持续发展的应用功能环境。安全保障体系应形成有效的安全防护能力、隐患发现能力、应急反应能力和系统恢复能力，从物理、网络、数据、系统、应用和管理等方面保证建筑内智慧系统的安全、高效、可靠运行，实现维持建筑内的良好健康环境、维持建筑高效、节能、低碳运行的目标。智慧建筑的运维和保障体系是保障智慧建筑的智慧运行、设备设施管理、故障识别与诊断。复合建筑智慧化的总体架构如图 1-6 所示。

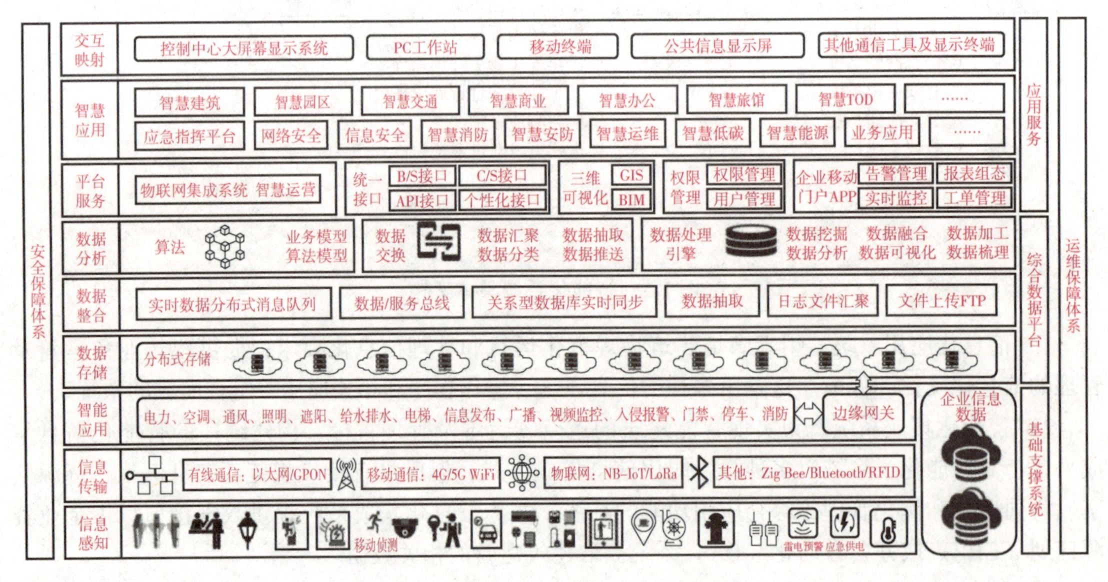

图 1-6　复合建筑智慧化的总体架构

第二节　复合建筑电气设计方法

复合建筑的功能及建筑空间呈复合性与纠缠性的特征，将居住、办公、文化设施等多种建筑功能融为一体，具有体量大、技术总控范畴大、操作难度大的特点，同时也具有建筑业态多、开发主体多、地块属性多的特点，由于其复合度高、专项化程度高、品质要求高，因此工程建设周期长，这就需要设计师注重工作方法的研究，寻找切实可行的工作方法。

复合建筑需要利用系统思维进行电气顶层设计，即设计师应根据复合建筑的特征，从整体出发，着眼于系统的整体与部分、部分与部分、系统与环境的相互联系和相互作用关系，采用整体法和还原法相结合的分析方法，就是在分析和处理复合建筑电气设计的过程中，始终着眼于整体，把整体放在第一位，而不是让各个子系统凌驾于整体之上，同时要利用既有的设计规则和方法，来实现设计的还原和实现复合建筑建设目标。设计师要发现复杂的问题里所包含的简单规律，解决电气系统存在本身特性和系统间的复合性、耦合性和非线性问题。要对复杂问题有正确的认识，抓住复杂问题的本质和学会复杂问题的简单操作，化繁为简，解决复杂性的问题，或由繁入简，或删繁就简，结合建筑管理模式、建造和维护成本，直刺问题的本质，才能实现最佳的建筑成效，让复合建筑电气设计走向高品质。复合建筑电气设计的方法主要包括构建建筑电气工程系统模型、自我验证、强化设计管理。建筑电气设计的方法框图如图 1-7 所示。

图 1-7　建筑电气设计方法框图

一、构建电气工程系统模型

1. 构建电气工程系统模型思路

构建复合建筑电气工程系统模型首先应根据业态建造和建筑内使用人群的实际需求，确定适宜的电气系统，应有顶层设计，避免出现反复变更；但也不应机械按照标准进行设计，使得电气系统形成孤岛，将建筑电气设计由定性转化定量。其次要结合物业管理需求，满足日后管理要求。再者应考虑工程的建造成本和维护成本，在保障工程质量前提下，提高施工经济效益，从而实现资源的合理分配以及建筑的可持续发展。

2. 构建建筑电气工程系统模型要素

建筑电气工程系统模型决定了实现建筑功能的契合度、工程质量和造价，直接影响到日后维护，所以电气设计师必须根据建筑的功能和业主投资来建模，即通过智能化手段进行模型搭建，加强可靠性，为创造绿色、优质工程打下基础。基于建筑的“安全、优质、高效、低耗”要求，实现工程的最优配置，形成与建筑类型对应的完整的电气模型体系，这就需要在建立工程系统模型时，要保证工程系统模型具有现实性、简明性、标准性。

1）现实性体现在要满足建筑内在的、合乎必然性的实际需求，要体现客观事物和现象种种联系的综合，要反映建筑功能和规模特点，诸如：办公、旅馆、住宅、商业、交通枢纽等。

2）简明性体现在力求做到目标明确，结构简明，方法灵活，效果到位，要体现针对性、迁移性、多变性、思维性和层次性，要遵循国家有关方针、政策，在建筑全生命周期实现安全可靠供电和通信，并保证所有的操作和维修活动均能安全和方便地进行，做到安全适用、技术先进、经济合理。

3）标准性体现在一定的范围内获得最佳秩序，对实际的或潜在的问题制定共同的和重复使用的规则的活动，标准化模型可以减少管理指导、提高效率、减少错漏，降低工程复杂性和难度。

3. 奥体文化商务园区公共地下空间项目案例

（1）工程概况　北京奥体南区周边的业态包含商业办公、文化设施、体育设计、公寓旅馆等多样混合功能。在靠近民族文化园的一侧设置电影院、小型展厅、演艺厅等文化设施，在靠近北土城路和安定路一侧设置商业及商务设施，在靠近亚运场馆一侧设置住宅及公寓设施，在园区内部设置集中绿化及商业设施，在园区的西南角和东南角处设置体育、商务会所等设施。工程获北京市优秀工程勘察设计成果评价为建筑电气专项一等成果，建筑智能化设计专项二等成果。奥体文化商务园区建筑布置如图 1-8 所示。

奥体文化商务园区公共地下空间项目为地下建筑，建设规模与性质：总建筑面积：300000m^2，东西总长 800m，建筑主要功能为公共空间配套服务用房、市政空间配套用房、机房、车库、交通枢纽、综合管廊。地下 3 层，局部地上 1 层。地下二、三层分为地下空间和设置设施（市政管廊和环形隧道），其中地下空间的功能：地下三层为平战结合的人防物资库和人掩，平时为汽车库；地下二层局部为汽车库，局部为电影院、超市及设备机房；地下一层为商业配套用房预留条件。

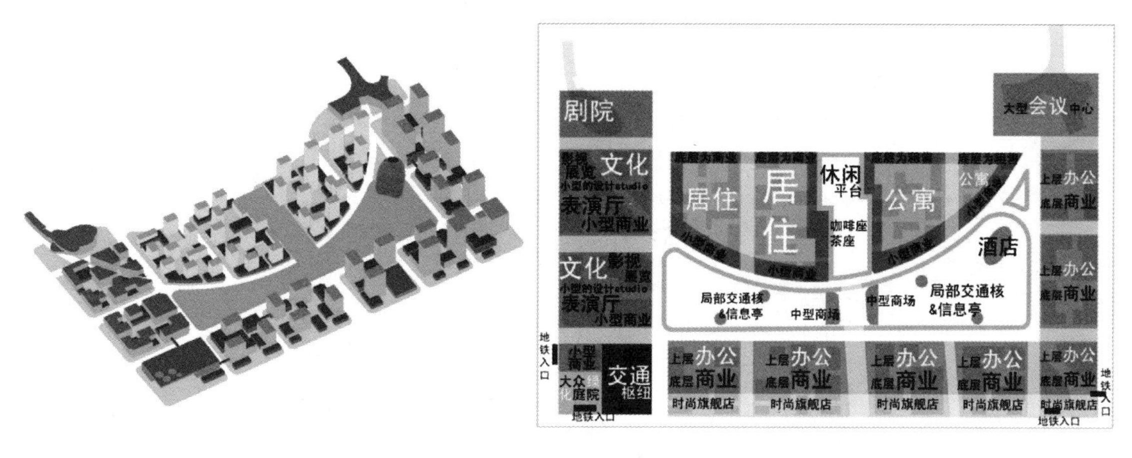

图 1-8　奥体文化商务园区建筑布置

本项目集合了建筑、景观、市政多个领域的一体化设计与施工，实现餐饮、购物、停车、地下通道、综合管廊、能源中心及人防等公共服务设施的一体化建设。综合利用市政道路红线下的空间，将人行通道、车行通道、综合管廊形成共构，并在功能用房两侧均附属了夹壁墙，空间实现了结构一体化。夹壁墙对地下空间的安全性、功能载体（包括疏散楼梯、设备通风竖井、小型设备机房、地下车库排水系统、基础底板渗、排水系统等）设置具有重要作用。

（2）变配电系统模型架构　本工程根据业态需求，体现城市地下空间的个性与独特性，同时考虑安全、环保和节能，以便于长期运行、维护，将目前国内外先进的供配电技术、照明技术、电气安全技术等运用到地下空间中，建立公共区域的供配电系统和防灾系统，使得不同用户供配电系统和防灾系统相互不受影响，信息共享，并具备可扩充性。在各部分间建立一种相互依存、相互助益的能动关系，从而形成一个多功能、高效率的综合体。积极采用绿色、低碳节能设备和技术，实现城市地下空间高效、稳定的运营，充分满足、完善地下空间功能要求的前提下，减少能耗，提高能效，实现绿色、安全可靠的运行。

由地下市政管廊引来四路独立高压 10kV 电源确保供电可靠性。将公共区域用户区分别设计，满足不同使用人群要求，保证城市综合体功能使用。设置 10kV 变电所共七座，其中五座为地下空间配电，两座为市政管廊和环隧配电，变电站及配电间布置如图 1-9 所示。总装机容量为：26120kVA。采用 ETAP 软件，建立变配电系统数字模型，对不同运行模式下的短路电流、潮流电流、可靠性等参数做模拟计算和分析，为系统搭建及设备选型提供参考和验证。根据防火分区及功能，在东区设有十个电气小间及竖井，西区设有七个，除人防区域外均能上下贯通。

本工程配电线路采用燃烧性能不低于 B_1 级的电缆及导线或封闭母线，末端采用导线吊顶内明敷的方式。由于地下空间与市政环隧结构完全分开，且层高不同，造成电气管线频繁穿越结构梁，为了保证建筑净高，也为了施工方便，采用在结构梁上按模数提前预留洞口的方式。

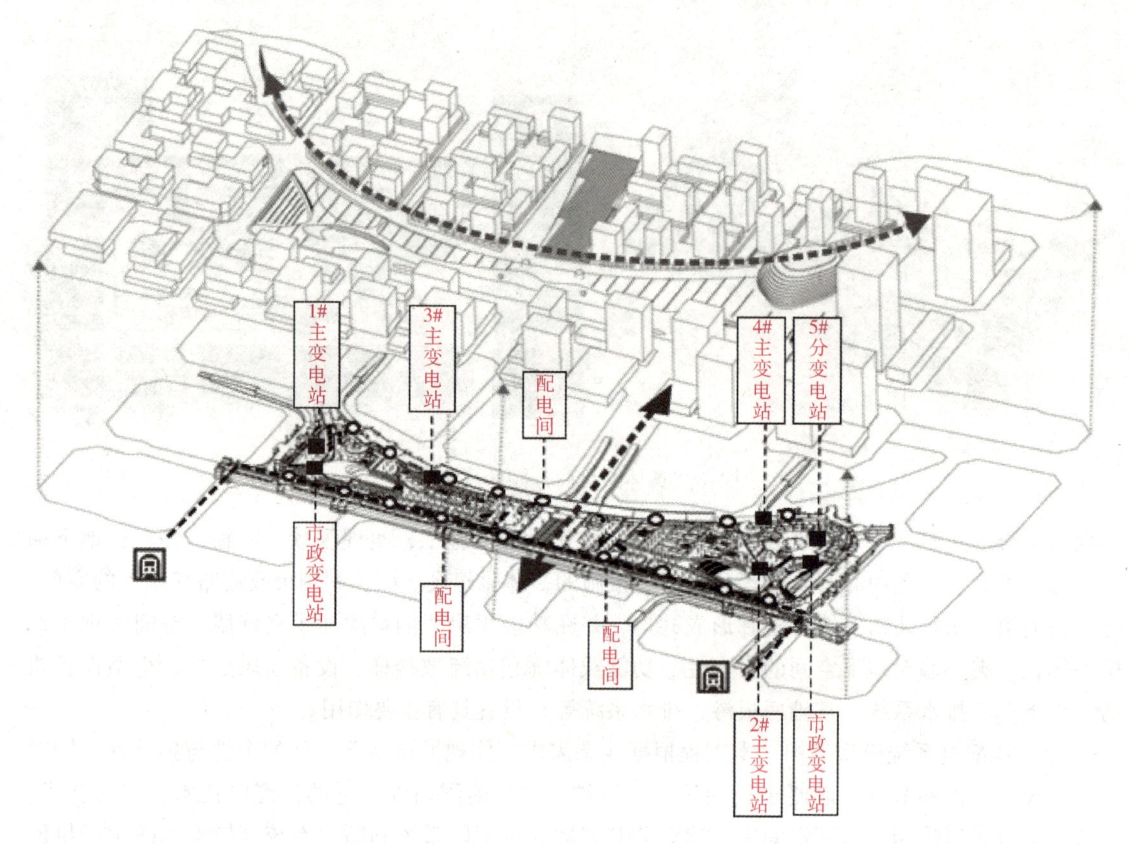

图 1-9　变电站及配电间布置

（3）智能化系统

1）智能化集成系统，本工程是集科技、技术及质量于一体的智能化建筑。通过智能感知人、车、设备、环境的信息，综合利用物联网、5G 网、云计算等技术，在数据融合的基础上，深度进行挖掘、分析，从而实现：为业主提供科学化管理手段、为商户提供开放性资源平台、为公众提供个性化目标服务。通过对建筑设备监控系统、安全技术防范系统、信息化应用系统、消防系统系统通过统一的信息平台实现集成，实施综合管理，各子系统应提供通用接口及通信协议。智能化系统平台架构如图 1-10 所示。

2）综合布线系统，网络系统实现千兆到桌面，建筑物内万兆骨干互联。支持通信系统、计算机网络系统、公共显示系统信号传输。

3）通信网络系统，电话语音通信系统采用综合业务程控交换机，系统设计简单，安装快速、便捷，布线容易、美观；通过完善的网管监控，使系统开通、调测方便、快速、准确。

4）移动通信室内信号覆盖系统，针对第四代移动通信网络（4G）的发展需求，采用第四代移动通信光纤分布覆盖系统，即无线光纤分布系统解决方案，设置联通、移动、电信等移动通信盲区覆盖系统，主要为地下层、电梯轿厢等使用。

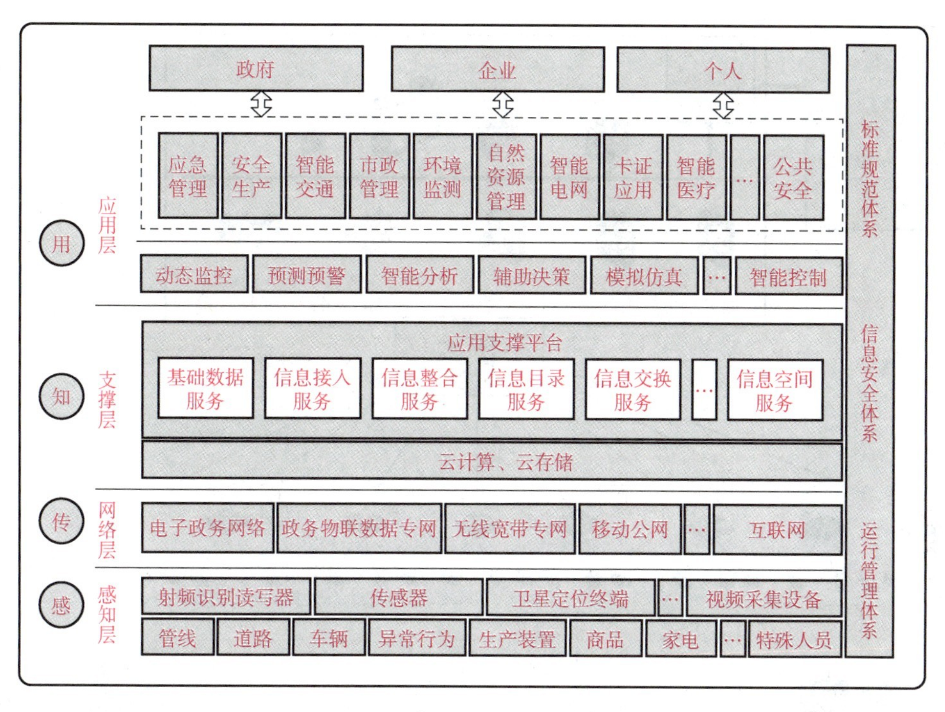

图 1-10　智能化系统平台架构

5）有线电视系统，有线电视信号由近处的 HFC 网络的光节点通过综合管廊引至地下二层电视机房。系统采用 862MHz 双向邻频传输方式。用户电平需达到 69 ± 6dB，可满足后期运营用户观看高清电视节目。

6）无线对讲系统，采用光纤直放站的接入方式，在电梯、楼梯、厨房区、后勤区、办公区、各机房等区域信号屏蔽性比较强或面积比较大的区域单独设置天线，能实现信号全覆盖。在基站处安装光纤直放站近端机，在覆盖区域安装光纤直放站远端机，使用单模光纤传输近端机与远端机之间的光信号。这样在覆盖区域来传输分配信号，以实现信号的均匀覆盖。

7）建筑设备监控系统，采用以 PLC 控制器为核心的强弱电一体化技术。冷源监控系统采用热冗余工业级双环网的高可靠性监控系统。现场设备通过中央操作站集中管理、分散控制形成分布式集散控制系统。系统从现场控制设备层直接支持以太网通信协议，以确保设备、环境网络系统的简单、可靠、易维护、易集成的总体性能。

8）安全技术防范系统，本工程设置 3 座安防控制室，其中一座为市政设施专用；地下空间东侧为主安防中心，内设显示大屏。安全技术防范系统包括视频监控系统、门禁控制系统、入侵报警系统、电子巡更系统、出入口控制系统、停车场管理系统。安防网、管理网以及公共网统一部署，组成智能化传输网，便于整个系统的数据交互。安防网、管理网系统架构如图 1-11 所示。

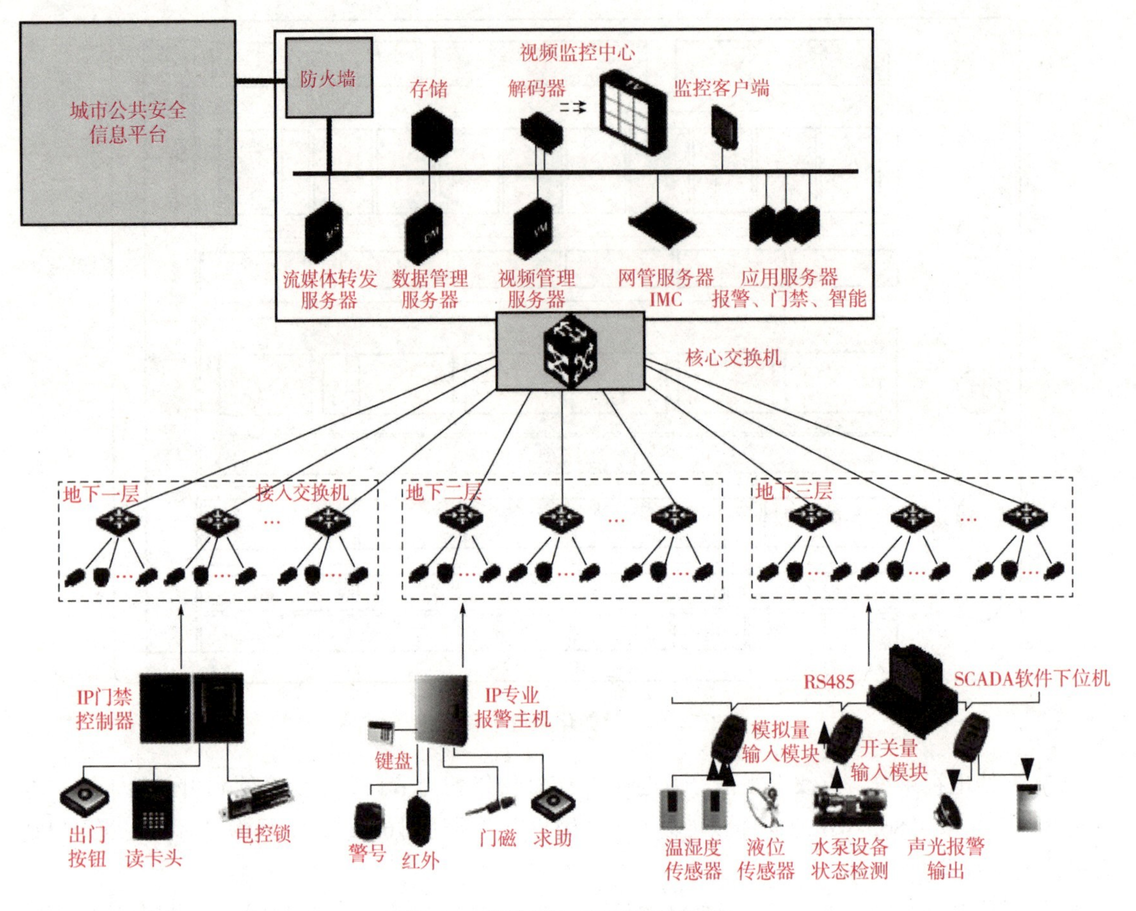

图 1-11　安防网、管理网系统架构

9）信息引导及发布系统由发布管理子系统、媒体管理子系统、内容发布子系统、设备控制子系统、传输子系统以及直播子系统六个子系统组成。在地下步行区、快速通道、室外下沉广场等处设置信息发布显示大屏，在电梯口、扶梯口等处设置信息发布终端，播放控制器在显示屏。

10）公共广播系统，有线广播主机设备设置在消防控制室，系统采用 100V 定压输出方式，火灾应急广播回路，按建筑层、防火分区分路和整个建筑广播。

11）电气消防系统，包括火灾自动报警及联动系统、应急照明及疏散指示系统、电气火灾监控系统、火灾应急广播系统等。采用总体保护方式，消防系统按规范要求和消防性能化设计要求配置。西侧设置消防主控制中心、东侧设 2 座消防分控制室，其中一座为市政设施专用；各控制室之间有通信联系；采用集中控制型应急照明和疏散指示系统。

12）机房工程，机房采用双重市电接 UPS 及动力设备供电。在机房区设置气体灭火系统，报警控制与电气系统、空调系统及门禁控制系统联动，并与大楼消防控制中心联络。

本工程实现建筑内各信息系统、网络系统、监控系统、管理系统间的互联互通和数据共享交换，通过建筑信息模式和建筑物运营及设施管理，将智能建筑物内智能化各应用系统通过模型有机地联系在一起，集成为相互关联、完整和协调的综合监控与管理系统，使系统信息高度共享和合理分配，克服以往因各应用系统独立操作、各自为政的“信息孤岛”现象，大大提高各智能化应用系统的运行效率，实现与“北京城市公共安全信息平台”的对接。

（4）低碳减排措施　本工程可再生能源采用光伏并网发电系统，发电量：140kWP。变压器采用能效等级为 2 级产品。选用节能光源（LED）和高效灯具，充分利用自然光，照明控制系统采用智能灯光控制系统。采用建筑设备监控系统和能耗管理系统。

4. 长沙梅溪湖工程案例

（1）工程概况　长沙梅溪湖工程（如图 1-12 所示）由国际广场和国际文化艺术中心组成。国际广场由两栋 230m 超高层（办公，五级旅馆）及大型商业综合体组成，南楼为定制办公楼喜达屋五星级店，其建筑面积为 131000m²。其中办公部分的建筑面积约为 65300m²，旅馆部分的建筑面积约为 6600m²。国际文化艺术中心建筑面积为 126012. 59m²，由三个相对独立的单体组成，包括一个 1800 座的大剧场、一个 500 座的小剧场（多功能厅）、一个当代艺术馆，以及为整个项目配套的零售、餐厅和咖啡厅，以及为以上公共设施配套的设备用房、剧务用房、演出用房、行政用房、停车场等。建筑使用年限是 50 年，抗震设防烈度为 6 度。本项目的全部子项均获得国家三星级认证。南塔获 LEED 金奖。梅溪湖国际广场获北京市优秀建筑电气专项二等奖、建筑智能化专项奖三等奖。梅溪湖国际文艺中心获北京市优秀建筑电气专项二等奖、建筑智能化专项奖二等奖。

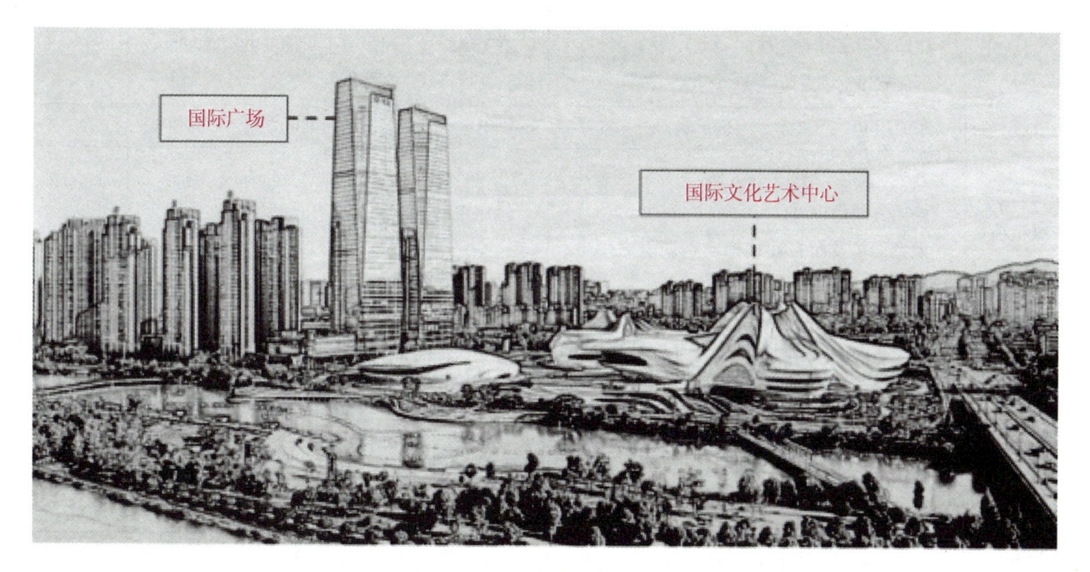

图 1-12　长沙梅溪湖工程

（2）变配电系统模型架构

1）负荷分级及供电措施。长沙梅溪湖国际广场负荷分级及供电措施见表 1-1。

表 1-1　长沙梅溪湖国际广场负荷分级及供电措施

负荷级别	用电负荷名称	供电电源/互投方式	备注
特级负荷	安防系统用电，各智能化系统用电	供电电源：双路市电＋柴油发电机备用母线段；互投方式：电源末端互投	系统自带UPS电源
	火灾自动报警系统用电	供电电源：双路市电＋柴油发电机备用母线段；互投方式：电源末端互投	系统自带UPS电源
	应急照明系统（应急疏散照明、备用照明） 消防各设备用电	供电电源：双路市电＋柴油发电机应急母线段；互投方式：电源末端互投	集中电源集中控制系统
	旅馆运营相关的各弱电系统及其机房电源、旅馆运营相关的各管理系统的电源；厨房冷库用电；旅馆客梯用电；总统套房；航空障碍照明；大堂接待处及电动旋转门电源；旅馆二十四小时空调系统等 部分办公楼客梯用电	供电电源：双路市电＋柴油发电机应急母线段；互投方式：电源末端互投	旅馆管理公司要求
一级负荷	公共区域照明，旅馆厨房照明、旅馆宴会厅照明、康乐设施等场所的照明、生活给水系统、排污泵，办公客梯用，客房应急插座；生活水泵、排污泵、擦窗机 大型商场及超市营业厅备用照明	供电电源：双路市电；互投方式：电源末端互投或集中互投	
	旅馆宴会厅厨房电力 部分旅馆空调负荷	供电电源：单路市电＋柴油发电机应急母线段；互投方式：专路供电	
	车库用电	供电电源：双路市电；配电方式：专路供电	
二级负荷	办公大堂自动扶梯、货梯 旅馆其他用电 大型商场及超自动扶梯、空调电力用电、货运电梯	供电电源：单路市电，低压联络；配电方式：专路供电	
三级负荷	普通空调、普通机房、库房、附属用房等照明及一般动力负荷等	供电电源：单路市电故障时，单台变压器或线路故障，即停掉此负荷	

长沙梅溪湖国际文化艺术中心负荷分级及供电措施见表 1-2。

表 1-2　长沙梅溪湖国际文化艺术中心负荷分级及供电措施

负荷级别	用电负荷名称	供电电源/互投方式	备注
特级负荷	主要业务和计算机系统照明、调光用计算机系统用电	供电电源：双路市电＋柴油发电机备用母线段；互投方式：电源末端互投	系统自带UPS电源

（续）

负荷级别	用电负荷名称	供电电源/互投方式	备注
一级负荷	消防设备、走道照明、值班照明、警卫照明、安防系统用电、电子信息设备机房用电、客梯用电、排污泵、生活水泵用电、舞台照明、贵宾室、演员化妆室、舞台机械设备、电声设备等	供电电源：双路市电；互投方式：电源末端互投或集中互投	
二级负荷	观众厅照明、空调机房、锅炉房等	供电电源：单路市电，低压联络；配电方式：专路供电	
三级负荷	不属于一、二级用电设备的负荷	供电电源：单路市电故障时，单台变压器或线路故障，即停掉此负荷	

2）电源。长沙梅溪湖国际广场电源由上级两处110kV变电站共引来6路10kV电源至建筑物内设置的开闭站。各变电所均由开闭站不同母线段引来1路10kV专线电源；每路均能承担本工程全部一、二负荷，两路10kV电源同时工作互为备用。长沙梅溪湖国际文化艺术中心采用10kV电源供电，从2个不同的市政电站引两路电源（两路电源互为备用，平时各带50%负荷，其中一路故障时，另一路可负担100%的负荷）。

3）自备应急电源。长沙梅溪湖国际广场B1层设置1台1600kW柴油发电机组。B1层南塔旅馆柴发机房设置1台1600kW柴油发电机组。长沙梅溪湖国际文化艺术中心大剧场设置1台1600kW柴油发电机组；小剧场设置1台500kW柴油发电机组；艺术馆设置1台800kW柴油发电机组。

当两路10kV独立高压电源均失电时，启动相应柴油发电机，启动信号送至柴油发电机房，信号延时0～10s（可调）自动启动柴油发电机组，柴油发电机组15s内达到额定转速、电压、频率后，投入额定负载运行。柴油发电机的相序，必须与原供电系统的相序一致。当市电恢复30～60s（可调）后，自动恢复市电供电，柴油发电机组经冷却延时后，自动停机。

消防控制中心、电子计算机房等，按要求配置专用的UPS不间断电源。

4）变电所及变压器设置。项目按照建筑功能、日后管理设置变电所，使用变电所深入负荷中心，提高了用电可靠性，避免了投资的增加；减少事故面；各建筑业态独立计量并设有公共建筑能耗监测，有利于各业态使用部门的能源消耗记录和考核。

长沙梅溪湖国际广场设置5处高压总配电室，总共11个变电所共28台变压器。其中：商业1#变电所B2设置4台1600kVA变压器，负载率约为75%；商业2#变电所B2设置4台1250kVA变压器，负载率约为74%；商业3#变电所B2设置2台2000kVA变压器，负载率约为75%；超市变电所B1设置2台800kVA变压器，负载率约为76%；超市动力站B1设置2台400kVA变压器，负载率约为80%；动力站B1设置2台2000kVA变压器，负载率约为81%；10kV制冷机容量：4台1500kW的制冷机组；超高层南塔办公B1变电所设置4台1250kVA变压器，变压器负载率70%；

超高层南塔旅馆B1层低区变电所设置2台1600kVA变压器，变压器负载率71%；超高层南塔旅馆三十七层高区变电所设置2台800kVA变压器，变压器负载率72%；超高层北塔B1办公低区变电所设置2台2000kVA变压器，变压器负载率71%；超高层北塔三十七层办公避难层变电所设置2台1600kVA，变压器负载率70%。

长沙梅溪湖国际文化艺术中心在地下一层设置5处变电所。1#变电所位于大剧场地下一层，设置2台1600变压器和2台1250kVA变压器，为大剧场建筑用电、舞台供电；2#变电所位于大剧场地下一层，设置2台2000kVA变压器，为大剧场建筑用电、制冷主机房供电；3#变电所位于小剧场地下一层，设置2台1000kVA为小剧场建筑用电、舞台供电；4#变电所位于艺术馆地下一层，设置2台1000kVA变压器，为艺术馆建筑供电；5#变电所位于艺术馆地下一层，设置2台1000kVA变压器，为艺术馆建筑用电、制冷主机房供电。

5）低压配电系统采用TN-S系统，低压为单母线分段运行，联络开关为自投自负/自投不自负/手动转换开关。对于单台容量较大的负荷配电线路布线系统采用放射式供电，对于照明及一般负荷配电线路布线系统采用树干式与放射式相结合的供电方式。出租单元内设置租户隔离开关箱。对重要设备如消防用电设备、信息网络设备、消防控制室、中央控制室等均采用双回路专用电缆供电，在最末一级配电箱处设双电源自投。舞台灯光、舞台机械等供电采用双母线供电方式。

长沙梅溪湖国际文化艺术中心为避免干扰，舞台灯光和机械负荷由不同的变压器供电，并就地设置有源滤波器；设置隔离变压器为舞台音响设备提供纯净电源。

（3）防灾系统

1）本工程属于人员密集的公共建筑物，为第二类防雷建筑物，电子信息系统雷电防护等级为B级。利用建筑物的金属屋面兼做接闪器。所有凸出屋面的金属体和构筑物应与接闪装置可靠连接。为预防雷电电磁脉冲引起的过电流和过电压，在变压器低压侧、向重要设备供电的末端配电箱的各相母线上、由室外引入或由室内引至室外的电力线路、信号线路、控制线路、信息线路等设置电涌保护器（SPD）。建筑物做总等电位连接，在配变电所内安装一个总等电位连接端子箱，将所有进出建筑物的金属管道、金属构件、接地干线等与总等电位端子箱有效连接。所有弱电机房和电梯机房均做辅助等电位连接。剧场舞台工艺用房均预留接地端子。

2）长沙梅溪湖国际广场在商业楼首层设置本综合体的消防控制中心，在南塔旅馆地下一层设有旅馆的消防控制室，在北塔办公地下一层设有办公的消防控制室，长沙梅溪湖国际文化艺术中心设置消防控制室。消防控制室之间相互连通，组成可分可合的消防控制系统，并可实现主消防控制中心与各分消防控制中心之间主控和分控功能。预留向上级单位输出的接口。

（4）智能化系统　智能化系统设计需要结合建筑艺术、功能空间、机电设施等多种建筑元素，运用现代化科技手段与先进的数字技术，实现建筑服务功能的人性化、便利化和科学化。建立一个多元化的集成平台，消除建筑综合体间自然形成的空间隔阂，自动控制调节风、水、电、光等机电设备，监视建筑物内空气、光照、火灾、安保等环境状况，从而实现建筑综合体的安全、节能、绿色、低碳的运行目标。各子系统应满足国家、地方和行业的相关规范及标准的要求，并满足各产业管理公司的运营管理的要求。各子系统应综合考虑到观演、旅馆、公寓及办公等网络安全性；商业购物中心高质量、高舒适性的购物环境、快捷的信息通信、完善的经营管理、方便的系统运营维护等方面的需求。各子系统应采用先进、成熟的实用技术。为兼顾综合体各运营管理团队的需要，该系统应充分考虑扩展功能需求，具有开放性、兼容性、实时性。使各个子系统做到统一规划，合理设计，选择成熟、稳定的产品，要求在设计完成后所确认的弱电系统在应用时具有稳定的性能，能够保证全天候、24h 的不间断运行。在满足各子系统性能需求的情况下，优化各系统设计，达到有效控制投资成本和降低系统运行、维护成本的目的。设施和设备管理考虑全面采用物联网技术，通过物联网技术全面提升基础设施的智慧化程度，信息资源共享能力，达到高效快捷的管理、实现信息的资源共享，优化管理流程，提升工作效率，杜绝差错。

长沙梅溪湖国际广场打造智慧城市综合体的概念。长沙梅溪湖国际文化艺术中心网络核心层采用两台万兆核心交换机，接入层采用千兆交换机，确保网络高性能、高稳定和扩展性。艺术馆藏品区按一级防护工程设计，设周界报警系统，并在藏品库房设置室内振动电缆报警。配合实现舞台专业的联控需求，如联动风机进行特效排风/烟、联动机械设备配合人员疏散等。网络、安防主机房设环境监测系统，在机柜处设温湿度传感器，配电柜设电压传感器，防静电地板下设漏水检测传感器等。采用通过建筑设备监控系统、智能照明控制系统等节能手段。

二、设计验证

1. 设计验证概念

设计验证（Design Verification）是指对设计文件所进行的检查，以确定设计工作是否达到了指导工程建设的目标。设计自我验证与设计中验证是不同的，广义上讲，设计中验证对于建筑电气工程师是一种“被动”行为，而设计自我验证可以将验证这一“被动”行为转变成“主动”行为。设计自我验证以多学科的研究成果为基础，综合地探讨设计自我验证的功能和作用具有重要的理论和现实意义，设计自我验证不仅具有独特的自我功能，促进自我发展、自我完善、自我实现，而且具有重要的社会功能，极大地影响人与人之间的交往方式。在认知方面，有助于形成稳定的自我概念，在多变的环境中支撑着我们的信心，从而能更好地把握主动；在实用方面，使得他人对我们的看法与我们对自己的看法一致，我们自认为的身份得到普遍的承认，则我们的交往也变得可预测，交往也会更加顺利。由于设计自我验证的功能发挥是以正确地认识自我为前提的，设计自我验证需要的不仅仅是技术和经验，更需要自律和总结，为了充分实现它的功能和作用，还必须探讨正确地验证自我的途径和方法。建筑电气设计验证包括国家、行业规定和业主响应度、基础理论响应度、设计文件编制深度、专业配合程度。

2. 设计验证方法

（1）人员评估　验证需要对设计人员进行评估，其中包括执业能力、敬业精神、工作表现、团队协作。执业能力主要评估的是人员对工作对应的职位所必需的技能和知识；敬业精神主要评估的是人员的奉献精神、性格特征以及在工作中的注意力、计划性和责任心，及其行为习惯、思维方式等；工作表现主要评估的是从事的工作完成的效果，既可以通过定量的方式来衡量，也可以通过定性的方式来衡量，包括其职业发展能力、积极性和创新性等；团队协作主要评估的是人员在团队中的合作精神、分享精神和服务精神等。

（2）过程配合　设计验证需要配合完成的事情有很多，配合不好造成严重内耗的情形也有很多。这需要验证人与被验证人对齐目标和对齐实现目标的关键因素，涉及目标的信息越具体越好，比如工程重要性、设计文件承诺交付时间等都要同步传达给设计人员。

（3）技术关联　是指设计过程中不同电气系统之间的技术具有相互影响、相互补充的关联性。建筑电气系统之间应是相互依存和相互助益的，当验证发现在某一环节或某一技术出现问题时，应验证其关联环节和技术，使得建筑实现其功能，体现电气技术的应用价值。

（4）推理论证　设计中采用的新技术，需要运用推理论证方法论证技术的合理性，这是需要根据几个已知的判断，确定得出一个新判断的思维过程。推理分为合情推理和演绎推理。合情推理需要由几个现有的已知判断，根据验证人的经验和认知范围，确定得出一个新判断的推理方法。合情推理又分类为归纳推理和类比推理。归纳推理又分类为完全归纳推理与不完全归纳推理。演绎推理是由几个现有的已知判断，经过严格的逻辑推理论证，确定得出一个新判断的推理方法，演绎推理又分类为综合法（数学归纳法，比较法，函数法，几何法，放缩法，同一法等），分析法，反证法。

3. 验证内容

（1）设计依据　建筑类别、性质、结构类型、面积、层数、高度等；引入有关政府主管部门认定的工程设计资料，如供电方案、消防批文等；相关专业提供给本专业的资料；采用的设计标准。

（2）设计分工　电气系统的设计内容；设计分工界别；市政管网的接入；图号和图名与图签一致性；会签栏、图签栏内容。

（3）总平面　市政电源和通信管线接入的位置、接入方式和标高；变电所、弱电机房等位置；线缆型号规格及数量、回路编号和标高；管线穿过道路、广场下方的保护措施；室外照明灯具供电与接地。

（4）变、配、发电系统　负荷容量统计；高、低压供电系统接线形式及运行方式；明确电能计量方式；无功补偿方式和补偿后的参数指标要求；柴油发电机的启动条件；高压柜、变压器、低压柜进出线方式。

1）高压供电系统图。各元器件型号规格、母线规格；各出线回路变压器容量；开关柜编号、型号、回路号、二次原理图方案号、电缆型号规格；操作、控制、信号电源形式和容量；仪表配备应齐全，规格型号应准确；电器的选择与开关柜的成套性、符合性。

2）继电保护及信号原理图。继电保护及控制、信号功能要求，选用标准图或通用图的方案应与一次系统要求匹配；控制柜、直流电源及信号柜、操作电源选用产品。

3）低压配电系统图。低压一次接线图安全、可靠、管理等系统需求；各元器件型号规格、母线规格；设备容量、计算电流、开关框架电流、额定电流、整定电流、电缆规格等参数；断路器需要的附件，如分励脱扣器、失压脱扣器；注明无功补偿要求；各出线回路编号与配电干线图、平面图一致；注明双电源供电回路主用和备用；电流互感器的数量和变比应合理，应与电流表、电度表匹配。

4）变电所平面布置图。高压柜、变压器、低压柜、直流信号屏、柴油发电机的布置图及尺寸标注；设备运输通道；各设备之间、设备与墙、设备与柱的间距；房间层高、地沟位置及标高、电缆夹层位置及标高；变电所上层或相邻是否有用水点；变电所是否靠近振动场所；变电所是否有非相关管线穿越；低压母线、桥架进出关柜的安装做法、与开关柜的尺寸关系应满足要求；平面标注的剖切位置应与剖面图一致性。

5）柴油发电机房平面布置图。油箱间、控制室、报警阀间等附属房间的划分；发电机组的定位尺寸标注清晰，配电控制柜、桥架、母线等设备布置；柴油发电机房位置应满足进风、排风、排烟、运输等要求；注明发电机房的接地线布置，各接地线的材质和规格应满足系统校验要求。

（5）电力系统　电气设备供配电方式；配置水泵、风机等设备控制及启动装置；线路敷设方式、导线选择要求。

1）电力、照明配电干线图。配电干线的敷设应考虑线路压降、安装维护等要求；注明桥架、线槽、母线的规格、定位尺寸、安装高度、安装方式及回路编号；电源引入方向及位置；配电干线系统图中电源至各终端箱之间的配电方式应表达正确清晰；配电干线系统图中电源侧设备容量和数量、各级系统中配电箱（柜）的容量数量以及相关的编号等；电动机的启动方式合理性；开关、断路器（或熔断器）等的规格、整定值标注；配出回路编号、相序标注、线缆型号规格标注、配管规格等；标注配电箱编号、型号、箱体参考尺寸、安装方式。

2）电力平面图。电力配电箱相关标注与配电系统图一致性；用电设备的编号、容量等；桥架、线槽、母线的规格、定位尺寸、安装高度、安装方式及回路编号；导线穿管规格、材料，敷设方式。

3）控制原理图。设备动作和保护、控制连锁要求；选用标准图或通用图的方案与一次系统关系。

（6）照明系统　照明种类、照度标准、主要场所功率密度值；明确光源、照明控制方式、灯具及附件的选择；灯具安装方式、接地要求；照明线路选择及敷设；应急疏散照明的照度、电源形式、灯具配置、线路选择、控制方式、持续时间；线路敷设方式、导线选择要求。

（7）照明平面图　照明配电箱相关标注应与配电系统图一致性；灯具的规格型号、安装方式、安装高度及光源数量应标注清楚；每一单相分支回路所接光源数量、插座数量应满足要求；疏散指示标志灯的安装位置、间距、方向以及安装高度；照明开关位置、所控光源数量、分组应合理；照明配电及控制线路导线数量应准确；注明导线穿管规格、材料，敷设方式。

（8）线路敷设　缆线敷设原则；电缆桥架、线槽及配管的相关要求。

（9）防雷接地　建筑年预计雷击次数；防直击雷、侧击雷、雷击电磁脉冲、高电位侵入的措施；接闪器、引下线、接地装置；总等电位、辅助等电位的设置；防雷击电磁脉冲和防高电位侵入、防接触电压和跨步电压的措施。

1）防雷及接地平面。接闪器的规格和布置要求；金属屋面的防雷措施；高出屋面的金属构件与防雷装置的连接要求；防侧击雷的措施；防雷引下线的数量和距离；防接触电压和跨步电压的措施；接地线、接地极的规格和平面位置以及测试点的布置，接地电阻限值要求；防直击雷的人工接地体在建筑物出入口或人行道处的处理措施；低压用户电源进线位置及保护接地的措施；等电位联结的要求和做法；智能化系统机房的接地线的布置、规格、材质以及与接地装置的连接做法。

2）接地系统。系统接地线连接关系；接地线选用材质和规格、接地端子箱的位置。

（10）电气消防　系统组成；消防控制室的设置位置；各场所的火灾探测器种类设置；消防联动设备的联动控制要求；火灾紧急广播的设置原则，功放容量，与背景音乐的关系；主电源、备用电源供给方式，接地电阻要求；线缆的选择、敷设方式。

1）火灾报警及联动系统图。消防水泵等联动设备的硬拉线；应急广播及功放、备用功放等中控设备容量；火灾探测器与平面图的设置应一致；电梯、消防电梯控制；消防专用电话的设置；强启应急照明、强切非消防电源的控制关系；消防联动设备控制要求及接口界面；火灾自动报警系统传输线路和控制线路选型要求。

2）火灾报警及联动平面。探测器安装位置；消防专用电话、扬声器、消火栓按钮、手动报警按钮、火灾警报装置安装高度、间距；联动装置应有连通电气信号，控制管线应布置到位；消防广播设备应按防火分区和不同功能区布置；传输线路和控制线路的型号、敷设方式、防火保护措施。

（11）人防工程（略）

（12）智能化系统　各系统末端点位的设置原则；各系统机房的位置；各系统的组成及网络结构；与相关专业的接口要求；智能化系统机房土建、结构、设备及电气条件需求。

1）智能化系统图。系统主要技术指标、系统配置标准；表达各相关系统的集成关系；表示水平竖向的布线通道关系；明确线槽、配管规格与线缆数量；电子信息系统的防雷措施；建筑设备监控系统，绘制监控点表，监控点数量、受控设备位置、监控类型等；有线电视和卫星电视接收系统明确与卫星信号、自办节目信号等的系统关系；安全技术防范系统与火灾报警及联动控制系统等的接口关系；广播、扩声、会议系统明确与消防系统联动控制关系。

2）智能化平面。接入系统与机房的设置位置；室外线路走向、预留管道数量、电缆型号及规格、敷设方式；系统类信号线路敷设的桥架或线槽应齐全，与管网综合设计统筹规划布置；智能化各子系统接地点布置、接地装置及接地线做法，以及与建筑物综合接地装置的连接要求，与接地系统图标注对应；各层平面图包括设备定位、编号、安装要求，线缆型号、穿管规格、敷设方式，线槽规格及安装高度等；采用地面线槽、网络地板敷设方式时，核对与土建专业配合的预留条件。

（13）电气设备选型　主要电气设备技术要求、环境等特殊要求。

（14）电气节能　采用的电气系统节能措施；节能产品；提高电能质量措施。

（15）绿色建筑设计　绿色建筑电气设计目标；绿色建筑电气设计措施及相关指标。

（16）主要设备表　主要设备名称、型号、规格、单位、数量。

（17）计算书　计算公式、计算参数。

1）负荷计算，包括变压器选型、应急电源和备用电源设备选型；无功功率补偿；电缆选择稳态运行。

2）太阳能光伏发电系统设计时，应计算系统装机容量和年发电总量。

3）短路电流计算，电气设备选型要求。

4）电压损失计算，配电导体的选择。

5）照明计算，照度值计算；照明功率密度值计算。

6）防雷计算，年预计雷击次数计算；雷击风险评估计算。

7）电气系统碳排放计算，照明系统碳排放计算；电梯系统碳排放计算等。

三、设计管理

复合建筑规模大，业态多，人员密集，工程建设周期长，为了合理利用设计资源，在资源整合、计划管控、施工组织、沟通协调等环节需要提升，以管理创造效益，解决企业内部不同设计人员的沟通，有效设计管理就显得非常重要。电气设计管理就是要根据使用者的需求，有计划有组织地进行电气设计研究活动；有效地积极调动设计师和工程建造者的开发创造性思维，以更合理、更科学的方式工作，为社会创造更大价值而进行的一系列设计策略、设计活动与工程建设的管理。电气设计管理包括设计目标管理、设计程序管理、质量管理、知识产权管理、指导施工把控质量管理和协调管理相关工程建设参与方责任等。设计管理主要体现在制定设计规则、有效沟通、用好时间、做好设计总结。

1. 制定设计规则

制定规则是做好工程设计的主要环节，在规则中要针对工程项目特点，对设计目标提出明确要求以及为实现目标采取的具体措施，主要包括总体要求、收集资料、工程设计过程控制、设计配合与分工、关键技术、设计文件表达、设计验证及协调工作等内容。

2. 有效沟通

沟通是人与人之间、人与群体之间思想与感情的传递和反馈的过程，以求思想达成一致和感情的通畅。建筑电气设计的沟通环节涉及的人有主管部门领导、客户和内部团队成员，涉及部门很多，要做到有效沟通，就要学会倾听，做好情绪管理，有效解决矛盾。高品质的沟通应把注意力放在结果上，而不是情绪上。沟通应该从心开始，情绪不好，心里话会说不出来，真心话也听不进去，表达的内容往往会被扭曲和误解。

3. 用好时间

用好时间可以帮助人们在更短的时间内完成更多的事情，在工作或职业生涯上取得成功，用好时间不是一种才能，而是任何人都可以培养的一种技能，要学会将时间聚零为整，根据不同的情况灵活采用集中式或分散式处理方式用好时间。时间管理理论的一个重要观念是应有重点地把主要的精力和时间集中地放在处理那些重要但不紧急的工作上，必须学会如何让重要的事情变得很紧急，这样可以做到未雨绸缪，防患于未然。时间管理要求集中自己的大的整块时间进行某些问题的处理，既要学会化整为零，也要学会聚零为整，将要做的事情根据优先程度分先后顺序。

做好的事情要比把事情做好更重要，做好的事情，是有效果，把事情做好仅仅是效率，要追求办事效果。

4. 做好设计总结

设计总结是设计后对工作的完成情况，包括取得的成绩、存在的问题及得到的经验和教训加以回顾和分析，为今后的工作提供改进的设计工作方法。总结需要定位准确和实事求是，只有定位准确，才不至于再次盲目地犯错误，只有实事求是，才能总结出适合自己的经验，避免重蹈过去的教训，才能给自己的成长带来强有力的生命力，使自己在设计中保持旺盛的生命力。总结经验教训要有学习他人的勇气，通过对以往设计工作的总结，可以积累工作经验和能力，掌握分析方法，实事求是地总结以往成功与失败，经验与教训，正确对待失误和成功。分析失误真正的原因和诱因，并在未来的工作中灵活运用，为今后的工作确立合理的目标，明确未来发展的方向。

第三节　复合建筑电气发展趋势

随着大城市人口数量和人口密度的不断增加，与人们息息相关的城市生态环境问题越来越受到重视，以公共交通为导向的城市开发模式是现代城市文明的重要体现，也使得城市空间的立体复合利用成为城市建设重要的组成部分。采用绿色、低碳、韧性、智慧技术作为新时期片区地下空间的提升手段，将助力建筑向高质量发展、高品质生活、高效能治理继续迈进。建筑技术的发展也极大地提高了行业的效率、安全性和可持续性。复合建筑更加要融入人为本、环境优先的观念，营造人与自然和谐相处的生态文明环境、建筑的高效利用资源和高效的管理，打造健康城市元素。

一、绿色、低碳技术

绿色建筑是在全生命期内，节约资源、保护环境、减少污染，为人们提供健康、适用、高效的使用空间，最大限度地实现人与自然和谐共生的高质量建筑。节能减排是推动绿色建筑发展的重要方面，它涉及节约能源、减少污染、改善环境质量等方面。建筑运行的全生命周期中，运用智慧建筑的数据服务能力与AI能力，通过对复合建筑中的空调系统、照明系统、电梯系统及其他用能系统的能耗、能效管理，各类用能设备的最优运行管理，在建筑全生命发展周期中保持能源消耗和二氧化碳水平处于较低水平。可以减少能源消耗，减少污染物的排放，改善环境质量，塑造环境友好、良性可持续的生态体系，从而实现维持建筑高效、节能、低碳运行的目标。

1. 建筑电气化

电气化程度是指电力供应者所消费的一次能源需求的百分数，电气化程度与社会经济发展水平、居民收入水平、能源供应结构等因素密切相关，电气化可以大大提高劳动生产率和人民生活水平。建筑中的能源存在可再生能源、太阳能、风能等多能耦合使用，这对智能配电系统的管理提出更高要求。这些要求包括配电网络中的电力配送将变得自动化程度更高、更灵活，这将改善配电网络中的供电可靠性，提升效率；通过电源管理将可再生能源接入以优化电力产能、满足需求；使用新技术改善能源管理。采用智能配电系统就是一种很好的解决方案，构建复合建筑供配电系统的数字底座，通过对供配电系统的数据采集、数据分析、智能控制和智能服务及对能源使用、电气资产、运行维护等全面地精耕细做和深度管理，提升供配电系统的可靠性和能效潜力。

1）能源使用方面可以通过能耗数据的统计，实时采集供配电系统的各种数据，深度分析和优化节能策略；电气资产方面可以通过多维度查询及资产报告，电气设备状态评估分析；运行维护方面可以通过电气设备状态实时监控，移动运维跟踪管理。

2）运行主动维护方面可以通过大数据分析技术，对采集的数据进行分析，从而发现供配电系统的异常现象，预测设备使用状态及寿命、预判负荷使用趋势、预知电能质量事件对设备潜在破坏程度、预警安全隐患，精确定位。

3）运用智能控制系统，共享数字化体验实现互联互通。通过 PC、通过手机、通过 iPAD，实现与设备的实时对话，实现故障定位、能耗呈现、资产统计、运维跟踪、状态监测，从而提高工作效率和工作质量。

2. 环境保护

环境保护是推动绿色发展的重要方面，它涉及保护生态环境、改善环境质量等方面。能源发展模式正在向集中式与分散式相结合转型，围绕新能源合规并网，用能成本最低和自消纳最大化原则，通过构建电力系统数字孪生技术对配网承载力分析，对新能源并网合规性检查、提升分布式能源并网质量，对分布式电能质量治理，对负荷聚集管理等方式能够优化基础设施投资，有效构建坚强柔性电网。通过环境保护，可以保护生态环境，发展“互联网+”智慧能源系统，扎实提高电网资源配置能力，深度挖掘探索复合建筑与智慧社区建设领域中如何搞好建筑设计的智能化工作，全面满足各类应用场景（从暂态到稳态）的技术需求，改善环境质量，从而达到推动绿色发展的目的。

3. “光储直柔”

“光储直柔”系统是一种结合了光伏发电、储能技术以及柔性配电技术的综合性系统，能够充分利用太阳能平衡光伏发电和电力需求之间的矛盾，实现电能的柔性配送，使得供电更加灵活、可靠。同时，“光储直柔”配电系统采用清洁能源进行发电，可以减少化石能源的消耗和环境污染，系统的运行过程中产生的噪声和废气等污染物也较少，具有很好的环保性能。“光储直柔”配电系统对于推动能源转型，提升能源供应的安全性和稳定性，减少能源浪费和排放有着关键作用，是一种具备巨大的发展潜力和实用价值的综合性系统，将会在未来的能源领域中发挥越来越重要的作用。

4. 建筑数字化

建筑技术的主要新兴趋势之一是建筑信息模型（BIM）。设计师应进一步推进 BIM（Building Information Modeling）在技术应用、在线协同设计等建筑电气设计工作中的渗透。将建筑或基础设施项目进行数字表示，封装其所有物理和功能特征，通过采光模拟、风模拟、日照分析、太阳辐射热分析、室内照度分析等，太阳能与风力发电量等方面进行分析评估，优化能源使用效率，提高绿色能源占比，降低建筑化石能源消耗。在设计手段上通过BIM建模，实现三维渲染，助力提高建设项目的质量、控制工期、降低成本。通过准确快速计算工程量优化设计、在施工开始前识别潜在冲突、减少施工期间的错误和返工，提升施工预算的精度与效率，为企业制定精确计划人工和材料、实现限额领料、消耗控制提供有效支撑，从而大大减少资源、物流和仓储环节的浪费。通过合同、计划与实际施工的消耗量、分项单价、分项合价等数据的多算对比，实现对项目成本风险的有效管控。此外，随时随地直观快速地将施工计划与实际进展进行对比，能大大减少建筑质量问题、安全问题，减少返工和整改。用BIM的三维技术在前期还可以进行碰撞检查，优化工程设计，减少在建筑施工阶段可能存在的错误损失和返工的可能性。工程量信息可根据时空维度、构件类型等汇总、拆分、对比分析等，为决策者工程造价项目管理、进度款管理等提供决策依据，为建筑数字化发展奠定基础。

建筑数字化可以通过打造一体化数字平台，全面整合建筑内部信息系统，强化全流程数据贯通，加快全价值链业务协同，可形成数据驱动的智能决策能力，提升建筑整体运行效率和产业链上下游协同效率。

二、韧性、智慧技术

可持续发展是推动绿色发展的重要方面，它涉及节约资源、保护生态环境等方面。复合建筑的韧性是指复合建筑能在受到破坏时有自我恢复能力，因此，安全性与长效性特别重要。当灾害发生的时候能承受冲击，面对灾害来临时系统的风险抵御承受力以及灾后的缓冲能力和恢复能力，快速应对、恢复，保持建筑功能正常运行，并通过适应来更好地应对未来的灾害风险。

1. 复合建筑韧性体现在防雷、防火、防水（涝）方面措施

1）复合建筑物防雷目的是提高建筑物和设备对雷击的抵抗能力，减少雷电危害事故的发生。防雷分类的不准确会导致建筑物防雷技术措施存在隐患，有时也会造成防雷施工成本升高，造成资源浪费。

2）电气防火设计要注重“防”和“消”结合，“防”意在火灾初期能尽早发现火灾，有效疏散人员，防止火灾蔓延和扩大火势。“消”意指发生火灾之后，要保障消防设备可靠工作进行灭火。

3）复合建筑设计应充分考虑地震力的影响，遵照“小震不坏，中震可修，大震不倒”的指导原则，根据地震力的影响，电气系统设计能够防水平滑动及位移、防倾倒、防坠落、防不均匀沉降、防电气火灾等引起的次生灾害。

4）复合建筑应避免电气设施和重要场所受到水淹造成损毁，确保电气设备和智能化设备能够全天候工作，准确、快速地接收和处理警报信息，防止水灾带来电气和智能化系统的中断等引发的次生灾害及经济损失。

2. 全光网络发展

随着通信技术迅猛发展，电信业务向综合化、数字化、智能化、宽带化和个人化方向发展。基于绿色发展要求，着眼于绿色建筑全生命周期，以太全光网络作为支撑数字经济发展的网络基础设施的关键技术底座，相比传统网络，利用光纤代替铜缆，可以弥补传统铜缆碳排放过高的问题，将支持传统产业转型升级，为构建数字建筑提供有力支撑。以太全光网络将由“多张网”加速向“一张网”转变，同时承载起有线、无线、物联等业务，实现一网多用，并可根据业务需求，发布更为灵活、安全、稳定、低时延的业务专网，以实现园区集约化网络基础设施建设。随着无线通信技术的发展，WLAN 将提供更高的传输速率和更好的覆盖范围，来支撑高清视频会议、VR/AR 应用、大数据传输等场景应用在园区内的使用。未来的复合建筑全光网络将向超大容量、超低时延的高品质 400G/800G 超高带宽网络演进。以太全光网络技术更有利于促进建筑行业绿色低碳转型和高质量发展，以太全光网络设备能耗将进一步降低，尤其是接入设备，在降低能耗的同时，将持续向小型化、美观化演进，以使得光纤替代更多铜缆，进入更多房间，最终助力园区全光网络持续向低碳化迈进。从绿色设计上弥补建筑智能化网络设计缺陷，实现建筑“从里到外”的全面绿色化设计，践行绿色、低碳、循环的建设发展方式。利用 SDN 技术，实现复合建筑网络的自动化运维，利用 AI 技术来优化网络的控制和管理，将实现更加智能化的园区全光网络管控，最终提升 IT 部门的运维效率和服务质量，助力 IT 从支撑业务到创新业务跃迁。

3. 复合建筑智慧技术

伴随着建筑科学技术的飞速发展，建筑业正面临由“量”向“质”的产业结构升级，这就要求复合建筑电气设计需要不断地创新，在创新中谋求高质量发展，实现城市数字化、网络化、智能化，以提高城市管理和服务水平，使城市更加智慧、便捷。建筑电气设计工程师应由“建筑设计”方转换为“建筑数据”运营方角色，由“经验驱动”的工程师模式转换为“数据驱动”的人机混合智能模式。不仅仅是要在建筑中简单地应用电气技术，而是要根据建筑需求，合理地运用电气和智能化技术来实现建筑功能，并严格控制建造成本，向“技术 + 管理 + 资本”多领域扩展，逐渐涵盖建筑行业的全生命周期服务，避免工程浪费、破坏环境，通过建筑电气设计助推建筑向绿色环保健康的方向发展，实现资源节约管理。

虚拟现实（VR）正在改变项目的设计、可视化和体验方式。通过 VR，建筑师和客户可以体验建筑物的 3D 模型并实时进行更改。VR 技术还使承包商能够在进入真实工作地点之前在虚拟工作地点对工人进行培训，从而提高安全性和效率。

复合建筑智慧设计应实现在建筑内向多元化和细分化转变，扩展到建筑的施工、运维领域，贯穿到建筑全过程管理中，要增强复合建筑实际空间结构形态关联度，构建统一的管理平台，避免“信息孤岛”和智能设备重复建设。随着人工智能技术的发展，建筑设计还将逐渐走向真正的智能化，应注重物联网、大数据、云计算、地理信息技术、人工智能等现代化信息技术在建筑中的应用。以云服务 + 物联网边缘计算 + 智能终端 + 通信网络的方式形成新型技术架构，通过物联网实时采集动态数据、大数据分析和应用场景定制等形成新的感知入口，并形成软件定义设备、算法商城和数据变现等技术生态链，与数字化基础设施深度融合，发展“互联网 +”智慧能源系统。扎实提高电网资源配置能力，深度挖掘探索智慧城市与智慧社区建设领域中如何做好建筑设计的智能化工作，全面满足各类应用场景（从暂态到稳态）的技术需求，强化人、环境和建筑之间的有效交互，彻底贯彻智慧、高效、规范、安全等理念。

总　结

复合建筑人员密集、建筑功能复杂、管理难度大，在不同业态中，电气系统存在着各自鲜明特点，它取决于不同建筑业态的管理模式。然而电气系统不是简单系统，也不是随机系统，有时是一个非线性系统，电气系统之间存在相互依存、相互助益的能动关系。电气工程师必须学会发现复杂的问题里面所包含的简单规律，与建筑、结构、给水排水、通风与空调、经济等专业默契配合，确定合理的电气系统模型，为工程建设实现最优配置，包括工程安全性、韧性、建筑节能、低碳、智慧、绿色和健康等技术。适应新技术并不断发展，图文并茂地反映如何贯彻国家有关法律法规、现行工程建设标准、设计者的思想，特别在影响建筑物和人身安全、环境保护上更应有详尽的表达，便于对电气设备进行安装、使用和维护，以杜绝对社会、环境和人类健康造成危害，提高经济效益，使其更好地服务工程建设，创造一个更智能、更安全、更可持续的未来。同时建筑电气工程师需要拥有一颗感恩的心和服务好社会的心态，针对复合建筑的设计复合性和纠缠性痛点，在创新中谋求发展，掌握工作方法，提高工作效率，节省材料和劳动力成本，享受快乐工作，获取建筑设计主体化转变为建筑设计非对象化的结晶。

【思考题】

1. 简述复合建筑电气系统的特点。
2. 简述复合建筑的电气设计方法。
3. 简述复合建筑的电气设计验证方法。

02

第二章　强电系统

Methods and Practice of Electrical Design for Composite Buildings

第一节　概　述

复合建筑强电系统是以电能、电气设备等为手段来创造、维持和改善建筑物空间的光、电、热等环境，充分发挥建筑物的作用与特点，实现复合建筑功能。强电系统由电源、供电线路、保护元件、仪表显示、信号处理和控制等组成，完成电力的传输、分配、控制和保护等功能。复合建筑体系复杂、人员密集，要求供配电系统具有安全性、可靠性和灵活性，以保证一旦发生中断供电时，避免建筑里人员的恐慌和可能产生秩序严重的混乱，或者造成重大损失或产生重大社会影响。

一、强电系统设计原则

1）复合建筑强电系统设计中必须严格依据国家规范，要以人为本，保障人居环境安全、节约能源，做到安全可靠、经济合理、技术先进、整体美观、维护管理方便。复合建筑的用户区和公共区强电系统应有明显界别。

2）复合建筑电气设计应与有关建筑、结构、给水排水、暖通、动力和工艺等工种密切协调配合，采用成熟、有效的节能措施，合理采用分布式能源，降低能源消耗，促进绿色建筑的发展，必须考虑其经济效益、建造和维护成本、用户满意程度等因素。

3）供配电系统设计要根据工程特点、规模和发展规划，按照负荷性质、用电容量、工程特点和地区供电条件，统筹兼顾，合理确定设计方案，做到远近期结合，在满足近期使用要求的同时，兼顾未来发展的需要。

4）积极采用智能配电系统，构建复合建筑供配电系统的数字底座，通过对电能使用、电气资产、运行维护等全面地精耕细做和深度管理，提升供配电系统的可靠性。

5）照明设计中要满足建筑功能需要，有利于生产、工作、学习、生活和身心健康。

6）复合建筑电气设计应选择符合国家现行标准的高效节能、环保、安全、性能先进的产品，严禁使用已被国家淘汰的产品。

二、强电系统设计注意问题

1）供电电源是电气系统中最为关键的，电力网络的可靠性做不到万无一失，人们为了提高供电可靠性，需要根据负荷性质，选择自备电源。自备电源根据使用目的不同，又分为应急电源和备用电源。应急电源和备用电源都是独立于主电源的，备用电源在遇到主电源消失，在电源转换时间上，没有严格时间要求，但往往需要较长时间对电力负荷起供电保障作用。应急电源的不同之处是独立于主电源和备用电源以外，保证电力负荷正常用电的设施，并且对电源转换时间有严格的要求，持续供电时间往往要根据应急设备的需要确定。

2）计算电力负荷的方法有需要系数法、利用系数法、单位面积功率法和单位指标法等。由于不同级别负荷对供电的可靠性有不同的要求，负荷计算不仅可以统计不同级别负荷，确定应急性负荷、重要性负荷、季节性负荷，掌握不同负荷在系统上产生的热效应，合理配置供电系统，合理地选择变压器及电力系统中的电气设备和导线，延长电气设备寿命，实现供电系统安全可靠、高效、节能降耗运行。

3）复合建筑要对负荷进行分析，确定供配电系统网络架构，满足供电的可靠性和实现经济运行。供配电系统网络架构包括放射式、树干式、环式或其他组合方式。应急电源与正常电源之间，应采取防止并列运行的措施。供配电系统要做到供电合理，不造成浪费，初投资不增加。

4）变电所是电力网中的线路连接点，是用以变换电压、交换功率和汇集、分配电能的设施，变电所是供配电系统的核心，在供配电系统中占有特殊的重要地位。作为各类民用建筑电能供应的中心，变电所是电网的重要组成部分和电能传输的重要环节，担负着从电力系统受电，经过变压，然后配电的任务，对保证电网安全、经济运行具有举足轻重的作用。变电所的布置要满足保障人民生命财产和设备安全以及节约能源和适应发展要求，并且要节约土地与建筑费用。

柴油发电机房的选址考虑到柴油发电机组的进出线、运输、进风、排风、排烟等因素，宜靠近柴油发电机供电负荷中心或变配电室设置，要关注柴油发电机储油设施，既要满足柴油发电机可以连续供电要求，也要满足消防要求。

5）计算短路电流的目的是为了限制短路的危害和缩小故障的影响范围，确定电气主接线，选择导体和电器，接地装置的跨步电压和接触电压等。当供配电系统发生短路时，电路保护装置应有足够断流能力且具备灵敏、可靠的继电保护，快速切除短路回路，防止设备损坏，将因短路故障产生的危害抑制到最低限度。计算短路电流时应是各级母线、回路末端，根据电气设备选择和继电保护整定的需要，确定计算短路电流的时间，计算最大运行方式下最大短路电流和最小运行方式下最小短路电流。短路电流的计算程序是根据接线图、系统可能运行方式、各元件技术参数等画出计算电路图，选定短路计算点，将不同电压级元件阻抗，归算到同一电压级的标准下，再将等效电路进行简化，求出总阻抗。网络阻抗变换的方法有串联、并联、三角形变换成等值星形、星形变换成等值三角形等，变换公式可参考相关设计手册进行。另外，计算短路电流还可以对所选择电气设备和载流导体，进行热稳定性和动稳定性校验，以便正确选择和整定保护装置、限制短路电流的元件和开关设备。

6）继电保护是研究电力系统故障和危及安全运行的异常工况，以探讨其对策的反事故自动化措施。继电保护的任务是尽快地将故障元件从供电系统中自动地切除出去，以保证系统的继续运行，或发出不正常工作状态信号提醒值班人员即时处理，防止发展成故障。继电保护装置必须满足可靠性、选择性、快速性和灵敏度要求。

变配电所操作电源有交流电源和直流电源两种。交流电源受系统故障影响大，可靠性差，但运行维护简单，投资少，实施方便，一般用于设备数量少，继电保护装置简单，要求不高的小型变电所。直流电源可靠性高，不受系统故障和运行方式的影响，缺点是系统复杂，维护工作量大，投资大，直流接地故障点难找。

7）高压电气设备要根据三方面进行选择：其一，正常工作条件包括电压、电流、频率、开断电流等选择；其二，短路条件包括动稳定、热稳定校验；其三，环境工作条件如温度、湿度、海拔等选择。力争做到安全可靠、经济合理和技术先进。电力变压器是供电系统中的关键设备，其主要功能是升压或降压以利于电能的合理输送、分配和使用，对变电所主接线的形式及其可靠性与经济有着重要影响。所以，应正确合理地选择变压器的类型、台数和容量。为提高变压器的利用率，减少变压器损耗，变压器长期工作负载电流为额定电流的75%～85%时较为合理。低压电器的额定电压应与所在回路标称电压相适应，额定电流不应小于所在回路的计算电流，额定频率应与所在回路的频率相适应，电器应适应所在场所的环境条件，应满足短路条件下的动稳定与热稳定的要求。用于断开短路电流的电器，应满足短路条件下的通断能力。

8）电力电缆在电力系统中用以传输和分配大功率电能；通信电缆是由多根互相绝缘的导线或导体绞成的缆芯和保护缆芯不受潮与机械损害的外层护套所构成的通信线路；控制电缆是从电力系统的配电点把电能直接传输到各种用电设备器具的控制线路。工程上要根据需要选择适宜的材质、芯数、电缆绝缘类型，并要考虑根据常用电力电缆导体的最高允许温度、电缆长期允许最高工作温度、电缆持续允许载流量的环境温度等因素，才能避免电缆的保护层腐蚀、外力损伤以及电缆过电压、过负荷运行。

9）照明设计应以人为本，要考虑安全性、实用性以及照度要求，并结合人性化的创意才能创造良好的可见度和舒适愉快的环境。照明质量内容主要包含几个方面：①光源的显色特性，处理好光源色温与显色性的关系，一般显色指数与特殊显色指数的色差关系，避免产生心理上的不平衡或不和谐感。②空间亮度分布，合理的亮度分布，提供良好的空间清晰度眩光控制，限制眩光干扰，减少烦躁和不安。③造型立体感，消除不必要的阴影，创造完美的造型质感。④照度水平，提供适宜的照度、空间照度分布和照度均匀度，有利于人的活动安全、舒适和正确识别周围环境，防止人与光环境之间失去协调性。

照明节能是一项非常重要的工作，包括通过照明光源的优化、照度分布的设计及照明时间的控制，以达到照明的有效利用率最大化，改善照明质量，节约照明用电和保护环境，建立优质高效、经济舒适、安全可靠的照明环境。

第二节　供配电系统

一、负荷分级

1. 基本概念

复合建筑用电负荷应根据对供电可靠性的要求及中断供电在对人身安全、经济损失上造成的影响程度分为特级负荷、一级负荷、二级负荷及三级负荷。由于复合建筑存在多业态的复合性和耦合性，一旦发生中断供电，给人们带来安全上的危害和经济上损失也会增大，因此用电设备，特别是公共空间的用电设备应在现有标准要求基础上，适当增加负荷等级和提高供电措施。

（1）特级负荷　是指中断供电将危害人身安全，造成人身重大伤亡；中断供电将在经济上造成特别重大损失；在建筑中具有特别重要作用及重要场所中不允许中断供电的用电负荷。

（2）一级负荷　是指中断供电将造成人身伤害；中断供电将在经济上造成重大损失；中断供电将影响重要用电单位的正常工作或造成人员密集的公共场所秩序严重混乱的用电负荷。

（3）二级负荷　是指中断供电将在经济上造成较大损失；中断供电将影响较重要用电单位的正常工作或造成公共场所秩序混乱的用电负荷。

（4）三级负荷　是指不属于特级、一级和二级的用电负荷。

2. 复合建筑用电负荷分级

复合建筑中建筑高度超过150m的超高层公共建筑消防用电为特级负荷。复合建筑中一类高层民用建筑消防用电；值班照明；警卫照明；障碍照明用电；主要业务和计算机系统用电，安防系统用电；电子信息设备机房用电，客梯用电；排水泵、生活水用电为一级负荷，主要通道及楼梯间照明用电为二级负荷。复合建筑中二类高层民用建筑消防用电，主要通道及楼梯间照明用电，客梯用电，排水、生活水用电为二级负荷。复合建筑中公共空间用电负荷应不低于用户空间最高级别。复合建筑用户空间通常包括办公、商业、住宅、旅馆、航站楼、综合交通枢纽站等业态。

（1）办公建筑负荷分级

1）一级负荷是指国家及省部级政府办公建筑客梯、主要办公室、会议室、总值班室、档案室用电；建筑高度超过100m的高层办公建筑主要通道照明和重要办公室用电。

2）二级负荷是指省部级行政办公建筑主要通道照明用电；一类高层办公建筑主要通道照明和重要办公室用电。

（2）商业建筑负荷分级

1）特级负荷是指大型商店建筑经营管理用计算机系统用电。

2）一级负荷是指高档商品专业店经营管理用计算机系统用电、公共安全系统、信息网络系统、电子信息设备机房用电、应急照明、值班照明、警卫照明；大型商店建筑客梯、公共安全系统、信息网络系统电子信息设备机房用电、走道照明、应急照明、值班照明、警卫照明；中型商店建筑经营管理用计算机系统和应急照明。

3）二级负荷是指大型商店建筑自动扶梯、货梯、经营用冷冻及冷藏系统、空调和锅炉房用电；中型商店建筑客梯、公共安全系统、信息网络系统电子信息设备机房用电、主要通道及楼梯间照明、应急照明、值班照明、警卫照明；小型商店建筑经营管理用计算机系统用电、公共安全系统、信息网络系统、电子信息设备机房用电、应急照明、值班照明、警卫照明。

注：大型商店是指总建筑面积大于20000m^2；中型商店是指总建筑总面积5000～20000m^2；小型商店是指总建筑面积小于5000m^2。

（3）住宅建筑负荷分级

1）一级负荷是指建筑高度为100m或35层及以上的住宅建筑的消防用电负荷、应急照明、航空障碍照明、走道照明、值班照明、安防系统、电子信息设备机房、客梯、排污泵、生活水泵用电。

建筑高度为50～100m且为19～34层的一类高层住宅建筑的消防用电负荷、应急照明、航空障碍照明、走道照明、值班照明、安防系统、客梯、排污泵、生活水泵用电。

2）二级负荷是指10～18层的二类高层住宅建筑消防用电负荷、应急照明、走道照明值班照明、安防系统、客梯、排污泵、生活水泵用电。

（4）旅馆建筑负荷分级

1）特级负荷是指国宾馆主会场、接见厅、宴会厅照明，电声、录像、计算机系统用电；四星级及以上旅游饭店的经营及设备管理用计算机系统用电。

2）一级负荷是指国宾馆客梯、总值班室、会议室、主要办公室、档案室用电；四星级及以上旅游饭店的宴会厅、餐厅、厨房、康乐设施用房、门厅及高级客房、主要通道等场所的照明用电；厨房、排污泵、生活水泵、主要客梯用电；计算机、电话、电声和录像设备、新闻摄影用电。

3）二级负荷是指三星级旅游饭店的宴会厅、餐厅、厨房、康乐设施用房、门厅及高级客房、主要通道等场所的照明用电；厨房、排污泵、生活水泵、主要客梯用电；计算机、电话、电声和录像设备、新闻摄影用电。

（5）民用机场建筑负荷分级

1）特级负荷是指民用机场内的航空管制、导航、通信、气象、助航灯光系统设施和台站用电；边防、海关的安全检查设备；航班信息、显示及时钟系统；航站楼、外航驻机场办事处中不允许中断供电的重要场所用电负荷。

2）一级负荷是指Ⅲ类及以上民用机场航站楼中的公共区域照明、电梯、送排风系统设备、排污泵、生活水泵、行李处理系统（BHS）；航站楼、外航驻机场航站楼办事机场航班信息相关的系统、综合监控系统及其他信息系统；站坪照明、站坪机务；飞行区内雨水泵站等用电。

3）二级负荷是指航站楼内除一级负荷以外的其他主要用电负荷，包括公共场所空调系统设备、自动扶梯、自动人行道；Ⅳ类及以下民用机场航站楼的公共区域照明、电梯、送排风系统设备、排污水设备、生活水泵用电。

（6）铁路旅客车站综合交通枢纽站建筑负荷分级

1）特级负荷是指特大型铁路旅客车站、集大型铁路旅客车站及其他车站等为一体的大型综合交通枢纽站中不允许中断供电的重要场所的用电。

2）一级负荷是指特大型铁路旅客车站、国境站和集大型铁路旅客车站及其他车站等为一体的综合交通枢纽站的旅客站房、站台、天桥、地道用电、防灾报警设备用电，特大型铁路旅客车站、国境站的公共区域照明；售票系统设备、安防及安全检查设备、通信系统用电。

3）二级负荷是指大、中型铁路旅客车站、集铁路旅客车站（中型）及其他车站等为一体的综合交通枢纽站的旅客站房、站台、天桥、地道、防灾报警设备用电；特大和大型铁路旅客车站的列车到发预告显示系统、旅客用电梯、自动扶梯、国际换装设备、行包用电梯、带式输送机、送排风机、排污水设备用电。特大型铁路旅客车站的冷热源设备用电；大、中型铁路旅客车站的公共区域照明、管理用房照明及设备用电，铁路旅客车站的驻站警务室用电。

（7）城市轨道交通车站建筑负荷分级

1）特级负荷是指专用通信系统设备、信号系统设备、环境与设备监控系统设备、地铁变电所操作电源等车站内不允许中断供电的其他重要场所的用电。

2）一级负荷是指牵引设备用电负荷；自动票务系统设备用电；车站中作为事故疏散的自动扶梯、电动屏蔽门（安全门）、防护门、防火门、排水泵雨水泵用电，信息设备管理用房照明、公共区域照明用电，地铁电力监控系统设备、综合监控系统设备、门禁系统设备、安防设施及自动售检票设备、站台门设备、地下站厅站台等公共区照明、地下区间照明、采暖区的锅炉房设备等用电。

3）二级负荷是指非消防用电梯及自动扶梯和自动人行道、地上站厅站台等公共区照明、附属房间照明、普通风机、排污泵用电；乘客信息系统、变电所检修电源用电。

二、用电指标

1. 主要用电指标和常用设备主要技术参数

1）复合建筑主要用电指标见表 2-1。

表 2-1 复合建筑主要用电指标

<table>
<tr><th colspan="2">建筑名称</th><th>用电指标/(W/m²)</th></tr>
<tr><td colspan="2">住宅</td><td>30～50</td></tr>
<tr><td colspan="2">旅馆</td><td>40～70</td></tr>
<tr><td colspan="2">办公</td><td>30～70</td></tr>
<tr><td colspan="2">汽车库</td><td>8～15</td></tr>
<tr><td colspan="2">机械停车库</td><td>17～23</td></tr>
<tr><td colspan="3">商业建筑用电指标/(W/m²)</td></tr>
<tr><th colspan="2">商店建筑名称</th><th>用电指标</th></tr>
<tr><td rowspan="7">购物中心、超级市场、百货商场</td><td>大型购物中心、超级市场、高档百货商场</td><td>100～200</td></tr>
<tr><td>中型购物中心、超级市场、百货商场</td><td>60～150</td></tr>
<tr><td>小型超级市场、百货商场</td><td>40～100</td></tr>
<tr><td rowspan="2">家电卖场</td><td>100～150（含空调冷源）</td></tr>
<tr><td>60～100（不含空调主机）</td></tr>
<tr><td rowspan="2">零售</td><td>60～100（含空调冷源）</td></tr>
<tr><td>40～80（不含空调主机）</td></tr>
<tr><td rowspan="2">步行商业街</td><td>餐饮</td><td>100～250</td></tr>
<tr><td>精品服饰、日用百货</td><td>80～120</td></tr>
<tr><td rowspan="2">专业店</td><td>高档商品专业店</td><td>80～150</td></tr>
<tr><td>一般商品专业店</td><td>40～80</td></tr>
<tr><td colspan="2">商业服务网点</td><td>100～150（含空调负荷）</td></tr>
<tr><td colspan="2">菜市场</td><td>10～20</td></tr>
</table>

注：当建筑中空调冷水机组采用直燃机时，用电指标一般比采用电动压缩机制冷时的用电指标降低 35VA/m²。表中所列用电指标的上限值是按空调采用电动压缩机制冷时的数值。

2）一般家用电器主要技术参数见表2-2。

表2-2　一般家用电器主要技术参数

设备类型	规格	功率/kW	相数	功率因数
洗衣机	迷你	0.2～0.3	1	0.6～0.95
	普通	0.3～0.65	1	
	洗烘一体	1.2～1.8	1	
电视	40in及以下	0.04～0.1	1	0.7～0.95
	50in及以上	0.1～0.3	1	
冰箱	—	0.03～0.15	1	0.6～0.95
风扇	—	0.04～0.09	1	0.8
暖风机	—	1.0～2.0	1	0.8
排气扇	—	0.02～0.04	1	0.8
电熨斗	—	0.8～2.0	1	1
挂烫机	手持	0.8～1.6	1	1
	挂式	1.0～2.2	1	1
吹风机	—	0.5～2.2	1	0.8
电热毯	单人	0.06～0.08	1	1
	双人	0.1～0.15	1	1
热得快（电加热器）	—	1.8～2.5	1	1
吸尘器	—	0.8～1.8	1	0.8
扫地机器人	—	0.02～0.03	1	0.8
空气净化器	—	0.02～0.06	1	0.8
台式计算机	—	0.2～0.5	1	0.8
电油汀（电采暖器）	—	0.8～2.5	1	1
饮水机	—	0.4～1.35	1	1
厨宝	速热	1.5～2.0	1	1
小厨宝（电热水器）	即热	2.0～5.0	1	1
微波炉	—	0.8～1.2	1	0.8
电磁炉	—	2.0～4.0	1	0.8
电饭煲	—	0.5～1.5	1	1
烤箱	—	1.5～1.8	1	1
洗碗机	除菌烘干	1.7～2.4	1	0.8
	余温烘干	0.8～1.2	1	0.8

（续）

设备类型	规格	功率/kW	相数	功率因数
面包机	—	0.4~1.0	1	0.8
热水器	储水	1.0~3.0	1	1
	即热	5.5~8.5	1	1
烘手器	—	1.0~2.0	1	1
壁挂炉	燃气	0.04~0.1	1	1
	电热	2.0~12.0	1或3	1
电水壶	—	0.8~2.0	1	1
油烟机	—	0.18~0.25	1	0.8
空气炸锅	—	1.0~1.5	1	1
料理机	—	1.0~1.5	1	0.8
豆浆机	—	0.75~1.0	1	0.8
消毒柜	—	0.3~0.75	1	0.8

注：1. 本表提供的为家用电器常用用电负荷及功率因数，各项参数仅供参考，具体数据应根据产品型号相应调整。
2. 本表中的“相数”一列表示设备是单相还是三相，1表示单相，3表示三相。

3）办公常用设备主要技术参数见表2-3。

表2-3 办公常用设备主要技术参数

名称	电源		
	电压/V	功率/kW	功率因数
台式传真机	220	0.01~1.0	0.8
绘图仪	220	0.055	0.8
投影仪	220	0.1~0.4	0.8
喷墨打印机	220	0.16	0.6
彩色激光打印机（台式）	220	0.79	0.6
激光图形打印机	220	2.6	0.8
晒图机（小型）	220	1.4	0.8
静电复印机（台式）	220	1.2	0.8
静电复印机（桌式）	220	1.4	0.8
静电复印机（桌式带分页）	220	2.1	0.8
静电复印机（大型单张式）	220	3.5	0.8
静电复印机（大型卷筒式）	220	6.4	0.8

（续）

名称	电源		
	电压/V	功率/kW	功率因数
静电复印机（大型微缩胶片放大）	220	5.8	0.8
电子计算机（主机）	220	2	0.7
电子计算机（主机）	220	3	0.7
电子计算机（主机）	380	10	0.7
电子计算机（主机）	380	15	0.7
电子计算机（主机）	380	20	0.7
电子计算机（主机）	380	30	0.7
电子计算机（主机）	380	50	0.7
电子计算机（主机）	380	100	0.7
数据终端机（主机）	220	0.05	0.7
台式 PC 机（液晶显示屏）	220	0.4	0.7
饮水机	220	1.0	—
考勤机	220	0.003 ~ 0.015	—
点钞机	220	0.004 ~ 0.08	0.8
碎纸机	220	0.12	0.8
电子白板	220	0.08	—
自动咖啡机	220	0.8	0.8
幻灯机	220	0.2	0.8
电动油印机	220	0.02	0.7
光电誊印机	220	0.02	0.7
胶印机	220	0.02	0.7
对讲电话机	220	0.1	0.7
会议电话汇接机	220	0.3	0.7
会议电话终端机	220	0.02	0.7
电铃（ϕ50）	220	0.005	0.5
电铃（ϕ75）	220	0.01	0.5
电铃（ϕ100）	220	0.015	0.5
电铃（ϕ150）	220	0.02	0.5
电铃（ϕ25）	220	0.025	0.5

4）常用炊事电器主要技术参数见表2-4。

表2-4　常用炊事电器主要技术参数

设备类型	规格	功率/kW	相数	功率因数
绞肉机	60kg/h	0.4	1	0.8
	210kg/h	0.8	1	0.8
	500kg/h	3.5	1	0.8
菜馅机	—	0.8～1.5	1	0.8
切片机	—	0.5～0.9	1	0.8
压面机	22cm	0.75	1	0.8
和面机	5～15kg	1.5	1	0.85
	25kg	2.2	1	0.85
馒头机	单门6盒	6	1	0.85
	单门12盒	12	3	0.85
煮面炉	发热管	0.7～1.1	1	1
	发热盘	0.8～1.2	1	1
	平底	1.3～2.0	1	1
蒸饭柜	60人	6	1	1
	120人	9	3	1
	360人	24	3	1
炸炉	6L	2.5	1	1
	12L	5.0	1	1
多头电磁炉	2头	4	1	0.8
	4头	8	1	0.8
	6头	12	1或3	0.8
烤箱	三层三盘	6.4	1	1
	三层六盘	19.8	3	1
电饼铛	小型	2.8	1	1
	恒温	5	1	1
饺子机	9000个/h	1.0	1	0.8
	24000个/h	1.75	1	0.8
开水机	30L/h	3	1	1
	90L/h	9	3	1
	210L/h	21	3	1

（续）

设备类型	规格	功率/kW	相数	功率因数
洗碗机	1800 只/h	3.5	1	0.8
	4500 只/h	5	1	0.8
油烟净化器	—	0.1	1	0.8
滤油车	—	0.25～0.55	1	0.8
保温柜	—	0.75～0.9	1	1
咖啡机	—	1.0～2.0	1	0.8
冰淇淋机	—	1.8	1	0.8
制冰机	—	0.2～0.8	1	0.8
榨汁机	—	1.5	1	0.8
沙冰机	—	1.5～2.0	1	0.8
豆浆机	—	2.0～2.5	1	0.8
消毒柜	—	0.6～0.9	1	0.8

注：1. 本表提供的为炊事电器的常用用电负荷及功率因数，各项参数仅供参考，具体数据应根据产品型号相应调整。
2. 本表中的“相数”一列表示设备是单相还是三相，1 表示单相，3 表示三相。

5）充电桩主要技术参数见表 2-5。

表 2-5　充电桩主要技术参数

充电桩类型	规格/kW	输入电压/V	最大输入电流/A	功率因数	谐波含量	效率	参考尺寸(宽×深×高)/mm	
							壁装	落地安装
交流充电桩	3.6	AC220±20%	16	—	—	—	220×100×400	220×100×1400
	7.2	AC220±20%	32	—	—	—	220×100×400	220×100×1400
	7～40	AC220±10%	32～60	—	—	—	—	180(直径)×1778(高)
	100	AC380～440	150	—	—	—	—	500×400×2000
直流充电桩	30	AC380±15%	46	≥0.99	≤5%	≥0.95	—	400×342×1200
	60	AC380±15%	92	≥0.99	≤5%	≥0.95	—	600×600×1600
	90	AC380±15%	138	≥0.99	≤5%	≥0.95	—	650×450×1700
	120	AC380±15%	184	≥0.99	≤5%	≥0.95	—	650×700×1800
	180	AC380±15%	276	≥0.99	≤5%	≥0.95	—	900×700×2200

6）机械式停车设备规格参数见表 2-6。

表 2-6 机械式停车设备规格参数

类型		升降机式立体停车设备	仓储式立体停车库	升降横移式立体停车设备	矩形循环式立体停车设备	竖直循环式立体停车设备	地坑升降式立体停车设备	简易升降式立体停车设备
停车规格		5000mm×1850mm×1500mm	5000mm×2000mm×1500mm	5000mm×1850mm（面包车2100mm）×1500mm	5000mm×2000mm×1500mm	5000mm×2000mm×1450mm	5000mm×2000mm×1500mm	5000mm×1850mm×1500mm
停车质量		1800kg	1800kg	1800kg	1800kg	1800kg	1800kg	1800kg
速度	升降	40m/min	20m/min	4.3m/min	20m/min	4.0m/min	3.8m/min	3.5m/min
	转移	18m/min	14m/min	6m/min	18m/min			
电动机	升降	22kW	9~15kW	2.2kW(3.7kW)	9~15kW	9~15kW	5.5kW	5.5kW
	转移	4kW	1.1kW	0.2kW(0.4kW)	2.2~3.0kW			
回转	—	4r/min	—	—	—	—	—	—
	—	1.5kW	—	—	—	—	—	—
电源		3相380V50Hz	3相380V50Hz	3相380V50Hz	3相380V50Hz	3相380V50Hz	3相380V50Hz	3相380V50Hz
传动方式		链传动	链传动	—	链传动	链传动	链传动	链传动
控制方式		中央CPU	中央CPU	PLC	中央CPU	PLC	PLC	PLC
操作方式		手动、自动	手动、自动	手动、自动	手动、自动	手动、自动	手动	手动
安全装置		—	车长、宽、高检测装置 防碰撞装置 防坠落装置 极限保护开关 误操作报警 工作程序连锁	车长检测装置 断链保护装置 防坠落装置 超限位保护装置 电动机过载保护	车长、宽、高检测装置 防碰撞装置 防坠落装置 极限保护开关 误操作报警 工作程序连锁	车长、宽、高检测装置 防碰撞装置 防坠落装置 极限保护开关 误操作报警 工作程序连锁	车长、宽、高检测装置 防碰撞装置 防坠落装置 极限保护开关 误操作报警 工作程序连锁	—

7）公共交通型自动扶梯保护设备选择见表 2-7。

表 2-7 公共交通型自动扶梯保护设备选择

提升高度 *H*/m	倾斜角(°)	名义速度/(m/s)	电动机功率/kW	电源容量/kVA	断路器整定电流/A	照明及信号用电源	驱动方式
4500≤*H*≤5500	30	0.65	15	23	50	1.3kVA 220V 50Hz	交流变压 变频 VVVF
5501≤*H*≤7000	30	0.65	18.5	28	63		
7001≤*H*≤9000	30	0.65	22	33	63		
9001≤*H*≤12000	30	0.65	30	45	100		
12001≤*H*≤15000	30	0.65	37	55	125		

注：1. 公共交通型自动扶梯是指适用于下列情况之一的自动扶梯：

1）公共交通系统包括出口和入口处的组成部分。

2）高强度的使用，即每周运行时间约 140h，且在任何 3h 的间隔内，其载荷达 100% 制动载荷的尺寸时间不少于 0.5h。

2. 名义速度由制造商设计确定的，自动扶梯或自动人行道的梯级、踏板或胶带在空载情况下的运行速度。

8）商用型自动扶梯主要技术参数见表 2-8。

表 2-8 商用型自动扶梯主要技术参数

标准规格		800 型	1000 型	1200 型	电源容量/kVA	断路器整定电流/A
倾斜角		30°				
名义速度		0.5m/s				
电动机功率/kW 和提升高度 *H*/m	5.5	1400 < *H*≤7000	1400 < *H*≤5000	1400 < *H*≤4000	8.0	40（20）
	7.5	7001 < *H*≤10000	5001 < *H*≤7000	4001 < *H*≤6000	10.4	40
	9	—	7001 < *H*≤8500	6001 < *H*≤7000	13.2	40
	11	—	8501 < *H*≤10000	7001 < *H*≤8500	15.4	40
	13	—	—	8501 < *H*≤10000	18.0	50

注：1. 括号内数据为扶梯变频调速时数据。

2. 名义速度由制造商设计确定的，自动扶梯或自动人行道的梯级、踏板或胶带在空载情况下的运行速度。

9）不同调速形式电梯主要技术指标见表 2-9。

表 2-9 不同调速形式电梯主要技术指标

调速形式	定员/人	载重量/kg	运行速度/(m/s)	电功率/kW	建议铜导线截面(35℃)/mm²	带隔离功能的断路器/熔断器式隔离开关（额定电流/整定电流）
双速调速	11	750	1.0	7.5	10	32/25
	13	900		11	16	100/40
	15	1000				
	17	1150		15	16	100/50

（续）

调速形式	定员/人	载重量/kg	运行速度/(m/s)	电功率/kW	建议铜导线截面(35℃)/mm²	带隔离功能的断路器/熔断器式隔离开关(额定电流/整定电流)
双速调速	11	750	1.5	7.5	10	32/25
	13	900		15	16	100/50
	15	1000				
	17	1150		18.5	25	100/63
	11	750	1.75	7.5	10	32/25
	13	900		15	16	100/50
	15	1000		18.5	25	100/63
可控硅调速	11	750	1.0	7.5	10	32/25
	13	900		9.5	10	63/32
	15	1000				
	17	1150		11	16	100/40
	11	750	1.5	9.5	10	63/32
	13	900		13	16	100/50
	15	1000				
	17	1150		15	16	100/50
	11	750	1.75	11	16	100/40
	13	900		15	16	100/50
	15	1000				
	17	1150		18.5	25	100/63
变频变压调速	13	900	2.0	18	25	100/63
	15	1000				
	17	1150		20	35	100/80
	20	1350		22		
	24	1600		27	50	160/100
	13	900	2.5	22	35	100/80
	15	1000				
	17	1150		24		
	20	1350		27	50	160/100
	17	1150	3.0	24	35	100/80
	20	1350		27	50	160/100
	24	1600		33	70	160/125

（续）

<table>
<tr><th>调速形式</th><th>定员/人</th><th>载重量/kg</th><th>运行速度/(m/s)</th><th>电功率/kW</th><th>建议铜导线截面(35℃)/mm²</th><th>带隔离功能的断路器/熔断器式隔离开关(额定电流/整定电流)</th></tr>
<tr><td rowspan="6">变频变压调速</td><td>17</td><td>1150</td><td rowspan="3">3.5</td><td>27</td><td>50</td><td>160/100</td></tr>
<tr><td>20</td><td>1350</td><td>33</td><td rowspan="3">70</td><td rowspan="3">160/125</td></tr>
<tr><td>24</td><td>1600</td><td>39</td></tr>
<tr><td>17</td><td>1150</td><td rowspan="3">4.0</td><td>33</td></tr>
<tr><td>20</td><td>1350</td><td>39</td><td>70</td><td>160/125</td></tr>
<tr><td>24</td><td>1600</td><td>43</td><td>95</td><td>200/160</td></tr>
</table>

注：1. 熔断器式隔离开关一栏中，分子、分母分别为熔管的额定电流和熔体额定电流，单位为A。

2. 带隔离功能的断路器一栏中，分子、分母分别为脱扣器的额定电流和脱扣器整定电流，单位为A。

3. 表中数据仅供参考，工程中可根据具体情况进行调整。

2. 主要建筑物的年运行时间和每天工作小时数

复合建筑主要建筑物的年运行时间和每天工作小时数见表2-10。

表2-10 复合建筑主要建筑物的年运行时间和每天工作小时数

建筑性质	年运行天数/d	每天工作小时数/h
住宅、公寓	365	8～10
餐厅	365	10～12
办公	250	8～12
商业	365	12～14
体育场、馆	250～365	10～12
剧场	250～365	8～10
展览馆、博物馆	250～365	10～12
社区服务	250～365	8～10
汽车库	365	18～22
设备机房	365	12～14
轨道交通	365	16～18

注：社区服务、体育馆、剧场依据实际情况确定年运行天数。

三、供电措施

1. 供电电压选择

1）复合建筑供配电系统的设计，应按照民用建筑工程的负荷性质、用电容量及所在地区公共电力建设现状及其发展规划，贯彻执行国家的技术经济政策，统筹兼顾，合理确定设计方案，在满足近期使用要求的同时，兼顾未来发展的需要，做到保障人身安全、供电可靠、技术先进、绿色低碳、节能环保和经济合理。同时，供配电系统应根据用电负荷的容量及分布，使变压器深入负荷中心，以缩短低压供电半径，降低电能损耗，节约有色金属，减少电压损失。

2）高压电源应深入负荷中心，以缩短低压配电线路的长度。高压供配电系统应简单可靠，高压同一电压等级的配电级数不宜多于两级。高压配电系统的短路故障保护应具备可靠、快速且有选择地切除被保护设备和线路的短路故障的功能。进户断路器应具有过负荷和短路电流延时速断保护功能。配电断路器应具有过负荷和短路电流速断保护功能。隔离开关与相应的断路器、接地开关之间应采取闭锁措施。

放射式供电虽然配电系统造价较高，但由于放射式供电具有供电可靠性高，故障发生后影响范围较小，切换操作方便，保护简单，便于自动化等特点，所以，高压配电系统宜采用放射式供电。当供电电压为35kV时，经过经济比较合理时，通常不超过6台变压器可直接降至低压配电电压。高压配电系统还有一种环式供电方式，环式供电方式分为闭路环式和开路环式两种。为简化保护，一般采用开路环式，其供电可靠性较高，运行比较灵活，但切换操作繁琐，住宅的10kV供电系统，宜采用环式方式。

3）因为电力负荷分级涉及停电后会造成的安全和经济两个方面损失，所以，对不同级别负荷应采用合理的供电方案，不仅满足电力负荷供电可靠性的要求，保护人员生命安全，减少断电损失，又可以节约投资，提高投资的经济效益。

4）因复合建筑的建筑面积大，业态多，用电负荷大，为了减少相同路径供电电缆根数，满足用户变电所高压供电的要求，往往需要设置10kV开闭所，10kV开闭所一般为两路10kV进线，采用单母线分段方式供电，6～10路配出回路，总容量不超过20000kVA。

2. 不同等级负荷供电要求

1）特级负荷除应由双重电源供电外，必须考虑一个电源系统在检修或故障同时，另一电源系统又发生故障的可能，应从电力系统取得第三电源或自备电源，并严禁将其他负荷接入应急供电系统，供给特级负荷设备的两个电源应在最末一级配电盘（箱）处切换。设备的供电电源的切换时间，应满足设备允许中断供电的要求，应急电源的供电时间，应满足用电设备最长持续运行时间的要求，对特级负荷的终端配电回路宜设置电源监测和故障报警信号。

2）一级负荷应由双重电源供电，当一个电源发生故障时，另一个电源不应同时受到损坏，同时供电的两回路及以上供配电线路中，其中一个回路中断供电时，其余线路应能满足全部一级负荷及二级负荷的供电要求，一级负荷应由双重电源的两个低压回路在末端配电箱处切换供电。

3）二级负荷的外部电源进线宜由35kV、20kV或10kV双回线路供电；当负荷较小或地区供电条件困难时，二级负荷可由一回35kV、20kV或10kV专用的架空线路供电；当建筑物由一路35kV、20kV或10kV电源供电时，二级负荷可由两台变压器各引一路低压回路在负荷端配电箱处切换供电；当建筑物由双重电源供电，且两台变压器低压侧设有母联开关时，二级负荷可由任一段低压母线单回路供电；对于冷水机组（包括其附属设备）等季节性负荷为二级负荷时，可由一台专用变压器供电；由双重电源的两个低压回路交叉供电的照明系统，其负荷等级可定为二级负荷。

4）三级负荷可采用单电源单回路供电。消防三级负荷在建筑内应与非消防三级负荷分开，设置独立配电系统。

四、应急电源和备用电源

1. 应急电源

应急电源是指用作应急供电系统组成部分的电源，用来维持电气设备和电气装置运行的供电系统，主要是为了人体和家畜的健康及安全，以及避免对环境或其他设备造成损失的电源。独立于正常工作电源的，由专用馈电线路输送的城市电网电源、独立于正常工作电源的发电机组、蓄电池组都可以作为应急电源。

特级负荷供电，除应由双重电源供电外，尚应增设应急电源。应急电源与非应急电源之间，应采取防止并列运行的措施。应急电源的容量应满足同时工作最大特级用电负荷的供电要求；应急电源的切换时间满足特级用电负荷允许最短中断供电时间的要求；应急电源的供电时间满足特级用电负荷最长持续运行时间的要求。柴油发电机组应根据柴油发电机组的性能等级和功率种类进行选择。柴油发电机组的性能等级分类见表 2-11。柴油发电机组功率种类见表 2-12，柴油发电机组技术指标参考值见表 2-13。

表 2-11　柴油发电机组的性能等级分类

类别	负载要求
G1	连接的负载只规定基本的电压和频率参数。适用于照明及简单的电气负载
G2	电压特性与电网类似，当负载发生变化时允许暂时的然而是允许的电压和频率的偏差。适用于照明、水泵、风机等
G3	连接的设备对发电机组的电压、频率和波形有严格要求。适用于电信负载和晶闸管控制的设备
G4	连接的设备对发电机组的电压、频率和波形有特别严格要求。适用于数据处理设备和计算机系统

表 2-12　柴油发电机组功率种类

类别	解释
持续功率（P_{CO}）	在商定的运行条件下并按照制造商的规定进行维护保养，发电机组以恒定负荷持续运行且每年运行时数不受限制的最大功率
基本功率（P_{RP}）	在商定的运行条件下并按照制造商的规定进行维护保养，发电机组以可变负荷持续运行且每年运行时数不受限制的最大功率。24h 运行周期内运行的平均功率输出（P_{pp}）应不超过 P_{RP} 的 70%，除非与 RIC 发动机制造商另有商定。在要求允许的平均功率输出 P_{pp} 较规定值高的应用场合，应使用持续功率 P_{CO}
限时运行功率（P_{LT}）	在商定的运行条件下并按照制造商的规定进行维护保养，发电机组每年运行时间可达 500h 的最大功率。按 100% 限时运行功率，每年运行的最长时间为 500h
应急备用功率（P_{ES}）	在商定的运行条件下并制造商的规定进行维护保养，在市电一旦中断或在实验条件下，发电机组以可变负荷运行且每年运行时间可达 200h 的最大功率。24h 运行周期内允许的平均功率输出应该不超过 70% P_{ES}，除非与制造商另有商定

表 2-13　柴油发电机组技术指标参考值

序号	参数说明	发电机组常用功率/kW											
		120	250	400	500	600	800	1000	1200	1500	1800	2000	2200~2500
1	备用功率/kW	132	280	440	550	660	880	1200	1350	1650	2000	2200	2400~2800
2	排烟量/(m^3/min)	30	54	80~100	100~110	140~180	180~200	200~250	250~300	300~400	350~450	450~500	500
3	排烟管接口数量×直径(DN)	1×80	1×125/ 1×150	1×150/ 2×125	1×200/ 2×125	2×150/ 2×200	2×150/ 2×200	2×200/ 2×250	2×200/ 2×250	2×200/ 2×250	2×200/ 2×250	2×200/ 2×250	2×150/ 2×250
4	柴油发电机组的小时耗油量/(g/kWh)	200											
5	排烟温度/℃	500~600				450~550		400~450		500~550			
6	排烟消声器的阻力(mmH_2O)/kPa	1.0~2.0											
7	冷却风扇的机外余压(排风道允许最大阻力)/kPa	0.1~0.2											
8	排烟出口处的“背压”(排烟系统最大允许排气背压)/kPa	6~7			7~8			5~7		6.5~8.5			
9	自带冷却液循环水泵功率/kW(用离心泵)	2				3		5					
10	排风量/(m^3/min)	150~160	400~600	600~700		700~1000	1200~1400	1300~2000		1600~2200	1700~2800	3000	3500
11	排风面积/m^2(建议)	0.6~1.0	1.4~1.6	1.7~2.0	2.3~2.6	2.6~3.2	3.3~3.8	4.0~5.8	4.0~5.8	5.0~5.8	6.0~7.2	8.2~9.2	10.0~11.6
12	进风量/(m^3/min)	160~180	450~650	600~700	750~850	1200~1300	1300~1450	1400~2200	1400~2200	1700~2500	2000~3000	3000~3200	4000
13	进风面积/m^2(建议)	0.8~1.3	1.7~2.2	2.2~2.5	3.0~3.4	3.4~4.1	4.4~4.8	4.7~7.6	4.7~7.6	6.0~8.0	7.0~9.6	11.0~12.0	12.0~15.0
14	外形尺寸 长/mm 宽/mm 高/mm	2300~2500 800~1050 1400~1800	2700~3400 900~1150 1650~2000	3550 1500 2100	3300~3700 1500~1600 1850~2100	3400~4100 1600~1900 2100	4200~5000 1600~2000 2300	4200~5300 1700~2200 2300	4200~5800 1700~2200 2400	4300~6500 1700~3000 2400~3400	5000~6500 1700~3000 2400~3500	5500~7200 1700~3000 2400~3500	5500~7200 1700~3000 2400~3500
15	质量/kg	680~ 1800	2200~ 3300	4580	3850~ 4700	5210~ 6310	6600~ 7670	9500~ 13200	9700~ 14500	11100~ 15200	13400~ 17500	16000~ 21300	17000~ 26500

注：因不同供应商配置的柴油发电机组的电动机与发电机不同，故会对表中数据产生较大影响，此表仅供设计人员在配合预留土建条件时参考使用，详细数据应以工程所选定的柴油发电机组为准进行校核。

2. 备用电源

备用电源是指当正常电源断电时，由于非安全原因来维持电气装置或其某些部分所需的电源。用户符合下列条件之一时，宜设置自备电源：

1）设置自备电源比从电力系统取得第二电源更经济合理，或第二电源不能满足一级负荷要求。

2）当双重电源中的一路为冷备用，且不能满足消防电源允许中断供电时间的要求。

3）建筑高度超过50m的公共建筑的外部只有一个电源不能满足用电要求。

备用电源的负荷严禁接入应急供电系统，以防止备用电源的负荷回路出现故障时影响到应急供电系统，导致发生人身安全事故或造成重大损失。超过50m的复合建筑公共空间和用户空间宜设置应急电源接口，作为在发生灾害时，保证电源可靠性。当民用建筑的消防负荷和非消防负荷共用柴油发电机组时，消防负荷应设置专用的回路；应具备火灾时切除非消防负荷的功能；应具备储油量低位报警或显示的功能。典型低压配电系统如图2-1所示。

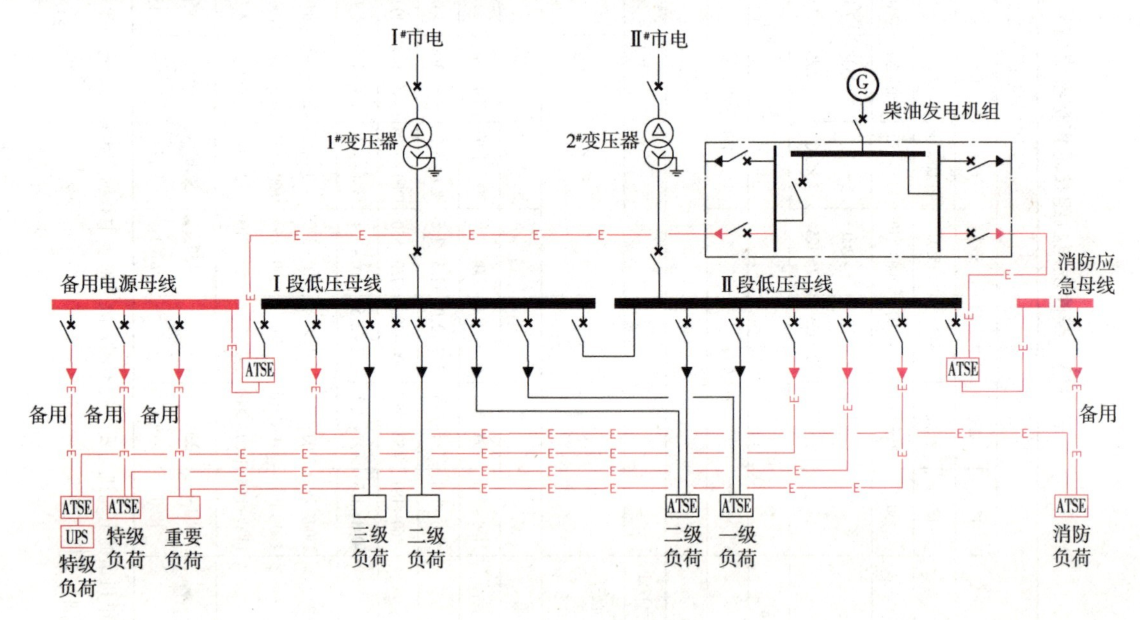

图2-1　典型低压配电系统

3. 柴油发电机组耗油量计算

日用油箱可供柴油发电机组连续供电的时间按 $t=\dfrac{\gamma\theta V}{\sum(P\sigma)}$ 公式计算，式中，t 为连续供电时间；σ 为柴油机燃油消耗量；γ 为燃油重度，860kg/m^3；θ 为油箱充满系数（一般取0.9）；P 为柴油机输出功率。

五、短路电流计算

短路是指供电系统中不同电位的导电部分（各相导体、地线等）之间发生的低阻性短接。短路会影响系统其他设备的正常运行，严重的短路会影响系统的稳定性，甚至会引起火灾严重事故，造成系统停电；短路电流产生的热量，使导体温度急剧上升，会使绝缘损坏；短路电流产生的电动力，会使设备载流部分变形或损坏；短路会使系统电压骤降；不对称短路的短路电流会对通信和电子设备等产生电磁干扰。计算短路电流的目的是为了限制短路的危害和缩小故障的影响范围，确定电气主接线，选择导体和电器，接地装置的跨步电压和接触电压等。当供配电系统发生短路时，电路保护装置应有足够断流能力以及设置灵敏、可靠的继电保护，快速切除短路回路，防止设备损坏，将因短路故障产生的危害抑制到最低限度。另外，计算短路电流还可以对所选择电气设备和载流导体，进行热稳定性和动稳定性校验，以便正确选择和整定保护装置选择限制短路电流的元件及开关设备。

1. 10kV 输电线路末端短路容量计算

（1）短路电流按标幺值法进行计算　设基准容量为 100MVA，系统短路容量 S_j 分别取 100MVA，200MVA，300MVA，350MVA，500MVA，系统短路阻抗标幺值见表 2-14。

表 2-14　系统短路阻抗标幺值

系统短路容量/MVA	100	200	300	350	500
系统短路阻抗标幺值	1. 000	0. 500	0. 333	0. 286	0. 200

（2）10kV 输电线路阻抗计算　10kV 输电线路阻抗计算见表 2-15。

表 2-15　10kV 输电线路阻抗计算

输电距离/km	1	2	3	4	5	6	7	8	9	10	15	20
电缆线路 X_1^*	0. 068	0. 136	0. 204	0. 272	0. 34	0. 408	0. 476	0. 544	0. 612	0. 68	1. 02	1. 36

注：S_j 取 100MVA，平均额定电压 U_{pe} 取 10. 5kV。目前，大城市中，10kV 电缆输电线路截面面积为 240mm²，电缆单位长度电抗值取 0. 075Ω/km；10kV 架空输电线路截面面积在 150～240mm²，其单位长度平均电抗值取 0. 333Ω/km。

（3）10kV 输电线路末端短路容量计算　短路电流计算的电路图如图 2-2 所示。

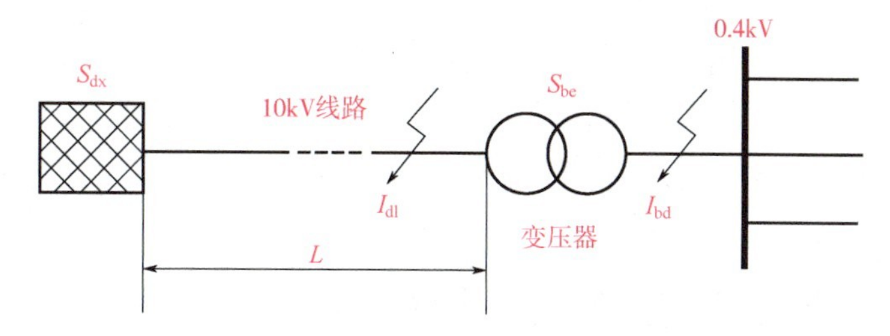

图 2-2　短路电流计算的电路图

其10kV短路输电线路末端短路容量计算、10kV短路输电线路末端短路电流计算及10kV短路输电线路末端短路全电流计算见表2-16～表2-18。

表2-16　10kV输电电缆末端短路容量计算

S_{dx}/MVA	高压输电线路长度 L/km											
	1	2	3	4	5	6	7	8	9	10	15	20
	末端短路容量 S_{d1}/MVA											
100	93.6	88.0	83.1	78.6	74.6	71.0	67.8	64.8	62.0	59.5	49.5	42.4
200	176.1	157.2	142.0	129.5	119.0	110.1	102.5	95.8	89.9	84.7	65.8	53.8
300	249.2	213.1	186.1	165.2	148.5	134.9	123.6	114.0	105.8	98.7	73.9	59.1
350	282.7	237.1	204.2	179.3	159.8	144.2	131.3	120.5	111.4	103.6	76.6	60.8
500	373.1	297.6	247.5	211.9	185.2	164.5	147.9	134.4	123.2	113.6	82.0	64.1

表2-17　10kV输电电缆末端短路电流计算

S_{dx}/MVA	高压输电线路长度 L/km											
	1	2	3	4	5	6	7	8	9	10	15	20
	末端短路电流 I_{d1}/kA											
100	5.15	4.84	4.57	4.32	4.10	3.91	3.73	3.56	3.41	3.27	2.72	2.33
200	9.68	8.65	7.81	7.12	6.55	6.06	5.64	5.27	4.95	4.66	3.62	2.96
300	9.36	6.18	4.62	3.68	3.06	2.62	2.29	2.04	1.83	1.66	1.14	0.87
350	15.55	13.04	11.23	9.86	8.79	7.93	7.22	6.63	6.13	5.70	4.21	3.34
500	20.52	16.37	13.61	11.65	10.19	9.05	8.14	7.39	6.77	6.25	4.51	3.53

表2-18　10kV输电电缆末端短路全电流计算（在电阻较大 $R>\frac{1}{3}X_{\Sigma}$ 时）

S_{dx}/MVA	电流类别	高压输电线路长度 L/km											
		1	2	3	4	5	6	7	8	9	10	15	20
		短路全电流/kA											
100	$I_c^{(3)}$	5.61	5.28	4.98	4.71	4.47	4.26	4.06	3.88	3.72	3.57	2.97	2.54
	$i_c^{(3)}$	9.48	8.91	8.41	7.96	7.55	7.19	6.86	6.55	6.28	6.02	5.01	4.29
	$I^{(2)}$	4.46	4.19	3.96	3.74	3.55	3.38	3.23	3.08	2.95	2.84	2.36	2.02
	$i_c^{(3)}$	12.62	9.17	7.20	5.93	5.03	4.38	3.87	3.47	3.14	2.88	2.01	1.55
	$I^{(2)}$	5.94	4.31	3.39	2.79	2.37	2.06	1.82	1.63	1.48	1.35	0.95	0.73
200	$I_c^{(3)}$	10.55	9.43	8.52	7.77	7.14	6.60	6.14	5.74	5.39	5.08	3.94	3.22
	$i_c^{(3)}$	17.82	15.91	14.38	13.11	12.05	11.15	10.37	9.69	9.10	8.58	6.66	5.44
	$I^{(2)}$	8.39	7.49	6.77	6.17	5.67	5.25	4.88	4.56	4.28	4.04	3.13	2.56

（续）

S_{dx}/MVA	电流类别	高压输电线路长度 L/km											
		1	2	3	4	5	6	7	8	9	10	15	20
		短路全电流/kA											
300	$I_c^{(3)}$	14.94	12.77	11.16	9.90	8.90	8.09	7.41	6.83	6.34	5.92	4.43	3.54
	$i_c^{(3)}$	25.22	21.56	18.83	16.72	15.03	13.65	12.50	11.53	10.71	9.99	7.48	5.98
	$I^{(2)}$	11.87	10.15	8.86	7.87	7.07	6.42	5.89	5.43	5.04	4.70	3.52	2.81
350	$I_c^{(3)}$	16.95	14.22	12.24	10.75	9.58	8.64	7.87	7.23	6.68	6.21	4.59	3.64
	$i_c^{(3)}$	28.61	24.00	20.67	18.15	16.17	14.59	13.29	12.20	11.27	10.48	7.75	6.15
	$I^{(2)}$	13.47	11.29	9.73	8.54	7.61	6.87	6.25	5.74	5.31	4.93	3.65	2.89
	$i_c^{(3)}$	20.16	12.59	9.15	7.19	5.92	5.03	4.37	3.87	3.47	3.14	2.14	1.62
	$I^{(2)}$	9.49	5.92	4.31	3.38	2.79	2.37	2.06	1.82	1.63	1.48	1.01	0.76
500	$I_c^{(3)}$	22.37	17.84	14.84	12.70	11.10	9.86	8.87	8.06	7.38	6.81	4.91	3.84
	$i_c^{(3)}$	37.76	30.12	25.05	21.44	18.74	16.64	14.97	13.60	12.46	11.50	8.30	6.49
	$I^{(2)}$	17.77	14.18	11.79	10.09	8.82	7.83	7.05	6.40	5.87	5.41	3.90	3.05
	$i_c^{(3)}$	33.51	16.75	11.17	8.38	6.70	5.58	4.79	4.19	3.72	3.35	2.23	1.68
	$I^{(2)}$	15.77	7.89	5.26	3.94	3.15	2.63	2.25	1.97	1.75	1.58	1.05	0.79

注：(2)、(3) 代表：两相短路、三相短路。

2. 不同系统短路容量干式电力变压器低压侧出口处短路电流计算

不同系统短路容量干式电力变压器低压侧出口处短路电流计算见表 2-19 ~ 表 2-23。

表 2-19　干式电力变压器低压侧出口处短路电流计算（一）

变压器容量 S_{be}/kVA	阻抗电压 u_d(%)	$S_{dx}=100$MVA											
		高压电缆长度 L/km											
		1	2	3	4	5	6	7	8	9	10	15	20
		短路电流 I_{bd}/kA											
630	4	19.45	19.28	19.10	18.93	18.77	18.60	18.44	18.28	18.13	17.97	17.24	16.57
	6	13.62	13.54	13.45	13.37	13.28	13.20	13.12	13.04	12.96	12.88	12.50	12.14
800	6	16.84	16.71	16.58	16.45	16.32	16.20	16.08	15.96	15.84	15.72	15.16	14.63
1000	6	20.42	20.22	20.03	19.84	19.66	19.48	19.30	19.13	18.96	18.79	17.99	17.26
1250	6	24.59	24.31	24.03	23.76	23.50	23.24	22.99	22.75	22.50	22.27	21.16	20.15
1600	6	29.95	29.53	29.13	28.73	28.35	27.98	27.61	27.26	26.91	26.57	25.01	23.62
2000	8	28.47	28.10	27.73	27.37	27.02	26.68	26.35	26.03	25.71	25.40	23.97	22.69
2500	8	33.81	33.28	32.77	32.27	31.78	31.32	30.86	30.42	29.99	29.57	27.64	25.95

表 2-20　干式电力变压器低压侧出口处短路电流计算（二）

变压器容量 S_{be}/kVA	阻抗电压 u_d(%)	S_{dx} = 200MVA											
		高压电缆长度 L/km											
		1	2	3	4	5	6	7	8	9	10	15	20
		短路电流 I_{bd}/kA											
630	4	20.86	20.66	20.46	20.26	20.07	19.88	19.70	19.52	19.34	19.17	18.34	17.58
	6	14.30	14.20	14.11	14.02	13.92	13.83	13.74	13.65	13.57	13.48	13.07	12.68
800	6	17.89	17.74	17.59	17.44	17.30	17.16	17.02	16.89	16.76	16.62	16.00	15.42
1000	6	21.97	21.75	21.52	21.31	21.10	20.89	20.69	20.49	20.29	20.10	19.19	18.36
1250	6	26.88	26.55	26.22	25.90	25.59	25.28	24.98	24.69	24.41	24.13	22.83	21.67
1600	6	33.42	32.90	32.40	31.91	31.44	30.98	30.53	30.10	29.68	29.27	27.38	25.72
2000	8	31.59	31.13	30.68	30.24	29.81	29.40	29.00	28.61	28.23	27.86	26.14	24.62
2500	8	38.30	37.62	36.96	36.33	35.72	35.13	34.55	34.00	33.46	32.95	30.57	28.52

表 2-21　干式电力变压器低压侧出口处短路电流计算（三）

变压器容量 S_{be}/kVA	阻抗电压 u_d(%)	S_{dx} = 300MVA											
		高压电缆长度 L/km											
		1	2	3	4	5	6	7	8	9	10	15	20
		短路电流 I_{bd}/kA											
630	4	21.38	21.16	20.95	20.75	20.55	20.35	20.16	19.97	19.78	19.60	18.73	17.94
	6	14.54	14.44	14.34	14.25	14.15	14.06	13.96	13.87	13.78	13.69	13.27	12.86
800	6	18.26	18.11	17.95	17.80	17.65	17.51	17.37	17.23	17.09	16.95	16.30	15.70
1000	6	22.54	22.31	22.07	21.85	21.62	21.41	21.19	20.98	20.78	20.58	19.62	18.76
1250	6	27.74	27.38	27.04	26.70	26.36	26.04	25.72	25.42	25.12	24.82	23.45	22.22
1600	6	34.76	34.20	33.66	33.13	32.62	32.13	31.65	31.18	30.73	30.29	28.28	26.51
2000	8	32.79	32.29	31.80	31.33	30.88	30.43	30.00	29.59	29.18	28.78	26.96	25.35
2500	8	40.07	39.33	38.61	37.92	37.25	36.61	35.99	35.39	34.81	34.25	31.69	29.49

表 2-22　干式电力变压器低压侧出口处短路电流计算（四）

变压器容量 S_{be}/kVA	阻抗电压 u_d(%)	S_{dx} = 350MVA											
		高压电缆长度 L/km											
		1	2	3	4	5	6	7	8	9	10	15	20
		短路电流 I_{bd}/kA											
630	4	21.53	21.31	21.10	20.89	20.69	20.49	20.29	20.10	19.91	19.73	18.85	18.05
	6	14.61	14.51	14.41	14.31	14.22	14.12	14.03	13.94	13.85	13.76	13.32	12.92

（续）

变压器容量 S_{be}/kVA	阻抗电压 u_d(%)	S_{dx} = 350MVA											
		高压电缆长度 L/km											
		1	2	3	4	5	6	7	8	9	10	15	20
		短路电流 I_{bd}/kA											
800	6	18.37	18.22	18.06	17.91	17.76	17.61	17.47	17.32	17.18	17.05	16.39	15.78
1000	6	22.71	22.47	22.24	22.00	21.78	21.56	21.34	21.13	20.92	20.72	19.75	18.87
1250	6	28.00	27.63	27.28	26.93	26.60	26.27	25.95	25.63	25.33	25.03	23.63	22.39
1600	6	35.16	34.59	34.04	33.50	32.98	32.47	31.98	31.51	31.05	30.60	28.54	26.74
2000	8	33.14	32.63	32.14	31.66	31.20	30.74	30.30	29.88	29.46	29.06	27.20	25.56
2500	8	40.61	39.84	39.11	38.40	37.72	37.06	36.42	35.81	35.21	34.64	32.03	29.78

表 2-23 干式电力变压器低压侧出口处短路电流计算（五）

变压器容量 S_{be}/kVA	阻抗电压 u_d(%)	S_{dx} = 500MVA											
		高压电缆长度 L/km											
		1	2	3	4	5	6	7	8	9	10	15	20
		短路电流 I_{bd}/kA											
630	4	21.81	21.58	21.37	21.15	20.95	20.74	20.54	20.34	20.15	19.96	19.06	18.24
	6	14.74	14.64	14.53	14.44	14.34	14.24	14.15	14.05	13.96	13.87	13.43	13.02
800	6	18.58	18.42	18.26	18.10	17.95	17.80	17.65	17.50	17.36	17.22	16.55	15.93
1000	6	23.02	22.77	22.53	22.30	22.06	21.84	21.61	21.40	21.18	20.97	19.99	19.09
1250	6	28.47	28.10	27.73	27.37	27.02	26.68	26.35	26.03	25.71	25.40	23.97	22.69
1600	6	35.91	35.32	34.74	34.18	33.64	33.11	32.60	32.11	31.63	31.17	29.03	27.18
2000	8	33.81	33.28	32.77	32.27	31.78	31.32	30.86	30.42	29.99	29.57	27.64	25.95
2500	8	41.61	40.81	40.04	39.30	38.58	37.89	37.23	36.59	35.97	35.37	32.65	30.32

六、ETAP 建模计算

ETAP 是电力电气分析、电能管理的综合分析软件系统的简称。ETAP 可以为发电、配电、新能源微电网、工业电力电气系统提供从规划到设计，从分析、计算、仿真到实时运行控制，提供强大的综合平台和解决方案。通过其集成的电气数字孪生平台，ETAP 提供无缝客户体验和云利用技术，确保工程师和操作员的普遍可访问性，使用户能够提高生产力、协作和效率，并实现能源转型。

1. 离线 ETAP 软件

离线 ETAP 软件包括潮流分析、短路分析、电动机启动分析、谐波分析、保护设备配合和动作序列、暂态稳定分析、弧闪保护分析、接地网系统、电缆载流量和尺寸、传输线弧垂张力和容量计算、变压器容量估计和分接头优化、蓄电池放电分析和容量估计、直流控制系统图、发电机启动、用户自定义动态模型、可靠性评估、优化潮流、补偿电容器最佳位置、不平衡潮流、地理信息系统图、高压直流连接、风力发电机、光伏太阳能等功能模块，为用户提供了电力系统的安全、可靠、高效、节能的全面解决方案。

（1）潮流分析　潮流分析可计算和判断电压故障、负荷预测、母线/变压器/电缆的过载警告、标识和显示处于临界状态的母线电压、标识和显示过载设备等。算法上ETAP采用牛顿·拉夫逊法、快速解用法、高斯—塞德尔法和优化潮流法，并采用先进技术加速收敛，使计算结果较一般电力系统分析软件更准确、快速和智能化。计算过程中可以根据系统实际情况进行多种负荷选择、等效负荷设置、整体及单独的母线负荷系数调整、连续或间歇及备用状态下不同的负荷系统调整、功率因数修正、变压器抽头自动调整和带载变压器的分接头位置调整、发电机调速器/励磁控制设置等，也可以以潮流分析计算结果更新数据库。

（2）短路分析　ETAP计算短路故障类型有：三相、相间、单相接地和两相接地故障，故障阻抗（正序及零序），1/2周波至30周波的故障（考虑2、3、5、8周波断路器特征）等。可以计算开断容量为断路器断开时间的函数的系统；ETAP可以比较保护装置的额定电流和计算出的短路电流结果并检测高压断路器的暂态恢复电压。进行短路分析计算之后，还可以选择故障电流分布等级报告、短路电流及电压分布输出报告。在计算结果显示上，可以图形化地显示过载设备、提供总结报告、直接更新保护配合程序的结果。

（3）电动机启动分析　ETAP可以分析多种电动机类型：感应电动机、同步电动机、发电机动态模型以及单笼和双笼电动机模型等，可分析电动机的状况：动态电动机加速、静态电动机启动、多组电动机及其他设备（负荷、电容器、电动机驱动阀门等）的启动、停止、再启动，电动机和负荷群（组）启动/加速，加速后改变电动机负荷等。可以进行各种电动机等装置的状态模拟，例如：变压器带载调压器的动态模拟，精确模拟电动机驱动阀门打开和合上的操作，电动机负荷模拟，各种启动装置的模拟等。针对电动机启动前后的状况，ETAP可以进行状态模拟分析，启动之前可选择任意负荷类别，选择使用加速电动机和负荷类别过渡，选择使用公共的或独立的变压器带载调压时间延迟等。

（4）暂态稳定分析　对于各种电力系统元素在暂态下的模型参数，ETAP均有集成，如感应及同步电动机/发电机动态模型、电动机频率响应模型、系统频率响应模型、IEEE和制造商的励磁器和调速器模型、电动机负荷模型等。可以精确分析各种暂态：用电压和频率继电器自动甩负荷，电动机驱动，阀门启动，电动机加速，临界故障清除时间，快速母线切换研究，冲击负荷和发电机切除分析等。ETAP还可以用时间滑块工具条在单线图上连续地显示计算结果，用户可选择输出响应曲线。

（5）谐波分析　可进行谐波潮流分析、谐波共振和频率扫描分析，可对电压电流总合成峰值、谐波失真度进行分析，结合系统对谐波的要求，模拟电压和电流谐波源，定义频率扫描范围。可进行滤波器设计，分析发电机和变压器饱和、谐波失真限制、通信干扰系数等。可选择多种形式的输出响应曲线、设备谐波特性的图形，在单线图上显示谐波分布，显示频率扫描结果图。

2. 实时 ETAP 软件

实时 ETAP 软件包括电力实时在线监测和仿真系统软件、智能甩负荷系统软件、智能变电站系统、可提供带有状态估计的高级监测、能量计算、实时仿真、事件回放、负荷预测；自动发电控制、经济调度、管理控制、交易安排、备用管理；负荷预存、甩负荷确认、负荷恢复；变电站自动化、开关管理、负荷管理等功能，实现配电网更高等级的资产管理，提升配电网运营效率与灵活性，提升系统运维效率与能效。

（1）监测模式 可将已激活的单线图（显示图）置于实时监测模式下。PSMS 的监测相比于传统的监测系统更为现代，更为高级。在监测模式下，PSMS 通过采集设备从电气系统中获得实时数据，处理这些数据（使用状态估计和负荷分配），复位警告，存储全部参数，最后在单线图上图形化地显示这些数据。

（2）回放模式 在回放模式下，PSMS 从历史数据库中获取数据，并将其显示在单线图上。

（3）控制模式 该模式允许用户打开或关闭回路断路器，接收状态确认信息。

（4）建议模式和管理控制 可以通过最优负荷管理优化系统：发电机电压/无功控制，发电机有功控制，变压器带载调压分接头控制，并联补偿控制，串联补偿控制，切换电容器控制，甩负荷控制等。

3. 数据建模

在 ETAP 软件中将建筑电力设备和线路进行建模，同时输入各设备、元件的实际参数。基于搭建好的系统模型，使用 ETAP 功能强大的高级分析模块（包括潮流分析、短路计算、继电保护整定配合、暂态稳定分析、可靠性评估等）对现有系统进行模拟分析以及系统评估。通过对建筑电力系统进行稳定性分析和可靠性评估，可以发现现有电力系统的一些薄弱环节，采取相应改善措施，提高供电的可靠性，降低因停电可能造成的损失。利用优化潮流、无功补偿、谐波分析等 ETAP 分析模块对现有系统进行仿真分析以及优化运行，可以实现对设备的长效管理，提高设备维护和检修的效率。另外通过运行方案调整可以提高全厂电网的电压质量，降低工程电网的线损。

4. 可视化

ETAP 软件通过全图形建模，各种标准设备备选，图模一体化；数据录入简明，用户界面友好，具有数据查错功能；大量标准设备数据库选用，向用户开放；统一数据库支持各种计算；分析计算功能全面；经过严格校验的计算结果；遵循各种国内国际工程标准；提供各种计算结果（单线图显示，曲线，报告）；提供中英文界面、用户手册、结果报告；具有管理大型复杂工程的功能；完善清晰易懂好用的帮助文件。

5. 数字化

ETAP 可以构建全面而强大的综合型电力系统数字孪生平台，能为发电、输电、配电、微电网以及工业电力电气系统的规划、设计、分析、模拟和实时运行控制，提供全生命周期的综合解决方案。ETAP 数字孪生平台通过构造数字电网，利用其基于规则的自动化设计、模型驱动的预测分析、联合仿真平台、操作员培训仿真中心，以及实时分析、资产性能监控、智能控制等，帮助电力系统工程师及运营商发现电网薄弱环节、优化电网运行方式和改进系统规划设计方案。

七、智能配电系统

1. 概述

智能配电系统是利用物联网、互联网、云平台、大数据分析等先进技术，按用户的需求，通过对配电系统的测量、保护、控制、预测、运维管理，采集用电过程中的运行参数，对配用电过程进行实时自动化监控和运维管理，以及电能资源的消耗过程和流向，监测配电系统安全隐患，有效预防异常事故发生，还可以遥测和遥控合理调配负荷，实现优化运行，有效节约电能，并有高峰与低谷用电记录，形成配用电数据报表，数据中发现潜在能耗问题。智能配电系统通常由现场数据采集层、通信网络层以及系统管理层三层拓扑结构组成，采集层通过智能模块对设备的数据采集信号，经由通信系统将数据传输或控制命令准确传送到管理控制中心，最终在管理控制中心将采集的所有数据储存、分析以及对整个配电网络的管理。

智能配电系统具有自动化程度高、系统安全性强、系统可靠性高、数据传输及处理能力强、支持分布式能源接入等特点。智能配电系统是将传统的供配电系统进行智能化提升，实现供配电系统中设备的互联互通，达到对供配电系统的自动化监控和运行管理的目的，可实现配电网络可视、断路器远程遥控，电能质量事件全过程、扰动方向判定，对能效实时分析管理，可有效快速进行故障定位和排查，对配电网络的持续可靠运行，起着重要的保障作用。智能配电系统将智能化手段应用于常规配电系统，不仅有助于提高系统的安全性、可靠性，还有助于用户提升管理水平，实现了配电系统从功能化向智能化升级，自动化程度高、可靠性、稳定性强、界面友好，可为用户提升能源利用效率和管理水平提供多维度支持，具有数字化、智能化、网络化、融合化特征，在复合建筑中具有较好的发展前景。

智能配电系统应充分考虑数据安全性，对接入系统的关键供电设备执行身份鉴别和访问控制，确保接入系统的关键供电设备的自身设备安全，确保智能配电系统的数据传输安全。智能配电系统应充分考虑自动保护、容错和恢复能力，通过对输入数据的有效性校验来确保输入的数据满足系统要求，并在故障发生时能自动保护当前所有状态，保证系统能够恢复正常运行。

2. 智能配电系统组成

智能配电系统包含配电系统软、硬件，应采用开放式的、易于扩展的体系架构和平台。智能配电系统网络通常根据部署地点的不同划分为三层结构：管理平台层、网络传输层和数据采集层。

（1）数据采集层　数据采集层由具备通信接口的各种智能电气元件和设备组成，包含传感单元和执行单元，既可实时为系统决策提供完整、准确、可靠的依据，又可及时、准确地实施系统下达的各项指令，现场数据采集层可实时上传：设备运行参数（电压、电流、频率、有功功率、无功功率、功率因数、谐波含量等）、设备运行信息（断路器分/合闸状态、手车位置等）、设备整定信息（断路器定值参数等）、设备维护信息（温度、设备型号、序列号、固件版本号等）等。智能电气元件包括智能型断路器、电力仪表、无功补偿装置、滤波装置、计算机继电保护装置等。

（2）网络传输层　网络传输层通常采用现场总线或以太网形式实现现场数据采集层与管理平

台层之间的数据交互，包括为实现监测、运维的需要提供监控系统软件、监控管理服务器，操作员工作站，工程师工作站，网络时钟源等边缘控制设备。具备 RS485 接口的电气装置加装通信模块可采用总线连接，通过网关进行协议转换后利用以太网连接至上层系统；具备以太网接口的电气装置加装通信模块可直接连接至上层系统。

（3）管理平台层　管理平台层通常采用模块化设计的软件，结合网络通信技术、计算机控制技术，接收、处理设备层上传的信息，经过处理、数据挖掘，通过画面呈现、控制指令输出、信息提示等方式实现不同的功能，满足配电系统的数据完整性、一致性和准确性的要求，保证对负载供电的连续可靠，实现关键故障定位和预测性维护运维的配电设备资产管理，有效监测分析供电质量和电能利用效率，对能源使用状况进行有效分析。

3. 智能配电系统功能

（1）实时监测　系统实时采集设备运行参数、运行状态及相关数据和存储功能，让用户更直观、更全面地浏览单个开关的运行信息。如实时监测各回路电压、电流、功率、功率因数等信息，动态监视各配电回路断路器、隔离开关、地刀等合（分）闸状态。

（2）实时告警　系统记录并管理设备故障报警相关信息，用户可通过界面进行维护处理。能够对配电回路断路器、隔离开关、接地刀闸分（合）动作等遥信变位，保护动作、事故跳闸等事件发出告警。

（3）故障录波　能够在系统发生故障时，自动准确地记录故障前（后）过程的各种电气量的变化情况，通过对这些电气量的分析、比较，对分析处理事故、判断保护是否正确动作、提高电力系统安全运行水平有着重要作用。

（4）事故追忆　能够自动记录事故时刻前后一段时间的所有实时稳态信息，包括开关位置、保护动作状态、遥测量等，形成事故分析的数据基础。并具备相应的智能算法，能够对历史运行的数据进行有效的管理分析，通过系统数据分析和发现配电系统的潜在隐患，帮助智慧建筑实现预防性运维管理。

（5）曲线查询　能够查询实时曲线和历史曲线，包括三相电流、三相电压、有功功率、无功功率、功率因数等遥测量，对电能质量和电能质量的补偿治理功能监测分析，保证智慧建筑中的设备的用电可靠安全，让用户直观了解电参数的曲线变化及幅值波动情况，便于运维。

（6）网络拓扑图　支持实时监视接入系统的各设备的通信状态，能够完整地显示整个系统网络结构；可在线诊断设备通信状态，发生网络异常时能自动在界面上显示故障设备或元件及其故障部位。

（7）电参量查询　可以直接查看各回路详细电参量，包括三相电流、三相电压、总有功功率、总无功功率、总功率因数、正向有功电能等，应能通过分析图表，发现影响能源效率的关键因素，并帮助发现电能使用的最佳实践，帮助推进节能措施。

（8）运行报表　系统将各种状态的变化和操作人员的操作活动情况记录到日志程序中，用户可通过日志进行维护管理。查询各回路或设备指定时间的运行参数，报表中显示电参量信息应包括各相电流、三相电压、总功率因数、总有功功率、总无功功率、正向有功电能等，报表格式有日报表、月报表、年报表等。

(9）历史事件查询　能够对遥信变位，保护动作、事故跳闸等事件记录进行存储和管理，方便用户对系统事件和报警信息进行历史追溯，查询统计、事故分析。

(10）遥控功能　根据电力规程要求，可以对整个配电系统范围内的设备进行远程遥控操作。

(11）通信管理　可以对整个配电系统范围内的设备通信情况进行管理、控制、数据的实时监测。

(12）电气资产管理　采集设备台账信息、具备设备缺陷管理、设备定值管理及电子文档管理功能。

(13）权限管理　设置了用户权限管理功能，通过用户权限管理能够防止未经授权的操作（如遥控的操作，数据库修改等）。系统可以定义不同操作权限的权限组（如管理员组、工程师组、操作员组等），在每个权限组里分配不同用户，确保系统可靠、安全运行。

(14）地图导航功能　可以在显示的地图上选择相应的区域进行快速的查看，方便用户便捷查询对应区域信息。

八、供配电系统主要节能措施及能效评价

1. 供配电系统主要节能措施

1）变配电系统应选择满足国家标准能效指标要求的高效能变压器，并应正确选定装机容量，减少设备本身的能源消耗。

2）提高供电系统的功率因数、治理谐波。

3）合理选择电动机，空调系统和给水排水系统宜采用建筑设备监控系统实现节能。

4）根据建筑物的性质、楼层、服务对象和功能要求，进行电梯客流分析，合理确定电梯的型号、台数、配置方案、运行速度、信号控制和管理方案，提高运行效率。多台电梯集中排列时，应具有按规定程序集中调度和控制的群控功能。

5）设置电量计量装置。

6）设置电能管理系统。

2. 变电所设置位置的能效评价

变电所应尽量靠近负荷中心，以缩短配电半径，正确选择导线截面、减少线路长度，降低配电线路的损耗。变电所的能效评价指标可按式（2-1）计算。

$$\mathrm{EE_s}=\frac{\sum_{i=1}^{n}\left\{\frac{\sum_{j=1}^{m}\left[P_{\mathrm{e}(ij)}L_{ij}\right]}{\sum_{j=1}^{m}P_{\mathrm{e}(ij)}L_{i(\max)}}\int_0^{8760}\sum_{j=1}^{m}P_{ij}(t)\,\mathrm{d}t\right\}}{\int_0^{8760}\sum_{i=1}^{n}\sum_{j=1}^{m}P_{ij}(t)\,\mathrm{d}t} \tag{2-1}$$

式中　$\mathrm{EE_s}$——复合建筑所有变电所位置的综合能效指标；

n——复合建筑中变电所的数量；

m——第 i 个变电所低压配电回路数；

$P_{ij}(t)$——第 i 个变电所第 j 回路低压有功功率（kW）；

$P_{e(ij)}$——第 i 个变电所第 j 回路额定功率（kW）；

t——设备运行时间（h）；

L_{ij}——第 i 个变电所第 j 回路低压供电距离（m）；

$L_{i(\max)}$——第 i 个变电所对应的负荷中心与第 i 个变电所供电的最远端负荷的直线距离（m）。

九、建筑电力碳排放计算

1. 概述

温室气体是指大气层中自然存在的与由于人类活动产生的能够吸收和散发由地球表面、大气层和云层所产生的、波长在红外光谱内的辐射波的气态成分。温室气体包括但不限于二氧化碳（CO_2）、甲烷（CH_4）、氧化亚氮（N_2O）、氢氟碳化物（HFC_s）、全氟碳化物（PFC_s）和六氟化硫（SP6）。人类的任何活动都有可能造成碳排放，碳排放是目前被认为导致全球变暖的主要原因之一，人类要可持续发展，要在日常生活的每一个细节中努力避免或减少碳排放。建筑物碳排放是指建筑物在与其有关的建材生产及运输、建造及拆除、运行阶段产生的温室气体排放的总和，以二氧化碳当量表示。碳排放计算方法主要有三种：排放因子法、质量平衡法、实测法。

1）排放因子法适用于国家、省份、城市等较为宏观的核算层面，可以粗略地对特定区域的整体情况进行宏观把控。碳核算基本方程：温室气体（GHG）排放 = 活动数据（AD）×排放因子（EF）。其中，AD 是导致温室气体排放的生产或消费活动的活动量，如每种化石燃料的消耗量、石灰石原料的消耗量、净购入的电量、净购入的蒸汽量等；EF 是指将能源与材料消耗量与二氧化碳排放相对应的系数，用于量化建筑物不同阶段相关活动的碳排放，建筑电能的碳排放系数的大小与所处的地区的发电形式密切相关。排放因子法优点是简单明确、易于理解。

2）质量平衡法的基本原理是物质守恒定律，由输入碳含量减去非二氧化碳的碳输出量计算二氧化碳排放量，不仅能够区分各类设施之间的差异，还可以分辨单个和部分设备之间的区别，优点是具有较强的科学性及实施有效性。

3）实测法基于排放源实测基础数据，汇总得到相关碳排放量，优点是中间环节少，结果准确。

2. 建筑电力碳排放量计算

建筑电力系统在使用过程中并不会产生温室气体排放，但作为二次能源，其生产过程中伴随着一定量的温室气体排放，形成间接排放。电力系统碳计量是指对电力系统产生的碳排放进行量化的过程，通过这一过程可以精确地了解电力系统在运行过程中产生的碳排放量，从而为实现低碳提供数据支持。

1）电力系统碳计量要从“源、网、荷”全链碳计量，建筑中电力消耗产生的碳排放量体现在“荷”上，是建筑物运行阶段的碳排放量中的重要指标，实时、准确、全面地计量建筑中电力能耗，是掌握电力行业碳排放现状与趋势、挖掘建筑电力碳减排潜力、引导建筑用户互动减碳、促进电力经济低碳转型的基础与前提，也是支撑碳市场健康发展的基础保障。建筑中电力消耗产生的碳排放量可以通过电能计量仪表采用电碳排放因子信息，并记录用户累积碳排放，见下式。

$$C_{\mathrm{E}} = \mathrm{EF}\int_{0}^{8760} \sum_{i=1}^{n} P_{i}(t)\,\mathrm{d}t \tag{2-2}$$

式中 C_{E}——建筑运营中电力碳排放量；

EF——建筑电力碳排放因子；

$P_i(t)$——第 i 类建筑电气设备的有功功率。

2）供电线路在输送电力时会产生能量损耗，供电线路全年能耗电力损耗按式（2-3）计算：

$$\Delta W_{\mathrm{L}} = \sum \Delta P_{l}\tau = \sum 3I_{\mathrm{C}}^{2}R\tau \times 10^{-3} = \sum 3I_{\mathrm{C}}^{2}rl\tau \times 10^{-3}(\mathrm{kWh}) \tag{2-3}$$

式中 ΔP_l——三相线路中有功功率损耗（kW）；

I_{C}——线路中的计算相电流（A）；

R——线路中的每相电阻（Ω）；

r——线路单位长度的交流电阻（Ω/km）；

l——线路计算长度（km）；

τ——最大负荷年损耗小时数（h）。

3）变压器损耗包括空载损耗、短路损耗。空载损耗也称变压器的铁损，是指发生于变压器铁芯叠片内，周期性变化的磁力线通过材料时，由材料的磁滞和涡流产生的，其大小与运行电压和分接头电压有关。短路损耗也称变压器铜损，是指当以额定电流通过变压器的一个绕组，而另一个绕组短接时变压器所吸收的有功功率。变压器全年能耗电力损耗按式（2-4）计算：

$$\Delta W_{\mathrm{T}} = \sum \left[\Delta P_{\mathrm{o}} + \Delta P_{\mathrm{k}}\left(\frac{S_{\mathrm{js}}}{S_{\mathrm{r}}}\right)^{2}\right]t(\mathrm{kWh}) \tag{2-4}$$

式中 ΔP_{o}——变压器空载损耗（kW）；

ΔP_{k}——变压器短路损耗（kW）；

t——变压器全年投运小时数；

S_{js}——变压器计算负荷（kVA）；

S_{r}——变压器额定容量（kVA）。

4）建筑照明为满足建筑功能提供了必要条件，良好的建筑照明条件有利于生产、工作、学习和身体健康。照明系统能耗受到生活习惯、经济条件、地域差异、身体健康情况等因素的影响，也受到照明系统的控制方式的影响。照明全年能耗应是全年一般照明和应急照明总和，也可以根据照明功率密度值、照明需要系数、年平均负荷系数、每天工作小时数和年运行时间进行计算。照明系统年能耗按式（2-5）计算：

$$E_{1} = \int_{0}^{8760} \sum [P_{1}(t) + P_{\mathrm{el}}(t)]\,\mathrm{d}t \approx \frac{\sum_{j=1}^{365}\left(\sum P_{i,j}A_{i}t_{i,j} + 24P_{\mathrm{p}}A\right)}{1000} \tag{2-5}$$

式中 E_1——照明系统年能耗（kWh/a）；

$P_1(t)$——一般照明功率（kW）；
$P_{el}(t)$——应急照明功率（kW）；
$P_{i,j}$——第 j 日第 i 个房间照明功率密度值（W/m^2）；
A_i——第 i 个房间照明面积（m^2）；
$t_{i,j}$——第 j 日第 i 个房间照明时间（h）；
P_p——应急灯照明功率密度（W/m^2）；
A——建筑面积（m^2）。

5）电梯的能耗情况不仅与电梯自身的配置情况有关，而且还与建筑的结构、电梯的数量和布局、建筑内客流情况以及电梯的调度情况有关，因此电梯的能耗计算复杂，准确计算需要通过建立能耗仿真模型等方式计算电梯的耗电量。电梯全年能耗按式（2-6）计算：

$$E_e = \sum \int_0^{8760} P_t(t)\mathrm{d}t \approx \sum \frac{3.6Pt_aVW + E_{standby}t_s}{1000} \tag{2-6}$$

式中 E_e——年电梯能耗（kWh/a）；
$P_t(t)$——电梯换算到暂载率 $\varepsilon\% = 25\%$ 时的额定功率（kW）；
P——特定能量消耗（mWh/kgm）；
t_a——电梯年平均运行小时数（h）；
V——电梯速度（m/s）；
W——电梯额定载重量（kg）；
$E_{standby}$——电梯待机时能耗（W）；
t_s——电梯年平均待机小时数（h）。

第三节 变电所

变电所是电力网中的线路连接点，是用以变换电压、交换功率和汇集、分配电能的设施，变电所是供配电系统的核心，在供配电系统中占有特殊的重要地位。作为复合建筑电能供应的中心，变电所是电网的重要组成部分和电能传输的重要环节，担负着从电力系统受电，经过变压，然后配电的任务，对保证电网安全、经济运行具有举足轻重的作用。

一、变电所设计要求

1. 复合建筑变电所设计原则

1）应根据工程特点、负荷性质、用电容量、供电条件、节约电能、安装、运行维护要求等因素，合理确定设计方案，并适当考虑发展的可能性。

2）宜按公共空间和用户空间结合业态及功能的分区设置变电所，当供电负荷较大，供电半径较长时，宜分散设置。

3）变电所内的电气设备安装应采取防震、抗振动、抗摇摆和防水、排水措施。

4）超高层建筑的变电所宜分设在地下室、裙房、避难层、设备层及屋顶层等处。

2. 变电所所址选择

1）深入或靠近负荷中心。

2）进出线方便。

3）设备吊装、运输方便。

4）不应设在对防电磁辐射干扰有较高要求的场所。

5）不宜设在多尘、水雾或有腐蚀性气体的场所，确实无法远离时，不应设在污染源的下风侧。

6）不应设在厕所、浴室、厨房或其他经常有水并可能漏水场所的正下方，且不宜与上述场所贴邻；如果贴邻，相邻隔墙应做无渗漏、无结露等防水处理。

7）变电所为独立建筑物时，不应设置在地势低洼和可能积水的场所。

3. 变压器选择

1）配电变压器的长期工作负载率不宜大于85%；当有一级和二级负荷时，宜装设两台及以上变压器，当一台变压器停运时，其余变压器容量应满足一级和二级负荷用电要求。

2）设置在民用建筑内的变压器，应选择干式变压器。

3）变压器低压侧电压为0.4kV时，单台变压器容量不宜大于2000kVA，当仅有一台时，不宜大于1250kVA。

4）预装式变电站变压器容量采用干式变压器时不宜大于800kVA。

4. 所用电源

1）变电所需要两路交流220V/380V所用电源，可分别引自配电变压器低压侧两段母线。无配电变压器时，可引自较近的配电变压器。距配电变压器较远时，宜设所用变压器。

2）重要或规模较大的变电所，宜设两台所用变压器，安装在高压开关柜内，容量为30～50kVA，分别提供两回路所用电源，并宜装设备用电源自动投入装置。

3）大中型变电所应设检修电源。

5. 操作电源

1）35kV、20kV或10kV变电所的直流操作电源，宜采用免维护阀控式密封铅酸蓄电池组。根据变电所的规模，可选用壁挂式或落地式直流屏，也可选用安装于高压开关柜的仪表室，变电所用小型直流电源，其交流电源直接取自电压互感器二次侧。

2）当断路器（采用弹簧储能）操动机构的储能与合闸、分闸需要的电源小于10A时，直流操作电源宜采用110V。

3）当采用直流电源装置作操作电源时，直流母线电压允许波动范围应为额定电压的85%～110%，纹波系数不应大于1%。

4）交流操作电源为交流 220V，应具有双电源切换装置。控制电源采用不接地系统，并设有绝缘检查装置。

5）当小型变电所采用弹簧储能交流操动机构时，可采用在线式不间断电源装置（UPS）作为合闸、分闸的操作电源。为增加 UPS 的可靠性，可使用两套 UPS 并联，并应采用并联闭锁措施。

二、变电所对相关专业的要求

复合建筑变电所通常由高压配电室、低压配电室、变压器室、电容器室、值班室等组成的，各电气设备室要满足防火要求且不应有无关的管道和线路通过。当采用多路电源时，每一路电源的高压配电柜、变压器、低压配电柜以及备用电源或应急电源宜单独设置配电室。变电所的布置要满足保障人民生命财产和设备安全以及节约能源和适应发展要求，并且要节约土地与建筑费用。

1. 变电所对建筑专业的要求

1）民用建筑内的变电所对外开的门应为防火门。变电所位于高层主体建筑或裙房内、多层建筑物的二层或更高层时，通向其他相邻房间的门应为甲级防火门，通向过道的门应为乙级防火门；变电所位于多层建筑物的首层时，通向相邻房间或过道的门应为乙级防火门；变电所位于地下层或下面有地下层时，通向相邻房间或过道的门应为甲级防火门；变电所通向汽车库的门应为甲级防火门；当变电所设置在建筑首层，且向室外开门的上层有窗或非实体墙时，变电所直接通向室外的门应为丙级防火门。

2）变电所的通风窗应采用不燃材料制作。电压为 35kV、20kV 或 10kV 配电室和电容器室，宜装设不能开启的自然采光窗，窗台距室外地坪不宜低于 1.8m。临街的一面不宜开设窗户；电压为 10（6）kV 配电室和电容器室，宜装设不能开启的自然采光窗，窗台距室外地坪不宜低于 1.8m。临街的一面不宜开设窗户。

3）变压器室、配电装置室、电容器室的门应向外开，并应装锁。相邻配电室之间设有防火隔墙时，隔墙上的门应为甲级防火门，并向低电压配电室开启，当隔墙为管理需求设置时，隔墙上的门应为双向开启的不燃材料制作的弹簧门。配电室及变压器室门的宽度宜按最大不可拆卸部件宽度加 0.3m，高度宜按不可拆卸部件最大高度加 0.5m。

4）当变电所与上、下或贴邻的居住、办公房间仅有一层楼板或墙体相隔时，变电所内应采取屏蔽、降噪等措施。

5）变压器室、配电装置室、电容器室等应设置防止雨、雪和小动物进入屋内的设施。

6）长度大于 7m 的配电装置室，应设两个出口，并宜布置在配电室的两端；长度大于 60m 的配电室宜设三个出口，相邻安全出口的门间距离不应大于 40m。独立式变电所采用双层布置时，位于楼上的配电室应至少设一个通向室外的平台或通道的出口。

7）变电所的电缆沟、电缆夹层和电缆室，应采取防水、排水措施。当变电所设置在地下层时，其进出地下层的电缆口必须采取有效的防水措施；地面或门槛应高出本层楼地面，其标高差值不应小于 0.10m，设在地下层时不应小于 0.15m。

8）变电所内配电箱不应采用嵌入式安装在建筑物的外墙上。

2. 变电所对结构专业的要求

1）对变压器提出荷载要求并应设有运输通道。当其通道为吊装孔或吊装平台时，其吊装孔和平台的尺寸应满足吊装最大设备的需要，吊钩与吊装孔的垂直距离应满足吊装最高设备的需要。

2）高压配电室

①活荷载标准值4～7kN/m^2（限用于每组开关自重≤8kN，否则按实际值）；高压开关柜屏前、屏后每边动荷重4900N/m；操作时，每台开关柜尚有向上冲力9800N。

②屋内配电装置距顶板的距离不宜小于1.0m；当有梁时，配电装置顶端距梁底不宜小于0.8m。

3）低压配电室

①低压开关柜屏前、屏后每边动荷重2000N/m；控制室、值班室活荷载标值4kN/m^2。

②屋内配电装置距顶板的距离不宜小于1.0m，当有梁时，配电装置顶端距离梁的底不宜小于0.8m。

3. 变电所对给水排水专业的要求

1）有人值班的变电所宜设有厕所及上下水设施。

2）电缆沟、电缆隧道及电缆夹层等低洼处，应设有集水坑，并通过排污泵将积水排出。

4. 变电所对供暖通风专业的要求

1）设在地上的变电所内的变压器室宜采用自然通风，设在地下的变电所的变压器室应设机械送排风系统，夏季的排风温度不宜高于45℃，进风和排风的温差不宜大于15℃。

2）并联电容器室应有良好的自然通风，通风量应根据并联电容器温度类别按夏季排风温度不超过并联电容器所允许的最高环境空气温度计算。当自然通风不能满足排热要求时，可增设机械排风。

3）当变压器室、并联电容器室采用机械通风时，通风管道应采用不燃材料制作，并宜在进风口处加空气过滤器。

4）在供暖地区，控制室（值班室）应供暖，供暖计算温度为18℃。在严寒地区，当配电室内温度影响电气设备元件和仪表正常运行时，应设供暖装置。控制室和配电装置室内的供暖装置，应采取防止渗漏措施，不应有法兰、螺纹接头和阀门等。

5）位于炎热地区的变电所，屋面应有隔热措施。控制室或值班室需要设置通风或空调装置。

6）位于地下层的变电所，其控制室（值班室）应保证运行的卫生条件，当不能满足要求时，应装设通风系统或空调装置。在高潮湿环境地区尚应根据需要考虑设置除湿装置。

7）装有六氟化硫（SF_6）设备的配电装置的房间，低位区应配备SF_6泄漏报警仪及事故排风装置。

三、柴油发电机机房对相关专业技术要求

柴油发电机房的选址考虑到柴油发电机组的进出线、运输、进风、排风、排烟等因素，宜靠近柴油发电机组供电负荷中心或变电所设置，要关注柴油发电机储油设施，既要满足柴油发电机

可以连续供电要求，也要满足消防要求。

（1）柴油发电机机房对建筑专业技术要求

1）机房宜布置在建筑的首层、地下室、裙房屋面。当地下室为三层及以上时，不宜设置在最底层，并靠近变电所设置。机房宜靠近建筑外墙布置，应有通风、防潮、机组的排烟、消声和减振等措施并满足环保要求。

2）机房宜设有发电机间、控制室及配电室、储油间、备品备件储藏间等。当发电机组单机容量不大于1000kW或总容量不大于1200kW时，发电机间、控制室及配电室可合并设置在同一房间。

3）发电机间、控制室及配电室不应设在厕所、浴室或其他经常积水场所的正下方或贴邻。

4）控制室的位置应便于观察、操作和调度，通风应良好，进出线应方便；控制室内不应有与其无关的管道通过，也不应安装无关设备；控制屏正面操作宽度，单列布置时，不宜小于1.5m；双列布置时，不宜小于2.0m；离墙安装时，屏后维护通道不宜小于0.8m。当控制室的长度大于7m时，应设有两个出口，出口宜在控制室两端。控制室的门应向外开启。

5）当不需设控制室时，控制屏和配电屏宜布置在发电机端或发电机侧，其操作维护通道屏前距发电机端不宜小于2.0m；屏前距发电机侧不宜小于1.5m；机房应有良好的通风。

6）机房面积在$50m^2$及以下时宜设置不少于一个出入口，在$50m^2$以上时宜设置不少于两个出入口，其中一个应满足搬运机组的需要；门应为向外开启的甲级防火门；发电机间与控制室、配电室之间的门和观察窗应采取防火、隔声措施，门应为甲级防火门，并应开向发电机间。

7）储油间应采用防火墙与发电机间隔开；当只能在防火墙上开门时，应设置能自行关闭的甲级防火门。

8）当机房噪声控制达不到现行国家标准《声环境质量标准》（GB 3096）的规定时，应做消声、隔声处理。

9）机组基础应采取减振措施，当机组设置在主体建筑内或地下层时，应防止与房屋产生共振。

10）柴油机基础宜采取防油浸的设施，可设置排油污沟槽，机房内管沟和电缆沟内应有0.3%的坡度和排水、排油措施。

（2）柴油发电机机房对给水排水专业技术要求

1）柴油机的冷却水水质，应符合机组运行技术条件要求。

2）柴油机采用闭式循环冷却系统时，应设置膨胀水箱，其装设位置应高于柴油机冷却水的最高水位。

3）冷却水泵应为一机一泵，当柴油机自带水泵时，宜设1台备用泵。

4）当机组采用分体散热系统时，分体散热器应带有补充水箱。

5）机房内应设有洗手盆和落地洗涤槽。

（3）柴油发电机机房对动力专业技术要求

1）当燃油来源及运输不便或机房内机组较多、容量较大时，宜在建筑物主体外设置不大于

$15m^3$ 的储油罐，埋地油罐预留加油口，便于油车加油，油罐及油池设有防静电措施。

2）机房内应设置储油间，其总储存量不应超过 $1m^3$，在一个建筑物内，储油间数量不应超过建筑设置柴油发电机数量，最多不能超过 5 个，并且应采取相应的防火措施；当设置多个储油间时，最好设置连通各储油间油路系统，设一个油泵间，设置两个供油泵和两个回油泵，需要采用一用一备的工作方式。供油泵的单位时间供油量为消防状态最大单位燃油耗量的 2 倍，实现柴油共享，日用油箱间、油泵间、油罐池入口处均设有手动、电动阀门及其相关附件。

3）日用燃油箱宜高位布置，出油口宜高于柴油机的高压射油泵。

4）卸油泵和供油泵可共用，应装设电动泵和手动泵，其容量应按最大卸油量或供油量确定。

5）储油设施尚应符合现行国家标准《建筑设计防火规范》（GB 50016）的相关规定。

（4）柴油发电机机房对供暖通风专业技术要求

1）宜利用自然通风排除发电机房内的余热，当不能满足温度要求时，应设置机械通风装置。

2）当机房设置在高层民用建筑的地下层时，应设置防烟、排烟、防潮及补充新风的设施。

3）机房各房间温湿度要求应符合现行标准的规定。

4）每台柴油机的排烟管应单独引至排烟道，宜架空敷设，也可敷设在地沟中；排烟管弯头不宜过多，且能自由位移；水平敷设的排烟管道宜设 0.3% ~0.5% 的坡度，并应在排烟管最低点装排污阀；排烟管的室内部分采用架空敷设时，应敷设隔热保护层；当排烟管较长时，应采用自然补偿段，并加大排烟管直径；当无条件设置自然补偿段时，应装设补偿器；排烟管与柴油机排烟口连接处应装设弹性波纹管；排烟管过墙应加保护套，伸出屋面时，出口端处应设置防雨帽；非增压柴油机应在排烟管装设消声器；两台柴油机不应共用一个消声器，消声器应单独固定。

5）机房设置在高层建筑物内时，机房内应有足够的新风进口及合理的排烟道位置。机房排烟应采取防止大气污染措施，并应避开居民敏感区，排烟口宜内置排烟道至屋顶。

6）机房进风口宜设在正对发电机端或发电机端两侧，进风口面积不宜小于柴油机散热器面积的 1.6 倍。

（5）柴油发电机机房对电气专业技术要求

1）用于应急供电的发电机组平时应处于自启动状态。当市电中断时，低压发电机组应在 30s 内供电，高压发电机组应在 60s 内供电。

2）机组电源不得与市电并列运行，并应有能防止误并网的连锁装置。

3）当市电恢复正常供电后，应能自动切换至正常电源，机组能自动退出工作，并延时停机。

4）为了避免防灾用电设备的电动机同时启动而造成柴油发电机组熄火停机，用电设备应具有不同延时，错开启动时间。重要性相同时，宜先启动容量大的负荷。

5）自启动机组的操作电源、机组预热系统、燃料油、润滑油、冷却水以及室内环境温度等均应保证机组随时启动。水源及能源必须具有独立性，不应受市电停电的影响。

6）只有单台机组时，发电机中性点应直接接地，机组的接地形式宜与低压配电系统接地形式一致；当多台机组并列运行时，每台机组的中性点均应经隔离开关或接触器接地。

7）3 ~10kV 发电机组的接地方式宜采取中性点经低电阻接地方式或不接地方式；在中性点经

低电阻接地方式的系统中，当多台发电机组并列运行时，每台机组均宜配置接地电阻。

8）机房内的接地，宜采用共用接地。

9）燃油系统的设备与管道应采取防静电措施；当民用建筑的消防负荷和非消防负荷共用柴油发电机组时，应具备储油量低位报警或显示的功能。

10）控制室与值班室应设通信电话，并应设消防专用电话分机。

第四节　低压配电系统

一、低压配电设计原则

复合建筑低压配电系统应根据工程性质、规模、负荷容量及业主要求等综合考虑确定系统形式，采用经济合理、节能环保、技术成熟的先进设备，满足用户供电可靠性和供电质量的要求。公共空间和用户空间的低压配电系统界面应清晰，低压配电线路应根据负荷性质和特点设置适宜电力配电系统接线形式和保护装置，重要电力设备应采用放射式配电。低压配电系统由变压器二次侧至用电设备之间的低压配电级数一般不宜超过三级，操作安全、方便维修，并具有一定的灵活性，根据发展的可能性，各级低压配电屏（柜、箱）宜留有适当数量的备用回路，备用回路数宜按总回路数的25%考虑。放射式配电系统供电的配电箱，进线开关可选用隔离开关，树干式配电系统供电的配电箱，其进线开关应选用带隔离功能保护的开关电器。单相用电设备宜均匀地分配到三相线路。

低压配电系统的设计应经济合理，变电所、配电小间（竖井）、配电箱、照明箱等，需要深入负荷中心，减少电能损耗。线缆截面的选择，应根据线路性质、负荷大小、敷设方式、通电持续率等特点，并按可允许电流和经济电流密度值进行综合技术经济比较后确定。配电干线截面一般可适当加大，配电系统的主干线路，应优先选用电缆或密集性封闭母线等阻抗较小的配电线路，高层、超高层应考虑摆动对配电线路的影响，不宜采用多根电缆拼接，当必要时，也不宜超过三根电缆拼接。严禁采用国家禁止的淘汰和高耗能产品及设备。

二、用户空间

1. 不同高度建筑低压配电系统

（1）多层建筑

1）配电系统应满足计量、维修、管理、安全、可靠的要求。照明、电力、消防及其他防灾用电负荷，应分开设置。

2）电源进线处应设置电源箱，箱内应设置总进线隔离开关、分路保护装置及防雷保护电器。

箱体一般安装在室内，当须安装在室外时，防护等级不低于IP55。

3）当用电负荷容量较大或用电负荷较重要时，应设置低压配电室，并应采用放射式配电。

4）向各楼层配电小间或配电箱配电的系统，宜采用树干式或分区树干式系统；每路干线的配电范围划分，应根据回路容量、负荷密度、维护管理及防火分区等条件，综合考虑；由楼层配电间（箱）向本层各分配电箱的配电，宜按放射式或与树干式相结合的方式设计。

5）不同功能房间配电线路应设保护设施，并应设置计费电表。计费方式应满足供电或物业管理部门的要求。

（2）高层建筑

1）根据照明及动力负荷的分布状况，照明、电力、消防及其他防灾用电负荷，应分别设置独立的配电系统。

2）对重要负荷（如消防电梯等），应从建筑内配电室以放射式系统直接配电。

3）向高层供电的垂直干线系统，视负荷大小及分布状况确定；封闭母线供电的树干式配电，宜根据功能要求分段供电。

4）电缆干线式系统，宜采用三相电缆线路并通过专用T接箱引至配电箱，或采用预制分支电缆线路配电，其供电范围视负荷分布情况决定。

5）应急照明可以采用分区树干式或树干式配电系统。

6）不同功能房间配电线路应设保护设施，并应设置计费电表。计费方式应满足供电或物业管理部门的要求。

（3）超高层建筑

1）长距离敷设的刚性供电干线，应采取防止位移损伤措施。

2）在考虑地震、振动、摇摆等因素的影响时，固定敷设的线路与所有重要设备、供配电装置之间的连接应采取柔性连接。

3）供避难区域使用的用电设备，应从变电所采用放射式专用线路配电。

4）用户区和公共区以及不同功能房间配电线路应设保护设施，并应设置计费电表，计费方式应满足供电或物业管理部门的要求。

2. 不同功能建筑低压配电系统

（1）住宅建筑　每户设电表计量。住宅楼的公共用电设施如动力进线、公共照明、人防等应设电表计量，以满足能源计量和物业管理的需要；每套住宅通常采用单相电源进户，用电负荷大于12kW或有三相用电设备时可采用三相电源进户；采用三相电源供电的住宅，三相电源为三相设备供电，套内每层或每间房的单相用电设备、电源插座宜采用同相电源供电；每幢住宅楼、每一条配电干线的三相负荷分配宜均匀、平衡；每套住宅应设置可同时断开相线和中性线的电源进线开关电器。

（2）商业建筑　商业建筑的供电方式应根据用电负荷等级和商业建筑规模及商户确定。用电设备容量在100kW及以下的小型商业建筑供电可直接接入市政0.23kV/0.4kV低压电网；商业建筑低压配电系统的设计应根据商店建筑的业态、规模、容量及可能的发展等因素综合确定。不同商户的低压用电负荷，其低压配电电源应引自本业态配电系统；商业建筑中不同负荷等级的负荷，其配电系统应相对独立，低压配电系统宜按防火分区、功能分区及不同商户配电。商业建筑中重要负荷、大容量负荷和公共设施用电设备宜采用由变电所放射式配电；非重要负荷配电容量较小时可采用树干式配电方式；供电干线（管）应设置在公共空间内，不应穿越不同商铺；商业建筑内出租或专卖店等独立经营或分割的商铺空间，宜设独立配电箱，并根据计量要求加装计量装置。

（3）旅馆建筑　照明、电力、消防及其他防灾用电负荷应分别形成系统。对于容量较大的用电负荷或重要的用电负荷，应从配电室以放射式配电；配电箱的设置和配电回路的划分，应根据防火分区、负荷性质和密度、管理维护方便等条件综合确定；三级旅馆建筑客房内宜设分配电箱或专用照明支路；四级及以上旅馆建筑客房内应设置分配电箱；客房部分的配电箱不应安装在走道、电梯厅和客人易到达的场所。当客房内的配电箱安装在衣橱内时，应做好安全防护处理；垂直配电干线，应采用三相配电系统。

（4）航站楼　航站楼内具有特级负荷时，应设置应急电源设备，应急电源设备应选用柴油发电机组；一级负荷供电的航站楼，当采用自备发电设备作备用电源时，自备发电设备应设置自动和手动启动装置，且自动启动方式应能在30s内供电；航站楼单台变压器长期运行负荷率最好控制在55%~65%范围内，且互为备用的两台变压器单台故障退出运行时，另一台应能负担起全部一、二级负荷；各变电所均设置总配电间，内设专用电源总柜，再由专用电源总柜采用放射与树干相结合的方式，将专用电源送至各层强电间内的专用电源配电柜；信息及弱电系统的机房电源，容量大的机房由变电所直接放射式供电，容量小的机房由就近各层强电间内的专用电源配电柜供电；X光机、值机岛柜台、安检柜台等弱电系统专项工艺设备的电源（AC220V）由就近专用电源配电柜（箱）供电；特殊负荷电量表见表2-24。

表2-24　特殊负荷电量表

<table>
<tr><th>负荷分类</th><th>设备容量</th><th>备注</th></tr>
<tr><td>登机桥活动端转动电源</td><td>50kW/每个桥</td><td>50kW/每个桥，和2、3项不同时使用</td></tr>
<tr><td>400Hz专用电源</td><td>C类90kVA
E类160kVA
F类180kVA×2</td><td rowspan="2">C类飞机737、319
E类飞机747、340
F类380</td></tr>
<tr><td>PCA空调预制冷电源</td><td>C类160kVA
E类200kVA
F类200kVA×2</td></tr>
<tr><td>机务维修亭</td><td>20kW/个</td><td>位置数量空侧单位定</td></tr>
<tr><td>高杆灯</td><td>8~10kW/个</td><td>位置数量空侧单位定</td></tr>
</table>

（5）铁路旅客车站　铁路旅客车站建筑低压配电系统的设计应根据铁路旅客车站建筑的不同功能、类别、负荷性质、容量及可能发展等因素综合确定。铁路旅客车站建筑中的工艺设备、专用设备、消防及其他防灾用电负荷，应分别自成配电系统或回路；设有能耗管理系统的铁路旅客

车站建筑，低压配电系统中相关回路或各楼层各区域配电箱的设置应满足分区分类电能计量和检测的需要。

（6）会展建筑　会展建筑用电负荷分级应根据会展建筑规模、等级及用电负荷进行划分。负荷密度估算可根据展览内容、形式参考选取：轻型展：50～100W/m^2；中型展：100～200W/m^2；重型展：200～300W/m^2。特大型会展建筑宜设自备应急柴油发电机组；特大型会展建筑的展览设施用电宜设单独变压器供电，专用变压器的负荷率不宜大于70%；室外展场宜选用预装式变电站，单台容量不宜大于1000kVA。会展建筑的照明、电力、展览设施等的用电负荷、临时性负荷宜分别自成配电系统。由展览用配电柜至各展位箱（或展位电缆井）的低压配电宜采用放射式或放射式与树干式相结合的配电方式。会展建筑应采用燃烧性能为B_1级、产烟毒性为t_1级、燃烧滴落物/微粒等级为d_1级电力电缆、电线。主沟、辅沟内明敷设的电力电缆，可根据当地环境条件，选用防鼠型或防白蚁型。展览用配电柜专为展区内展览设施提供电源，宜按不超过600m^{2}展厅面积设置一个。每2～4个标准展位宜设置一个展位箱。

（7）博物馆建筑　博物馆建筑用电负荷分级应根据博物馆规模、等级及用电负荷进行划分。一般展览、陈列部分的空调设施为季节性用电负荷；有恒温、恒湿要求的藏品库、陈列厅室空调负荷则为全年性用电负荷。藏品库房、基本展厅的用电负荷相对固定。而临时展厅的用电负荷具有不确定性。特大型、大型博物馆应设置备用柴油发电机组。自备电源机组容量为变压器安装容量的25%～30%，保证博物馆对安全保卫、消防、库房空调的负荷供电要求。藏品库区应设置单独的配电箱，并设有剩余电流保护装置。配电箱应安装在藏品库区的藏品库房总门之外。藏品库房的照明开关安装在库房门外。博物馆的文物修复区包括青铜修复室、陶瓷修复室、照相室等功能房间，宜采用独立供电回路。文物库房的消毒熏蒸装置、除尘装置电源，宜采用独立回路供电，熏蒸室的电气开关必须在熏蒸室外控制。馆中陈列展览区内不应有外露的配电设备。当展区内有公众可触摸、操作的展品电气部件时应采用安全低电压供电。电缆选用采用铜芯、防鼠型低烟无卤电线或电缆。科学实验区包括X射线探伤室、X射线衍射仪室、气相色谱与质谱仪室、扫描电镜室、化学实验室等功能房间，应采用独立工作回路，且每个功能房间宜设置总开关。

（8）观演建筑　特、甲等剧场应采用双重电源供电。其余剧场应根据剧场规模、重要性等因素合理确定负荷等级，且不宜低于两回线路的标准。重要电信机房、安防设施的负荷级别应与该工程中最高等级的用电负荷相同。直接影响剧场建筑中特级负荷运行的空调用电应为一级负荷。当主体建筑中有大量一级负荷时，直接影响其运行的空调用电为二级负荷。剧场变压器安装指标：80～120VA/m^2，一般照明插座负荷占15%，舞台照明占26%，空调、水泵占40%，其他占19%。剧场建筑配电系统分为舞台用电设备和主体建筑常规设备两部分，舞台用电设备预留电量主要包括舞台机械、舞台灯光、舞台音响三个系统，依据舞台工艺设计要求预留管线通路，计算变压器容量。剧场建筑除舞台用电以外，还应考虑演出辅助用房、转播车位、卸货区等位置的电量预留。为舞台照明设备电控室（调光柜室）、舞台机械设备电控室、功放室、灯控室、声控室供电的各路电源均应在各室内设就地保护及隔离开关电器。舞台调光装置应采取有效的抑制谐波措施，宜在舞台灯光专用低压配电柜的进线处设置谐波滤波器柜。电声、电视转播设备的电源不宜接在舞台照明变压器上；音响系统供电专线上宜设置隔离变压器，有条件时宜设有源滤波器。舞台机械设备的变频传动装置应采取有效的抑制谐波措施，其配电回路中性导体截面应不小于相线截面。

（9）图书馆、档案馆　藏书量超过100万册的图书馆，用电负荷等级不应低于一级，其中安防系统、图书检索用计算机系统用电为特级负荷。总藏书量10万至100万册的图书馆用电负荷等级不应低于二级。总藏书量10万册以下的图书馆用电负荷等级不应低于三级。特级档案馆的档案库、变电所、水泵房、消防用房等的用电负荷不应低于一级。甲级档案馆变电所、水泵房、消防用房等的用电负荷不宜低于一级。乙级档案馆的档案库、变电所、水泵房、消防用房等的用电负荷不应低于二级。库区与公用空间、内部使用空间的配电应分开配电和控制。技术用房应按需求设置足够的计算机网络、通信接口和电源插座。装裱、整修用房内应配置加热用的电源。库区电源总开关应设于库区外，档案库房内不宜设置电源插座。电气配线宜采用燃烧性能为B_1级、产烟毒性为t_1级、燃烧滴落物/微粒等级为d_1级电力电缆、电线。为防止电磁对电子文献资料、电子设备的干扰，变电所的设置应远离库区、技术用房，并采取屏蔽措施。如馆内设置厨房，则厨房配电线路应设置独立路由，不应与其他负荷配电电缆同槽敷设。配电箱及开关宜设置在仓库外。凡采用金属书架并在其上敷设220V线路、安装灯开关插座等的书库，必须设剩余电流保护器保护。库房配电电源应设有剩余电流动作保护、防过流安全保护装置。档案馆、一类图书馆和二类图书馆的书库及主体建筑、三类图书馆的书库，应采用铜芯线缆敷设。非消防电源线路宜采用燃烧性能不低于B_2级、产烟毒性为t_2级、燃烧滴落物/微粒等级为d_2级的电线和电缆，消防电源线路应遵循相关的规范规定。档案馆、图书馆建筑应设置电气火灾监控系统。

（10）体育建筑

1）体育建筑用电负荷分级应根据体育建筑分级、规模及用电负荷进行划分。

2）甲级及以上等级的体育建筑应由双重电源供电，当仅有两路电源供电时，其任一路电源供电的变压器容量应满足项目全部用电负荷。乙级、丙级体育建筑宜由两回线路电源供电，丁级体育建筑可采用单回线路电源。特级、甲级体育建筑的电源线路宜由不同路由引入。

3）小型体育场馆当用电设备总容量在100kW以下时，宜采用380V电源供电，除此之外的体育场馆应采用10kV或以上电压等级的电源供电。当体育建筑群进行整体供配电系统供电时，可采用20kV、35kV电压等级的电源供电。当供电电压大于等于35kV时，用户的一级配电电压宜采用10kV。

4）特级体育建筑应采用专线供电，甲级体育建筑宜采用专线供电，其他体育建筑在举办重大比赛时应考虑采用专线供电；根据体育建筑的使用特征，当任一路电源均可承担全部变压器的供电时，变压器负荷率宜为80%左右；否则不宜高于65%；可能举办重大比赛的体育建筑应预留移动式供电设施的安装条件。

5）综合运动会开闭幕式用电负荷不宜计入供配电负荷。开闭幕式用电总体特点：临时性用电，负荷容量大（开幕式用电多在5000kW以上）；负荷类型多样，特性不一（声、光、电、数字技术的大量应用）；用电点分散，供电距离远（开幕式一般在体育场举行，用电设施遍布体育场各区)；供电可靠性要求极高（展示形象，具有较大政治意义）。

6）比赛场地照明宜采用两个专用供电干线同时供电，各承担50%用电负荷的方式；一般而言，体育馆至少要考虑两路供电干线，挑棚布灯的体育场4路供电干线，塔式布灯的体育场8路供电干线；其他需要双路供电的用电负荷包括消防设施，主席台（含贵宾接待室），媒体区，广场及主要通道照明，计时记分装置，信息机房，扩声机房，电台和电视转播及新闻摄影用电等；大型赛会需要由移动式自备电源供电的用电负荷包括50%比赛场地照明，主席台（含贵宾接待室)，媒体区，广场及主要通道照明，计时记分机房，扩声机房，电视转播机房，保安备勤用房等；特级、甲级体育建筑应考虑为室外转播车提供电源，每辆转播车供电容量不小于20kW，一般不超过60kW。

7）电子信息设备、灯光音响控制设备、转播设备，应选用不间断电源装置（UPS）作为备用电源。TV应急转播照明应选用EPS作为备用电源，若采用金属卤化物灯具时，EPS的特性应与其的启动特性、过载特性、光输出特性、熄弧特性等相适应。与自启动的柴油发电机组配合使用的UPS或EPS的供电时间不应少于15min。特级体育建筑应设置快速自启动的柴油发电机组作为应急电源和备用电源，对于临时性重要负荷可另设临时柴油发电机组作为应急备用电源。根据供电半径，柴油发电机可分区设置。甲级体育建筑应为应急备用电源的接驳预留条件。乙级及以下等级的体育建筑可不设应急备用电源。

8）特级及甲级体育建筑、体育建筑群总变电所的高压供配电系统应采用放射式向分配变电所供电。当总变电所同时向附近的乙级及以下的中小型体育场馆、负荷等级为二级及以下的附属建筑物供电时，也可采用高压环网式或低压树干式供电。

9）变电所的高压和低压母线，宜采用单母线或单母线分段接线形式。特级及甲级体育建筑的电源应采用单母线分段运行，低压侧还应设置应急母线段或备用母线段；应急母线段由市电和应急和备用电源供电，市电与应急和备用电源之间应采用电气、机械连锁。当采用自动转换开关电器（ATSE）时，应选择PC级、三位式、四极产品。

10）低压配电系统设计中的照明、电力、消防及其他防灾用电负荷、体育工艺负荷、临时性负荷等应分别自成配电系统。当具有文艺演出功能时，宜在场地四周预留配电箱或配电间；敷设于槽盒内的多回路电线电缆应采用阻燃型电线电缆。

11）特级、甲级体育建筑媒体负荷如新闻发布、文字媒体、摄影记者工作间应单独设置配电系统，并采用两路低压回路放射式供电；乙级及以下体育建筑宜单独设置配电系统，可采用树干式供电。特级、甲级体育建筑应为看台上的媒体用电预留供电路由和容量，其配电设备宜安装在看台媒体工作区附近的电气房间内，为看台区设置的综合插座箱供电。特级、甲级体育建筑中各类体育工艺专用设施：如场地信号井、扩声机房、计时计分机房、升旗设备、终点摄像机房等配电系统应单独设置，并采用两路独立的低压回路放射式供电；乙级及以下体育建筑各类专用设施的配电系统可合并设置，并可采用树干式供电。变电所内为场地临时设备用电预留的出线回路，应引至场地四周的摄影沟或场地入口处，为其提供接入条件。跳水池、游泳池、戏水池、冲浪池及类似场所，其配电应采用安全特低电压（SELV）系统，标称电压不应超过12V，特低电压电源应设在2区以外的地方。体育建筑的广场应预留供广场临时活动用的电源。特级、甲级体育建筑供配电系统应为广告用电预留容量，乙级体育建筑宜预留广告电源。广告电源可预留在场地四周、看台、入口、广场等处。

12）大型、特大型体育建筑的场地照明应采用多回路供电。特级体育建筑在举行国际重大赛事时50%的场地照明应由发电机供电，另外50%的场地照明应由市电电源供电；其他赛事可由双重电源各带50%的场地照明。甲级体育建筑应由双重电源同时供电，且每个电源应各供50%的场地照明灯具。乙级和丙级体育建筑宜由两回线路电源同时供电，且每个电源宜各供50%的场地照明。其他等级的体育建筑可只有一个电源为场地照明供电。对于乙级及以上等级体育建筑的场地照明，一个配电回路所带的灯具数量不宜超过3套，对于乙级以下的等级的体育建筑的场地照明，一个配电回路所带的灯具数量不宜超过9套。配电回路宜保持三相负荷平衡，单相回路电流不宜超过30A。为防止气体放电灯的频闪，相邻灯具的电源相位应换相连接。比赛场地照明灯具端子处的电压偏差允许值应满足规定。当采用金属卤化物灯等气体放电灯时，应考虑谐波影响，其配电线路的中性线截面不应小于相线截面。

三、配电间设置

1）配电间作为楼层内安装配电箱、控制箱、垂直干线、接地线等所占用的建筑空间，配电间的位置宜接近负荷中心，进出线方便，上下贯通。应急配电间宜单独设置。

2）配电间的数量应视供电区域、负荷分布和建筑体形及防火分区、业态要求等综合因素确定，配电间的空间大小应视电气设备的外形尺寸、数量及操作维护要求确定。需进入操作的配电间，其操作通道宽度不应小于0.8m。

3）配电间内电缆桥架、插接式母线等线路通过楼板处的所有孔洞应封堵严密。

4）对于埋深大于10m的地下建筑或地下工程，建筑高度大于100m的建筑，配电间应为甲级防火门；对于层间无防火分隔的竖井和住宅建筑的合用前室，门的耐火性能不应低于乙级防火门的要求；对于其他建筑，门的耐火性能不应低于丙级防火门的要求。

5）配电间内应设有照明、火灾探测器等设施。

6）配电小间内母线、槽盒及配电箱布置应满足便于人员检修、线缆敷设、电缆弯曲半径等要求。

四、低压配电线路保护

1）低压配电线路应根据系统可能发生的不同故障，设置相应的保护装置，包括短路保护、过负荷保护、接地故障保护。配电系统的各级保护之间应有选择性配合。配电系统的保护应与系统的接地形式相匹配。配电线路的设计，应确保在发生故障时能及时地自动切断故障线路。

2）低压配电线路的短路保护，应在短路电流对导体及其连接件造成危害之前，切断故障线路。短路保护电器宜选用断路器或熔断器，其分断能力应能切断预期的最大短路电流。电缆线路宜按有关条件进行短路热稳定校验。短路保护电器的分断能力，应能切断安装处的最大预期短路电流。当用断路器作为短路保护电器时，该回路短路电流值不应小于断路器瞬时或短延时动作电流整定值的 1.3 倍，以保证断路器的可靠动作。

3）配电线路应装设过负荷保护，并应在过负荷电流引起的导体或导体周围的物质造成损害前切断负荷电流。过负荷保护宜采用反时限特性的保护电器，其分断能力可低于保护电器安装处的预期短路电流，但应能承受通过的短路电流。过负荷保护电器的整定电流应躲过正常的短时尖峰负荷电流（如用电设备启动电流）。

4）对于因过负荷引起断电而造成更大损失的供电回路，过负荷保护应设置信号报警，不应切断电源。

5）接地故障保护电器的选择，应根据配电系统的接地形式、电气设备防触电保护等级和使用特点、导体截面、环境影响等因素，经技术经济比较确定。接地故障保护装置应能在故障线路引起人身电击伤亡、电气火灾及线路损坏等灾害之前，迅速有效地切断故障电路。当断路器将短路保护、过负荷保护和接地故障保护功能兼用时，其接地故障允许保护铜芯线路最大长度见表 2-25 及表 2-26。

表 2-25　采用 C 型断路器作为接地故障保护铜芯线路最大长度

线路最大长度/m	C 型断路器额定电流/A							
S_{ph}/mm^2	6	10	16	20	25	32	40	50
1.5	98	59	37	29	23	18	15	12
2.5	163	98	61	49	39	31	24	20
4	261	156	98	78	63	49	39	31
6	391	235	147	117	94	73	59	47
10	652	391	391	196	156	122	98	78
16	—	626	477	313	250	196	156	125
25	—	—	537	382	305	238	191	153
35	—	—	—	429	344	268	215	172
50	—	—	—	—	—	407	326	261

表 2-26　采用 B 型断路器作为接地故障保护铜芯线路最大长度

线路最大长度/m	B 型断路器额定电流/A							
S_{ph}/mm^2	6	10	16	20	25	32	40	50
1.5	196	117	73	59	47	37	29	23
2.5	326	196	122	98	78	61	49	39
4	521	313	196	156	125	98	78	63
6	728	469	293	235	188	147	117	94
10	1304	782	489	391	313	244	196	156

（续）

线路最大长度/m	B 型断路器额定电流/A							
S_{ph}/mm^2	6	10	16	20	25	32	40	50
16	—	1252	782	626	501	391	313	250
25	—	—	954	763	611	477	382	305
35	—	—	1074	859	687	537	429	344
50	—	—	—	—	1043	815	652	521

6）电气设备外露可导电部分和外界可导电部分，严禁用作保护接地中性导体（PEN）。在TN-C系统中，严禁断开保护接地中性导体（PEN），且不得装设断开保护接地中性导体（PEN）的任何电器。

7）保护电器应安装在分支线电源端，且应在操作维护方便、不易受机械损伤或造成人员伤害处，并远离可燃物。

五、低压配电系统保护电器动作的选择性要求

1）末级回路的保护电器应以最快的速度切断故障电路，在不影响人员和工艺设备安全的条件下，宜瞬时切断。

2）上一级保护采用断路器时，宜设有短延时脱扣，整定电流和延时时间应可调，以保证下级保护先动作。

3）上级保护用熔断器保护时，其反时限特性应相互配合，通过过电流选择比来保证。

4）变压器低压侧的配电级数不宜超过3级。非重要负荷的配电级数不应超过4级。

5）配电级数第一、二级之间的保护电器应具有动作选择性，并采用选择性保护电器。非重要负荷可以采用无选择性保护电器切断其故障回路。

六、保护电器的设置与选择性配合

1）配电线路的首端保护电器，宜采用选择型断路器或熔断器。线路较长、容量较大的干线保护电器，应采用选择型断路器。

2）末端线路的保护电器，宜采用非选择型断路器或带剩余电流保护的断路器，也可采用熔断器。

3）断路器带有短延时脱扣器、零序电流保护、剩余电流等保护时，应有足够的延时与下级保护配合；配电干线的延时时间不超过5s，当下级保护采用熔断器时，干线断路器的短延时和接地保护脱扣器，宜采用反时限加定时限保护。

4）根据配电回路的负荷性质、运行环境等条件应合理选择和协调保护电器的灵敏性与选择性。对潮湿等环境下的重要负荷回路，动作灵敏性应符合其安全要求，并力求有良好的选择性，保证其供电的可靠性。

第五节　开关电器及电气设备选择

一、概述

开关电器及电气设备要根据电力系统正常工作条件、短路条件、环境工作条件进行选择，不仅要满足电力系统稳态运行，也要对电力系统的暂态进行动、热稳定校验。同时应关注使用环境对开关电器及电气设备的影响，选择低能耗电气产品，力争做到安全可靠、操纵控制方便、维护简单、经济合理和技术先进。开关电器及电气设备的选择一定要关注开关电器及电气设备使用环境，在一些特殊环境，使得常规的开关电器及电气设备无法满足现场需求，应根据环境对开关电器进行修正，并应选择适宜产品，这些将直接影响电力系统能否安全稳定运行。

二、高压电器、变压器的选择

1. 高压电器的选择

高压电气设备要根据三方面进行选择，一是根据正常工作条件包括电压、电流、频率、开断电流等选择；二是根据短路条件包括动稳定、热稳定校验选择；三是根据环境工作条件如温度、湿度、海拔等选择，力争做到安全可靠、经济合理和技术先进。一般来说，对于高压配电系统海拔在1000m以上的地区统称为高海拔地区，低压配电系统海拔在2000m以上称为高海拔地区。高海拔地区具有空气密度及气压较低、空气温度较低、温度变化较大、太阳辐射强度较高、降水量较少、大风日多、土壤温度较低等特征。

高压电器、开关设备及导体正常使用环境的海拔不应超过1000m，当海拔超过1000m时应选用适应相应海拔能力级别的产品。海拔适应能力级别：G2 适应 1000～2000m；G3 适应 2000～3000m；G4 适应 3000～4000m；G5 适应 4000～5000m。

高海拔对高压电器和开关设备的影响是多方面的，但主要是电晕、温升和外绝缘的问题。由于海拔增加，高压设备的交流电晕起始电压降低，因而电晕增加电能损耗，加速绝缘老化和金属腐蚀，同时对无线电产生干扰。在高海拔不超过4000m地区使用时，高压电器和开关设备的额定电流可以保持不变。对于海拔高于1000m但不超过4000m的高压电器外绝缘，海拔每升高100m，其外绝缘强度降低0.8%～1.3%。在海拔超过1000m的地区，可以通过采取加强保护或加强绝缘等措施，保证高压电器安全运行。加强保护可以使普通绝缘的高压电器使用于3000m以下的高海拔地区，有利于降低高压电器设备的造价。也可以改变中性点接地方式，将中性点不接地或谐振接地改为低电阻接地，使单相接地时不跳闸变为立即跳闸，降低过电压危害。对于安装在海拔1000m以上的高压电器，该使用场所求的绝缘耐受电压是在标准参考大气条件下的绝缘耐受电压乘以修正系数来决定的，K_a 按式（2-7）计算：

$$K_a = e^{m(H-1000)/8150} \tag{2-7}$$

式中　K_a——修正系数；

H——海拔（m）；

m——冲击电压计算因子，为了简单起见，取下述确定值：$m=1$ 用于工频、雷电冲击和相间操作冲击电压；$m=0.9$ 用于纵绝缘操作冲击电压；$m=0.75$ 用于相对地操作冲击电压。

1）选择高压电器时应校验的项目见表 2-27。

表 2-27　选择高压电器时应校验的项目

设备名称	项目					
	额定电压	额定电流	额定开断电流	短路电流校验		环境条件
				动稳定	热稳定	
断路器	■	■	■	■	■	■
负荷开关	■	■	■	■	■	■
隔离开关和接地开关	■	■	—	■	■	■
熔断器	■	■	■	—	—	■
限流电抗器	■	■	—	■	■	■
接地变压器	■	■	—	—	—	■
接地电阻器	■	■	—	—	■	■
消弧线圈	■	■	—	—	—	■
电流互感器	■	■	—	■	■	■
电压互感器	■	—	—	—	—	■
支柱绝缘子	■	—	—	■	—	■
穿墙套管	■	■	—	■	■	■
母线	—	■	—	■	■	■
电缆	■	■	—	—	■	■
开关柜	■	■	■	■	■	■
环网负荷开关柜	■	■	■	■	■	■

注：■为选择电器应进行校验的项目。

2）变压器高压开关电器选择见表 2-28。

3）高压电动机开关选择见表 2-29。

表 2-28　变压器高压开关电器选择

项目	变压器容量 S_n/kVA / U_n/kV	30	50	63	80	100	125	160	200	315	400	500	630	800	1000	1250	1600	2000	2500
额定电流 I_n/A	20	0.87	1.44	1.82	2.31	2.89	3.61	4.62	5.77	9.09	11.55	14.43	18.19	23.09	28.87	36.08	46.19	57.74	72.17
	10	1.73	2.89	3.64	4.62	5.77	7.22	9.24	11.55	18.19	23.09	28.87	36.37	46.19	57.74	72.17	92.38	115.47	144.34
	6	2.89	4.81	6.06	7.70	9.62	12.03	15.40	19.25	30.31	38.49	48.11	60.62	76.98	96.23	120.28	153.96	192.45	240.56
熔断器熔体额定电流/A	20	3.15	3.15	3.15	4	5	6.3	10	10	16	25	25	31.5	50	63	63	80	100	125
	10	3.15	5	6.3	10	10	12.5	16	20	31.5	50	63	63	80	100	125	200	200	224
	6	5	10	10	12.5	16	20	25	31.5	50	63	80	100	125	160	200	250	315	400
电流互感器一次侧电流/A	20	10	10	10	10	10	10	10	10	15	20	20	30	40	50	50	75	100	125
	10	10	10	10	10	10	12.5	15	20	30	40	50	60	75	100	125	150	200	300
	6	10	12.5	15	15	15	20	30	30	50	60	75	100	125	150	200	300	300	400

注：1. 可选额定电流630A的断路器，依据《工业与民用供配电设计手册》（第4版）表7.2-3，过负荷保护电流整定值可取 $1.17 \sim 1.22I_n$，过电流保护电流整定值一般可取 $1.73 \sim 2I_n$，考虑电动机自启动时可取 $2.67 \sim 4I_n$（I_n 为变压器额定电流）。

2. 熔断器选择应满足《高压交流熔断器 第6部分 用于变压器回路的高压熔断器的熔断件选用导则》（GB/T 15166.6）。

3. 依据《电能计量装置技术管理规程》（DL/T 448），计量用电流互感器准确度：Ⅲ、Ⅳ类电能计量装置不低于0.5S级。接入静止式电能表时容量不宜超过10VA，额定二次电流5A时不宜超过15VA，额定二次电流1A时不宜超过5VA。

4. 测量用电流互感器容量可选5VA，准确度一般不低于0.5级，指针式电流表配套可选1.0级。

5. 电流互感器一次侧额定电流按照《电力装置电测量仪表装置设计规范》（GB/T 50063）选择。

6. 保护用电流互感器可选5P20级（电流互感器当一次电流是额定电流的20倍时，绕组的复合误差≤±5%），容量可选10VA。

表 2-29 高压电动机开关选择

<table>
<tr><th colspan="2">项目 U_n/kV ＼ P_n/kW</th><th>220</th><th>225</th><th>250</th><th>280</th><th>315</th><th>355</th><th>400</th><th>450</th><th>500</th><th>560</th><th>630</th><th>710</th><th>800</th><th>900</th><th>1000</th><th>1120</th><th>1250</th><th>1400</th><th>1600</th><th>1800</th><th>2000</th></tr>
<tr><td rowspan="2">一次侧额定电流/A</td><td>10</td><td>14.94</td><td>15.28</td><td>16.98</td><td>19.02</td><td>21.40</td><td>24.11</td><td>27.17</td><td>30.57</td><td>33.96</td><td>38.04</td><td>42.79</td><td>48.23</td><td>54.34</td><td>61.13</td><td>67.92</td><td>76.07</td><td>84.90</td><td>95.09</td><td>108.68</td><td>122.26</td><td>135.85</td></tr>
<tr><td>6</td><td>24.91</td><td>25.47</td><td>28.30</td><td>31.70</td><td>35.66</td><td>40.19</td><td>45.28</td><td>50.94</td><td>56.60</td><td>63.40</td><td>71.32</td><td>80.38</td><td>90.56</td><td>101.89</td><td>113.21</td><td>126.79</td><td>141.51</td><td>158.49</td><td>181.13</td><td>203.77</td><td>226.41</td></tr>
<tr><td rowspan="2">熔断器/A</td><td>10</td><td colspan="4">25</td><td colspan="2">31.5</td><td colspan="2">40</td><td colspan="2">50</td><td>63</td><td colspan="3">80</td><td colspan="2">100</td><td colspan="2">125</td><td colspan="2">160</td><td>200</td></tr>
<tr><td>6</td><td colspan="3">40</td><td colspan="2">50</td><td colspan="2">63</td><td colspan="2">80</td><td colspan="2">100</td><td colspan="2">125</td><td colspan="2">160</td><td colspan="2">200</td><td colspan="3">224</td><td>315</td></tr>
<tr><td rowspan="2">电流互感器/A</td><td>10</td><td colspan="3">30</td><td colspan="2">40</td><td>50</td><td colspan="2">60</td><td colspan="2">75</td><td colspan="3">100</td><td>125</td><td colspan="2">150</td><td colspan="3">200</td><td>250</td><td>300</td></tr>
<tr><td>6</td><td colspan="2">50</td><td colspan="2">60</td><td colspan="2">75</td><td colspan="2">100</td><td colspan="2">125</td><td colspan="2">150</td><td colspan="2">200</td><td colspan="2">250</td><td colspan="2">300</td><td colspan="2">400</td><td>500</td></tr>
<tr><td rowspan="2">真空接触器/A</td><td>10</td><td colspan="19" rowspan="2">200</td><td colspan="2">200</td></tr>
<tr><td>6</td><td>400</td><td>400</td></tr>
</table>

注：1. 高压电动机额定电流与极数相关，表中额定电流计算时考虑功率因数为 0.85。

2. 可选额定电流 630A 的断路器，依据《工业与民用供配电设计手册》（第 4 版）表 7.6-2，电流速断保护整定值可取 1.44 倍启动电流，过负荷保护整定值动作于信号可取 $1.17I_n$，动作于跳闸可取 $1.22I_n$。

3. 熔断器选择应符合《高压交流熔断器　第 5 部分：用于电动机回路的高压熔断器的熔断件选用导则》（GB/T 15166.5）。

4. 测量用电流互感器容量可选 5VA，准确度一般不低于 0.5 级，指针式电流表配套可选 1.0 级。

5. 电流互感器一次侧额定电流按照《电力装置电测量仪表装置设计规范》（GB/T 50063）选择。

6. 保护用电流互感器可选 5P20 级（电流互感器当一次电流是额定电流的 20 倍时，绕组的复合误差 < +5%），容量可选 10VA。

2. 变压器的选择

变压器是用来变换交流电压、电流而传输交流电能的一种静止的电器设备。电力变压器是供电系统中的关键设备，其主要功能是升压或降压以利于电能的合理输送、分配和使用，对变电所主接线的形式及其可靠与经济有着重要影响。所以，应正确合理地选择变压器的类型、台数和容量。为提高变压器的利用率，减少变压器损耗，变压器长期工作负载电流为额定电流的75% ~ 85%时较为合理。

1）干式变压器的种类及冷却方式的选择见表2-30。

表2-30　干式变压器的种类及冷却方式的选择

<table>
<tr><th colspan="3" rowspan="2">干式变压器种类</th><th rowspan="2">主要性能</th><th colspan="2">冷却方式</th><th rowspan="2">备注</th></tr>
<tr><th>自然空气冷却(AN)</th><th>强迫空气冷却(AF)</th></tr>
<tr><td rowspan="3">环氧树脂式</td><td rowspan="2">浇注式</td><td>厚绝缘</td><td>运行后受温度影响，浇注层易开裂使局部放电指标增加</td><td rowspan="6">在正常使用条件下，可在额定容量下长期连续运行</td><td rowspan="6">在正常使用条件下，可提高变压器输出能力，适应有断续过负荷或应急过负荷运行场所</td><td>已逐步被薄绝缘浇注式变压器取代</td></tr>
<tr><td>薄绝缘</td><td>工艺合理，不易开裂</td><td>局放低，成本低，应用广泛</td></tr>
<tr><td colspan="2">缠绕式</td><td>工艺简单，不需要专门浇注设备，树脂为非真空下加入，易混入空气</td><td>体积较浇注式变压器大，成本高于浇注式变压器，生产厂商较少</td></tr>
<tr><td colspan="3">开敞通风式(OVDT)</td><td>采用杜邦NOMEX纸为绝缘材料，无须模具与浇注设备</td><td>生产厂商较少</td></tr>
<tr><td colspan="3">气体绝缘式</td><td>以SF_6为绝缘和冷却介质，铁芯和绕组、调压方式工作参数与油浸变压器基本相同</td><td>除装有温度控制装置外，还装有密度继电器和真空压力表，监测箱壳内气体压力</td></tr>
<tr><td colspan="3">非晶合金节能变压器</td><td>空载损耗、负载损耗较低</td><td>适应10kV配电，特别适用于负载率低的电网</td></tr>
</table>

2）10kV干式三相双绕组无励磁调压配电变压器能效等级见表2-31。

三、低压电器选择

1. 概述

低压电器通常是指工作在交流电压低于1200V电路中起通断、保持、控制、保护和调节作用的电器。电器的额定电压应与所在回路标称电压相适应，额定电流不应小于所在回路的计算电流，额定频率应与所在回路的频率相适应，电器应适应所在场所的环境条件，电器应满足短路条件下的动、热稳定的要求。用于断开短路电流的电器，应满足短路条件下的通断能力。

表 2-31 10kV 干式三相双绕组无励磁调压配电变压器能效等级

额定容量/kVA	1级								2级								3级								短路阻抗(%)
	电工钢带				非晶合金				电工钢带				非晶合金				电工钢带				非晶合金				
	空载损耗/W	负载损耗/W			空载损耗/W	负载损耗/W			空载损耗/W	负载损耗/W			空载损耗/W	负载损耗/W			空载损耗/W	负载损耗/W			空载损耗/W	负载损耗/W			
		B (100℃)	F (120℃)	H (145℃)		B (100℃)	F (120℃)	H (145℃)		B (100℃)	F (120℃)	H (145℃)		B (100℃)	F (120℃)	H (145℃)		B (100℃)	F (120℃)	H (145℃)		B (100℃)	F (120℃)	H (145℃)	
30	105	605	640	685	50	605	640	685	130	605	640	685	60	605	640	685	150	670	710	760	70	670	710	760	4.0
50	155	845	900	965	60	845	900	965	185	845	900	965	75	845	900	965	215	940	1000	1070	90	940	1000	1070	
80	210	1160	1240	1330	85	1160	1240	1330	250	1160	1240	1330	100	1160	1240	1330	295	1290	1380	1480	120	1290	1380	1480	
100	230	1330	1415	1520	90	1330	1415	1520	270	1330	1415	1520	110	1330	1415	1520	320	1480	1570	1690	130	1480	1570	1690	
125	270	1565	1665	1780	105	1565	1665	1780	320	1565	1665	1780	130	1565	1665	1780	375	1740	1850	1980	150	1740	1850	1980	
160	310	1800	1915	2050	120	1800	1915	2050	365	1800	1915	2050	145	1800	1915	2050	430	2000	2130	2280	170	2000	2130	2280	
200	360	2135	2275	2440	140	2135	2275	2440	420	2135	2275	2440	170	2135	2275	2440	495	2370	2530	2710	200	2370	2530	2710	
250	415	2330	2485	2665	160	2330	2485	2665	490	2330	2485	2665	195	2330	2485	2665	575	2590	2760	2960	230	2590	2760	2960	
315	510	2945	3125	3355	195	2945	3125	3355	600	2945	3125	3355	235	2945	3125	3355	705	3270	3470	3730	280	3270	3470	3730	
400	570	3375	3590	3850	215	3375	3590	3850	665	3375	3590	3850	265	3375	3590	3850	785	3750	3990	4280	310	3750	3990	4280	
500	670	4130	4390	4705	250	4130	4390	4705	790	4130	4390	4705	305	4130	4390	4705	930	4590	4880	5230	360	4590	4880	5230	
630	775	4975	5290	5660	295	4975	5290	5660	910	4975	5290	5660	360	4975	5290	5660	1070	5530	5880	6290	420	5530	5880	6290	
680	750	5050	5365	5760	290	5050	5365	5760	885	5050	5365	5760	350	5050	5365	5760	1040	5610	5960	6400	410	5610	5960	6400	6.0
800	875	5895	6265	6715	335	5895	6265	6715	1035	5895	6265	6715	410	5895	6265	6715	1215	6550	6960	7460	480	6550	6960	7460	
1000	1020	6885	7315	7885	385	6885	7315	7885	1205	6885	7315	7885	470	6885	7315	7885	1415	7650	8130	8760	550	7650	8130	8760	
1250	1205	8190	8720	9335	455	8190	8720	9335	1420	8190	8720	9335	550	8190	8720	9335	1670	9100	9690	10370	650	9100	9690	10370	
1600	1415	9945	10555	11320	530	9945	10555	11320	1665	9945	10555	11320	645	9945	10555	11320	1960	11050	11730	12580	760	11050	11730	12580	
2000	1760	12240	13005	14005	700	12240	13005	14005	2075	12240	13005	14005	850	12240	13005	14005	2440	13600	14450	15560	1000	13600	14450	15560	
2500	2080	14535	15445	16605	840	14535	15445	16605	2450	14535	15445	16605	1020	14535	15445	16605	2880	16150	17170	18450	1200	16150	17170	18450	

由于气温随海拔升高而降低，当产品温升的增加不能为环境气温的降低所补偿时，应降低额定容量使用，其降低值为绝缘允许极限工作温度每超过1℃，降低1%额定容量，对连续工作的大发热量电器（如电阻器），可适当降低电流使用。普通型低压电器在海拔2500m时仍有60%的耐压裕度，可在其额定电压下正常运行。海拔升高时双金属片热继电器和熔断器的动作特性有少许变化，但在海拔4000m及以下时，仍在其技术条件规定的范围内。在海拔超过4000m时，对其动作电流应重新整定，以满足高原地区的要求。低压电器的电气间隙和漏电距离的击穿强度随海拔增高而降低，其递减率一般为海拔每升高100m降低0.5%～1%，最大不超过1%。

2. 低压开关柜及其元件

1）隔离开关技术参数见表2-32。

表2-32　隔离开关技术参数

约定发热电流 I_{th}/A		100	160	250	400	630	800～4000	4000～6300
额定工作电流 I_e/A		32、63、100	160	250	400	630	800，1000，1250，1600，2000，2500，3200，4000	4000，5000，6300
额定工作电压 U_e/V		AC220/AC400	AC400				AC400	AC400
额定绝缘电压 U_i/V		400	800				1000	1000
额定冲击耐受电压 U_{imp}/kV		6	8				12	12
短路接通能力 I_{cm}/kA		2.6	3.6	4.9	7.1	8.5	75	165
额定短时耐受电流 I_{cw}/kA/1s		20Ie	2.5	3.5	5	6	35/50	75
使用类别	AC220V	AC-22A	—				—	—
	AC400V		AC-22A/AC-23A				AC-23A	AC-23A
极数		1P/2P/3P/4P	2P/3P/4P		3P/4P		3P/4P	3P/4P
操作方式		手动操作	手动/电动操作机构				手动/电动操作	手动/电动操作
安装方式		导轨	固定式				固定、抽屉式	固定、抽屉式
外形尺寸(宽×高×深)/mm	2P/3P	1P 18×77×70 2P～4P的宽度对应1P的倍数	105×161×86		140×255×110		441×439×403（抽屉式）	786×479×403（抽屉式）
	4P		140×161×86		185×255×110		556×439×403（抽屉式）	1016×479×403（抽屉式）

2）低压断路器用途分类见表2-33。

表 2-33　低压断路器用途分类

断路器类型	电流范围/A	保护特性			主要用途
配电用低压断路器	100～6300	选择型（B类）	二段保护	瞬时，短延时	电源总开关和靠近变压器近端的支路开关
			三段保护	瞬时，短延时，长延时	
		非选择型（A类）	限流型	瞬时，长延时	变压器近端的支路开关
			一般型		支路末端的开关
电动机保护用断路器	16～630	直接启动	一般型	过电流脱扣器瞬时整定电流(8～15)I_{rt}	保护笼型电动机
			限流型	过电流脱扣器瞬时整定电流12I_{rt}	用于靠近变压器近端电动机
		间接启动	过电流脱扣器瞬时整定电流(3～8)I_{rt}		保护笼型和绕线转子电动机
照明用微型断路器	6～63	过载长延时，短路瞬时			用于照明线路和信号二次回路
剩余电流保护器	6～400	电磁式	动作电流分为6、15、30、50、75、100、300、500(mA)，0.1s分断		接地故障保护
		电子式			
电弧故障保护器	6～63	额定电流：6、8、10、13、16，20、25、32、40、50、63(A)			卧室、加工或储存物引起火灾危险场所、易燃结构材料的场所、火灾易蔓延的建筑物的终端回路

注：I_{rt}表示过电流脱扣器额定电流，对可调式脱扣器则为长期通过的最大电流，单位为A。

3）塑料外壳式断路器与万能框架式断路器比较见表2-34。

表 2-34　塑料外壳式断路器与万能框架式断路器比较

项目	短路通断能力	额定电流	选择性	操作方式	飞弧距离	短时耐受电流	脱扣器种类	装置安装方式	外形尺寸	维修	价格
塑料外壳式断路器	较低	多数在600A以下	较难	变化小，多为手动操作，也有电动机传动机构	较小	较低	多数只有过电流脱扣器；由于体积限制，失压脱扣器和分励脱扣器只能二者选一	可单独安装，也可装于开关柜内	较小	不方便	较便宜
万能框架式断路器	较高	200～5000A	容易	变化多，有手动操作，电动机传动机构	较大	较高	可具有过电流脱扣器、欠压脱扣器、分励脱扣器、闭锁脱扣器等	宜装于开关柜内，如手车式结构	较大	较方便	较贵

4）框架断路器（ACB）技术参数见表2-35。

表 2-35　框架断路器（ACB）技术参数

壳架等级额定电流/A			1600	2000	4000	6300
额定电流/A			800，1000，1250，1600	1600，2000	2000，2500，3200，4000	4000，5000，6300
分断能力	I_{CU}/kA U_e =380V/415V		65/85/100			100/150
	I_{CS}(%I_{CU}) U_e =380V/415V		85%/100%	100%		
极数			3P/4P			
分断时间/ms			25～30			
闭合时间/ms			≤70			≤80
外形尺寸	插拔式 宽×高×深/mm	3P	248×352×297	347×438×395	401×438×395	754×476×395
		4P	318×352×297	442×438×395	514×438×395	980×476×395
	固定式 宽×高×深/mm	3P	259×320×195	362×395×290	414×395×290	769×395×290
		4P	329×320×195	457×395×290	527×395×290	995×395×290

注：1. 断路器额定工作电压 400V，额定绝缘电压 1000V，额定冲击耐受电压 12kV。

2. 工作温度范围 -5℃～+40℃，日平均温度不超过 +35℃，海拔小于 2000m。

3. 断路器为 B 类选择型，具有长延时（I_{set1}）、短延时（I_{set2}）、瞬动（I_{set3}）保护。

4. 断路器均具备隔离功能。

5. 安装方式分为固定式、插拔式。

6. 断路器均具备手动和电动操作机构。

5）塑壳断路器（MCCB）技术参数见表 2-36。

表 2-36　塑壳断路器（MCCB）技术参数

壳体额定电流/A		100	160	250	400	630
分断能力	I_{CU}/kA U_e =220V/240V	85/100/150			40/100/150	
	I_{CS}(%I_{CU}) U_e =220V/240V	50%/70%/100%				
	I_{CU}/kA U_e =380V/415V	25/35/70/150			35/70/150	
	I_{CS}(%I_{CU}) U_e =380V/415V	50%/70%/100%				
	I_{CU}/kA　DC	35/50/100		35/100		
	I_{CS}/%I_{CU}　DC	50%/100%				

（续）

<table>
<tr><td rowspan="2">额定电流</td><td colspan="2">热磁脱扣单元额定电流 I/A
$I_{set1}=(0.8\sim1)\ I$</td><td>16，25，32，40，50，63，80，100</td><td>32，40，50，63，80，100，125，160</td><td>63，80，100，125，160，200，250</td><td>—</td><td>—</td></tr>
<tr><td colspan="2">电子脱扣单元额定电流 I/A
$I_{set1}=(0.4\sim1)\ I$</td><td>40，100</td><td>40，100，160</td><td>40，100，160，250</td><td>250，400</td><td>250，400，630</td></tr>
<tr><td colspan="3">使用类别</td><td>A</td><td>A</td><td>A</td><td>A/B</td><td>A/B</td></tr>
<tr><td colspan="3">额定短时耐受电流 I_{CW}/1s/kA</td><td>—</td><td>—</td><td>—</td><td>5</td><td>8</td></tr>
<tr><td colspan="3">极数</td><td colspan="5">3P/4P</td></tr>
<tr><td colspan="2" rowspan="2">外形尺寸
宽×高×深/mm</td><td>3P</td><td>105×161×86</td><td>105×161×86</td><td>105×161×86</td><td>140×255×110</td><td>210×280×115</td></tr>
<tr><td>4P</td><td>140×161×86</td><td>140×161×86</td><td>140×161×86</td><td>185×255×110</td><td>280×280×115</td></tr>
</table>

注：1. 断路器额定工作电压400V，额定绝缘电压800V，额定冲击耐受电压8kV。
2. 工作温度范围 -5℃ ~ +40℃，日平均温度不超过 +35℃，海拔小于2000m。
3. 电气附件可选用辅助触头、报警触头、分励脱扣器、失压脱扣器等。
4. 断路器为A类非选择型时，具有长延时（I_{set1}）、瞬动（I_{set3}）保护；断路器为B类选择型时，具有长延时（I_{set1}）、短延时（I_{set2}）、瞬动（I_{set3}）保护。
5. 断路器均具备隔离功能。
6. 安装方式分为固定式、插拔式、抽屉式。

6）微型断路器（MCB）技术参数见表2-37。

表2-37　微型断路器（MCB）技术参数

断路器名称	微型断路器			剩余电流动作断路器		
电流	32A	63A	125A	32A	63A	100A
额定电压	230/400					
额定电流	6，10，16，25，32	6，10，16，20，25，32，40，50，63	63，80，100，125	6，10，16，25，32	6，10，16，20，25，32，40，50，63	50，63，80，100
极限短路分断能力 I_{CU}/kA	4.5	4.5/6/10	10/15	4.5/6	6	6
运行短路分断能力 I_{CS}/kA	4.5	4.5/6/10(7.5)	10/15	4.5/6	6	6
极数	1P/1P+N	1P/2P/3P/4P	1P/2P/3P/4P	1P+N/2P/3P+N/4P	1P+N/2P/3P+N/4P	1P+N/2P/3P+N/4P

（续）

脱扣器	脱扣类别	热磁、电磁	热磁、电磁	热磁、电磁	电子	电子	电子
	瞬时脱扣器形式	C	B/C/D	B/C/D	C	B/C/D	C/D
	瞬时脱扣器电流动作范围	C:5～10I_n	B:3～5I_n C:5～10I_n D:10～20I_n	B:3～5I_n C:5～10I_n D:10～20I_n	C:5～10I_n	B:3～5I_n C:5～10I_n D:10～20I_n	C:8I_n(1±20%) D:12I_n(1±20%)
安装方式		导轨式安装	导轨式安装	导轨式安装	导轨式安装	导轨式安装	导轨式安装
接线能力		10mm^2	35mm^2	50mm^2	10mm^2	35mm^2	50mm^2
外形尺寸 宽×高×深/mm		1P(18×77×70) 1P+N(36×77×70)	1P(18×82×74)	1P(27×82×74)	N(36×77×70) 1P(18×77×70)	N(36×82×74) 1P(18×82×74)	N(45×105×74) 1P(36×105×74)

注：1. 断路器额定工作电压230V/400V，额定冲击耐受电压4kV。

2. 工作温度范围-5℃～+40℃，日平均温度不超过+35℃，海拔小于2000m。

3. 电气附件可选用辅助触头、报警触头、分励脱扣器等，尺寸一般占用1/2模数，每个微型断路器最多可配两个附件。

4. 剩余电流动作断路器可用断路器和剩余电流动作附件组合替代，剩余电流动作附件保护类型有电子式和电磁式。

5. 断路器均具备隔离功能。

7）剩余电流动作保护电器（RCD）的选择见表2-38。

表2-38　剩余电流动作保护电器（RCD）的选择

	分类方式	类型	类型说明
剩余电流动作保护电器的主要分类	按动作方式分类	电磁式	动作功能与电源线电压或外部辅助电源无关的RCD
		电子式	动作功能与电源线电压或外部辅助电源有关的RCD
	按极数和电流回路数分类	1P+N	单相两线RCD
		2P	二极RCD
		2P+N	二极三线RCD
		3P	三级RCD
		3P+N	三级四线RCD
		4P	四极RCD
	在剩余电流含有直流分量时，根据动作特性分类	AC型	对交流剩余电流能正确动作
		A型	对交流和脉动直流剩余电流均能正确动作，对脉动直流剩余电流叠加6mA平滑直流电流时也能正确动作
		F型	对交流和脉动直流剩余电流均能正确动作，对复合剩余电流及脉动直流剩余电流叠加10mA平滑直流电流时也能正确动作
		B型	对交流、脉动直流和平滑直流剩余电流均能正确动作
	根据剩余电流大于额定剩余动作电流$I_{\Delta n}$时的延时分类	无延时	用于一般用途
		有延时	用于选择性保护，包括延时不可调节和延时可调节两种类型

（续）

剩余电流动作保护电器的设置原则	1）应能断开被保护回路的所有带电导体 2）保护接地导体（PE线）不应穿过剩余电流动作保护电器的磁回路 3）剩余电流保护电器的选择，应确保回路正常运行时的自然泄漏电流不致引起剩余电流动作保护器误动作 4）上下级剩余电流动作保护器之间应有选择性，并可通过额定动作电流值和动作时间的级差来保证。剩余电流的故障发生点应由最近的上一级剩余电流动作保护器切断电源
剩余电流动作保护电器的应用场所	1）下列设备的配电线路应设置额定剩余动作电流值不大于30mA的无延时型剩余电流动作保护器，以便在基本保护措施失效或电气装置（设备）使用者疏忽的情况下提供附加保护：①手持式及移动式用电设备；②人手可能无法及时摆脱的固定式设备；③未做等电位联结的室外工作场所的用电设备；④家用电器回路或插座回路 2）采用额定剩余动作电流值不大于300mA的剩余电流动作保护器，对持续接地故障电流引起的火灾危险提供防护
剩余电流动作保护电器的选择	1）用于电子信息设备、医疗电气设备的剩余电流动作保护器应采用电磁式 2）当波形仅含有正弦交流电流时，应选择AC型剩余电流动作保护器；当波形含有脉动直流和正弦交流时，应选择A型或F型剩余电流动作保护器；当波形含有直流、脉动直流和正弦交流电流时，应选择B型剩余电流动作保护器 3）选用的剩余电流动作保护器的额定动作电流应大于正常泄漏电流的2倍，一般为2.5～4倍 4）为了保证选择性，上级剩余电流动作保护器整定值应不小于下级剩余电流动作保护器整定值的3倍，同时上下级保护的延时时间应有足够的级差，上级RCD选择延时型

8）转换开关电器（TSE）的选择的分类见表2-39。

表2-39　转换开关电器（TSE）的选择的分类

分类方式	类型	类型说明
按短路能力分类	PC级	能够接通和承载，但不用于分断短路电流的TSE
	CB级	配备过电流脱扣器的TSE，它的主触头能够接通并用于分断短路电流
	CC级	能够接通和承载，但不用于分断短路电流的TSE。该TSE的主体部分是由满足GB 14048.4机电式接触器构成的
按控制转换方式分类	手动转换开关电器	由人工操作的TSE，即MTSE
	遥控操作转换开关电器	RTSE
	自动转换开关电器	ATSE
按结构形式分类	专用型TSE	主体部分是专用于转换电源而设计的整体型的开关电器
	派生型TSE	主体部分是由满足GB 14048.4系列其他产品标准要求的电器组合而成的TSE。例如由两台断路器或两台隔离开关或两台接触器组成的TSE

（续）

分类方式	类型	类型说明
按产品特殊功能分类	旁路型	在自身维修时带有旁路功能的 TSE。它由 MTSE 和 ATSE 两部分组成，在 ATSE 维修时由 MTSE 提供对负荷的供电
	闭合转换型	即瞬间并联型，在特定的条件下（如同电压、同频率、同相位角），可将两路电源瞬间并联在一起、使负荷不间断电转换的 TSE
	延时转换型	在转换过程中可提供一段可调的延时时间的 TSE，该时间与连接的负荷性质有关

9）转换开关电器选择见表 2-40。

表 2-40　转换开关电器选择

电流性质	使用类别		典型用途
	A 操作	B 操作	
交流	AC-31A	AC-31B	无感或微感负载
	AC-32A	AC-32B	阻性和感性的混合负载（感性负载不超过 30%），包括中度过载
	AC-33iA	AC-33iB	阻性和感性的混合负载（感性负载不超过 70%），包括中度过载
	AC-33A	AC-33B	电动机负载或高感性负载
	AC-35A	AC-35B	放电灯负载
	AC-36A	AC-36B	阻性负载
直流	DC-31A	DC-31B	电阻负载
	DC-33A	DC-33B	电动机负载或包含电动机的混合负载
	DC-36A	DC-36B	阻性负载

注：A 操作：适用于需要操作次数较多的电路。

B 操作：适用于操作次数较少的电路。

第六节　线路选择与敷设

一、电缆形式与截面选择

1. 概述

电缆按其用途可分为电力电缆、通信电缆和控制电缆等。电力电缆在电力系统中用以传输和分配大功率电能；通信电缆是由多根互相绝缘的导线或导体绞成的缆芯和保护缆芯不受潮与机械损害的外层护套所构成的通信线路；控制电缆从电力系统的配电点把电能直接传输到各种用电设备器具的电源连接线路。工程要根据需要选择适宜的材质、芯数、电缆绝缘类型，并要考虑根据常用电力电缆导体的最高允许温度、电缆长期允许最高工作温度、电缆持续允许载流量的环境温度等因素，才能避免电缆的保护层腐蚀、外力损伤以及电缆过电压、过负荷运行。

电缆载流量是指在热稳定条件下，导体达到长期允许工作温度时的输送电能时所通过的电流量。影响导体载流量的因素较多，如导体的材料、截面、型号、敷设方法以及环境温度等。若导体长期过负荷运行，会使导体温度升高，加速电缆、电线老化，绝缘强度遭到破坏，甚至会酿成火灾。电缆载流量受敷设方式、环境空气温度、电缆、电线是否存在谐波电流影响，在工程设计选择电缆、电线的工作中，只有考虑相应的修正系数，才能可以使电缆、电线在实际环境中通过预期输送电能时电流量，避免出现过电缆、电线负荷运行。

当电缆穿保护管敷设时，导管布线管内导线的总截面面积不宜超过管内截面面积的40%。保护管内导线面积≤6mm^2 时，按不大于内孔截面面积的33%计算；10～50mm^2 时，按不大于内孔截面面积的27.5%计算；≥70mm^2 时，按不大于内孔截面面积的22%计算。单根电缆穿保护管时长度在30m及以下时直线段管内径不小于电缆外径的1.5倍；一个弯曲时管内径不小于电缆外径的2倍；两个弯曲时管内径不小于电缆外径的2.5倍，长度在30m以上的直线段时管内径不小于电缆外径的2.5倍。电缆在电缆桥架内敷设时，同一槽盒内不宜同时敷设绝缘导线和电缆。同一路径无防干扰要求的线路，可敷设于同一槽盒内；槽盒内的绝缘导线总截面面积（包括外护套）不应超过槽盒内截面面积的40%，且载流导体不宜超过30根。当控制线路和信号线路等非电力线路敷设于同一槽盒内时，绝缘导线的总截面面积不应超过槽盒内截面面积的50%。

消防配电线路的设计和敷设，应满足在建筑的设计火灾延续时间内为消防用电设备连续供电的需要。火灾自动报警系统的供电线路、消防联动控制线路应采用燃烧性能不低于 B_2 级的耐火铜芯电线电缆，报警总线、消防应急广播和消防专用电话等传输线路应采用燃烧性能不低于 B_2 级的铜芯电线电缆。宿舍和旅馆内明敷设的电气线缆燃烧性能不应低于 B_1 级。地铁工程中的地下电力电缆和数据通信线缆、城市综合管廊工程中的电力电缆，应采用燃烧性能不低于 B_1 级的电缆或阻燃型电线。

2. 电线、电缆导体长期允许最高工作温度选择

1）常用电力电缆导体的最高允许温度见表2-41。

表2-41 常用电力电缆导体的最高允许温度

电缆			最高允许温度/℃	
绝缘类别	形式特征	电压/kV	持续工作	短路暂态
聚氯乙烯	普通	≤1	70	160(140)
交联聚乙烯	普通	≤500	90	250

注：括号内数值适用于截面面积大于300mm^2 的聚氯乙烯绝缘电缆。

2）电线、电缆导体长期允许最高工作温度见表2-42。

表2-42　电线、电缆导体长期允许最高工作温度

电线、电缆种类		导体长期允许最高工作温度/℃
橡胶绝缘电线	500V	65
塑料绝缘电线	450V/750V	70
交联聚氯乙烯绝缘电力电缆	1～10kV	90
	35kV	80
聚氯乙烯绝缘电力电缆	1kV	70
裸铝、铜母线和绞线		70
乙丙橡胶电力电缆		90
通用橡套软电缆		60
耐热氯乙烯导线		105
铜、铝母线槽		110
铜、铝滑接式母线槽		70
刚性矿物绝缘电力电缆		70、105
柔性矿物绝缘电力电缆		125

注：刚性矿物绝缘电力电缆导体长期允许最高工作温度是指电缆表面温度，线芯温度高5～10℃。

3. 电力电缆截面和绝缘水平的选择

1）电力电缆截面的选择见表2-43。

表2-43　电力电缆截面的选择

电力电缆导体截面的选择	最大工作电流作用下的电缆导体温度，不得超过电缆使用寿命的允许值。持续工作回路的电缆导体工作温度见表2-42
	最大短路电流和短路时间作用下的电缆导体温度见表2-41
	最大工作电流作用下连接回路的电压降，不得超过该回路允许值
	10kV及以下电力电缆截面宜按电缆的初始投资与使用寿命期间的运行费用综合经济的原则选择
	多芯电力电缆导体最小截面，铜导体不宜小于2.5mm^2，铝导体不宜小于4mm^2
10kV及以下常用电缆按100%持续工作电流确定电缆导体允许最小截面，其载流量按照下列使用条件差异影响计入校正系数后的实际允许值应大于回路的工作电流	环境温度差异
	直埋敷设时土壤热阻系数差异
	电缆多根并列的影响
	户外架空敷设无遮阳时的日照影响

（续）

电缆按100%持续工作电流确定电缆导体允许最小截面时，应经计算或测试验证，计算内容或参数选择的要求	含有高次谐波负荷的供电回路电缆或中频负荷回路使用的非同轴电缆，应计入集肤效应和邻近效应增大等附加发热的影响
	交叉互联接地的单芯高压电缆，单元系统中三个区段不等长时，应计入金属层的附加损耗发热的影响
	敷设于保护管中的电缆，应计入热阻影响；排管中不同孔位的电缆还应分别计入互热因素的影响
	敷设于耐火电缆槽盒中的电缆应计入包含该型材质及其盒体厚度、尺寸等因素对热阻增大的影响
	施加在电缆上的防火涂料、包带等覆盖层厚度大于1.5mm时，应计入其热阻影响
	沟内电缆埋砂且无经常性水分补充时，应按砂质情况选取大于2.0K·m/W的热阻系数计入对电缆热阻增大的影响
电缆导体工作温度大于70℃的电缆，计算持续允许载流量时的要求	数量较多的该类电缆敷设于未装机械通风的隧道、竖井时，应计入对环境温升的影响
	电缆直埋敷设在干燥或潮湿土壤中，除实施换土处理等能避免水分迁移的情况外，土壤热阻系数取值不宜小于2.0K·m/W
通过不同散热条件区段的电缆导体截面的选择	回路总长未超过电缆制造长度时，应符合下列规定： 1）重要回路，全长宜按其中散热较差区段条件选择同一截面 2）非重要回路，可对大于10m区段散热条件按段选择截面，但每回路不宜多于三种规格
	回路总长超过电缆制造长度时，宜按区段选择电缆导体截面
按短路计算条件选择的要求	计算用系统接线，应采用正常运行方式，且宜按工程建成后5~10年发展规划
	短路点应选取在通过电缆回路最大短路电流可能发生处
	宜按三相短路计算，取其最大值
	短路电流的作用时间应取保护动作时间与断路器开断时间之和。对电动机、低压变压器等直馈线，保护动作时间应取主保护时间；对其他情况，宜取后备保护时间
1kV以下电源中性点直接接地时，三相四线制系统的电缆中性线截面，不得小于按线路最大不平衡电流持续工作所需最小截面；有谐波电流影响的回路	气体放电灯为主要负荷的回路，中性线截面不宜小于相芯线截面
	存在高次谐波电流时，计算中性导体的电流应计入谐波电流的效应
	除上述情况外，中性线截面不宜小于50%的相芯线截面

（续）

1kV 以下电源中性点直接接地时，配置保护接地线、中性线或保护接地中性线系统的电缆导体截面的选择	配电干线采用单芯电缆作保护接地中性线时，截面应符合下列规定： 1）铜导体，不小于 $10mm^2$ 2）铝导体，不小于 $16mm^2$
	采用多芯电缆的干线，其中性导体和保护导体合一的铜导体截面不应小于 $2.5mm^2$
	保护地线的截面，应满足回路保护电器可靠动作的要求

注：交流供电回路由多根电缆并联组成时，各电缆宜等长，并应采用相同材质、相同截面的导体；具有金属套的电缆，金属材质和构造截面也应相同。

2）电缆外护层类型的选择见表 2-44。

表 2-44　电缆外护层类型的选择

电力电缆护层选择	1）交流系统单芯电力电缆，当需要增强电缆抗外力时，应选用非磁性金属铠装层，不得选用未经非磁性有效处理的钢制铠装 2）在潮湿或易受水浸泡的电缆，其金属套、加强层、铠装上应有聚乙烯外护层，水中电缆的粗钢丝铠装应有挤塑外护层 3）在人员密集场所或有低毒性要求的场所，应选用聚乙烯或乙丙橡胶等无卤外护层，不应选用聚氯乙烯外护层 4）除年最低温度在 -15℃以下低温环境或药用化学液体浸泡场所，以及有低毒性要求的电缆挤塑外护层宜选用聚乙烯等低烟、无卤材料外，其他可选用聚氯乙烯外护层 5）外护套材料应与电缆最高允许
直埋敷设时电缆外护层的选择	1）电缆承受较大压力或有机械损伤危险时，应具有加强层或钢带铠装 2）在流砂层、回填土地带等可能出现位移的土壤中，电缆应具有钢丝铠装 3）白蚁严重危害地区用的挤塑电缆，应选用较高硬度的外护层，也可在普通外护层上挤包较高硬度的薄外护层，其材质可采用尼龙或特种聚烯烃共聚物等，也可采用金属套或钢带铠装 4）除上述 1）~3）规定的情况外，可选用不含铠装的外护层 5）地下水位较高的地区，应选用聚乙烯外护层 6）35kV 以上高压交联聚乙烯绝缘电缆应具有防水结构
空气中固定敷设时电缆护层的选择	1）在地下客运、商业设施等安全性要求高且鼠害严重的场所，塑料绝缘电缆应具有金属包带或钢带铠装 2）电缆位于高落差的受力条件时，多芯电缆宜具有钢丝铠装 3）敷设在桥架等支承较密集的电缆可不需要铠装 4）当环境保护有要求时，不得采用聚氯乙烯外护层
路径通过不同敷设条件时电缆护层的选择	1）线路总长度未超过电缆制造长度时，宜选用满足全线条件的同一种或差别小的一种以上形式 2）线路总长度超过电缆制造长度时，可按相应区段分别选用不同形式

3）电缆绝缘类型的选择见表 2-45。

表 2-45 电缆绝缘类型的选择

电力电缆绝缘类型选择	在符合工作电压、工作电流及其特征和环境条件下，电缆绝缘寿命不应小于预期使用寿命
	应根据运行可靠性、施工和维护方便性以及最高允许工作温度与造价等因素选择
	应符合电缆耐火与阻燃的要求
	应符合环境保护的要求
常用电缆的绝缘类型的选择	低压电缆宜选用交联聚乙烯或聚氯乙烯挤塑绝缘类型，当环境保护有要求时，不得选用聚氯乙烯绝缘电缆
	高压交流电缆宜选用交联聚乙烯绝缘类型，也可选用自容式充油电缆
60℃以上高温场所	应按经受高温及其持续时间和绝缘类型要求，选用耐热聚氯乙烯、交联聚乙烯或乙丙橡胶绝缘等耐热型电缆；100℃以上高温环境宜选用矿物绝缘电缆。高温场所不宜选用普通聚氯乙烯绝缘电缆
年最低温度在 -15℃以下低温环境	选用交联聚乙烯、聚乙烯、耐寒橡胶绝缘电缆。低温环境不宜选用聚氯乙烯绝缘电缆
在人员密集的公共设施，以及有低毒阻燃性防火要求的场所	应选用交联聚乙烯或乙丙橡胶等无卤绝缘电缆，不应选用聚氯乙烯绝缘电缆

4）电缆绝缘水平的选择见表 2-46。

表 2-46 电缆绝缘水平的选择

交流系统中电力电缆导体的相间额定电压	不得低于使用回路的工作线电压
交流系统中电力电缆导体与绝缘屏蔽或金属套之间额定电压选择	1）中性点直接接地或经低电阻接地系统，接地保护动作不超过 1min 切除故障时，不应低于 100% 的使用回路工作相电压 2）对于单相接地故障可能超过 1min 的供电系统，不宜低于 133% 的使用回路工作相电压；在单相接地故障可能持续 8h 以上，或发电机回路等安全性要求较高时，宜采用 173% 的使用回路工作相电压
交流系统中电缆的耐压水平	应满足系统绝缘配合的要求

二、电缆载流量

1. 电力电缆的持续载流量的选择

1）10kV YJV、YJLV 三芯电力电缆的持续载流量见表 2-47。

2）10kV YJV_{22}、$YJLV_{22}$ 三芯铠装电力电缆的持续载流量见表 2-48。

3）WDZ-GYJSYJ（F）低压电力电缆的持续载流量见表 2-49。

表 2-47　10kV YJV、YJLV 三芯电力电缆的持续载流量　（单位：A）

型号	YJV、YJLV																	
额定电压/kV	10																	
导体工作温度/℃	90																	
敷设方式	敷设在空气中								敷设在土壤中									
土壤热阻系数/（K·m/W）	—								0.8		1.2		1.5		2		3	
环境温度/℃	25		30		35		40		25									
标称截面面积/mm²	铜芯	铝芯	铜芯	铝芯	铜芯	铝芯	铜芯	铝芯	铜芯	铝芯	铜芯	铝芯	铜芯	铝芯	铜芯	铝芯	铜芯	铝芯
25	147	114	140	109	135	105	129	100	139	108	132	102	122	95	116	90	99	77
35	180	140	172	134	165	129	158	123	169	132	160	125	149	116	141	110	121	94
50	214	166	204	159	197	153	188	146	193	150	183	142	170	132	161	125	138	107
70	261	202	249	194	240	186	229	178	235	182	223	173	207	161	196	152	168	130
95	321	249	307	238	296	229	282	219	280	218	266	207	248	192	234	182	201	156
120	368	286	352	273	339	263	323	251	316	246	300	233	279	217	264	205	227	176
150	416	322	397	308	383	297	365	283	344	267	327	254	304	236	287	223	246	191
185	475	369	454	353	437	340	417	324	390	302	370	287	344	267	325	252	279	216
240	555	430	530	412	511	396	487	378	451	350	428	332	398	309	376	292	323	251
300	636	493	608	471	585	454	558	433	513	398	487	378	453	351	428	332	368	285
400	743	576	710	551	684	531	652	506	584	453	555	430	516	400	487	378	418	325
500	850	660	813	631	783	607	746	579	662	513	629	487	585	453	552	428	474	368

表 2-48 10kV YJV_{22}、$YJLV_{22}$三芯铠装电力电缆的持续载流量 （单位：A）

型号	YJV_{22}、$YJLV_{22}$																			
额定电压/kV	10																			
导体工作温度/℃	90																			
敷设方式	敷设在空气中								敷设在土壤中											
土壤热阻系数/（K·m/W）	—								0.8		1.2		1.5		2		3			
环境温度/℃	25		30		35		40		25											
标称截面面积/mm²	铜芯	铝芯	铜芯	铝芯	铜芯	铝芯	铜芯	铝芯	铜芯	铝芯	铜芯	铝芯	铜芯	铝芯	铜芯	铝芯	铜芯	铝芯		
25	147	114	140	109	135	105	129	100	139	108	132	102	122	95	116	90	99	77		
35	180	140	172	134	165	129	158	123	162	126	153	119	143	111	135	105	116	90		
50	206	160	197	153	190	148	181	141	184	144	175	136	163	127	154	120	132	103		
70	254	197	243	188	234	181	223	173	235	182	223	173	207	161	196	152	168	130		
95	314	243	300	233	289	224	276	214	280	218	266	207	248	192	234	182	201	156		
120	361	280	345	268	332	258	317	246	316	246	300	233	279	217	264	205	227	176		
150	408	316	390	303	375	291	358	278	338	262	321	249	298	232	282	219	242	188		
185	469	364	449	348	432	336	412	320	381	296	362	281	337	261	318	247	273	212		
240	548	425	524	406	505	391	481	373	451	350	428	332	398	309	376	292	323	251		
300	629	487	601	466	579	449	552	428	507	393	482	373	448	347	423	328	363	282		
400	736	571	704	546	678	526	646	501	578	448	549	426	510	396	482	374	414	321		
500	843	654	806	625	777	602	740	574	655	508	622	483	578	449	546	424	469	364		

表 2-49　WDZ-GYJSYJ（F）低压电力电缆的持续载流量　　（单位：A）

型号	WDZ-GYJSYJ（F）																							
额定电压/kV	0.6/1																							
导体工作温度/℃	90																							
敷设方式	敷设在隔热墙中的导管内								敷设在明敷的导管内								敷设在空气中							
环境温度/℃	25		30		35		40		25		30		35		40		25		30		35		40	
标称截面面积/mm²	铜芯	铝芯	铜芯	铝芯	铜芯	铝芯	铜芯	铝芯	铜芯	铝芯	铜芯	铝芯	铜芯	铝芯	铜芯	铝芯	铜芯	铝芯	铜芯	铝芯	铜芯	铝芯	铜芯	铝芯
1.5	17	—	17	—	16	—	15	—	20	—	19.5	—	19	—	18	—	23	—	23	—	22	—	21	—
2.5	22	—	22	—	21	—	20	—	27	—	26	—	25	—	24	—	33	—	32	—	31	—	29	—
4	31	—	30	—	29	—	27	—	36	—	35	—	34	—	32	—	43	—	42	—	40	—	38	—
6	39	—	38	—	36	—	35	—	45	—	44	—	42	—	40	—	55	—	54	—	52	—	49	—
10	52	—	51	—	49	—	46	—	61	—	60	—	58	—	55	—	77	—	75	—	72	—	68	—
16	69	56	68	55	65	53	62	50	82	65	80	64	77	61	73	58	102	79	100	77	96	74	91	70
25	91	72	89	71	85	68	81	65	107	86	105	84	101	81	96	76	130	99	127	97	122	93	116	88
35	111	89	109	87	105	84	99	79	131	105	128	103	123	99	116	94	161	122	158	120	152	115	144	109
50	133	106	130	104	125	100	118	95	157	126	154	124	148	119	140	113	196	149	192	146	184	140	175	133
70	167	134	164	131	157	126	149	119	198	159	194	156	186	150	177	142	251	191	246	187	236	180	224	170
95	201	160	197	157	189	151	179	143	238	192	233	188	224	180	212	171	304	232	298	227	286	218	271	207
120	232	184	227	180	218	173	207	164	273	220	268	216	257	207	244	197	353	268	346	263	332	252	315	239
150	264	210	259	206	249	198	236	187	306	245	300	240	288	230	273	218	407	310	399	304	383	292	363	277
185	301	238	295	233	283	224	268	212	347	277	340	272	326	261	309	248	465	354	456	347	438	333	415	316
240	353	278	346	273	332	262	315	248	406	324	398	318	382	305	362	289	549	417	538	409	516	393	490	372
300	404	319	396	313	380	300	360	285	464	371	455	364	437	349	414	331	633	480	621	471	596	452	565	429

注：1. 墙的内表面的传热系数不小于 10W/($m^2 \cdot K$)。

2. 耐火型电缆型号为 WDZN-GYJSYJ(F)其载流量可参考上表。

2. 校正系数的选择

1）环境空气温度不同于30℃时的校正系数（用于敷设在空气中的电缆载流量）见表2-50。

表2-50 环境空气温度不同于30℃时的校正系数(用于敷设在空气中的电缆载流量)

环境温度/℃	绝缘			
	PVC聚氯乙烯	XLPE或EPR交联聚乙烯或乙丙橡胶	矿物绝缘	
			PVC外护套和易于接触的裸护套70℃	不允许接触的裸护套105℃
10	1.22	1.15	1.26	1.14
15	1.17	1.12	1.20	1.11
20	1.12	1.08	1.14	1.07
25	1.06	1.04	1.07	1.04
30	1.00	1.00	1.00	1.00
35	0.94	0.96	0.93	0.96
40	0.87	0.91	0.85	0.92
45	0.79	0.87	0.78	0.88
50	0.71	0.82	0.67	0.84
55	0.61	0.76	0.57	0.80
60	0.50	0.71	0.45	0.75
65	—	0.65	—	0.70
70	—	0.58	—	0.65
75	—	0.50	—	0.60
80	—	0.41	—	0.54
85	—	—	—	0.47
90	—	—	—	0.40
95	—	—	—	0.32

2）敷设在自由空气中多根线缆束的降低系数见表2-51。

表 2-51　敷设在自由空气中多根线缆束的降低系数

敷设方法		托盘或梯架数	每个托盘中电缆数					
			1	2	3	4	6	9
水平安装的有孔托盘	接触 ≥300 ≥20	1	1.00	0.88	0.82	0.79	0.76	0.73
		2	1.00	0.87	0.80	0.77	0.73	0.68
		3	1.00	0.86	0.79	0.76	0.71	0.66
		6	1.00	0.84	0.77	0.73	0.68	0.64
	有间距 De ≥20	1	1.00	1.00	0.98	0.95	0.91	—
		2	1.00	0.99	0.96	0.92	0.87	—
		3	1.00	0.98	0.95	0.91	0.85	—
垂直安装的有孔托盘	接触 ≥225	1	1.00	0.88	0.82	0.78	0.73	0.72
		2	1.00	0.88	0.81	0.76	0.71	0.70
	有间距 De ≥225	1	1.00	0.91	0.89	0.88	0.87	—
		2	1.00	0.91	0.88	0.87	0.85	—
水平安装的无孔托盘	接触 ≥300 ≥20	1	0.97	0.84	0.78	0.75	0.71	0.68
		2	0.97	0.83	0.76	0.72	0.68	0.63
		3	0.97	0.82	0.75	0.71	0.66	0.61
		6	0.97	0.81	0.73	0.69	0.63	0.58
水平安装的梯架和线夹等	接触 ≥300 ≥20	1	1.00	0.87	0.82	0.80	0.79	0.78
		2	1.00	0.86	0.80	0.78	0.76	0.73
		3	1.00	0.85	0.79	0.76	0.73	0.70
		6	1.00	0.84	0.77	0.73	0.68	0.64
	有间距 De ≥20	1	1.00	1.00	1.00	1.00	1.00	—
		2	1.00	0.99	0.98	0.97	0.96	—
		3	1.00	0.98	0.97	0.96	0.93	—

三、配电线路敷设

1. 电缆敷设

1）电缆敷设要求见表 2-52。

表 2-52　电缆敷设要求

电缆的路径选择	建筑高度大于 150m 时，消防用电设备的供电电源干线应有两个路由，避免利用导体负重敷设和固定
	应用空间不能敷设其他空间的电力电缆，避免电缆遭受机械性外力、过热等危害
	满足安全要求条件下，应保证电缆路径最短，并应便于敷设、维护
	宜避开将要挖掘施工的地方
同一通道内电缆数量较多时，若在同一侧的多层支架上敷设	宜按电压等级由高至低的电力电缆、强电至弱电的控制和信号电缆、通信电缆“由上而下”的顺序排列；当水平通道中含有 35kV 以上高压电缆，或为满足引入柜盘的电缆符合允许弯曲半径要求时，宜按“由下而上”的顺序排列；在同一工程中或电缆通道延伸于不同工程的情况，均应按相同的上下排列顺序配置
	支架层数受通道空间限制时，35kV 及以下的相邻电压级电力电缆可排列于同一层支架；少量 1kV 及以下电力电缆在采取防火分隔和有效抗干扰措施后可排列于同一层支架
	同一重要回路的工作与备用电缆应配置在不同层或不同侧的支架上，并应实行防火分隔
同一层支架上电缆排列的配置	控制和信号电缆可紧靠或多层叠置
	除交流系统用单芯电力电缆的同一回路可采取品字形（三叶形）配置外，对重要的同一回路多根电力电缆，不宜叠置
	除交流系统用单芯电缆情况外，电力电缆的相互间宜有 1 倍电缆外径的空隙
交流系统用单芯电力电缆的相序配置及其相间距离	应满足电缆金属套的正常感应电压不超过允许值
	宜使按持续工作电流选择的电缆截面最小
	未呈品字形配置的单芯电力电缆，有两回线及以上配置在同一通路时，应计入相互影响
	当距离较长时，高压交流系统三相单芯电力电缆宜在适当位置进行换位，保持三相电抗相均等
非铠装电缆，应采用具有机械强度的管或罩加以保护的场所、部位	非电气人员经常活动场所的地坪以上 2m 内、地中引出的地坪以下 0. 3m 深电缆区段
	可能有载重设备移经电缆上面的区段

2）电缆敷设方式选择见表 2-53。

表 2-53　电缆敷设方式选择

电缆直埋敷设方式的要求	1）同一通路少于 6 根的 35kV 及以下电力电缆，在厂区通往远距离辅助设施或城郊等不易经常性开挖的地段，宜采用直埋；在城镇人行道下较易翻修情况或道路边缘，也可采用直埋 2）厂区内地下管网较多的地段，可能有熔化金属、高温液体溢出的场所，待开发有较频繁开挖的地方，不宜采用直埋 3）在化学腐蚀或杂散电流腐蚀的土壤范围内，不得采用直埋

（续）

电缆穿管敷设方式的要求	1）在有爆炸性环境明敷的电缆、露出地坪上需加以保护的电缆、地下电缆与道路及铁路交叉时，应采用穿管 2）地下电缆通过房屋、广场的区段，以及电缆敷设在规划中将作为道路的地段时，宜采用穿管 3）在地下管网较密的工厂区、城市道路狭窄且交通繁忙或道路挖掘困难的通道等电缆数量较多时，可采用穿管 4）同一通道采用穿管敷设的电缆数量较多时，宜采用排管
电缆沟敷设方式的要求	1）在载重车辆频繁经过的地段，不得采用电缆沟 2）处于爆炸、火灾环境中的电缆沟应充砂
电缆隧道敷设方式的要求	1）同一通道的地下电缆数量多，电缆沟不足以容纳时，应采用隧道 2）同一通道的地下电缆数量较多，且位于有腐蚀性液体或经常有地面水溢流的场所，或含有 35kV 以上高压电缆以及穿越道路、铁路等地段，宜采用隧道 3）受城镇地下通道条件限制或交通流量较大的道路下，与较多电缆沿同一路径有非高温的水、气和通信电缆管线共同配置时，可在公用性隧道中敷设电缆

3）电缆与管道之间无隔板防护时的允许距离见表 2-54。

表 2-54　电缆与管道之间无隔板防护时的允许距离　（单位：mm）

电缆与管道之间走向		电力电缆	控制和信号电缆
热力管道	平行	1000	500
	交叉	500	250
其他管道	平行	150	100

2. 电缆地下直埋敷设要求

1）电缆地下直埋敷设见表 2-55。

表 2-55　电缆地下直埋敷设

直埋敷设电缆的路径选择	1）应避开含有酸、碱强腐蚀或杂散电流电化学腐蚀严重影响的地段 2）无防护措施时，宜避开白蚁危害地带、热源影响和易遭外力损伤的区段
直埋敷设电缆的要求	1）电缆应敷设于壕沟里，并应沿电缆全长的上、下紧邻侧铺以厚度不小于 100mm 的软土或砂层 2）沿电缆全长应覆盖宽度不小于电缆两侧各 50mm 的保护板，保护板宜采用混凝土 3）城镇电缆直埋敷设时，宜在保护板上层铺设醒目标志带 4）位于城郊或空旷地带，沿电缆路径的直线间隔 100m、转弯处和接头部位，应竖立明显的方位标志或标桩 5）当采用电缆穿波纹管敷设于壕沟时，应沿波纹管顶全长浇筑厚度不小于 100mm 的素混凝土，宽度不应小于管外侧 50mm，电缆可不含铠装

（续）

直埋敷设于非冻土地区时，电缆埋置深度的要求	1）电缆外皮至地下构筑物基础，不得小于0.3m 2）电缆外皮至地面深度，不得小于0.7m；当位于行车道或耕地下时，应适当加深，且不宜小于1.0m

注：直埋敷设于冻土地区时，宜埋入冻土层以下，当无法深埋时可埋设在土壤排水性好的干燥冻土层或回填土中，也可采取其他防止电缆受到损伤的措施。

2）直埋敷设的电缆，严禁位于地下管道的正上方或正下方。电缆与电缆、管道、道路、构筑物等之间的容许最小距离见表2-56。

表2-56　电缆与电缆、管道、道路、构筑物等之间的容许最小距离　（单位：m）

电缆直埋敷设时的配置情况		平行	交叉
控制电缆之间		—	0.5①
电力电缆之间或与控制电缆之间	10kV及以下电力电缆	0.1	0.5①
	10kV以上电力电缆	0.25②	0.5①
不同部门使用的电缆		0.5②	0.5①
电缆与地下管沟	热力管沟	2③	0.5①
	油管或易（可）燃气管道	1	0.5①
	其他管道	0.5	0.5①
电缆与铁路	非直流电气化铁路路轨	3	1.0
	直流电气化铁路路轨	10	1.0
电缆与建筑物基础		0.6③	—
电缆与公路边		1.0③	
电缆与排水沟		1.0③	
电缆与树木的主干		0.7	
电缆与1kV以下架空线电杆		1.0③	
电缆与1kV以上架空线杆塔基础		4.0③	

①用隔板分隔或电缆穿管时不得小于0.25m。

②用隔板分隔或电缆穿管时不得小于0.1m。

③特殊情况时，减小值不得小于50%。

第七节 电气照明

一、基本概念

室外照明设计要保证公共活动区域的人员安全，降低潜在风险，避免对周围环境的影响，产生光污染。复合建筑应合理设置应急照明、备用照明、安全照明、疏散照明、值班照明和警卫照明。保证在正常照明因电源失电后，发生意外事故，确保处于潜在危险状态下的人员安全，避免造成很大影响或经济损失。

1. 照明的方式及种类的选择

照明的方式及种类见表 2-57。

表 2-57 照明的方式及种类

<table>
<tr><td rowspan="4">照明方式</td><td>一般照明</td><td colspan="3">为照亮工作面而设置的照明，并应满足该场所视觉活动性质的需求</td></tr>
<tr><td>分区一般照明</td><td colspan="3">为提高特定区域照度的一般照明，且通行区照度不应低于工作区域照度的 1/3</td></tr>
<tr><td>混合照明</td><td colspan="3">由一般照明和局部照明组成的照明形式，重点照明区域的照度与其周围背景的照度比不宜小于 3∶1</td></tr>
<tr><td>局部照明</td><td colspan="3">为增加特定的有限的部位的照度而设置的照明，作业区邻近周围照度应根据作业区的照度相应减少，但不应低于 200lx，其余区域的一般照明照度不应低于 100lx</td></tr>
<tr><td rowspan="7">照明种类</td><td>正常照明</td><td colspan="3">在正常情况下使用的照明</td></tr>
<tr><td rowspan="3">应急照明</td><td rowspan="3">因正常照明的电源失效而启用的照明</td><td>疏散照明</td><td>正常照明因故障熄灭后，需确保人员安全疏散的出口和通道设置的照明</td></tr>
<tr><td>安全照明</td><td>当正常照明因故熄灭时，为确保处于潜在危险的人或物的安全而设置的照明</td></tr>
<tr><td>备用照明</td><td>正常照明因故障熄灭后，需确保正常工作或活动继续进行而设置的照明</td></tr>
<tr><td>值班照明</td><td colspan="3">在非工作时间内，供值班人员观察使用的照明，如面积超过 500m² 的商店及自选商场，面积超过 200m² 的贵重品商店；商店、金融建筑的主要出入口，通向商品库房的通道，通向金库、保管库的通道；单体建筑面积超过 3000m² 的库房周围的通道等</td></tr>
<tr><td>警卫照明</td><td colspan="3">根据警卫区域范围的要求设置的照明，如警卫区域周围的全部走道，通向警卫区域所在楼层的全部楼梯、走道；警卫区域所在楼层的电梯厅和配电设施处；警卫区域所在建筑物主要出入口内外以及该建筑室外监控摄像机的拍摄区域等</td></tr>
<tr><td>障碍照明</td><td colspan="3">为保障夜间交通的安全而设置的标志照明</td></tr>
</table>

2. 光源选择

1）光源色表分组见表 2-58。

表 2-58　光源色表分组

色表分组	相关色温/K	色表特征	应用场所举例
Ⅰ	<3300	暖	客房、卧室、病房、酒吧、餐厅等
Ⅱ	3300～5300	中间	办公室、教室、阅览室、诊室、检验室、仪表装配等
Ⅲ	>5300	冷	高照度场所

2）光源色温及显色性选择见表 2-59。

表 2-59　光源色温及显色性选择

显色性能类别	显色指数范围	色表	应用示例	
			优先采用	允许采用
Ⅰ	R_a≥90	暖（<3300K）	颜色匹配	—
		中间（3300～5300K）	医疗诊断、画廊	—
		冷（>5300K）	—	—
	90>R_a≥80	暖	客房、卧室、餐厅、酒吧、病房	—
		中间	办公室、教室、商场、医院、阅览室、诊室、检验室、实验室、控制室	—
		冷	视觉费力的高照明场所	—
Ⅱ	80>R_a≥60	暖	高大的空间场所	—
		中间		—
		冷		—
Ⅲ	60>R_a≥40	—	粗加工场所	—
Ⅳ	40>R_a≥20	—	—	粗加工、显色性要求低的场所、库房

3）显色指数的分级见表 2-60。

表 2-60　显色指数的分级

等级	色匹配（色彩逼真）	良好显色性（色彩较好）	中等显色性（色彩一般）	差显色性（色彩失真）
显色指数	91～100	81～90	51～80	21～50

4）统一眩光值（UGR）对应不舒适眩光的主观感受见表 2-61。

表 2-61　统一眩光值（UGR）对应不舒适眩光的主观感受

UGR	不舒适眩光的主观感受
28	严重眩光，不能忍受
25	有眩光，有不舒适感
22	有眩光，刚好有不舒适感
19	轻微眩光，可忍受
15	轻微眩光，可忽略
13	极轻微眩光，无不舒适感
10	无眩光

5）电光源分类及应用场所见表 2-62。

表 2-62　电光源分类及应用场所

电光源				应用场所
热辐射光源	白炽灯			除严格要求防止电磁干扰的场所外，一般场所不得使用
	卤钨灯			电视播放、绘画、摄影照明、反光杯卤素灯用于贵重物品重点照明、模特照射等
固态光源	场致发光灯(EL)			除设计特殊要求，一般不推荐
	半导体发光二极管(LED) 有机半导体发光二极管(OLED)			博物馆、美术馆、宾馆、电子显示屏、交通信号灯、疏散标志灯、庭院照明、建筑物夜景照明、装饰性照明、商业、车库等及需要调光的场所
气体放电光源	辉光放电	氖灯		除特殊要求，一般不推荐使用
		霓虹灯		除特殊要求，一般不推荐使用
	弧光放电	低气压灯	直管荧光灯	家庭、学校、研究所、商业、办公室、控制室、设计室、医院、图书馆等
			紧凑型荧光灯	家庭、宾馆等
			低压钠灯	除特殊要求，一般不推荐使用
		高气压灯	高压汞灯	除特殊要求，一般不推荐使用
			普通高压钠灯	道路、机场、码头、港口、车站、广场
			中显色高压钠灯	商业街、游泳池、体育馆、娱乐场所等室内照明
			金属卤化物灯	体育场馆、展览中心、游乐场所、商业街、广场、机场、停车场、车站、码头等照明、电影外景摄制、演播室
			氙灯	除设计特殊要求，一般不推荐

6）选用光源和灯具的闪变指数（P_{st}^{LM}）不应大于1。长时间工作或停留的房间或场所，照明光源的颜色特性与同类产品的色容差不应大于5SDCM，一般显色指数（R_a）不应低于80，特殊显色指数（R_9）不应小于0。对辨色要求高的场所，照明光源的一般显色指数（R_a）不应低于90，人员长时间工作或停留的场所应选用无危险类（RG0）或1类危险（RG1）灯具或满足灯具标记的视看距离要求的2类危险（RG2）的灯具。常用光源主要性能参数见表2-63。

表2-63　常用光源主要性能参数

光源种类	荧光灯T5	荧光灯T8	LED	金属卤化灯	单端荧光灯
光源功率	14W、28W、35W	18W、36W、58W	0.05～100W	20W、35W、70W、100W、150W	5W、7W、9W、11W、13W
光源启动稳定时间	1～2s（灯丝预热）启动达到80%～85%的光输出，60s达到100%		瞬时	启动仅6%～10%的光输出，5～15min达到100%	1～2s（灯丝预热）启动达到80%～85%的光输出，60s达到100%
热启动时间	1～2s（灯丝预热）		瞬时	光源需冷却5～15min，才能再次亮灯	1～2s（灯丝预热）
一般显色指数	70～85		60～99	65～95	80～84
色温/K	2700～6500		2700～6500	3000～4200	2700～6500
调光能力	调光范围宽，调光下光效影响小		调光范围很宽，调光下光效影响小	调光范围很窄，调光下光效影响很大	一般调光装置无法调光
眩光	光源面积较大，不易产生眩光		光源面积较小，易产生眩光	光源面积较小，易产生眩光	光源面积较大，不易产生眩光
配套电器种类	电子镇流器		低压恒流电源	镇流器触发器	内置镇流器
寿命/h	15000～24000		25000～50000	5000～20000	8000

二、照度节能

照明标准值的目的是为了在建筑电气照明设计中采用统一的照度标准和评估照明效果的尺度。照度标准值的规定通常根据不同的空间性质依据视功能特性、建筑技术发展趋势、电力供应水平、技术合理性的宏观分析等条件进行综合研究的结果，合适的照度值对人们从事生产生活有重要的意义。照明节能是一项非常重要的工作，包括通过照明光源的优化、照度分布的设计及照明时间的控制，以达到照明的有效利用率最大化，改善照明质量，节约照明用电和保护环境，建立优质高效、经济舒适、安全可靠的照明环境。连续长时间视觉作业的场所，其照度均匀度不应低于0.6。长时间视觉作业的场所，统一眩光值UGR不应高于19。

三、用户空间照明设计要点

1. 住宅建筑的照明

起居室（厅）、餐厅、卧室、书房、卫生间、厨房等公共活动场所的照明应在屋顶设置照明灯，卫生间等潮湿场所，宜采用防潮易清洁的灯具，卫生间的灯具位置不应安装在0、1区内及上方。装有淋浴或浴盆卫生间的照明回路，宜装设剩余电流动作保护器，灯具、浴霸开关宜设于卫生间门外。住宅建筑的门厅、前室、公共走道、楼梯间等应设置人工照明，应采用高效节能的照明装置和延时自熄开关。老年人居住建筑的走道、楼梯间及电梯厅的照明，均应采用感应控制措施。

2. 商业建筑的照明

商业建筑的设计中应本着最大限度地便利顾客、方便消费者购物的原则，创造宜人的购物环境，商业照明应选用显色性高、光效高、红外辐射低、寿命长的节能光源。高照度处宜采用高色温光源，低照度处宜采用低色温光源。当一种光源不能满足光色要求时，可采用两种及两种以上光源的混光复合色。丝绸、字画等变、褪色要求较高的商品，应采用截阻红外线和紫外线的光源。

1）营业厅应着重注意视觉环境，统一协调好照度水平、亮度分布、阴影、眩光、光色与照度稳定性等问题，应合理选择光色比例、色温和照度。营业厅照明宜由一般照明、专用照明和重点照明组合而成，不宜把装饰商品用的照明兼作一般照明。

2）营业厅一般照明应满足水平照度要求，且对布艺、服装以及货架上的商品则应确定垂直面上的照度；但对采用自带分层LED照明的货架的区域，其一般照明可执行走道的照度要求。对于玻璃器皿、宝石、贵金属等类陈列柜台，应采用高亮度光源；对于布艺、服装、化妆品等柜台，宜采用高显色性光源；由一般照明和局部照明所产生的照度不宜低于500lx。

3）重点照明的照度宜为一般照明照度的3~5倍，柜台内照明的照度宜为一般照明照度的2~3倍。橱窗照明宜采用带有遮光隔栅或漫射型灯具。当采用带有遮光隔栅的灯具安装在橱窗顶部距地高度大于3m时，灯具的遮光角不宜小于30°；当安装高度低于3m，灯具遮光角宜为45°以上。室外橱窗照明的设置应避免出现镜像，陈列品的亮度应大于室外景物亮度的10%。展览橱窗的照度宜为营业厅照度的2~4倍。

4）大营业厅照明不宜采用分散控制方式。对贵重物品的营业厅宜设值班照明和备用照明。

①照度和亮度分布。一般照明的均匀度（工作面上最低照度与平均照度之比）不应低于0.6。顶棚的照度应为水平照度的0.3~0.9。墙面的照度应为水平照度的0.5~0.8。墙面的亮度不应大于工作区的亮度。视觉作业亮度与其相邻环境的亮度比宜为3:1。

②在需要提高亮度对比或增加阴影的地方可装设局部定向照明。

③商业内的修理柜台宜设局部照明，橱窗照明的照度宜为营业厅照度的2~4倍。

5）仓储部分的照明要求：

①大件商品库照度为50lx，一般件商品库照度为100lx，卸货区照度为200lx，精细商品库照度为300lx。

②库房内灯具宜布置在货架间，并按需要设局部照明。

③库房内照明宜在配电箱内集中控制。

6）当商业一般照明采用双电源（回路）交叉供电时，一般照明可兼作备用照明。

7）商业照明设计中为确保人身和运营安全，应注意应急照明的设置。重要商品区、重要机房、变电所及消防控制室等场所应按规范的照度要求设置足够备用照明。在出入口和疏散通道上设置必要的疏散照明。

8）总建筑面积超过5000m^2的地上商业、展示楼以及总建筑面积超过500m^2的地下、半地下商业应在其内疏散走道和主要疏散线路的空间设应急照明；在地面或靠近地面的墙上增设能保持视觉连续的灯光疏散指示标志或蓄光疏散指示标志。应急照明和疏散指示标志，除采用双电源自动切换供电外，还应采用蓄电池作应急电源。

安全出口及疏散出口应设置电光源型疏散指示标志。商业营业厅疏散通道上应设置电光源型疏散指示标志，通道地面应设置保持视觉连续的光致发光辅助疏散指示标志。电光源型疏散指示标志可采用消防控制室集中控制或分散式控制。营业厅内采用悬挂设置疏散指示标志时，疏散指示标志的间距不应大于20m；当营业厅净高高度大于4.0m时，标志下边缘距地不应大于3.0m，当营业厅净高高度小于4.0m时，标志下边缘距地不应大于2.5m；室内的广告牌、装饰物等不应遮挡疏散指示标志；疏散指示标志的指示方向应指向最近的安全出口。沿疏散走道设置的灯光疏散指示标志，应设置在疏散走道及其转角处距地面高度1.0m以下的墙面上，且灯光疏散指示标志间距不应大于20.0m；对于袋形走道，不应大于10.0m；在走道转角区，不应大于1.0m。

3. 办公建筑的照明

办公建筑的组成因规模和具体使用要求而异，一般包括办公室、会议室、门厅、走道、电梯和楼梯间、食堂、礼堂、机电设备间、卫生间、库房等辅助用房等。由于办公楼的规模日趋扩大，内容也越加复杂，现代办公楼正向综合化、一体化方向发展。办公建筑长时间处于固定的空间中，照明应满足工作效率，同时也要满足舒适性要求。大开间办公室宜采用与外窗平行的布灯形式。在有计算机终端设备的办公用房，应避免在屏幕上出现人和杂物的映像，宜限制灯具下垂线50°角以上的亮度不应大于200cd/m^2。在会议室、洽谈室照明设计时确定调光控制或设置集中控制系统，并设定不同照明方案。

4. 旅馆建筑的照明

旅馆建筑电气设计以方便客人、保持舒适氛围、管理方便的原则，最大限度地满足旅客用电和信息化需求，同时应满足管理人员的需求。旅馆电气照明设计应符合下列规定：

1）大堂照明应提高垂直照度，采用不同配光形式的灯具组合形成具有较高环境亮度的整体照明。并宜根据室内照度的变化而调节灯光或采用分路控制方式，以适应室内照度受天然光线影响的变化，门厅休息区照明应满足客人阅读报刊所需要的照度。

2）大宴会厅照明宜采用调光方式，同时宜设置小型演出用的可自由升降的灯光吊杆，灯光控制宜在厅内和灯光控制室两地操作。应根据彩色电视转播的要求预留电容量。

3）设有红外无线同声传译系统的多功能厅的照明采用热辐射光源时，其照度不宜大于500lx。

4）客房照明应防止不舒适眩光和光幕反射，设置在写字台上的灯具应具备合适的遮光角，其亮度不应大于510cd/m^2；客房床头照明宜采用调光方式。根据实际情况确定是否要设置客房夜灯，夜灯一般设在床头柜或入口通道的侧墙上，夜灯表面亮度一定要低。

5）三级及以上旅馆建筑客房照明宜根据功能采用局部照明，走道、门厅、餐厅、宴会厅、电梯厅等公共场所应设置供清扫设备使用的插座；客房穿衣镜和卫生间内化妆镜的照明灯具应安装在视野立体角60°以外，灯具亮度不宜大于2100cd/m^2。卫生间照明、排风机的控制宜设在卫生间门外。客房壁柜内设置的照明灯具应带有不燃材料的防护罩。

6）餐厅的照明要配合餐饮种类和建筑装修风格设计，形成相得益彰的效果。同时，应充分考虑显示食物的颜色和质感；中餐厅照度要高于西餐厅照度。中餐厅中宜布置均匀的顶棚灯，小餐厅或有固定隔断的就餐区域宜按餐桌的位置布置照明灯具，西餐厅一般不注重照明的均匀度，灯具布置应突出体现其独特的韵味。

7）在对照明有较高要求的场所，包括但不限于宴会厅、餐厅、大堂、客房、夜景照明等处最好设置智能照明控制系统，宜在大堂、餐厅、宴会厅等处设置不同的照明场景。饭店的公共大厅、门厅、休息厅、大楼梯厅、公共走道、客房层走道以及室外庭园等场所的照明，宜在总服务台或相应层服务台处进行集中控制，客房层走道照明也可就地控制。

8）四级以上旅馆应在客房内设置独立于客房配电系统的能在消防状态下强制点亮的应急照明，电源取自应急供电回路。

9）设置有智能照明控制系统的应急照明配电系统应具有在消防状态下，消防信号优先控制应急照明强制点亮的功能。

10）工程部办公室、收银台、重要的非消防设备机房等当正常供电中断时仍需工作的场所宜考虑设置不低于正常照度50%的备用照明。

11）智能照明控制系统应具有开放的通信协议，可作为建筑设备管理系统的一个子系统。

12）带有洗浴功能的卫生间或者浴室、游泳池、喷水池、戏水池、喷泉等均应设置辅助等电位保护措施。安装于水下的照明灯具及其他用电设备应采用安全电压供电并有防止人身触电的措施。

13）安装质量较大的吊灯的位置应在结构板内预留吊钩，安装于高大空间的灯具应考虑更换、维护条件。

14）照明控制要求见表2-64。

表2-64 照明控制要求

房间或场所	控制方式	与其他系统接口	备注
应急照明及疏散指示	应急照明及疏散指示系统主机集中控制	与消防联动有通信接口	—

（续）

房间或场所	控制方式	与其他系统接口	备注
地下车库的一般照明、客房走道、后勤走道、电梯厅、景观照明、泛光照明、旅馆LOGO等	智能照明控制系统控制	具备纳入智能化系统集成平台的通信接口 预留BA接口	非面客区墙面设智能照明控制器
旅馆大堂、大堂吧、酒吧、宴会厅、餐厅等	智能照明调光控制系统		
小型会议室、卫生间、服务用房、后勤办公室、厨房、机电设备机房	现场墙面开关手动控制	—	—
客房	就地智能面板控制及RCU控制	—	—
楼梯间	采用红外感应控制	—	—

5. 交通建筑的照明

交通建筑照明设计应根据建筑物的使用情况和环境条件，使工作区域或公共空间获得良好的视觉功效、合理的照度和显色性，提供舒适的视觉环境。交通建筑内有作业要求的作业面上一般照明照度均匀度不应小于0.7，非作业区域、通道等的照明照度均匀度不宜小于0.5。高大空间的公共场所，垂直照度（E_v）与水平照度（E_h）之比不宜小于0.25。有人长期工作或停留的房间或场所，照明光源的显色指数不宜小于80。计算机房、出发到达大厅等场所的灯光设置应防止或减少在该场所的各类显示屏上产生的光幕反射和反射眩光。交通建筑内的标识、引导指示，应根据其种类、形式、表面材质、颜色、安装位置以及周边环境特点选择相应的照明方式。当标识采用外投光照明时，应控制其投射范围，散射到标识外的溢散光不应超过外投光的20%。设置在地下的车站出入口应设置过渡照明；白天车站出入口内外亮度变化，宜按1∶10到1∶15取值，夜间出入口内外亮度变化，宜按2∶1到4∶1取值。机场、车站前广场、站台、天桥、道路转盘或停车场等其他室外场所宜采用高强气体放电灯光源的灯具或高杆照明灯具；高杆照明宜采用非对称配光灯具，灯具配光最大光强角度宜在45°以上。

6. 博物馆建筑的照明

1）展品与其背景的亮度比不宜大于3∶1。在展馆的入口处，应设过渡区，区内的照度水平应满足视觉的要求。对于陈列对光特别敏感的物体的低照度展室，应设置视觉适应的过渡区。在完全采用人工照明的博物馆中，必须设置应急照明。在珍贵展品展室及重要藏品库房应设置警卫照明。展厅灯光宜采用智能灯光控制系统自动调光。对光敏感的文物应尽量减少受光照时间，在展出时应采取“人到灯亮人走灯灭”的控制措施。开关控制面板的布置应避开观众活动区域。

2）展厅、藏品库、文物修复室、实验室的照明要求较高，应从展示效果及保护文物出发严格选择光源和灯具。应根据识别颜色要求和场所特点，选用相应显色指数的光源。其中，对光特别敏感的展品应采用过滤紫外线辐射的光源，对光不敏感的展品可采用金属卤化物灯。展厅导轨灯方便布展照明。对于具有立体造型的展品，为突出其质感效果可设置一定数量的聚光灯或射灯。应根据陈列对象及环境对照明的要求选择灯具或采用经专门设计的灯具。博物馆的照明光源宜采用高显色荧光灯、高显色 LED 灯，并应限制紫外线对展品的不利影响。当采用卤钨灯时，其灯具应配以抗热玻璃或滤光层。

3）壁挂陈列照明宜采用定向性照明。对于壁挂式展示品，在保证必要照度的前提下，应使展品表面的亮度在 $25cd/m^2$ 以上，并应使展品表面的照度保持一定的均匀性，最低照度与最高照度之比应大于 0.75。对于有光泽或放入玻璃镜柜内的壁挂式展示品，照明光源的位置应避开反射干扰区；为了防止镜面映像，应使观众面向展品方向的亮度与展示品表面亮度之比小于 0.5。立体展品陈列照明，应采用定向性照明和漫射照明相结合的方法，并以定向性照明为主。定向性照明和漫射照明的光源的色温应一致或接近。对于具有立体造型的展示品，宜在展示品的侧前方 40°～60°处设置定向聚光灯，其照度宜为一般照度的 3～5 倍，当展示品为暗色时，定向聚光灯的照度应为一般照度的 5～10 倍。展柜陈列照明，展柜内光源所产生的热量不应滞留在展柜中。观众不应直接看见展柜中或展柜外的光源。陈列橱柜的照明，应注意照明灯具的配置和遮光板的设置，防止直射眩光；不应在展柜的玻璃面上产生光源的反射眩光，并应将观众或其他物体的映像减少到最低程度。

4）应减少灯光和天然光中的紫外线对展品辐射，使光源的紫外线相对含量小于 20μW/lm。对于对光敏感的展品或藏品应对年曝光量进行控制。对于在灯光作用下易变质退色的展示品，应选择低照度水平和采用可过滤紫外线辐射的灯具；对于机械装置和雕塑等展品，应有较强的灯光。弱光展区宜设在强光展示区之前，并应使照度水平不同的展厅之间有适宜的过渡照明。

7. 会展建筑的照明

1）正常照明光源应选用高显色性光源，应急照明光源应选用能瞬时可靠点燃的光源。

2）正常照明设计宜采用一组变压器的两个低压母线段，分别引出专用回路，各带 50% 灯具交叉布置的配电方式。

3）登录厅、观众厅、展厅、多功能厅、宴会厅、大会议厅、餐厅等人员密集场所应设置疏散照明和安全照明。展厅安全照明的照度值不宜低于一般照明照度值的 10%。

4）装设在地面上的疏散指示标志灯承压能力，应能满足所在区域的最大荷载要求，防止被重物或外力损伤，且应具有 IP67 的防护等级。

5）按建筑使用条件和天然采光状况采取分区、分组控制措施。集中照明控制系统应具备清扫、布展、展览等控制模式。

8. 图书馆、档案馆

1）为保护缩微资料，缩微阅览室应设启闭方便的遮光设施，并在阅读桌上设局部照明。

2）档案库房、书库、阅览室、展览室、拷贝复印室、与档案有关的技术用房当采用人工照明时，应采取防紫外线光源，并有安全防火措施。缩微阅览室、计算机房照明宜防显示屏出现灯具影像和反射眩光。

3）展览室、陈列室宜采光均匀，防止阳光直射和眩光。

4）档案库灯具形式及安装位置应与档案密集架布置相配合。

5）书库、资料库、开架阅览室内，不得设置卤钨灯等高温照明器。珍善本书库及其阅览室应采用防紫外线光源。

6）书库照明宜采用无眩光灯具，灯具与图书资料等易燃物的垂直距离不应小于0.5m。

7）书库（档案库）、非书型（非档案型）资料库照明宜分区控制。书库照明宜分区分架控制，每层电源总开关应设于库外。书架行道照明应有单独开关控制，行道两端都有通道时应设双控开关；书库内部楼梯照明也应采用双控开关。公共场所的照明应采用集中、分区或分组控制的方式；阅览区的照明宜采用分区控制方式。均根据不同使用要求采取自动控制的节能措施。

9. 体育建筑的照明

1）场地照明设计主要参数包括水平照度、垂直照度、水平照度均匀度、垂直照度均匀度、色温、显色指数、应急照明。

2）体育场馆照明布置应符合《体育场馆照明设计及检测标准》的规定。

3）不同赛事要求的场地照明灯具布置方式、灯具的安装高度应根据建筑形式、不同赛事对灯具投射角的要求设定。

4）体育场馆内的场地照明，宜采用LED半导体发光二极管作为场地照明的光源。一般场地照明灯具应选用有金属外壳接地的Ⅰ类灯具；跳水池、游泳池、戏水池、冲浪池及类似场所水下照明设备应选用防触电等级为Ⅲ类的灯具。金属卤化物灯不应采用敞开式灯具，灯具效率不应低于70%。灯具外壳的防护等级不应低于IP55，不便于维护或污染严重的场所其防护等级不应低于IP65，水下灯具外壳的防护等级应为IP68。场地照明灯具应有灯具防跌落措施，灯具前玻璃罩应有防爆措施。室外场地照明灯具不应采用升降式。

5）观众席和运动场地安全照明的平均水平照度值不应小于20lx。

6）体育场馆出口及其通道的疏散照明最小水平照度值不应小于5lx。

7）有电视转播要求的比赛场地照明应设置集中控制系统。集中控制系统应设于专用控制室内，控制室应能直接观察到主席台和比赛场地。

8）有电视转播要求的比赛场地照明的控制系统能对全部比赛场地照明灯具进行编组控制；应能预置不少于4个不同的照明场景编组方案；显示全部比赛场地照明灯具的工作状态；显示主供电源、备用电源和各分支路干线的电气参数；电源、配电系统和控制系统出现故障时应发出声光故障报警信号；对于没有设置热触发装置或不中断供电设施的照明系统，其控制系统应具有防止短时再启动的功能。

9）有电视转播要求的比赛场地照明的控制系统宜采用智能照明控制系统。

10）照明控制回路分组应满足不同比赛项目和不同使用功能的照明要求；当比赛场地有天然光照明时，控制回路分组方案应与其协调。

总　结

复合建筑供配电系统应进行全面的统筹规划，根据电力负荷因事故中断供电造成的损失或影响的程度，区分其对供电可靠性的要求，应分别统计特级负荷，一、二、三级负荷的数量和容量，并研究在电源出现故障时电源保证供电的程度，根据负荷等级采取相应的供电方式，避免产生能耗大、资金浪费及配置不合理等问题，以提高投资的经济效益和社会效益。

开关电器及电气设备要根据电力系统正常工作条件、短路条件、环境工作条件进行选择，不仅要满足电力系统稳态运行，也要对电力系统的暂态进行动、热稳定校验。同时应关注使用环境对开关电器及电气设备的影响，选择低能耗电气产品，力争做到安全可靠、操纵控制方便、维护简单、经济合理和技术先进。

计算短路电流的目的是为了限制短路的危害和缩小故障的影响范围，确定电气主接线，选择导体和电器，接地装置的跨步电压和接触电压等。当供配电系统发生短路时，电路保护装置应有足够断流能力以及设置灵敏、可靠的继电保护，快速切除短路回路，防止设备损坏，将因短路故障产生的危害抑制到最低限度。另外，计算短路电流还可以对所选择电气设备和载流导体，进行热稳定性和动稳定性校验，以便正确选择和整定保护装置，选择限制短路电流的元件和开关设备。

电缆的材质、芯数、电缆绝缘类型要根据工程需要进行选择。电缆的敷设应根据建筑物结构、环境特征、使用要求、用电设备分布及所选用导体的类型等因素，避免因环境温度、外部热源以及非电气管道等因素对布线系统带来的损害，并应防止在敷设过程中因受撞击、振动、电线或电缆自重和建筑物变形等各种机械应力带来的损害，同时要考虑影响导体载流量的因素，并对导体载流量进行校核，避免导体长期过负荷运行，保证供电可靠性。

变电所、柴油发电机房是复合建筑电力系统主要机房，担负着从电力系统正常和应急状况下的配电的任务。其选址考虑到电力设备的运输、进出线、进风、排风、排烟等因素，并应满足防水、防震（振）、消防要求。继电保护装置必须满足可靠性、选择性、快速性、灵敏度要求。根据需要配置变电所操作电源形式和测量及计量仪表。

电气照明设计是对各种建筑环境的照度、色温、显色指数等进行的专业设计，它应以人为本，但必须首先考虑安全性和实用性，并应通过照明光源的优化、照度分布的设计及照明时间的控制，不仅要满足室内“亮度”上的要求，还要起到烘托环境、气氛的作用。同时，照明节能也是一项非常重要的工作，包括通过照明光源的优化、照度分布的设计及照明时间的控制，以达到照明的有效利用率最大化，改善照明质量，节约照明用电和保护环境，建立优质高效、经济舒适、安全可靠的照明环境。

【思考题】

1. 简述复合建筑供配电系统设计要点。
2. 简述复合建筑变电所设计要点。
3. 简述复合建筑设备选型要点。

03

第三章　电气防灾系统

Methods and Practice of Electrical Design for Composite Buildings

第一节　概　　述

复合建筑电气防灾系统主要包括防雷、防火、抗震和防水（涝）等系统，设计中应针对复合建筑特点，提出在防雷接地系统、电气防火系统、电气抗震和应急响应的具体措施，以提高建筑的安全性和灾害抵抗力、适应力及恢复力。发生灾难时，不仅要保全生命财产，而且要保全建筑应急功能不中断，提高建筑的“韧性”，降低建筑的脆弱性。

通过智能化、数字化手段帮助用户方充分运用安全领域数据，提升监管重点工作覆盖面和精准性，用信息解决人工成本问题，实现复合建筑电气防灾系统的高效精准监管。同时可以构建形成防灾系统大数据资源池，解决管理范畴问题，提升数据统一合力，解决由于数据分散导致的底数不全和作用单一的问题。再者帮助用户方有效利用收集以往的数据，直观呈现量化指标和趋势分析要素，获悉风险隐患走势、知晓事故灾难形势、掌握应急防灾能力，辅助快速准确科学地做出管理决策。

一、电气防灾系统设计原则

1）复合建筑电气防灾系统设计，应具备完善的应急管理体系，不应单纯依据标准进行，形成系统的堆砌。

2）复合建筑防雷系统必须将外部防雷措施和内部防雷措施作为整体统筹综合考虑，因地制宜地采取防雷措施。

3）复合建筑电气消防设计要注重“防”和“消”结合，“防”意在火灾初期能尽早发现火灾，有效疏散人员，防止火灾蔓延和扩大火势。“消”意指发生火灾之后，要保障消防设备可靠工作进行灭火。

4）建筑电气抗震设计应遵照“小震不坏，中震可修，大震不倒”的指导原则，除地震发生时所需应急系统（与建筑内消防疏散用应急照明、紧急广播、专用应急通信等共用）和地震时仍需坚守岗位的特殊场所的供配电、照明等系统必须给予保障外，在电气设施选址及布置、电气设备的选型安装、线路敷设等方面，根据地震力的影响，能够防水平滑动及位移、防止倾倒、防止坠落、防止电气火灾等引起的次生灾害。

5）复合建筑物电气设备和智能化设备主要用房应考虑防水（涝）措施，即要考虑自然环境和建筑环境下的措施，确保电气设备和智能化设备正常运行。

二、电气防灾系统设计注意事项

1）复合建筑防雷的做法应与建筑的形式和艺术造型相协调，避免对建筑物外观形象的破坏，影响建筑物美观，并需要根据建筑物电子信息系统的特点，对被保护建筑物内的电子信息系统进行雷电电磁环境风险评估，做好内部防雷措施并与外部防雷措施协调统一。

2）复合建筑防火系统设计要根据不同功能设施的建筑面积和物业管理模式设置火灾自动报警系统，火灾自动报警系统的消防联动控制网络宜采用环形结构，不同用户空间和公共空间的消防控制室对火灾自动报警信息应能实现共享。

3）复合建筑设计应充分考虑地震力的影响，电气、电信机房及电缆管井不应设置在易受振动破坏的场所。电气、通信设备的设置应与结构主体牢固连接，电气、通信设施应采取防止由于设备损坏后坠落伤人的安全防护措施，由于受地震力的影响可能会引起次生灾害的电气线路和地震后需要保持连续性运行电路，应安装抗震支吊架。

4）电气设备和智能化设备主要用房地面或门槛应高出本层楼地面，其标高差值不应小于0.10m，设在地下层时不应小于0.15m，必要时应设置排水设施，变电所的电缆夹层、电缆沟应采取防水、排水措施，其底部排水沟的坡度不应小于0.5%，并应设置集水坑。

第二节　建筑防雷

一、基本概念

雷电是一种客观存在的自然现象，是云和云、云和地之间发生的剧烈放电现象。当带不同电荷的积雨云互相接近到一定程度，或带电积云与大地凸出物接近到一定程度时，就发生强烈的放电，发出耀眼的闪光，由于放电时温度高达两万摄氏度，空气受热急剧膨胀，发出爆炸的轰鸣声，这就是闪电和雷鸣。地球上自有人类存在以来，在不同的历史时期，雷电都会给人类社会造成不同程度的损失和灾害。雷电灾害给人类社会造成的损失程度是随着社会的进步、科学技术的发展而呈几何级数递增的。复合建筑内各种各样的现代化电子设备，尤其是智能化电子设备的品种、数量日益增多，雷电给复合建筑造成的灾害也日益突出。

1. 雷电的形成

雷电是发生在因强对流天气而形成的雷雨云间和雷雨云与大地之间强烈瞬间放电现象，当今还没有一个完整的理论可以将全部雷电现象解释清楚。目前的办法是将不同的理论综合起来，尽可能完善地解释各种雷电现象。雷电形成需要三个条件：

1）空气中必须有足够的水汽。

2）有使潮湿水汽强烈上升的气流。

3）有使潮湿空气上升凝结成水珠或冰晶的气象、地理条件。

雷电的主要特点是电压高、电流大，释放能量的时间短，因而它产生的破坏性相当大。雷电的分布是不均匀的，其中山区多平原少，南方多北方少。雷电流的幅度大，而且冲击力强。雷电的幅值，即放电时雷电流的最大值，一般是几十千安培，最大可达 300kA。雷电流陡度大。陡度是雷电流在单位时间里上升的速度，平均上升速度为 30kA/μs，最大可达 50kA/μs。雷电的冲击电压高。冲击电压是指雷电压的最大值，一般为几十千伏至几千千伏。雷电的防电时间短。一般放电总时间不超过 500ms，主放电只有数十微秒。这样短的时间释放出巨大能量，其破坏性相当大。

2. 雷电种类及危害

闪电包括云闪和云地闪，其中云闪一般对空中飞行器造成一定危害，云地闪对地面上的建筑物和设备构成较严重危害，其危害主要分为两类：直接危害和间接危害。直接危害主要表现为雷电引起的热效应、机械效应和冲击波等；间接危害主要表现为雷电引起的静电感应、电磁感应和雷电过电压侵入等。

（1）直击雷　是雷雨云对大地和建筑物的强烈放电现象。带电积云接近地面时，在地面凸出物顶部感应出异性电荷，当积云与地面凸出物之间的电场强度达到 25～30kV/m 时，即发生由带电积云向大地发展的跳跃式先导放电即发生闪电，持续时间为 5～10ms，平均速度为 100～1000km/s，每次跳跃前进约 50m，并停顿 30～50μs。当先导放电达到地面凸出物时，即发生从地面凸出物向积云发展的极明亮的主放电，其放电时间仅 50～100μs，放电速度为光速的 1/5～1/3，即为 60000～100000km/s。主放电向上发展，至云端即告结束。主放电结束后继续有微弱的余光，持续时间为 30～150ms。在雷暴活动区域内，雷云直接通过人体、建筑物或设备等对地放电产生电击，在雷电流流过的通道上，它以强大的冲击电流、炽热的高温、猛烈的冲击波、强烈的电磁辐射会灼伤人体，引起建筑物燃烧并使物体水分受热汽化而剧烈膨胀，产生强大的冲击性机械力。该机械力可以达到 5000～6000N，可使人体组织、建筑物结构、设备部件等断裂破碎，从而导致人员伤亡、建筑物破坏以及设备毁坏等。大约 50% 的直击雷有重复放电的性质。平均每次雷击有三四个冲击，最多能出现几十个冲击。第一个冲击的先导放电是跳跃式先导放电，第二个以后的先导放电是箭形先导放电，其放电时间仅为 10ms。一次雷击的全部放电时间一般不超过 500ms。

（2）雷电感应　分为静电感应和电磁感应。

1）静电感应。当空间有带电的雷云出现时，由于带电积云接近地面，雷云下的地面及建筑物等，都因静电感应而带上相反的电荷。从雷云的出现到发生雷击（主放电）所需时间相对于主放电过程的时间要长得多，雷云下的地面及建筑物等有充分的时间累积大量电荷。当雷击发生后，局部地区的感应电荷不能在同样短的时间内消失，形成局部高电压。这种由静电感应产生的过电压对接地不良的电气系统有很强破坏作用，使接地不良的金属器件之间发生火花。这种放电电流也是一个很大的脉冲电流，其电击效果虽然比直击雷小一些，但是若窜入用电设施也会造成设施损坏或人员伤亡事故。

2）电磁感应。雷电流具有很高的峰值和波头上升陡度，能在所流过的路径周围产生很强的暂态脉冲电磁场，这种电磁场将随着时间的变化而变化，并在附近的各类金属导体上激发出感应电动势或感生电流。在闪电电流入地过程中，变化的电磁场在附近的金属导体上产生感应电动势或感生电流，也会造成电气设备遭到电击而损毁。这种迅速变化的电磁场能在邻近的导体上感应出很高的电动势。如是开口环状导体，开口处可能由此引起火花放电；如是闭合导体环路，环路内将产生很大的冲击电流。

建筑物内通常铺设着各种电源线、信号线和金属管道（如供水管、供热管和供气管等），这些线路和管道常常会在建筑物内的不同空间构成环路。当建筑物遭受雷击时，雷电流沿建筑物防雷装置中各分支导体入地，流过分支导体的雷电流会在建筑物内部空间产生暂态脉冲电磁场，脉冲电磁场耦合不同空间的导体回路，会在这些回路中感应出过电压和过电流，导致设备接口损坏。

（3）球雷　是雷电放电时形成的发红光、橙光、白光或其他颜色光的火球。球雷出现的概率约为雷电放电次数的2%，其直径多为20cm左右，运动速度约为2m/s或更高一些，存在时间为数秒钟到数分钟。球雷是一团处在特殊状态下的带电气体。有人认为，球雷是包有异物的水滴在极高的电场强度作用下形成的。在雷雨季节，球雷可能从门、窗、烟囱等通道侵入室内。

（4）雷电波侵入　是直击雷在架空线路或空中金属管道上产生雷电侵入波，沿线路或金属管道（如供暖管道、自来水管道）的两个方向迅速传播进入建筑物内，引起雷电过电压。当建筑物或设备并不处于雷暴活动区域内，或者虽然在雷暴活动区域内，建筑物或设备已受到防直击雷的防雷装置的保护与屏障，有时仍会遭到雷害，其原因可能就是在进线、出线或有关的金属管道上未采用防止雷电波侵入措施。雷电波侵入过程如下：

1）直击雷直接击中架空金属导线，让雷电高电压以波的形式沿着导线朝两个方向传播而引入室内。

2）来自雷电感应的高电压脉冲，即由于雷云对大地放电或雷云之间迅速放电形成的静电感应和电磁感应，它们在各种导线中感生几千伏到几十千伏的高电压以波的形式沿着导线传播而引入室内。

3）由于直击雷在建筑物或其附近通过地网入地时，在地网的接地电阻产生数十千伏至数百千伏的高电位，这高电位通过电力系统的中性线、保护接地线和通信系统的地线，也是以波的形式传入室内，并沿着导线传播到更远处。

3. 雷暴日

雷暴日是指本地区一年当中有雷电的天数。在一天中只要曾听到过雷声，而无论雷暴延续了多长时间，都算作一个雷暴日。年平均雷暴日数是表示一年中观察到的雷暴或听到雷声的总天数，它是根据长时间、大面积地区闪电活动频度的统计气象资料得出的一个统计参数，并以符号T_d表示。

全年平均雷暴日数在25d及以下的地区为少雷区；全年平均雷暴日数大于25d不超过40d的地区属多雷区；全年平均雷暴日数大于40d不超过90d的地区属高雷区；全年平均雷暴日数超过90d的地区属强雷区。

4. 建筑物及入户设施年预计雷击次数

1）建筑物年计算雷击次数（N_1）的经验公式如下：

$$N_1 = kN_g A_e \tag{3-1}$$

式中 N_1——建筑物年预计雷击次数（次/年）；

k——校正系数，在一般情况下取1；位于河边、湖边、山坡下或山地中土壤电阻率较小处，地下水露头处、土山顶部、山谷风口等处的建筑物，以及特别潮湿的建筑物取1.5；金属屋面没有接地的砖木结构建筑物取1.7；位于山顶上或旷野孤立的建筑物取2；

N_g——建筑物所处地区雷击大地的年平均密度［次/(km²·a)］，$N_g=0.1T_d$；

A_e——与建筑物截收相同雷击次数的等效面积（km²）。

2）入户设施年预计雷击次数（N_2）按式（3-2）确定。

$$N_2 = N_g A'_e = (0.1T_d)(A'_{e1} + A'_{e2})\text{（次/年）} \tag{3-2}$$

式中 N_g——建筑物所处地区雷击大地的年平均密度［次/(km²·a)］；

T_d——年平均雷暴日（d/a），根据当地气象台、站资料确定；

A'_{e1}——电源线缆入户设施的截收面积（km²），见表3-1；

A'_{e2}——信号线缆入户设施的截收面积（km²），见表3-1。

表3-1 入户设施的截收面积

线路类型	有效截收面积 A'_e/km²
低压架空电源电缆	$2000 \times L \times 10^{-6}$
高压架空电源电缆（至现场变电所）	$500 \times L \times 10^{-6}$
低压埋地电源电缆	$2 \times d_s \times L \times 10^{-6}$
高压埋地电源电缆（至现场变电所）	$0.1 \times d_s \times L \times 10^{-6}$
架空信号线	$2000 \times L \times 10^{-6}$
埋地信号线	$2 \times d_s \times L \times 10^{-6}$
无金属铠装或带金属芯线的光纤电缆	0

注：1. L是线路从所考虑建筑物至网络的第一个分支点或相邻建筑物的长度（m），最大值为1000m，当L未知时，应采用$L=1000$m。

2. d_s的单位为m，其数值等于土壤电阻率，最大值取500。

3）建筑物入户设施年预计雷击次数（N）的计算按式（3-3）确定：

$$N = N_1 + N_2\text{（次/年）} \tag{3-3}$$

5. 易遭雷击地方和部位

1）易遭雷击的地点：土壤电阻率较小的地方，如有金属矿床的地区、河岸、地下水出口处、湖沼、低洼地区和地下水位高的地方；具有不同电阻率土壤的交界地段；山坡与稻田接壤处。

2）易遭受雷击的建（构）筑物：高耸凸出的建筑物，如水塔、电视塔、高楼等；内部有大量金属设备的厂房；排出导电尘埃、废气热气柱的厂房、管道等；孤立、凸出在旷野的建（构）

筑物；地下水位高或有金属矿床等地区的建（构）筑物。

3）同一建（构）筑物易遭受雷击的部位：平屋面和坡度≤1/10的屋面，檐角、女儿墙和屋檐；坡度＞1/2的屋面、屋角、屋脊和檐角；坡屋度＞1/10且＜1/2的屋面；屋角、屋脊、檐角和屋檐；建（构）筑物屋面凸出部位，如烟囱、管道、广告牌等。

6. 防雷保护分区

1）$LPZ0_A$ 区：本区内的各物体都可能遭到直接雷击和导走全部雷电流；本区内的电磁场强度没有衰减。

2）$LPZ0_B$ 区：本区内的各物体不可能遭到大于所选滚球半径对应的雷电流直接雷击，但本区内的电磁场强度没有衰减。

3）LPZ1区：本区内的各物体不可能遭到直接雷击，流经各导体的电流比 $LPZ0_B$ 区更小；本区内的电磁场强度可能衰减，这取决于屏蔽措施。

4）LPZ2…n 后续防雷区：当需要进一步减小流入的电流和电磁场强度时，应增设后续防雷区，并按照需要保护的对象所要求的环境区选择后续防雷区的要求条件。

7. SPD主要参数

1）最大持续工作电压 U_c：允许持续施加于SPD端子间的最大电压有效值（交流方均根电压或直流电压），其值等于SPD的额定电压。

2）标称放电电流 I_n（额定放电电流）：流过SPD的8/20μs波形的放电电流峰值（kA）。一般用于对SPD做Ⅱ级分类试验，也可用于Ⅰ、Ⅱ级分类试验的预处理试验。

3）冲击电流 I_{imp}（脉冲电流）：由电流峰值 I_P 和总电荷 Q 所规定的脉冲电流，一般用于SPD的Ⅰ级分类试验，其波形为10/350μs。

4）最大放电电流 I_{max}：通过SPD的8/20μs电流波的峰值电流。用于SPD的Ⅱ级分类试验，其值按Ⅱ级动作负载的试验程序确定，$I_{max}>I_n$。

5）额定负载电流 I_L：能对双端口SPD保护的输出端所连接负载提供的最大持续额定交流电流有效值或直流电流。

6）电压保护水平 U_p：是表征SPD限制接线端子间电压的性能参数，对电压开关型SPD是指规定陡度下最大放电电压，对电压限制型SPD是指规定电流波形下的最大残压，其值可从优先值列表中选择，该值应大于实测限制电压（实测限制电压是指对SPD施加规定波形和幅值的冲击电压时，在其接线端子间测得的最大电压峰值）。

7）残压 U_{res}：冲击放电电流通过电压限制型SPD时，在其端子上所呈现的最大电压峰值，其值与冲击电流的波形和峰值电流有关。U_{res} 是确定SPD的过电压保护水平的重要参数。

8）残流 I_{res}：对SPD不带负载，施加最大持续工作电压 U_c 时，流过PE接线端子的电流，其值越小则待机功能耗越小。

9）参考电压 $U_{ref(1mA)}$：是指限压型SPD，通过1mA直流参考电流时，其端子上的电压。

10）泄漏电流 I_1：在 $0.75_{ref(1mA)}$ 直流电压作用下流过限压型SPD的漏电流，通常为微安级，其值越小则 SPD 的热稳定性越好。为防止 SPD 的热崩溃及自燃起火，SPD 应通过规定的热稳定试验。

11）额定断开续流值 I_f：SPD 本身能断开的预期短电路电流，不应小于安装处的预期短路电流值。续流 I_f 是冲击放电以后，由电源系统流入 SPD 的电流。续流与持续工作电流 I_c 有明显区别。

12）响应时间：从暂态过电压开始作用于 SPD 的时间到 SPD 实际导通放电时刻之间的延迟时间，称为 SPD 的响应时间，其值越小越好。通常限压型 SPD（如氧化锌压敏电阻）的响应时间短于开关型 SPD（如气体放电管）。

13）冲击通流容量：SPD 不发生实质性破坏而能通过规定次数、规定波形的最大冲击电流的峰值。对Ⅰ级分类试验的 SPD 以 I_P 来表征；对Ⅱ、Ⅲ级分类试验的 SPD 以 I_{max} 来表征，一般为标称放电电流（I_n）的 2～2.5 倍。

14）用于信号系统（包括天馈线系统）的 SPD，另有插入损耗、驻波系数、传输速率、频率、带宽等特殊匹配参数的要求。

二、复合建筑防雷分类

复合建筑防雷分为第二类防雷建筑物和第三类防雷建筑物。

1. 第二类防雷建筑物

在可能发生对地闪击地区的建筑物，遇下列情况之一时，应划为第二类防雷建筑物：

1）高度超过 100m 的建筑物。

2）国家级的会堂、办公建筑物、大型展览和博览建筑物、大型火车站和飞机场、国宾馆，国家级档案馆、大型城市的重要的给水泵房等特别重要的建筑物。

注：飞机场不含停放飞机的露天场所和跑道。

3）国家级计算中心、国际通信枢纽等对国民经济有重要意义的建筑物。

4）国家特级和甲级大型体育馆。

5）预计雷击次数大于 0.05 次/a 的部、省级办公建筑物和其他重要或人员密集的公共建筑物。

6）预计雷击次数大于 0.25 次/a 的住宅、办公楼等一般性民用建筑物。

2. 第三类防雷建筑物

在可能发生对地闪击地区的建筑物，遇下列情况之一时，应划为第三类防雷建筑物：

1）高度超过 20m，且不高于 100m 的建筑物。

2）预计雷击次数大于或等于 0.05 次/a，且小于或等于 0.25 次/a 的建筑物。

3）预计雷击次数大于或等于 0.01 次/a，且小于或等于 0.05 次/a 的部、省级办公建筑物和其他重要或人员密集的公共建筑物。

4）在平均雷暴日大于 15d/a 的地区，高度在 15m 及以上的高耸建筑物；在平均雷暴日小于或等于 15d/a 的地区，高度在 20m 及以上的高耸建筑物。

3. 不同建筑防雷要求

（1）旅馆建筑 年预计雷击次数大于0.05d/a的大型旅馆，应按不低于第二类防雷建筑物的要求采取相应的防雷措施。

（2）会展建筑 特大型、大型会展建筑应按第二类防雷建筑物设计，中型和小型会展建筑应计算年预计雷击次数后确定防雷等级。在雷电活动频繁或强雷区，应加强会展建筑的防雷保护措施。

（3）体育建筑 特级、甲级体育建筑应为第二类防雷建筑物，其他等级的体育建筑应根据现行国家标准《建筑物防雷设计规范》（GB 50057）的规定，进行防雷计算后确定其防雷等级。

（4）图书馆、档案馆 一类、二类建筑图书馆及结合当地气象、地形、地质及周围环境等确定需要防雷的三类建筑图书馆，应为第二类防雷建筑物，其余为三类防雷建筑物。特级、甲级档案馆应为第二类防雷建筑。乙级档案馆应为第三类防雷建筑。

三、复合建筑防雷措施

1. 建筑物防雷措施基本要求

1）建筑物防雷设计应按现行国家标准《建筑物防雷设计规范》（GB 50057）的要求，根据复合建筑物各个用户的重要性、使用性质和发生雷击的可能性及后果，确定建筑物的防雷分类。建筑物电子信息系统应按现行国家标准《建筑物电子信息系统防雷技术规范》（GB 50343）的要求，确定雷电防护等级。

2）建筑物防雷设计应认真根据地质、地貌、气象、环境等条件和雷电活动规律以及被保护物的特点等，因地制宜采取防雷措施，对所采用的防雷装置应做技术经济比较，使其符合建筑形式和其内部存放设备及物质的性质，做到安全可靠、技术先进、经济合理以及施工维护方便。

3）在大量使用信息设备的建筑物内，防雷设计应充分考虑接闪功能、分流影响、等电位联结、屏蔽作用、合理布线、接地措施等重要因素。

4）复合建筑物防雷分类和保护措施及相应的防雷做法，需要与建筑物的形式和艺术造型相协调，避免对建筑物外观形象的破坏，影响建筑物美观。

5）装有防雷装置的建筑物，在防雷装置与其他设施和建筑物内人员无法隔离的情况下，应采取等电位联结。

6）在防雷设计时，建筑物应根据其建筑物及结构形式与有关专业配合，充分利用建筑物金属结构及钢筋混凝土结构中的钢筋等导体作为防雷装置。

7）各类防雷建筑物应设接闪器、引下线、接地装置，并应采取防闪电电涌侵入的措施。

2. 第二类防雷建筑物的雷电防护措施

1）当采用接闪网格法保护时，接闪网格不应大于10m×10m或12m×8m；当采用滚球法保护时，滚球法保护半径不应大于45m。

2）专用引下线的平均间距不应大于 18m。

3）建筑物外墙内侧和外侧垂直敷设的金属管道及类似金属物应在顶端和底端与防雷装置连接，并应在高度 100～250m 区域内每间隔不超过 50m 与防雷装置连接一处，高度 0～100m 区域内在 100m 附近楼层与防雷装置连接。

4）建筑物地下一层或地面层、顶层的结构圈梁钢筋应连成闭合环路，中间层应在每间隔不超过 20m 的楼层连成闭合环路。闭合环路应与本楼层结构钢筋和所有专用引下线连接。

5）应将高度 45m 及以上外墙上的栏杆、门窗等较大金属物直接或通过预埋件与防雷装置相连，高度 45m 及以上水平凸出的墙体应设置接闪器并与防雷装置相连。

3. 高度超过 250m 或雷击次数大于 0.42 次/a 的建筑物的雷电防护措施

1）当采用接闪网格法保护时，接闪网格不应大于 5m×5m 或 6m×4m；当采用滚球法保护时，滚球法保护半径不应大于 30m。

2）专用引下线的间距不应大于 12m。

3）建筑物外墙内侧和外侧垂直敷设的金属管道及类似金属物应在顶端和底端与防雷装置连接，并应在高度 250m 以上区域每间隔不超过 20m 与防雷装置连接一处，在高度 100～250m 区域内每间隔不超过 50m 连接一处，高度 0～100m 区域内在 100m 附近楼层与防雷装置连接。

4）在高度 250m 及以上区域应每层连成闭合环路，闭合环路应与本楼层结构钢筋和所有专用引下线连接。

5）高度 250m 以下区域的建筑物地下一层或地面层、顶层的结构圈梁钢筋应连成闭合环路，中间层应在每间隔不超过 20m 的楼层连成闭合环路。闭合环路应与本楼层结构钢筋和所有专用引下线连接。

6）应将高度 30m 及以上外墙上的栏杆、门窗等较大金属物直接或通过预埋件与防雷装置相连，高度 30m 及以上水平凸出的墙体应设置接闪器并与防雷装置相连。

4. 第三类防雷建筑物的雷电防护措施

1）当采用接闪网格法保护时，接闪网格不应大于 20m×20m 或 24m×16m；当采用滚球法保护时，滚球法保护半径不应大于 60m。

2）专用引下线和专设引下线的平均间距不应大于 25m。

3）建筑物外墙内侧和外侧垂直敷设的金属管道及类似金属物应在顶端和底端与防雷装置连接。

4）建筑物地下一层或地面层、顶层的结构圈梁钢筋应连成闭合环路，中间层应在每间隔不超过 20m 的楼层连成闭合环路。闭合环路应与本楼层结构钢筋和所有专用引下线连接。

5）应将高度 60m 及以上外墙上的栏杆、门窗等较大金属物直接或通过预埋件与防雷装置相连，高度 60m 及以上水平凸出的墙体应设置接闪器并与防雷装置相连。

5. 防雷装置使用的材料

1）防雷装置的材料及使用条件见表 3-2。

表 3-2 防雷装置的材料及使用条件

材料	使用于大气中	使用于地中	使用于混凝土中	耐腐蚀情况		
				在下列环境中能耐腐蚀	在下列环境中增加腐蚀	与下列材料接触形成直流电耦合可能受到严重腐蚀
铜	单根导体，绞线	单根导体，有镀层的绞线，铜管	单根导体，有镀层的绞线	在许多环境中良好	硫化物有机材料	—
热镀锌钢	单根导体，绞线	单根导体，钢管	单根导体，绞线	敷设于大气、混凝土和无腐蚀性的一般土壤中受到的腐蚀是可接受的	高氯化物含量	铜
电镀铜钢	单根导体	单根导体	单根导体	在许多环境中良好	硫化物	—
不锈钢	单根导体，绞线	单根导体，绞线	单根导体，绞线	在许多环境中良好	高氯化物含量	—
铝	单根导体，绞线	不适合	不适合	在含有低浓度硫和氯化物的大气中良好	碱性溶液	铜
铅	有镀铅层的单根导体	禁止	不适合	在含有高浓度硫酸化合物的大气中良好	—	铜 不锈钢

注：1. 敷设于黏土或潮湿土壤中的镀锌钢可能受到腐蚀。
2. 在沿海地区，敷设于混凝土中的镀锌钢不宜延伸进入土壤中。
3. 不得在地中采用铅。

2）防雷装置各连接部件的最小截面面积见表 3-3。

表 3-3 防雷装置各连接部件的最小截面面积

等电位联结部件	材料	截面面积/mm^2
等电位联结带（铜、外表面镀铜的钢或热镀锌钢）	Cu（铜）、Fe（铁）	50
从等电位联结带至接地装置或各等电位联结带之间的连接导体	Cu（铜）	16
	Al（铝）	25
	Fe（铁）	50

（续）

等电位联结部件			材料	截面面积/mm^2
从屋内金属装置至等电位联结带的连接导体			Cu（铜）	6
			Al（铝）	10
			Fe（铁）	16
连接电涌保护器的导体	电气系统	Ⅰ级试验的电涌保护器	Cu（铜）	6
		Ⅱ级试验的电涌保护器		2.5
		Ⅲ级试验的电涌保护器		1.5
	电子系统	D1 类电涌保护器		1.2
		其他类的电涌保护器（连接导体的截面面积可小于 1.2mm^2）		根据具体情况确定

3）接闪器的材料、结构和最小截面面积见表 3-4。

表 3-4　接闪器的材料、结构和最小截面面积

材料	结构	最小截面面积/mm^2	备注⑩
铜，镀锡铜①	单根扁铜	50	厚度 2mm
	单根圆铜⑦	50	直径 8mm
	铜绞线	50	每股线直径 1.7mm
	单根圆铜③、④	176	直径 15mm
铝	单根扁铝	70	厚度 3mm
	单根圆铝	50	直径 8mm
	铝绞线	50	每股线直径 1.7mm
铝合金	单根扁形导体	50	厚度 2.5mm
	单根圆形导体	50	直径 8mm
	绞线	50	每股线直径 1.7mm
	单根圆形导体⑧	176	直径 15mm
	外表面镀铜的单根圆形导体	50	直径 8mm，径向镀铜厚度至少 70μm，铜纯度 99.9%
热浸镀锌钢②	单根扁钢	50	厚度 2.5mm
	单根圆钢⑨	50	直径 8mm
	绞线	50	每股线直径 1.7mm
	单根圆钢③、④	176	直径 15mm

（续）

材料	结构	最小截面面积/mm^2	备注⑩
不锈钢⑤	单根扁钢⑥	50⑧	厚度2mm
	单根圆钢⑥	50⑧	直径8mm
	绞线	70	每股线直径1.7mm
	单根圆钢③、④	176	直径15mm
外表面镀铜的钢	单根圆钢（直径8mm）	50	镀铜厚度至少70μm，铜纯度99.9%
	单根扁钢（厚2.5mm）		

①热浸或电镀锡的锡层最小厚度为1μm。

②镀锌层宜光滑连贯、无焊剂斑点，镀锌层圆钢至少22.7g/m^2、扁钢至少32.4g/m^2。

③仅应用于接闪杆。当应用于机械应力没达到临界值之处，可采用直径10mm、最长1m的接闪杆，并增加固定。

④仅应用于入地之处。

⑤不锈钢中，铬的含量等于或大于16%，镍的含量等于或大于8%，碳的含量等于或小于0.08%。

⑥对埋于混凝土中以及与可燃材料直接接触的不锈钢，其最小尺寸宜增大至直径10mm的78mm^2（单根圆钢）和最小厚度3mm的75mm^2（单根扁钢）。

⑦在机械强度没有重要要求之处，50mm^2（直径8mm）可减为28mm^2（直径6mm），并应减小固定支架间的间距。

⑧当温升和机械受力是重点考虑之处，50mm^2加大至75mm^2。

⑨避免在单位能量10MJ/Ω下熔化的最小截面面积是铜为16mm^2、铝为25mm^2、钢为50mm^2、不锈钢为50mm^2。

⑩截面面积允许误差为-3%。

4）接地体的材料、结构和最小尺寸见表3-5。

表3-5　接地体的材料、结构和最小尺寸

材料	结构	最小尺寸			备注
		垂直接地体直径/mm	水平接地体截面面积/mm^2	接地板/mm	
铜、镀锡铜	铜绞线	—	50	—	每股直径1.7mm
	单根圆铜	15	50	—	—
	单根扁铜	—	50	—	厚度2mm
	铜管	20	—	—	壁厚2mm
	整块铜板	—	—	500×500	厚度2mm
	网格铜板	—	—	600×600	各网格边截面25mm×2mm，网格网边总长度不少于4.8m

（续）

材料	结构	最小尺寸			备注
		垂直接地体直径/mm	水平接地体截面面积/mm^2	接地板/mm	
热镀锌钢	圆钢	14	78	—	—
	钢管	25	—	—	壁厚2mm
	扁钢	—	90	—	厚度3mm
	钢板	—	—	500×500	厚度3mm
	网格钢板	—	—	600×600	各网格边截面30mm×3mm，网格网边总长度不少于4.8m
	型钢	注3	—	—	—
裸钢	钢绞线	—	70	—	每股直径1.7mm
	圆钢	—	78	—	—
	扁钢	—	75	—	厚度3mm
外表面镀铜的钢	圆钢	14	50	—	镀铜厚度至少250μm，铜纯度99.9%
	扁钢	—	90（厚3mm）	—	
不锈钢	圆形导体	15	78	—	—
	扁形导体	—	100	—	厚度2mm

注：1. 热镀锌钢的镀锌层应光滑连贯、无焊剂斑点，镀锌层圆钢至少22.7g/m^2、扁钢至少32.4g/m^2。

2. 热镀锌之前螺纹应先加工好。

3. 不同截面面积的型钢，其截面面积不小于290mm^2，最小厚度3mm，可采用50mm×50mm×3mm角钢。

4. 当完全埋在混凝土中时才可采用裸钢。

5. 外表面镀铜的钢，铜应与钢结合良好。

6. 不锈钢中，铬的含量等于或大于16%，镍的含量等于或大于5%，钼的含量等于或大于2%，碳的含量等于或小于0.08%。

7. 截面面积允许误差为-3%。

四、接地系统

接地就是指在系统与某个电位基准之间形成低电阻通路，相同接地点之间的连线被称为地线。接地的作用主要是防止人身遭受电击、设备和线路遭受损坏、预防火灾和防止雷击、防止静电损害和保障电力系统正常运行。电气装置的接地分为功能接地和保护接地。功能接地分为交流系统的电源中性点接地、直流系统的工作接地，是给配电系统提供一个参考电位并使配电系统正常和安全运行。保护接地包括不同电压等级电气设备的保护接地、防雷保护接地、防静电接地与屏蔽接地等。复合建筑因建筑规模大，采用共用接地装置，目的是达到均压、等电位，以减小各种设备之间和不同系统之间的电位差，不但节省投资，而且接地极的寿命长，接地电阻也可达到较低值。采用共用接地后，各系统的参考电平将是相对稳定的。如果接地系统不是共用一个接地网时，连接不同电位接地装置的设备之间可能出现危险电位差，危及人身及财产安全。当选择分散接地方式时，各种功能接地系统的接地体必须远离防雷接地系统的接地体，两者需要保持20m以上的间距。

1. 高压供配电系统的供电电源中性点接地方式

高压供配电系统的供电电源中性点接地，分为中性点不接地方式、中性点小电阻接地方式、中性点谐振接地方式等。高压供配电系统常用接地形式对电气设备影响见表3-6。

表3-6　高压供配电系统常用接地形式对电气设备影响

序号	项目		接地方式		
			不接地	经消弧线圈接地	经小电阻接地
1	内部过电压	一相接地另两相对地时工频电压升高	等于或略大于线电压	等于线电压	小于80%线电压
		弧光接地过电压	可能很高，实测有3.5倍工作相电压	可以不考虑	低
		操作过电压	最高，可达4~4.5倍工作相电压	一般不超过4倍工作相电压	低
2	绝缘水平	变压器采用分级绝缘的可能性	不能采用	一般不能采用	可以采用
		高压电器绝缘（如断路器、互感器等）	全绝缘	全绝缘	可降低
3	单相接地电流		等于对地电容电流，一般小于1% $I_d^{(3)}$	最小，等于残流	一般控制在1000A以下
4	阀型避雷器的灭弧电压		不低于线电压	不低于线电压	
5	断路器的工作条件		按 $I_d^{(3)}$ 考虑遮断容量，不经常动作	按 $I_d^{(3)}$ 考虑遮断容量，不经常动作	按 $I_d^{(1)}$ 与 $I_d^{(3)}$ 中较大者考虑遮断容量，动作次数较多
6	单相接地后果		由电容电流产生弧光，可能损伤设备	有60%~80%的故障能自动切除，不要求立即跳闸，对设备损伤小	不至损伤设备
7	供电可靠性		较好，但不如经消弧线圈接地系统	很好	较好

（续）

序号	项目	接地方式		
		不接地	经消弧线圈接地	经小电阻接地
8	接地电流	取决于分布电容量	很小	大
9	接地故障时设备损坏程度	较大	最小	有一定影响
10	过电压	最高	高且概率低	最低
11	接地选线保护	较易	难	较易
12	单相接地发展为多相接地的可能性	最大	中等	较小
13	对通信系统的干扰	较大	最小	较大

2. 低压配电系统的接地形式

人们经常接触到的是低压220V/380V，低压配电系统的接地形式可分为TN、TT、IT三种类型，其中TN系统又可分为TN-C、TN-S与TN-C-S三种形式。低压配电系统的接地形式以拉丁字母作代号，其含意为：

第一个字母表示电源系统与地的关系，表示如下：

T：某点对地直接连接。

I：所有的带电部分与地隔离；或某点通过阻抗接地。

第二个字母表示电气装置的外露可导电部分对地的关系，表示如下：

T：电气装置的外露可导电部分与地直接做电气连接，它与系统电源的任何一点的接地无任何连接。

N：电气装置的外露可导电部分与电源系统的接地点直接做电气连接（在交流系统中，电源系统的接地点通常是中性点，或者如果没有可连接中性点，则与一个相导体连接）。

后续的字母—N与PE的配置，表示如下：

S：将与N或被接地的导体（在交流系统中是被接地的相导体）分离的导体作为PE。

C：N和PE功能合并在一根导体中（PEN）。

1）TN接地系统的保护接地中性导体（PEN）或保护接地导体（PE）对地应有效可靠连接，TN-S接地系统的N与PE应分别设置，TN-C-S接地系统的PEN从某点分为中性导体（N）和PE后不应再合并或相互接触，且N不应再接地。

2）TT系统应只有一点直接接地，TT接地系统的电气设备外露可导电部分所连接的接地装置不应与变压器中性点的接地装置相连接。

3）IT电源系统的所有带电部分应与地隔离，或某一点通过阻抗接地。电气设备的外露可导电部分应直接接地。

3. 接地装置

接地装置由接地体和接地线组成。直接与土壤接触的金属导体称为接地体。当采用敷设在钢筋混凝土中的单根钢筋或圆钢作为防雷装置时，应确保其有足够的机械强度和耐腐蚀性，因此规定钢筋（螺纹钢）或圆钢（非螺纹钢）的直径不应小于 10mm。接地装置中采用不同材料时，应考虑电化学腐蚀对接地产生的不良影响。为了保证接地可靠，要求有不少于两根导体在不同地点与接地网或接地极连接。为了防止电化学腐蚀，当利用建筑物基础作为接地装置时，埋在土壤内的外接导体应采用铜质材料或不锈钢材料，不应采用热浸锌钢材。由于铝线（包括铝合金线）易氧化，电阻率不稳定，在使用一定时间后会影响接地效果，因此，不应采用裸铝线作为埋设于土壤中的接地导体。

为了防止静电产生火花引发火灾、爆炸事故，使静电荷尽快地消散，对燃油管路、输送含有易燃易爆气体的风管和安装在易燃易爆环境的风管提出防静电接地的要求，对金属物体应采用金属导体与大地做导通性连接，对金属以外的静电导体及亚导体则应做间接接地。静电导体与大地间的总泄漏电阻值在通常情况下均不应大于 $1\times10^{6}\Omega$。每组专设的静电接地体的接地电阻值一般不应大于 100Ω，在山区等土壤电阻率较高的地区，其接地电阻值也不应大于 1000Ω。

4. 等电位联结

用电安全是人们一直关注的问题，人体或动物体触及带电体会引起的病理、生理效应，它分为电伤和电击两种伤害形式。电伤是指电流对人体表面的伤害，它往往不致危及生命安全；而电击是指电流通过人体或动物体内部直接造成对内部组织的伤害，它是危险的触电伤害，它往往导致的后果严重。电击又分为直接接触电击和间接接触电击。直接接触电击是指人体直接接触电气设备或电气线路的带电部分所遭受的电击。直接接触电击的危害程度是最严重的。其所形成的人体的触电电流总是远大于可能引起心室颤动的极限电流。而间接接触电击是指电气设备或电气线路绝缘损坏发生单相接地故障时，其外露部分对地带故障电压，人体接触带故障电压电气设备或电气线路外露部分而遭受的电击。间接接触电击主要由于接触电压或跨步电压导致人身伤亡。等电位联结是保护操作及维护人员人身安全的重要措施之一，也是减小设备与设备之间、不同系统之间危险电位差的重要措施。等电位联结是以保障安全为出发点的重要基本概念。共用接地装置并不是要求接地连接引线全都共用，但接地网必须是公用的。如果接地系统不是一个共用接地体时会产生高低电位间的反击现象，造成危及人身安全及财产安全。不过，有人担心在电力系统中的设备发生故障，通过接地引线将高电位引到 PE 线上会造成事故。对这个问题可以分几方面来考虑。

1）首先是 PE 线应有良好接地条件，其所在环境的外露可导电部分不应与 PE 线间产生危险电位（即 $<50V$）的可能。实际工程中，将在正常使用时可触及的电气装置、电气设备、金属电动门、电热干（湿）桑拿室设备、擦窗机、机械式停车设备等外露可导电部分与给设备供电线路中的保护接地导体（PE）相连接，当等电位保护联结导体和 PE 同路径，且 PE 能满足保护联结导体要求时，可不必另设置等电位保护联结导体。

2）用电设备应有可靠的保护系统，即有过电流、剩余电流保护等直接触及间接接触保护措施，使 PE 线上的超高电压的电压（$<50V$）、电流、时间（$<30mA$，0.1s）有效措施做以限制。

3）在用电设备中有严格过电压要求的情况，应将用单独的接地引线接到地板上，接地引线可采用单芯绝缘线，但一定要接到建筑的共用接地体上。共用接地网避免了各种原因造成的系统反击电压。

5. 杂散电流防护

当复合建筑中含有轨道交通功能时，轨道交通对于杂散电流防护有特殊要求。杂散电流是指在设计或规定回路以外流动的电流，它在土壤中流动，与需要保护的设备系统没有关联。这种在土壤中的杂散电流会通过管道某一部位进入管道，并在管道中移动一段距离后再从管道中离开回到土壤中，这些电流离开管道的地方就会发生腐蚀，也因此被称为杂散电流腐蚀。

1）杂散电流的危害

①电流腐蚀会造成混凝土结构破坏。杂散电流通过主体结构钢筋时，金属体对地电位形成阴极区，阴极分析氢，氢不能从混凝土中逃逸，形成等静压，使钢筋与混凝土分离；当电流离开钢筋流回轨道和变电站时，金属体对地电位形成阳极区，钢筋腐蚀并形成腐蚀产物 Fe_2O_3（红锈）和 FeO（黑锈）等，久而久之，会对主体结构钢筋等金属管道造成严重腐蚀。

②电流腐蚀钢轨及其附件。杂散电流对隧道结构钢筋和地下金属设施造成严重腐蚀。在列车下部，列车处于阳极区，容易发生电蚀。数据显示，隧道和道岔中钢轨的杂散电流腐蚀尤为明显，有些地方需要 2～3 年进行更换。道钉也有杂散电流腐蚀现象，多发生在钉入部位，从地面很难找到。

③杂散电流腐蚀埋地管线。轨道交通系统包括煤气管道、供电管道、供自来水管道、供热管道、石油管道等。根据调查，这些管道存在不同程度的杂散电流腐蚀问题，部分管道在几年甚至几个月内发生点蚀。

④对其他电气设备的影响。杂散电流流入电气接地装置会导致接地电位过高，部分设备无法正常工作；杂散电流还会干扰附近的信息设备和精密仪器，影响通信。

2）杂散电流防护设计按照“以防为主，以排为辅，防排结合，加强监测”的原则进行。当杂散电流防护设计与接地安全设计发生矛盾时，优先考虑接地安全。在保证杂散电流防护措施成功实施的基础上，尽量减少投资。杂散电流监测系统应根据杂散电流分布的实际特点，合理设置监测点，监测系统应可靠且便于维护管理。在正常运行方式下，车辆段（停车场）内引供电及回流系统与正线隔离。除信号设备及电缆外，隧道内和高架桥上的金属设备外壳，各种金属管线、隧道结构钢筋不得与走行轨有直接的电气连接。

3）杂散电流防护设计首先隔离、控制所有可能的杂散电流泄漏途径，减少杂散电流进入轨道交通系统的主体结构、设备及沿线附近的相关设施。其次，杂散电流的排流网系统，此排流网系统为杂散电流从钢轨上泄漏后遇到的第一道电阻较小的回流通路，可将杂散电流尽量限制在本系统内部，防止杂散电流继续向本系统以外泄漏。再者，监测杂散电流的大小，为运营维护提供依据。

4）杂散电流防护是综合性工程，涉及专业较多，各专业、工种必须紧密配合协调。各专业在设计过程中应根据杂散电流防护的要求进行设计，主要采取以下措施：

①走行轨和牵引变电所内直流设备采用绝缘法安装。走行轨对地的过渡电阻应大于 15Ω · km。

②利用地下隧道结构钢筋的电气连接，建立杂散电流监测网。

③在盾构区间采用隔离法对盾构管片结构钢筋进行保护。

④高架桥区段工程桥梁与桥墩之间加设了橡胶绝缘垫，实现桥梁内部结构钢筋与桥墩结构钢筋绝缘，防止杂散电流对桥墩结构钢筋的腐蚀及向轨道交通外扩散。

⑤利用高架桥梁结构钢筋的电气连接，建立杂散电流监测网。每个结构段内的上层纵向钢筋应电气连续，若有搭接，应进行搭接焊。每个结构段内每隔5m将上表层横向钢筋与所有的上表层纵向钢筋焊接。

⑥建立杂散电流监测系统，监测系统由参比电极、道床排流网测试端子、高架桥梁监测网测试端子、隧道监测网测试端子、杂散电流综合测试装置构成。

⑦由外界引入轨道交通内或由轨道交通内引出的金属管线均应进行绝缘处理后方可引入或引出。

⑧金属管在进出轨道交通隧道部位应通过绝缘法兰连接。穿越钢轨下部的金属管必须采取绝缘措施，与轨道绝缘。

⑨车辆段（停车场）内的走行轨与正线走行轨间应绝缘隔离，设置单向导通装置。

⑩车辆段（停车场）与城市管网的水管及其他金属管路，在离开车辆段（停车场）的部位，应设绝缘法兰，以减少车辆段（停车场）与城市地下管网之间的相互影响。

5）杂散电流监测系统设计要求

①杂散电流监测系统由参比电极、测量端子、传感器、信号转接器、监测装置和电缆等组成。

②排流监测点的设置应能够保证测量排流网对标准电极的电位及结构主体结构钢筋对标准电极电位。

③杂散电流监测系统能够监测杂散电流的大小，为运营维护提供依据。

6）杂散电流排流系统设计要求

①利用整体道床内结构钢筋的电气连接，建立主要的杂散电流排流收集网。

②收集网在车站牵引变电所道床附近用50mm×8mm的镀锌钢板与上下行道床钢筋焊接引出结构表面，作为杂散电流排流端子。

③杂散电流排流网截面根据牵引变电所间距、远期高峰小时钢轨中的平均电流钢轨过渡电阻等资料来确定。

④每个牵引变电所内各设置一台杂散电流排流柜，通过排流电缆引至杂散电流收集网。

五、中信大厦防雷案例

1. 工程概况

中信大厦如图3-1所示，总建筑面积437000m^2，建筑高度528m；项目地上建筑共分为9区，其中Z0区为大堂及会议，Z8区为多功能中心，其余7个区段均为不同用户的办公区。雷击大地的年平均密度为3.63［次/(km^2·a)］，校正系数取2，年预计雷击次数7.892次/a。通过对建筑内电子信息系统雷击风险进行评估得出：受直击雷和雷电电磁脉冲损坏可接受的年平均最大雷击次数N_C为0.026次/a，防雷装置拦截效率E为0.997，因此，将工程按二类防雷建筑物设防，电子信息系统的防雷设计定为A级。该工程项目获LEED金级认证和三星级绿色建筑设计认证，同时还获北京市优秀工程勘察设计电气专项一等奖、北京市优秀工程勘察设计智能化专项一等奖、北京市建筑信息模型（BIM）单项一等奖。

图 3-1　中信大厦

2. 雷电灾害风险评估

（1）雷电灾害风险评估的概念模型　雷电灾害风险评估的概念模型如图 3-2 所示。

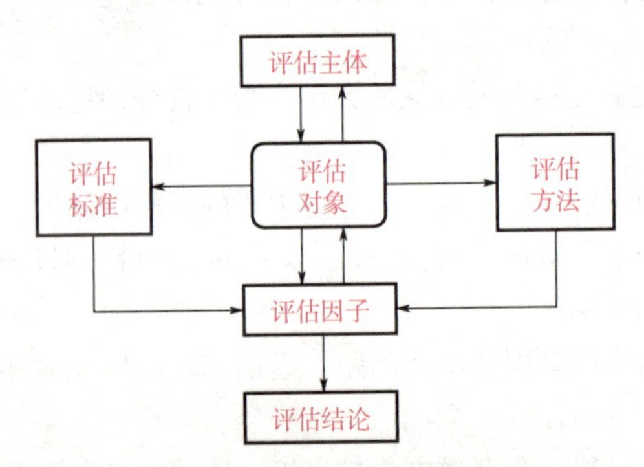

图 3-2　雷电灾害风险评估的概念模型

（2）雷电灾害风险评估的基本流程　首先识别需要保护的对象及其特性，包括在评估过程中的参数选择，识别需保护对象中所有类型的损失以及相应的风险，计算每种类型损失相应的风险；通过将建筑物风险 R 与风险允许值 R_T 做比较来评价保护需要，通过比较有无防护措施时全部损失的费用来评价保护措施的成本效率。雷电灾害风险评估的基本流程如图 3-3 所示。

（3）雷电冲击仿真模拟　针对中信大厦项目受到雷电流冲击情况下的磁密分布和感应出的电场进行仿真计算，以 103 层为例，建筑物内空间电磁场采用的电流激励为国际电工委员会规定的标准雷电冲击波形，如图 3-4 所示，对引下线产生的电磁场进行仿真分析，得出存放设备的楼层空间的磁场和电场分布云图。

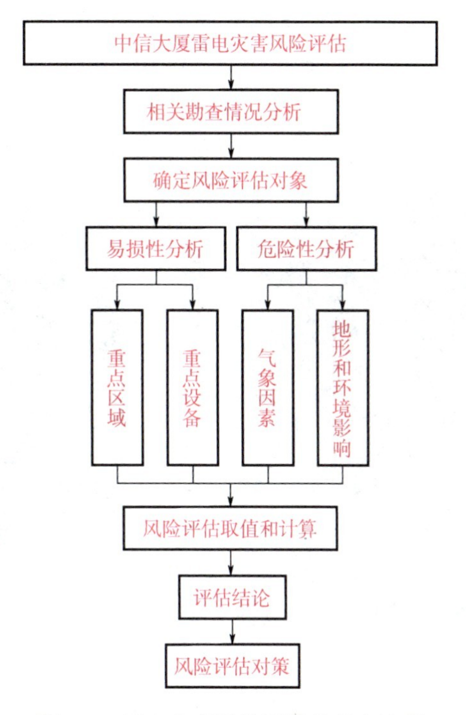

图 3-3 雷电灾害风险评估的基本流程

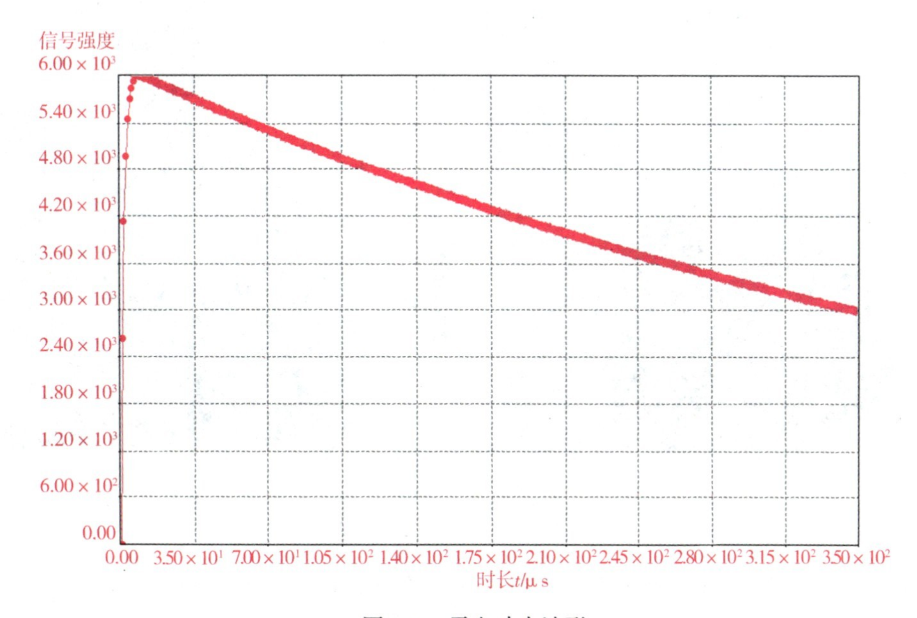

图 3-4 雷电冲击波形

仿真结果由图 3-5 和图 3-6 可看出，在雷电冲击下，103 层的磁密云图分布，最大磁密为 2.266×10^{-3}T，图 3-5 是建筑物内整体磁密云图分布，图 3-6 为建筑物设备间区域的磁密云图分布，从图中可以看出，大部分区域的磁密值小于 0.3×10^{-3}T，对于引下线比较密集的区域，由于引下线产生的磁场的合成作用，其磁密值相比其他部分较大，要特别注意屏蔽措施。

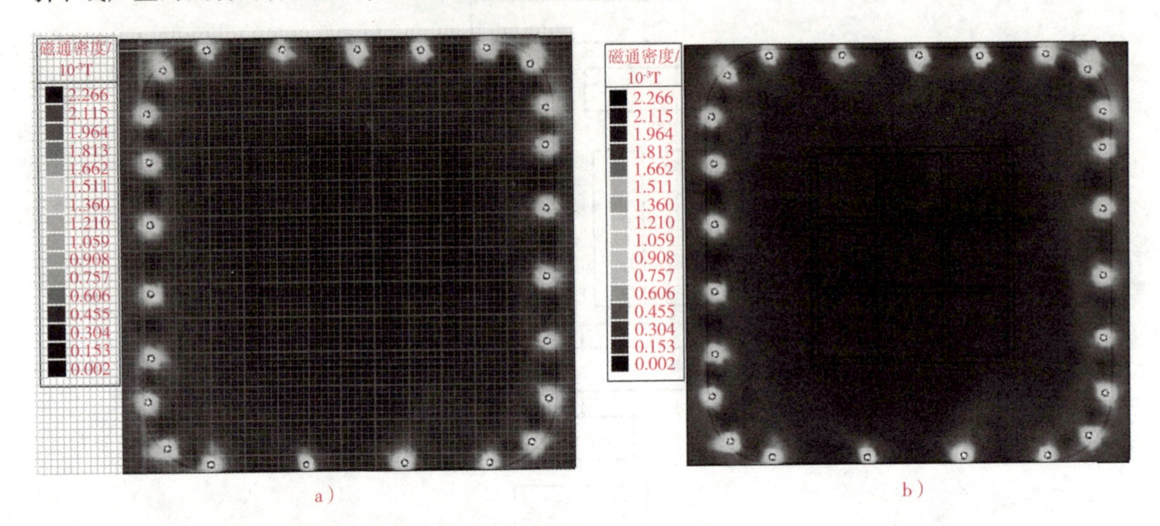

图 3-5　整体磁密云图分布

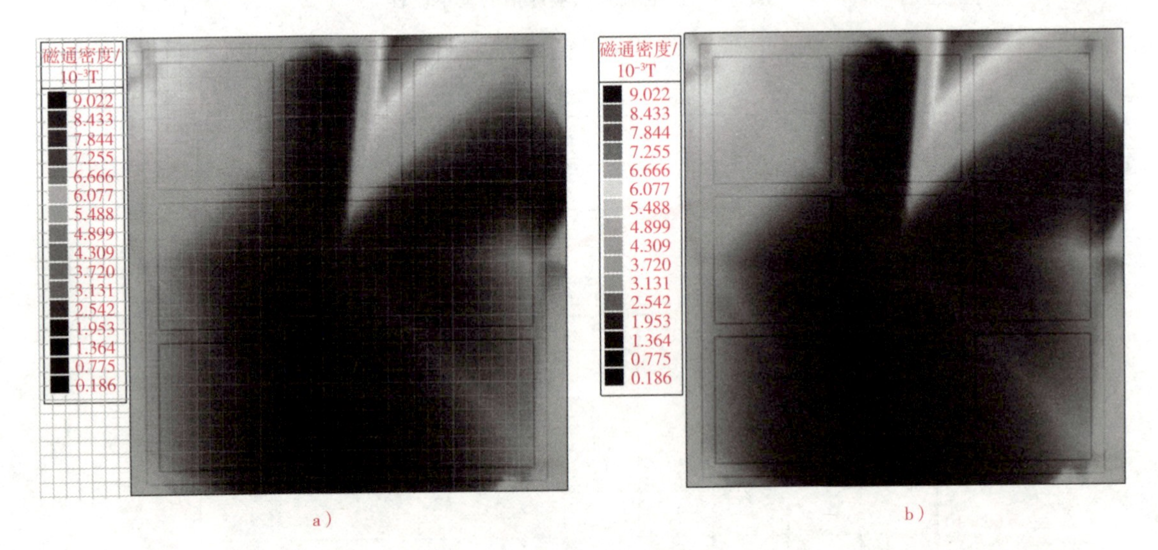

图 3-6　局部磁密云图分布

根据图 3-4 所示雷电冲击波形特性，在 0 到 1μs 期间，该波形的上升速度最快，斜率最大，产生的感应电场最强。所以计算 1μs 时，所感应出的电场云图分布，如图 3-7、图 3-8 所示，可以读出最大电场强度发生的位置，该层的最大电场强度为1148V/m，并且相邻两根引下线之间的区域是电场叠加区，电场强度较高，在这些区域内要做好设备的等电位联结，以免由于电位分布不同造成设备损毁，严重的情况还可能造成起火事故。

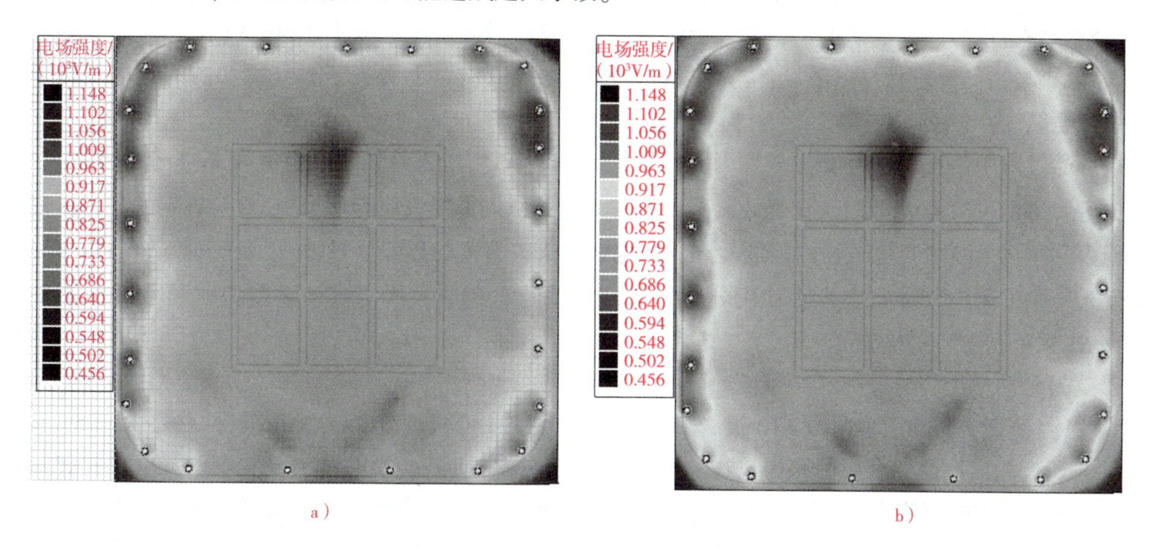

图3-7　整体电场云图分布

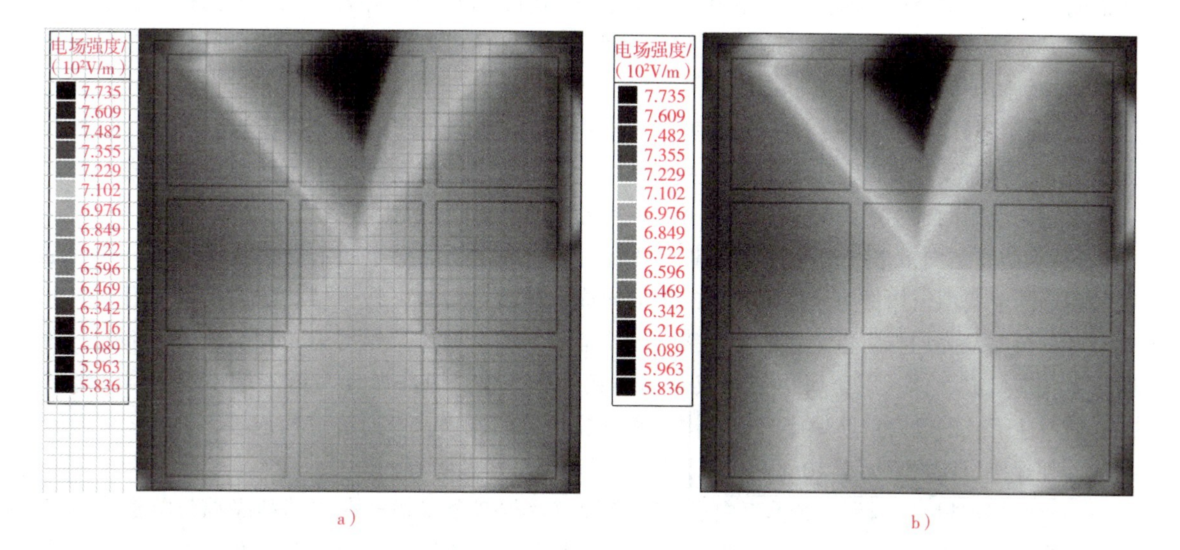

图3-8　局部电场云图分布

通过运用有限元仿真模型，对中信大厦项目建筑内设备层和顶层进行了电场和磁场的模拟仿真，主要得到以下结论：引下线附近区域的磁感应强度较强；由于相邻引下线之间区域是电场的叠加区，电场强度较强。通过以下方式可以降低雷击电磁脉冲对计算机的干扰：

1）在雷击建筑物时，在泄流的引下线周围会激发较强的电场和磁场，因此机房及电子设备位置布设要尽量远离引下线附近。

2）密闭的金属外壳或金属网可以降低内部电场和磁场的强度。因此在机房中的电子设备应按照《雷电电磁脉冲的防护》（GB/T 19271）中要求尽量放置在金属外壳的机柜中。

3）要按照要求做好电子设备与金属机柜的等电位联结。金属机柜要与机房内的等电位端子做好联结。

通过对中信大厦进行雷电灾害风险评估，知道该项目雷击人身伤亡风险值为 R_1 为 9.02×10^{-6}，比可容许的风险值 R_T 为 1×10^{-5}低，采用的防雷设计，人员损失风险值 R_1 在规范规定的容许值范围内。主要风险来自建筑物内因危险火花放电触发火灾有关的风险分量 R_B 以及信息系统内雷电流侵入产生的风险分量 R_V，所占比例分别为 71.91% 和 23.43%。所以设计时重点针对风险分量 R_B 和 R_V 采取雷电防护措施。

（4）防雷措施

1）防直击雷在屋顶明敷 $\phi10$ 镀锌圆钢作为接闪带（停机坪处为暗装），其网格不大于 5m×5m，所有凸出屋面的金属体和构筑物与接闪带电气连接。屋顶设置雷电预警装置。雷电预警装置为固定式，雷电探测头不得有运动部件；雷电预警装置为免维护型；雷电预警数据具有无线发射组网功能；计算机操作界面具有探测电场预报值微调功能。在易受雷击的地方设置四个具有防爆认证的雷电数据记录仪，时间响应不大于 50ms；采用内置锂电池、外置太阳能电池板、记录数据无线发射方式，无须外接电源；能够对发生时间、地点、雷电峰值、雷电极性、多次反击进行记录；记录仪防护等级不低于 IP65。

2）利用建筑物钢筋混凝土柱子或剪力墙内两根 $\phi16$ 以上主筋通长焊接作为引下线，间距不大于 18m，引下线上端与女儿墙上的接闪带焊接，下端与建筑物基础底梁及基础底板轴线上的上下两层钢筋内的两根主筋焊接。外墙引下线在室外地面下 1m 处引出与室外接地线焊接。

3）为防止侧向雷击，设计时要求建筑物内钢构架和钢筋混凝土的钢筋相互连接，每层沿建筑物四周的金属门窗构件与该层楼板内的钢筋接成一体后再与引下线焊接，防雷接闪带附近的电气设备的金属外壳均与防雷装置可靠焊接。玻璃幕墙内的金属构架是等电位和屏蔽的一部分，和防雷系统连接成一体。用金属构架构成金属屏蔽网格，其预埋件设计在最上端、最下端及每隔 20m 处与柱子或圈梁内钢筋焊接。金属构件和支撑构件的连接，可通过螺栓连接、铆接、可靠压接或构件焊接。网格不大于 10m×10m。

4）建筑物外墙内侧和外侧垂直敷设的金属管道及类似金属物应在顶端和底端与防雷装置连接，并应在高度 250m 以上区域每间隔不超过 20m 与防雷装置连接一处，在高度 100～250m 区域内每间隔不超过 50m 连接一处，高度 0～100m 区域内在 100m 附近楼层与防雷装置连接。

5）设置浪涌保护器智能监控系统。利用计算机、通信和自动化技术，将现场 SPD 的各项指标（雷击次数、雷击强度、漏电流超限、劣化报警、失效状态等）进行实时监测，并在监控中心设立综合信息管理平台，形成多媒体告警联动，为防雷管理提供有效的技术手段。

第三节　建筑电气防火

一、概述

复合建筑具有建筑人员密集、建筑功能复杂、管理难度大特点，并且存在建筑空间和结构的特殊性及复杂性，一旦发生火灾，扑救难度增大，所以必须采取必要的技术措施和方法来预防建筑火灾及减少建筑火灾危害、保护人身和财产安全。电气防火就是尽早发现火情，疏散建筑内的人群，并及时控制和扑灭火灾，实现保护人身安全，减少火灾危害的目的。复合建筑与普通建筑相比具有很大差别：

（1）可燃物多，火灾载荷大

复合建筑综合了多种使用功能，建筑容量和规模较大，起火原因复杂多样，因此相比单一形态的建筑来说，其内部本身存在可燃物数量就很多，起火源因素多且分布面广，如果管理不善很容易发生火灾。此外由于复合了多种功能，并且这些功能并非完全独立，而是通过连廊、中庭等空间串联成一个有机的整体，这使得综合体的火灾荷载也大大增加，并且在火灾发展过程中会出现多种类型的火灾特征在同一空间内叠加的特点。所以电气防火系统要更加注重各个功能空间的早期火灾探测，及时切断各功能空间火灾蔓延的可能性，并且加强各功能空间火灾联动信息共享，将火灾风险及影响降到最低。

（2）内部空间复杂、巨大

复合建筑建筑体量大，较一般建筑来说，普通消防系统不能有效发挥作用，其内部通常会设有规模更大、数量更多的高大空间。由于受到空气的稀释，火灾烟气到达十几米或几十米的高处时，其温度和浓度都大大降低，不足以启动火灾探测器；即使启动，火势也早已发展到相当大的规模，延误了早期灭火的有利时机。另外，由于建筑物内部热风压的影响，这些建筑的上部常会形成一定厚度的热空气层，它足以阻止火灾烟气上升到大空间的顶棚，从而影响火灾探测器的工作，在夏季，热风压效应更为明显。与此同时，对于很多复合建筑来说，不但空间高大，结构也很复杂，许多空中平台、夹层挑台等设计使得部分空间很难被火灾探测感应，或者是影响了水炮的发射路径，不能形成充分的保护。此外，由于复合建筑体量巨大、功能众多，而且通常会权属于不同的物业管理，这对消防系统的设置也提出了新的要求。普通消防系统单一的控制和响应模式已无法适应综合体的现实情况，需要结合安全性和可实施性共同对消防系统进行整体设计。

（3）人员的安全疏散困难

复合建筑中人员成分复杂、密度较高。而且其中还有一些如商业、公共交通空间中，有相当一部分人员其实是流动人员，他们偶尔甚至第一次来到建筑里，对建筑空间和周边条件都不熟悉，对建筑的疏散出口、路径及其他消防设施不熟悉，无法组织有针对性的消防演练来提升其安全疏散能力。因此一旦发生火灾，容易产生恐慌、拥挤和盲目跟风，极易出现拥堵和踩踏，加大了在紧急情况下对人员的疏散和救助难度，想要在较短的时间内将人们迅速疏散到外界极为困难。此外，加之复合建筑体量大、疏散距离长，从内部很难直接看到对外出口。例如复合建筑中的旅馆、办公和居住功能通常是结合高层、超高层建筑布局，这些空间中人数总量众多，从高层中疏散至首层需要的疏散时间也较长。整个疏散路径上遇到突发阻碍的可能性也大大提高，这都将加大内部人员的疏散风险，导致其不能及时逃离火场。

因此，在复合建筑中，要充分考虑各个功能空间的相互关系，确保发生火灾时，应急照明和疏散指示系统可靠性、明确性，能够引导公众尽快疏散到安全地带，保障人民群众的生命安全。

二、用户空间的电气消防设计

1. 商业建筑

（1）发生火灾的特点

1）商业建筑往往建筑规模大，且具有大跨度、空间结构复杂的特点。在顶层框架的设计中大部分采用钢结构的形式，而这种结构一旦遇到高温容易出现变形，易造成整体或局部坍塌。

2）商业建筑内的零售、餐饮、娱乐功能又具有各自的使用特点和空间要求。在对各部分进行装修时，会根据功能特点进行装修，吊顶、墙面等都会有各种易燃物质的填充，提高了发生火灾的可能性。与此同时，各功能部分放置各种商品，尤其是商场内各种衣服、家具、电器等都是容易燃烧的物质，一旦发生火灾，空间大、蔓延途径多、速度快，产生大量的高温浓烟不易很快排除，烟雾浓、热值高。

3）商业建筑的防火分隔比较大，会加大空气对流，超大空间的建筑形式，具有较好的通风条件。多数商业建筑设有大面积共享空间，而且管道设备众多，“烟囱”效应强；同时火势还可沿楼梯间、内装修或堆积的可燃商品向上、下蔓延，沿外墙窗口向上蔓延，形成立体燃烧，加剧了火灾的扩散程度。

4）商业建筑人员众多且构成复杂，以不特定人员（顾客）为主，并含有部分工作人员。顾客一般不熟悉商场的环境、安全出口位置，没有进行过专门的防火培训，在火灾情况下往往做出失去理智的行为。一旦发生火灾，很容易导致大量的人员伤亡。

（2）火灾自动报警系统设计要点

1）商业建筑火灾自动报警系统采用集中或控制中心报警系统。主消防控制中心应能显示所有火灾报警信号和联动控制信号，并能显示设置在各分消防控制室内的消防设备的状态信息，并能控制合用的消防水泵等重要的消防设备。对于多业态的综合体项目，商业部分火灾自动报警系统一般要求严格按照商业物业管理权限划分监控范围，报警及联动回路和主机严格独立设置。若不同物业管理的业态合用消防控制中心，房间布置时宜考虑后期商业物业独立管理及值守的需求，并预留物理分隔的条件。公共区域与租户区域的火灾自动报警系统线路建议分回路设置。租户区域的总线回路点位，还需考虑预留供餐饮租户厨房自动灭火系统的报警信号接入主系统。

2）商业建筑常用的火灾探测器主要有感烟式、感温式、可燃气体探测器和复合火灾探测器等类型。典型区域火灾探测器设置参见表 3-7。

表 3-7　商业建筑典型区域火灾探测器设置

位置	探测器类型
整售的商业公共的走道、超市、电影院和电梯厅、商铺、营业厅、物业办公室、公共卫生间	感烟探测器
换热站	感温探测器
燃气锅炉房、柴油发电机房的储油间	防爆型感温探测器
高度大于 12m 的空间场所	同时选择两种及以上火灾参数的火灾探测器。商业中庭因经常会悬挂一些装饰或广告，甚至会有一些灯光舞台效果呈现，不建议使用线型光束感烟火灾探测器，建议采用图像型感烟火灾探测器和管路吸气式感烟火灾探测器
变电所和电信的机房等区域	进行气体灭火的设施设置，还要进行感烟和感温的探测器设置，来对火灾信号进行确认
使用可燃气体的厨房区域	感温探测器、可燃气体探测器

3）手动火灾报警按钮应避免设置于租户商铺内，宜设置在疏散通道或出入口处。

4）商场内的消防应急广播扬声器应设置在公共走道、大厅、中庭回廊后勤走道等公共区域及商铺内部。除面积小于 30m 的商铺外，其余所有商铺均宜设置消防应急广播扬声器。

5）商业建筑采用的火灾自动报警系统的报警总线，应选择燃烧性能 B_1 级的铜芯电线、电缆。火灾自动报警系统的供电线路、消防联动控制线路应采用燃烧性能 B_1 级的耐火铜芯电线电缆，消防应急广播和消防专用电话等传输线路应采用燃烧性能 B_1 级的铜芯电线电缆。

6）可燃气体报警系统主机设于消防控制中心，主机须提供开放的通信协议和标准的通信接口，与火灾自动报警系统主机和图形工作站通信。燃气表间、燃气锅炉房、燃气厨房、燃气管井、水平燃气管道走廊沿线等可燃气体管线途经场所，应设置可燃气体探测器及声光警报器并满足当地燃气及消防部门的要求。租户区域报警及联动：每个燃气餐饮商铺的房内应独立设置租户可燃气体报警控制器，供厨房可燃气体探测器及声光警报器接入；燃气探测器报警后，由该控制器联动关闭场所内燃气管道上的紧急自动切断阀，联动厨房事故排风机控制箱控制燃气泄漏区域的事故风机开启，联动声光警报器发出报警信号，同时租户可燃气体报警控制器应将报警信号上传至消防控制中心的公共区域可燃气体报警控制器。公共区域报警及联动：公共区域可燃气体报警控制器设于消防控制中心，并作为可燃气体报警系统主机。非租户区域（如燃气表间、燃气锅炉房、燃气管井、水平燃气管道走廊沿线等）的可燃气体探测器及声光警报器接入该控制器，当房间内发生燃气泄漏时，由该控制器联动关闭相关场所燃气管道上的紧急自动切断阀，并联动相关区域的事故排风机开启。

7）电气火灾监控系统主机设于消防控制中心，主机须提供开放的通信协议和标准的通信接口，与火灾自动报警系统主机和图形工作站通信。系统仅提供线路剩余电流的监测，发出剩余电流报警信号，不自动切断电源。在变电所低压配电柜、强电竖井电缆桥架内等部位设置测温式探测器。所有公共精装区域的普通照明配电箱的进线端；所有由楼层电表箱至各租户，为租户提供电源的回路设置剩余电流式探测器。检测电流、热信号，发出声光信号报警，准确报出故障线路地址，监视故障点的变化，储存各种故障和操作试验信号，并显示其状态。显示系统电源状态，将信号传至消防控制机房。

（3）应急照明设计要点

1）复合建筑中的商业建筑多数为一、二类公共建筑，建筑面积大，包含地上、地下、半地下建筑等多种建筑结构，需要配备齐全的消防设施，一般是消防集中报警系统，甚至设置消防控制中心报警系统。应急照明和疏散指示系统需设置集中控制型系统。建筑内消防应急照明和灯光疏散指示标志的备用电源的连续供电时间应满足人员安全疏散的要求。总建筑面积大于100000m^{2}的公共建筑和总建筑面积大于20000m^{2}的地下、半地下建筑，不应少于1.0h。

2）商业建筑应在以下位置设置灯光疏散指示标志。一是安全出口、疏散楼梯（间）、疏散楼梯间的前室或合用前室、避难走道及其前室、避难层、避难间、消防专用通道、兼作人员疏散的天桥和连廊；二是建筑面积大于200m^{2}的营业厅、餐厅等人员密集的场所及其疏散口；三是建筑面积大于100m^{2}的地下或半地下公共活动场所等。疏散指示标志及其设置间距、照度应保证疏散路线指示明确、方向指示正确清晰、视觉连续。

3）商业建筑疏散照明的地面最低水平照度见表3-8。

表3-8　疏散照明的地面最低水平照度

场所	最低照度/lx
商业疏散楼梯间、疏散楼梯间的前室或合用前室、避难走道及其前室、避难层、避难间、消防专用通道、消防电梯间	≥10
商业疏散走道、车库的车道、商铺、营业厅、餐厅、电影院等人员密集场所	≥3
自动扶梯上方、室内步行街、安全出口外面及附近区域、连廊的连接处两端、配电室，消防控制室消防水泵房、自备发电机房等发生火灾时仍需工作、值守的区域	≥1

在总建筑面积大于5000m^{2}的地上商店、总建筑面积大于500m^{2}的地下或半地下商店、歌舞娱乐放映游艺场所、座位数超过1500个的电影院的疏散走道和主要疏散路径的地面上增设能保持视觉连续的灯光疏散指示标志或蓄光疏散指示标志。在商业建筑的疏散出口、安全出口附近增设多信息复合标志灯具。

4）开敞空间场所的疏散通道应符合下列规定：

①当疏散通道两侧设置了墙、柱等结构时，方向标志灯应设置在距地面高度1m以下的墙面、柱面上；当疏散通道两侧无墙、柱等结构时，方向标志灯应设置在疏散通道的上方。

②方向标志灯的标志面与疏散方向垂直时，特大型或大型方向标志灯的设置间距不应大于30m，中型或小型方向标志灯的设置间距不应大于20m；方向标志灯的标志面与疏散方向平行时，

特大型或大型方向标志灯的设置间距不应大于15m，中型或小型方向标志灯的设置间距不应大于10m。

（4）消防设备配电设计要点

1）商业建筑的用电负荷的分级可根据商店建筑及配套设施的性质、电气负荷重要性和中断供电所造成的损失程度进行划分。一类高层民用建筑消防用电负荷等级不应低于一级；任一层建筑面积大于3000m^2的商店，总建筑面积大于3000m^2的地下、半地下商业设施消防用电负荷等级不应低于二级。

2）建筑内的消防用电设备应采用专用的供电回路，当其中的生产、生活用电被切断时，应仍能保证消防用电设备的用电需要。除三级消防用电负荷外，消防用电设备的备用消防电源的供电时间和容量，应能满足该建筑火灾延续时间内消防用电设备的持续用电要求。消防配电线路的设计和敷设，应满足在建筑的设计火灾延续时间内为消防用电设备连续供电的需要。一类高层建筑、建筑体积大于100000m^3的公共建筑火灾延续时间为3h，其他公共火灾延续时间为2h。

3）商业建筑的电线电缆燃烧性能选用燃烧性能为B_1级、产烟毒性为t_1级、燃烧滴落物/微粒等级为d_1级；如果为地下商业建筑，则应选择烟气毒性为t_0级、燃烧滴落物/微粒等级为d_0级的电线和电缆。对于消防泵、电梯、排烟风机和消防控制中心重要的消防设施来说，其供电的线路选择耐火性能A级电缆。

2. 办公建筑

（1）发生火灾的特点

1）高层办公建筑考虑采光、通风以及形成建筑物内部通透景观化的需要，往往会在建筑内部设计出高大中庭空间，连通多层，其防火分隔和排烟设计是该类建筑设计的难点和重点。

2）疏散困难。现代超高层建筑的设计理念向复合建筑的方向发展，人员数量多，人员组成复杂，人员全部疏散至地面的时间较长，且内部和外部救援困难，都给人员疏散安全性带来了很大威胁。

3）蔓延速度快。发生火灾时由于各竖井空气流动畅通，火势和烟雾向上蔓延快，增加了疏散的难度。

4）由于复合建筑中的办公建筑通常都设置在高层或超高层塔楼中，对办公建筑中钢结构的防火保护是防火设计经常遇到的问题。特别是在一些办公中庭空间中，对结构的外观有更高的要求，因此在钢结构防火涂料的选择上需兼顾安全和美观，必要时最好配合其他消防设施对结构进行保护。

5）扑救难度大。高层建筑高达数十米，甚至达数百米，发生火灾时从室外进行扑救相当困难。一般要立足于自救，即主要靠室内消防设施。

（2）火灾自动报警系统设计要点

1）地市级及以上广播电视建筑、邮政建筑、电信建筑，城市或区域性电力、交通和防灾等指挥调度办公建筑、二类高层办公建筑内建筑面积大于50m^2的可燃物品库房和建筑面积大于500m^2

的商店营业厅，以及其他一类高层公共建筑必须设置火灾自动报警系统，其他办公建筑可以不设置火灾自动报警系统。

2）办公建筑的火灾自动报警系统采用集中报警系统，由于产权或物业管理需要设两个及以上集中报警系统，采用控制中心报警系统。主消防控制室宜靠近消防水泵房。主消防控制室应与分消防控制室联网，显示所有业态的火灾报警信号和联动控制状态信号，控制重要的消防设备；各分消防控制室的消防设备之间可互相传输、显示状态信息，但不应互相控制。主消防控制室作为总控中心，具有各消防设备的优先控制权。当多业态办公楼为同一物业管理公司管理时，可以根据实际的需要，考虑多业态共用一个消防控制室。建筑高度大于250m的办公建筑消防控制室应设置在一层。

3）办公建筑火灾自动报警系统采用树形接线，当超过100m时，建议采用环形接线。复合建筑选型应适应各业态的联网需求确定采用环形或树形结构。

4）除消防控制室设置的火灾报警控制器和消防联动控制器外，每台控制器直接连接的火灾探测器、手动报警按钮和模块等设备不应跨越避难层。

5）公共区域与办公区域的火灾自动报警系统管线应分别设置，避免出现办公区域设备与公共区域的设备混用管线，办公区域的火灾自动报警系统管线尽量在一个位置环进环出，并加设过线盒。办公区域每户进线需从公共走道引入。

6）办公建筑常用的火灾探测器主要有感烟式、感温式、可燃气体探测器和复合火灾探测器等类型。典型区域火灾探测器设置见表3-9。

表3-9　办公建筑典型区域火灾探测器设置

位置	探测器类型
走廊、办公区域、会议室	感烟探测器
换热站	感温探测器
锅炉房、柴油发电机房的储油间	防爆型感温探测器
大于12m的中庭、报告厅等高大空间	红线型光束感烟火灾探测器和图像型火焰探测器
变电所和数据中心机房等区域	进行气体灭火的设施设置，还要进行感烟和感温的探测器设置，来对火灾信号进行确认

7）对于建筑高度超过18m的区域采用大空间智能灭火系统，其系统组件包括智能灭火装置控制器、智能型探测组件、电源装置、火灾报警装置等。系统全天候自动检测保护范围内的火灾，一旦发生火灾，消防水炮灭火装置立即启动，对火源进行定位，由消防炮灭火装置联动控制柜发出指令，启动消防泵，打开电磁阀，对准火源进行射水灭火。消防水炮启动方式有自动、手动和现场应急手动等三种启动方式，其状态信号应反馈至消防联动控制器。

8）在每栋办公首层大堂、避难层消防电梯前室设置区域显示器。

9）超高层办公设置的转输水泵，应由设置在避难层转输水箱上的液位控制器控制，转输水泵的控制应自成系统。各转输水箱上的液位情况、转输泵的运行信号应在主消防控制室及从属消防控制室上显示。

10）除超高层建筑外，火灾自动报警系统的供电线路、消防联动控制线路应采用燃烧性能不低于 B_2 级的耐火铜芯电线电缆，报警总线、消防应急广播和消防专用电话等传输线路应采用燃烧性能不低于 B_2 级的铜芯电线电缆。高度大于 100m 的超高层建筑的火灾自动报警系统线路均采用燃烧性能不低于 B_2 级的耐火铜芯电线电缆。

（3）应急照明设计要点

1）设置火灾自动报警系统的办公建筑应急照明和疏散指示系统需设置集中控制型系统。未设置火灾自动报警系统的办公建筑应急照明和疏散指示系统可以选择非集中控制型系统。

2）建筑高度大于 100m 的办公建筑消防应急照明和灯光疏散指示标志的备用电源的连续供电时间大于 1.5h，总建筑面积大于 100000m^2 的办公建筑消防应急照明和灯光疏散指示标志的备用电源的连续供电时间大于 1.0h，其他办公建筑消防应急照明和灯光疏散指示标志的备用电源的连续供电时间大于 0.5h。

3）办公建筑的安全出口、疏散楼梯（间）、疏散楼梯间的前室或合用前室、避难走道及其前室、避难层、避难间、消防专用通道、兼作人员疏散的天桥和连廊、建筑面积超过 400m 的办公大厅、会议室等人员密集场所设置疏散照明。办公建筑疏散照明的地面最低水平照度见表 3-10。

表 3-10　疏散照明的地面最低水平照度

场所	最低照度/lx
办公疏散楼梯间、疏散楼梯间的前室或合用前室、避难走道及其前室、避难层、避难间、消防专用通道、消防电梯间	≥10
办公疏散走道、多功能厅、面积大于 400m^2 的会议室、办公室等人员密集场所、建筑面积大于 100m^2 的地下或半地下公共活动场所、车库的车道	≥3
安全出口外面及附近区域、连廊的连接处两端、进入屋顶直升机停机坪的途径、配电室、消防控制室消防水泵房、自备发电机房等发生火灾时仍需工作、值守的区域	≥1

（4）消防设备配电设计要点

1）办公建筑的消防用电负荷的分级主要以办公的高度作为主要依据。建筑高度大于 150m 的超高层办公消防用电为特级负荷。一类高层办公的消防用电为一级负荷，二类高层办公以及外消防用水量大于 25L/s 的多层办公消防用电为二级负荷，除此以外的多层办公室消防用电可为三级负荷。

2）办公顶层，除消防电梯外的其他消防设备，可采用一组消防双电源供电。由末端配电箱引至设备控制箱，应采用放射式供电。办公避难层的用电设备采用专用的供电回路。

3）建筑高度超过 100m 的办公建筑，选择燃烧性能 B_1 级及以上、产烟毒性为 t_0 级、燃烧滴落物/微粒等级为 d_0 级的电线和电缆；避难层（间）明敷的电线和电缆选择燃烧性能不低于 B_1

级、产烟毒性为 t_0 级、燃烧滴落物/微粒等级为 d_0 级的电线和 A 级电缆；一类高层建筑中的金融建筑、省级电力调度建筑、省（市）级广播电视、电信建筑及人员密集的公共场所，电线电缆燃烧性能应选用燃烧性能 B_1 级、产烟毒性为 t_1 级、燃烧滴落物/微粒等级为 d_1 级的电线和电缆；其他一类公共建筑应选择燃烧性能不低于 B_2 级、产烟毒性为 t_2 级、燃烧滴落物/微粒等级为 d_2 级的电线和电缆。

4）消防控制室、消防电梯、消防水泵、水幕泵及建筑高度超过 100m 办公建筑的疏散照明系统和防烟排烟系统的供电干线，其电能传输质量在火灾延续时间内应保证消防设备可靠运行。高层办公建筑的消防垂直配电干线计算电流在 400A 及以上时，宜采用耐火母线槽供电。为多台防火卷帘、疏散照明配电箱等消防负荷采用树干式供电时，宜选择预分支耐火电缆和分支矿物绝缘电缆。

5）主要配电干线由变电所用电缆槽盒引至各电气小间，消防系统线缆与其他回路线缆不应采用共桥架支线穿钢管敷设。建筑高度大于 150m 的办公建筑，消防用电设备的供电电源干线应有两个路由，主备干线分竖井敷设。线路暗敷时，应采用穿金属导管或 B_1 级阻燃刚性塑料管保护并应敷设在不燃性结构内且保护层厚度不应小于 30mm。

3. 旅馆建筑

（1）发生火灾的特点

旅馆是向顾客提供住宿、餐饮、健身、娱乐、休闲、商务办公等多功能的场所。在复合建筑中，旅馆功能可以为其他功能长期提供一定数量的消费人群，同时又可以借助综合体本身的其他功能设施为入住者提供更为完备的服务。从旅馆的使用空间上来说主要可分为客房空间和配套空间，其消防特点如下：

1）客房空间的消防特点。旅馆客房从空间特点上来说比较单一。客房空间应考虑弱视、弱听人群的使用。在包含高层、超高层的复合建筑中，旅馆客房通常会占据塔楼的高区位置，以保证其良好的视野和景观。对于旅馆的使用者来说，由于其是短期流动性客流，因此对楼层及公共空间会不熟悉，一旦发生火灾，从塔楼高区疏散距离较长，疏散时会有一定盲目性，对消防救援来说仍然存在较大困难。

2）配套空间的消防特点。旅馆配套空间由于包含了健身、娱乐和餐饮等功能，更趋同于商业建筑中的相关设计，因此它的火灾荷载危险性较大。加之旅馆的辅助空间需要与客房空间有便捷的联系，因此其楼层位置不局限于裙房、地下室，还可能设置在高层塔楼中，通常会设置电梯、风管、通高中庭、连廊等垂直或水平向的密切联系，这些联系既是人员、机电的联系通道，火灾发生时也是火焰和浓烟的蔓延通道，会使相关的火灾危险性传递到客房空间，甚至是沿途经过的其他功能空间。

（2）火灾自动报警系统设计要点

1）旅馆建筑应设置火灾自动报警系统。仅需要报警，不需要联动自动消防设备的保护对象一般采用区域报警系统；不仅需要报警，同时需要联动自动消防设备，且只设置一台具有集中控制功能的火灾报警控制器和消防联动控制器的保护对象，应采用集中报警系统，并应设置一个消防控制室。设置两个及以上消防控制室的保护对象，或已设置两个及以上集中报警系统的保护对象，应采用控制中心报警系统。

2）为方便管理旅馆建筑需要更加及时准确地得到火灾信息。在物业值班室等处通常会设置远程重复显示盘。重复显示盘可显示旅馆报警主机上所有的火灾报警信号。在旅馆前台设置声光报警装置，当发出任何火警信号时，都将触发声光报警装置动作。火灾发生时，旅馆内部的寻呼系统会直接接收火警信号，或者通过电话系统接收消防控制室的指令，同时发出寻呼信息到指定的寻呼机上。当客房发生火灾时，寻呼信息还要包括客房号。

3）旅馆建筑常用的火灾探测器主要有感烟式、感温式、感光式、可燃气体探测器和复合火灾探测器等类型。典型区域火灾探测器设置见表 3-11。

表 3-11　旅馆建筑典型区域火灾探测器设置

位置	探测器类型
走道、公共卫生间、布草间、污衣井顶部	感烟探测器
大堂区域	视高度而定，低于 12m 设置感烟探测器
宴会厅区域	视高度而定，低于 12m 设置感烟探测器
多功能厅	感烟探测器
客房	带灯光和蜂鸣器的感烟探测器
使用可燃气体的厨房区域	感温探测器、可燃气体探测器

4）手动报警按钮在每个客房层公共走廊、主要公众区、人员集中区如酒吧、餐厅、宴会厅等，主要机电设备房、后勤员工区、厨房、洗衣房、办公区等设置，放在适当明显位置，后勤设备房及厨房须能听到警报。

5）高亮度频闪报警器设置在每个楼层的楼梯口、消防电梯前室、建筑内部拐角、走廊、无障碍人客房卧室内。每个报警区域内应均匀设置火灾警报器，其声压级不应小于 60dB；在环境噪声大于 60dB 的场所其声压级应高于背景噪声 15dB。

6）声光警报器设置在宴会厅（每区 1 个）大堂地区、大堂酒吧、餐厅座位区、地下室及后勤区主通道、桑拿、健身中心、娱乐区/KTV、SPA（如有）等处明显位置。

7）消防广播扬声器设置在公共走道、客房、疏散楼梯、公共卫生间、所有功能厅/包间、商务中心餐厅、VIP 房、酒吧办公室、后勤区、员工区、洗衣房、员工更衣室、停车场、厨房等。应急广播启动时须自动强切各区（如宴会厅酒吧、KTV 等）独立音响系统。公共区域和客房消防广播回路分开设置。

8）厨房排烟罩和灶台应设置厨房专用灭火系统，并应预留适量输入模块将报警信号、动作信号反馈至火灾报警控制器。

9）旅馆建筑采用的火灾自动报警系统的报警总线，应选择燃烧性能 B_1 级的铜芯电线、电缆。火灾自动报警系统的供电线路、消防联动控制线路应采用燃烧性能 B_1 级的耐火铜芯电线电缆，消防应急广播和消防专用电话等传输线路应采用燃烧性能 B_1 级的铜芯电线电缆。

（3）应急照明设计要点

1）旅馆建筑应急照明和疏散指示系统需设置集中控制型系统。

2）建筑高度大于100m的旅馆建筑消防应急照明和灯光疏散指示标志的备用电源的连续供电时间大于1.5h，总建筑面积大于100000m^2 的旅馆建筑消防应急照明和灯光疏散指示标志的备用电源的连续供电时间大于1.0h，其他旅馆建筑消防应急照明和灯光疏散指示标志的备用电源的连续供电时间大于0.5h。旅馆建筑各场所疏散照明的地面最低水平照度见表3-12。

表3-12　疏散照明的地面最低水平照度

场所	最低照度/lx
旅馆疏散楼梯间、疏散楼梯间的前室或合用前室、避难走道及其前室、避难层、避难间、消防专用通道、消防电梯间	≥10
疏散走道、多功能厅、面积大于400m^2 的会议室、面积大于200m^2 的营业厅、餐厅、康体区、车库的车道	≥3
厨房、洗衣房、自动扶梯上方、安全出口外面及附近区域、连廊的连接处两端、进入屋顶直升机停机坪的途径、配电室、消防控制室消防水泵房、自备发电机房等发生火灾时仍需工作、值守的区域	≥1

3）除正常设置消防应急疏散指示标志外，在旅馆建筑的歌舞娱乐放映游艺场所的疏散通道和主要疏散路径的地面上增设能保持视觉连续的灯光疏散指示标志或蓄光疏散指示标志，标志灯的设置间距不应大于3m。设有火灾自动报警系统的旅馆建筑，每间客房应至少有1盏灯接入应急照明供电回路。

（4）消防设备配电设计要点

1）旅馆建筑的消防用电负荷等级除了参考建筑的分类，还要结合旅馆建筑等级来定级。消防用电负荷分级满足表3-13的要求。

表3-13　旅馆建筑消防用电负荷等级

用电负荷名称	旅馆建筑等级		
	一、二级	三级	四、五级
消防用电	一类高层建筑中为一级负荷	一级负荷	一级负荷
	二类高层建筑中为二级负荷		
供电方式	两路电源供电，末端切换	两路电源供电，末端切换	两路电源供电，末端切换，附加柴油发电机作为备用电源

2）四级旅馆建筑宜设自备电源，五级旅馆建筑应设自备电源。消防负荷可根据实际情况，接入柴油发电机进行应急供电。

3）旅馆建筑属于人员密集场所。建筑高度超过100m的公共建筑，应选择燃烧性能 B_1 级及以上、产烟毒性为 t_0 级、燃烧滴落物/微粒等级为 d_0 级的电线和电缆；其他旅馆建筑电缆燃烧性能选用燃烧性能 B_1 级、产烟毒性为 t_1 级、燃烧滴落物/微粒等级为 d_1 级的电线和电缆；对于消防设备地配电线路的设计和敷设，应满足在建筑的设计火灾延续时间内为消防用电设备连续供电的需要。

4. 居住建筑

(1) 发生火灾的特点

1) 居住建筑一般是私有产权，因此消防总体监控和管理范围有限，一些私人空间中疏于管理，发生火灾后得不到及时响应和扑救，通常在火势发展到一定程度后才被发现。

2) 居民住宅内可燃物集中，通风条件差，发生火灾时产生大量的烟雾给扑救工作带来困难。

3) 居住建筑一般每户都设置燃气，这给建筑带了较大的火灾风险。

4) 住在非扑救面的居民很难到达扑救面，只有通过楼梯至底层疏散或者逃至避难层疏散。

5) 单层毗连式住宅或走廊式宿舍楼，易形成大面积燃烧，往往一家失火，殃及四邻。

6) 高层住宅内竖向分布的管道多，如电梯井、电力井、通风井等。如果防火封堵不到位，一旦发生火灾事故，这些竖向管道就可能成为火势在不同楼层之间蔓延的通道。其原理是竖向管道的烟囱效应，在火灾发生时，竖向管道为住宅的立体燃烧创造了条件。其次，发生火灾的楼层越高，火势就越难以控制。

7) 高层住宅一旦出现火灾，人们则需要进入封闭楼梯间或防烟楼梯间进行逃生。但是，很多居民对消防知识不了解，起火后仍然会选择电梯疏散，即使选择疏散通道疏散的居民要想从较高楼层抵达首层往往也要经过一段相当长的疏散距离，由于居住人员众多，疏散时容易造成拥挤、踩踏事故。

(2) 火灾自动报警系统设计要点

1) 建筑高度大于 100m 的住宅建筑，应设置火灾自动报警系统。建筑高度大于 54m 但不大于 100m 的住宅建筑，其公共部位应设置火灾自动报警系统，套内宜设置火灾探测器。建筑高度不大于 54m 的高层住宅建筑，其公共部位宜设置火灾自动报警系统。当设置需联动控制的消防设施时，公共部位应设置火灾自动报警系统。

2) 设置火灾自动报警系统的住宅，在住宅公共门厅宜设置区域火灾报警控制器。

3) 住宅建筑公共部位设置的火灾声光警报器应具有语音功能，且应能接受联动控制或由手动火灾报警按钮信号直接控制发出警报。每台警报器覆盖的楼层不应超过 3 层，且首层明显部位应设置用于直接启动火灾声光警报器的手动火灾报警按钮。

4) 高层住宅建筑的公共部位应设置具有语音功能的火灾声光警报装置或应急广播。住宅建筑内设置的应急广播应能接受联动控制或由手动火灾报警按钮信号直接控制进行广播。

5) 建筑高度大于 100m 的住宅建筑应设置可燃气体探测报警装置。

6) 火灾自动报警系统的供电线路、消防联动控制线路应采用燃烧性能不低于 B_2 级的耐火铜芯电线电缆，报警总线、消防应急广播和消防专用电话等传输线路应采用燃烧性能不低于 B_2 级的铜芯电线电缆。高度大于 100m 的超高层建筑的火灾自动报警系统线路均采用燃烧性能不低于 B_2

级的耐火铜芯电线电缆。

（3）应急照明设计要点

1）建筑高度大于27m的住宅建筑应设置灯光疏散指示标志，疏散指示标志及其设置间距、照度应保证疏散路线指示明确、方向指示正确清晰、视觉连续。

2）居住建筑的消防应急照明和疏散指示系统，当设置了火灾自动报警系统时，选择集中控制型系统，未设置火灾自动报警系统时，可选择非集中控制型系统。未设置消防控制室的住宅建筑，疏散走道、楼梯间等场所可选择自带电源B型灯具。住宅建筑中，当灯具采用自带蓄电池供电方式时，消防应急照明可以兼用日常照明。

3）建筑高度大于100m的居住建筑消防应急照明和灯光疏散指示标志的备用电源的连续供电时间大于1.5h，总建筑面积大于100000m^{2}的住宅消防应急照明和灯光疏散指示标志的备用电源的连续供电时间大于1.0h，其他住宅建筑消防应急照明和灯光疏散指示标志的备用电源的连续供电时间大于0.5h。居住建筑疏散照明的地面最低水平照度见表3-14。

表3-14　疏散照明的地面最低水平照度

场所	最低照度/lx
居住建筑疏散楼梯间、疏散楼梯间的前室或合用前室、避难走道及其前室、避难层、避难间、消防专用通道、消防电梯间	≥10
疏散走道、车库的车道	≥3
安全出口外面及附近区域、连廊的连接处两端、进入屋顶直升机停机坪的途径、配电室、消防控制室、消防水泵房、自备发电机房等发生火灾时仍需工作、值守的区域	≥1

（4）消防设备配电设计要点

1）居住建筑的消防用电负荷的分级主要以建筑高度作为主要依据。一类高层民用建筑的消防用电为一级负荷，二类高层民用建筑的消防用电为二级负荷。多层住宅可按三级负荷供电。

2）消防配电线路的设计和敷设，应满足在建筑的设计火灾延续时间内为消防用电设备连续供电的需要。一类高层住宅建筑火灾延续时间为2h，其他住宅建筑火灾延续时间为1h。

3）高层住宅建筑中明敷的线缆应选用低烟、低毒的阻燃类铜芯线缆。建筑高度为100m或35层及以上的住宅建筑，用于消防设施的供电干线应采用耐火性能A级电缆；建筑高度为50～100m且19～34层的一类高层住宅建筑，用于消防设施的供电干线应采用阻燃耐火线缆，宜采用燃烧性能为A级耐火线缆；10～18层的二类高层住宅建筑，用于消防设施的供电干线应采用阻燃耐火类线缆。

三、公共交通空间的电气消防设计

在复合建筑中，除了用户空间，还有公共交通空间，包括轨道交通、火车站、航站楼、综合交通枢纽等，复合建筑中的多功能空间组合，因其各自的特点而相互叠加和影响，加剧了消防设计的复杂性。

（1）公共交通空间建筑消防难点

1）地铁设施因位于地下，多数站台、站厅等空间有限，在遇到客流高峰或者列车故障时，会聚集大量客流，造成疏散时的拥挤。而且发生火灾时，烟气和客流的运动方向均是向上的，如果排烟设施设计不当或故障，很容易产生烟气与人流同时涌向出口的情况，造成危险。

2）航站楼需要宽阔、开放性的流动空间，而消防设计需要防止火灾烟气的蔓延，设定防火分区并进行防火分隔，两者之间的矛盾难以协调。国内航站楼往往采用高大空间的形式，导致进行物理分隔的难度较大，实施困难。由于航站楼公共客流区域防火分区面积非常大，加上机场建筑功能布局需要（如旅客通道中间、行李提取厅、行李处理转盘区域等设备空间，均不能设置楼梯），会导致局部楼梯或出口不能布置在适当的位置，造成公共客流区域疏散距离过长。同时，由于航站楼体量大、进深大，部分疏散楼梯在底层无法直通室外。长廊区域利用看机桥作为人员疏散设施。大空间内弱化消防分区物理分隔后，对公共区域内的商业设施进行独立的消防控制尤为重要，是消防设计的重点。

3）综合交通枢纽人流量巨大，要充分考虑消防救援的需求，消防车道应结合消防救援入口的位置设置，并应保证消防车从地面至站城一体化工程中任何消防救援入口均至少有两条路径可供实施救援。埋深大于10m的地下区域，应设置竖向消防救援入口和专用消防救援通道。各种功能高度融合的站城一体化综合交通枢纽，空间连通复杂。枢纽常常需要高大空间，包含多个地铁车站、航空值机等功能，物理分隔难度较大，需要消防论证。综合交通枢纽，多条地铁线或航站楼人员在此交汇，人流量巨大，并且要满足轨道车站6min内将所有人员疏散至地面安全区的要求，需要充分测算人流量、疏散路径以及论证相适应的疏散方案。

（2）火灾自动报警系统设计要点

1）火灾自动报警系统形式的确定。复合建筑通常建筑规模庞大，所涉及的消防设备的种类和数量较多，火灾自动报警系统的设计需要从工程规模和业态划分考虑，火灾救灾能力按每500000m^2发生1次火灾考虑。一般多采用多个消防控制室的方案。其中常见的设计方案为设置主消防控制室和多个分消防控制室，有两个及以上消防控制室时，应确定一个主消防控制室。其设置原则：一是根据物业管理需求，综合体项目中各个建筑体的功能是不同的，各区域也相互独立，需要各自独立运营，管理体系各不相同；二是消防设施的控制，根据消防控制室管控范围划分，各分消防控制室只单独负责本区域内的消防系统的控制，若有火灾发生，可就近处理，其作用是减小影响范围，不影响其他区域的正常运营。

如果是站城一体化工程，通常以交通枢纽消防控制室为主控室。如果无公共交通的复合建筑，则宜以商业消防控制室或者主要业态的消防控制室作为主控室。

从系统故障风险分担角度考虑，复合建筑的消防报警系统应采用环形结构；报警或者联动总线、集中报警控制器与区域报警控制器之间为环形接线；采用环形接线提高了系统可靠性，如环形接线发生一点故障，不会影响系统工作。

火灾自动报警系统的设置应适当加强，特别对超高层、交通枢纽、地下空间的卫生间应设置感烟探测器。

2）电气消防系统架构。复合建筑各业态产权如果分别属于不同业主，应要求不同供应商提供的火灾自动报警系统各设备之间采用具有兼容的通信接口和通信协议。分消防控制室之间通过通信协议、消防电话分机的形式实现各业态消防安防控制室信息互联及消防联动功能，在消防主控室利用消防控制室图形显示装置，将各个分消防控制室的消防信号接入显示装置，实现显示整个工程内的所有火灾报警信号和联动控制状态信号。主控室和分控室之间的通信均采用环形接线。

3）消防电气设备联动控制。复合建筑的公共空间中，存在多种业态共用消防设施的情况，当多种业态不归属同一业主的情况下，需要首先界定共用消防设施的消防管理权，在此基础上进一步考虑共用设施的联动控制关系。针对复合建筑，管理权责明确是极其重要的，尤其轨道交通，消防设施管理严格，不容许其他业态进行共同控制。

①多方共同控制共用消防设施。各业态消防系统均接入控制模块，通过信号可以自动启动该消防设施。

②由消防管理权一方为共用设施责任方，其余方为使用方，需使用该消防设备时，通过信息模块进行信息传递，告知责任方，联动控制该消防设施。

复合建筑常常会有高大的中庭来作为各个业态的共享空间。互通式中庭作为现代建筑大型商业最常见的中庭形式，空间的统一性是最大的特点。但这个类型的中庭也是火灾情况下最不利于烟气及火焰控制的一种。由于只有一个空间内部体量，在正常情况下，整个建筑毫无分隔可言，各层面通过中庭这一垂直空间发生直接的联系。当中庭整个共享空间分属于不同管理方时，消防联动控制显得尤为重要。

例如：丽泽城市航站楼综合交通枢纽工程的中庭，以正负零层为界限，地下归属于枢纽，地上归属于综合开发配套。在地下，火灾初起产生大量烟的场所，设置线型光束感烟火灾探测器和图像型感烟探测器。地上该中庭紧靠玻璃幕墙，容易受日光直接照射的影响，且中庭有大量绿植及商场活动条幅，故采用高灵敏度的管路采样式吸气烟感火灾探测器和图像型感烟探测器进行火灾探测。B_1 层设置双向信息模块，当地上或者地下防火分区着火时，确认火灾信息后，枢纽和综合开发配套将各自管辖的防火卷帘降落，根据火灾探测情况，自动开启自动跟踪定位射流灭火系统，并由综合开发配套，启动中庭防烟排烟风机进行机械排烟或者采用打开电动排烟窗进行自然排烟，中庭消防电气联动示意图如图 3-9 所示。

4）信息互通。复合建筑各个产权业态之间火灾报警的信息互通非常重要。火灾发生时，火灾探测器发出报警信号，或直接由人员发现火灾后立即触动安装在现场的手动火灾报警按钮，将报警信息传输到火灾报警控制器，火灾报警控制器在接收到手动火灾报警按钮的报警信息后，并报警确认判断，显示发出火灾报警探测器的部位或者火灾手动报警按钮的部位，记录报警时间。

火灾报警控制器在确认报警信息后，自动将火灾信息通过通信协议发送给其他业态消防控制室，各业态根据火灾发展分级及应急疏散方案进行逻辑判断，若逻辑关系满足，则启动该业态相关区域火灾声光报警器、消防广播、启动疏散通道的消防应急照明和疏散指示系统，并打开疏散通道上的门禁、闸机等系统。

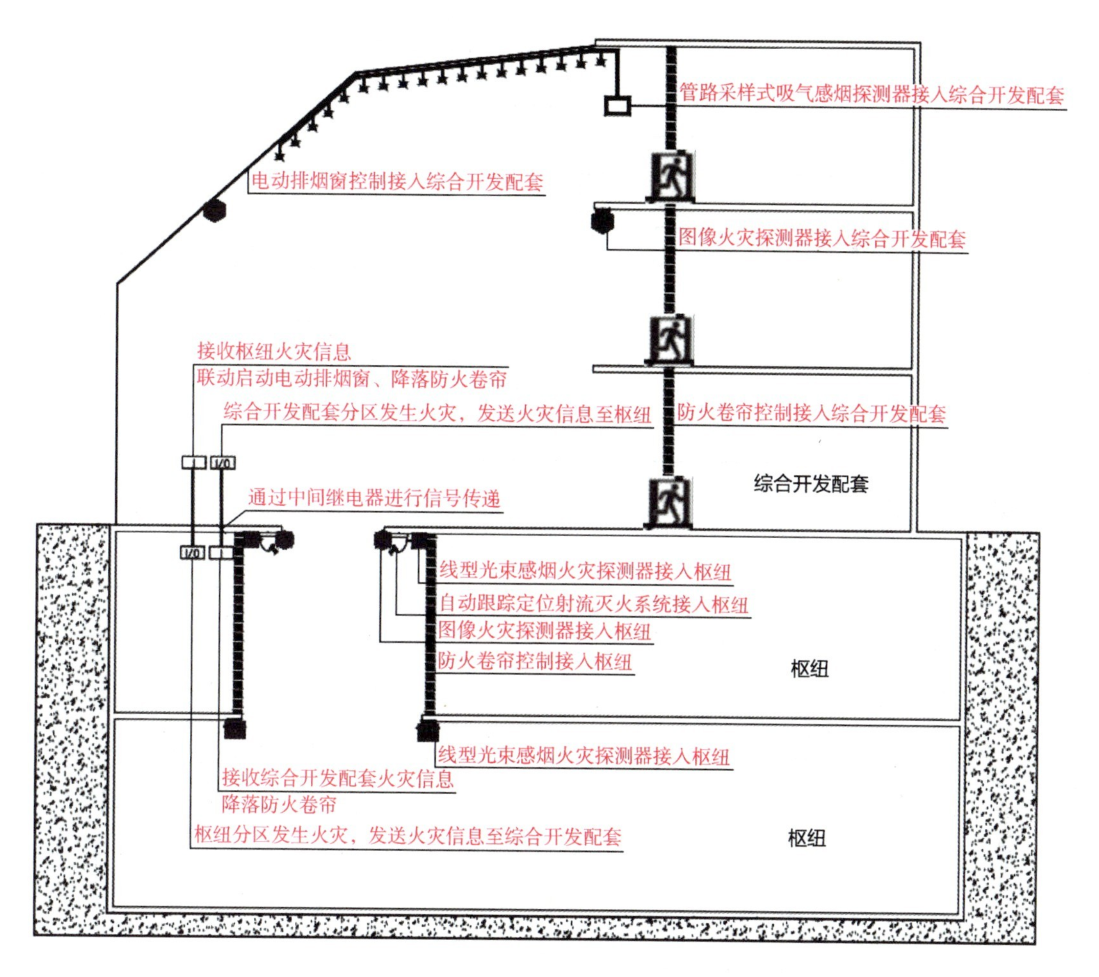

图 3-9　中庭消防电气联动示意图

着火区域如果存在非本业态管理的共用消防设施情况，则通过信息模块传递，将着火信息自动发送给共用设施责任方，联动启动该消防系统。同时将报警信息传输至本业态消防联动控制器。对于需要联动控制的自动消防系统设施，消防联动控制器对接收到的报警信息按照预设的逻辑关系进行识别判断，若逻辑关系满足，消防联动控制器便按照预设的控制逻辑和时序启动相应消防系统设施；消防控制室的消防管理人员也可以通过操作消防联动控制器的手动控制盘直接启动相应的消防系统设施，从而实现相应消防系统设施预设的消防功能。消防系统设施动作的反馈信号传输至消防联动控制器显示。火灾自动报警及消防联动控制逻辑和时序示意图如图 3-10 所示。

5）电气火灾监控系统。复合建筑应设置电气火灾监控系统，作为一个消防报警子系统独立设置，主机须提供开放的通信协议和标准的通信接口，与火灾自动报警系统主机和图形工作站通信。

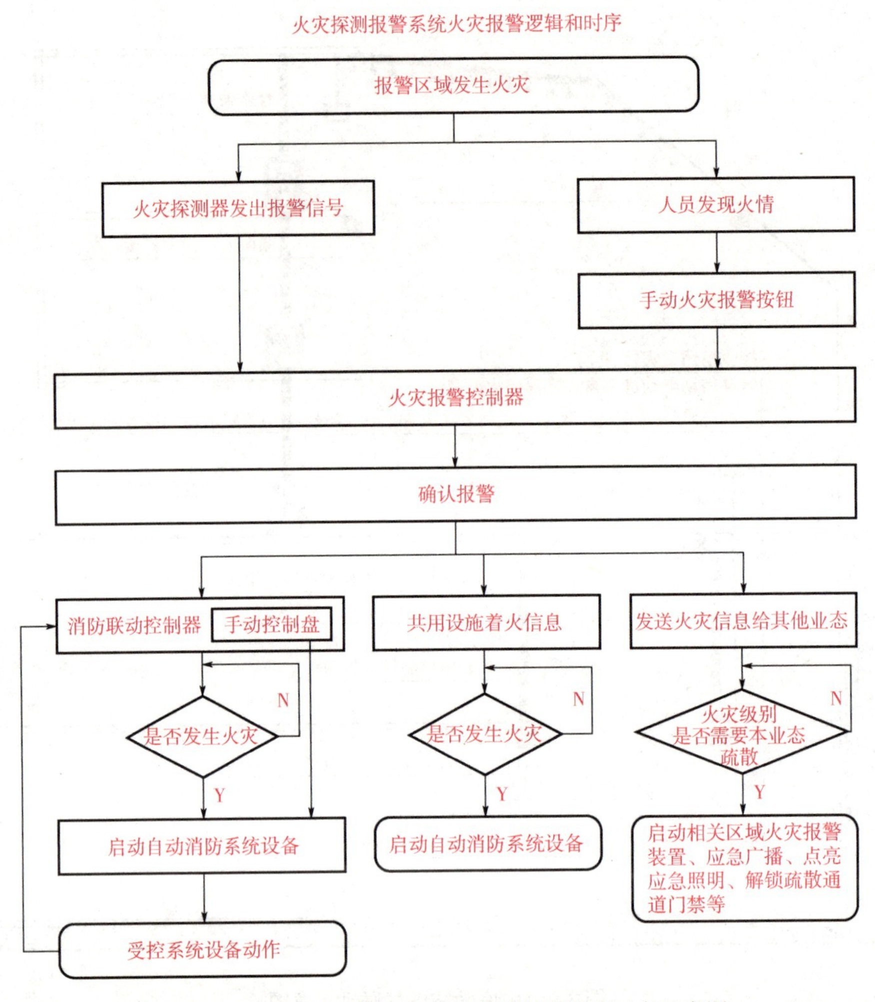

图 3-10　火灾自动报警及消防联动控制逻辑和时序示意图

6）消防电源监控系统。消防电源监控系统主机设在消防控制室内，主机须提供开放的通信协议和标准的通信接口，与火灾自动报警系统主机和图形工作站通信。系统提供消防干线回路电压、电流的监测。所有监测异常数据发出声光报警信号，并显示故障点位置。消防设备电源监测点的设置部位：所有消防双电源切换箱主备用回路进线侧及 ATS 出线回路处。消防设备电源状态监控器应有主、备用电源。备用电源在放电至终止电压条件下再充电至 24V 时所获得的容量，应能提供监控器在正常监视状态下至少工作 8h。

7）防火门监控系统。为保证防火门充分发挥其隔离作用，在火灾发生时，迅速隔离火源，有效控制火势范围，为扑救火灾及人员的疏散逃生创造良好条件，设置防火门监控系统。对防火门的工作状态进行 24h 实时自动巡检，对处于非正常状态的防火门给出报警提示。在发生火情时，该监控系统自动关闭防火门，为火灾救援和人员疏散赢得宝贵时间。

8）余压监控系统。当楼梯间及合用前室的加压送风系统采用旁通阀泄压方式时，必须设置疏散通道余压监控系统。若未采用旁通阀泄压方式，可不设置该系统。余压控制系统主机设在消防控制室内，主机须提供开放的通信协议和标准的通信接口，与火灾自动报警系统主机和图形工作站通信。余压控制器接收到超压报警后，应控制泄压阀执行器来进行泄压，调节余压至安全范围内。余压控制器应能显示与其连接静压传感器监测区域的余压值超过规范规定值时，发生报警信号。

9）消防智慧平台是指利用先进的信息技术和智能化设备，集成消防监测、预警、指挥调度、信息共享等功能的一体化平台。它整合了多种消防设备和信息资源，可以实现火灾风险的实时监测和预警，快速响应火灾事件，优化指挥调度，提高灭火救援效率，保障人员和财产的安全。消防智慧平台通常包括消防监测设备、视频监控系统、火灾报警系统、指挥调度系统、信息共享平台等组成部分。通过这些设备和系统的联动和信息互通，消防人员可以在火灾发生时快速获得相关信息，并迅速采取行动，最大限度地减少火灾造成的损失。

消防智慧平台还可以结合大数据和人工智能技术，对火灾风险进行分析和预测，为消防部门提供决策支持和智能化指挥服务。这样的平台可以在一定程度上提高消防工作的科学性和精准性，更好地保障社会的安全和稳定。消防智慧平台总体架构如图 3-11 所示。

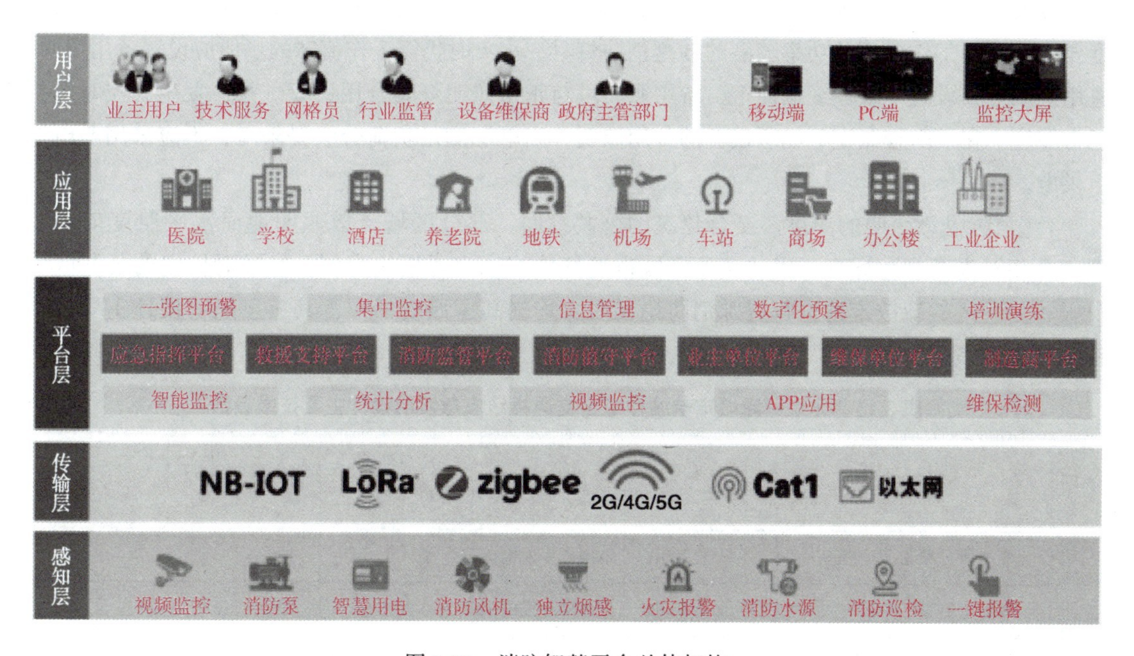

图 3-11　消防智慧平台总体架构

对于复合建筑，消防智慧平台能够支持多级权限用户不同管理界面。它不仅提高了复合建筑整体的消防预警能力和救援效率，还加强了消防设备的管理和城市消防安全管理的科学性。智慧消防平台已经在许多城市的复合建筑中得到了应用，并取得了显著的成效。

（3）应急照明设计要点　复合建筑通常建筑体量大，人员众多流动性大，一旦发生火灾快速引导人员疏散逃生将非常关键，因此快速安全地将人员疏散至安全区域极其重要。考虑供电可靠性、后期运维成本，复合建筑消防应急照明和疏散指示系统一般采用集中电源集中控制型系统。

1）由于复合建筑的人流及功能空间的复杂性，在非火灾状态下，系统主电源断电后，集中电源连锁控制其配接的非持续型照明灯的光源应急点亮、持续型灯具的光源由节电点亮模式转入应急点亮模式；灯具持续应急点亮时间为0.5h。同时，结合建筑内消防应急照明和灯光疏散指示标志的备用电源的连续供电时间以及各个功能空间相互融合、影响的关系，以复合建筑作为一个整体，统一设置应急照明和灯光疏散指示标志的备用电源连续供电时间，建筑高度大于100m的民用建筑不小于1.5h，其他不小于1h。集中电源的蓄电池组持续工作时间应为应急照明和灯光疏散指示标志的备用电源连续供电时间加上0.5h。

2）消防应急照明灯具选择。消防应急灯具按电源电压等级分类，可以分为A类灯具及B类灯具；A型消防应急灯具是指主电源和蓄电池电源额定工作电压均不大于DC36V的消防应急灯具，B型消防应急灯具是指主电源或蓄电池电源额定电压大于DC36V或AC36V的消防应急灯具。为防止电击事故，距地面8m及以下的灯具应选择A型灯具。复合建筑中综合交通枢纽、航站楼的出发大厅、候机大厅等公共空间高度通常较高，对于这些大于8m的场所，为满足地面疏散照度要求，选择工作电压及功率较高的B型消防灯具。火灾时仍需工作值守的场所应设置备用照明，备用照明灯具设置于顶棚或墙面上，备用照明可与正常照明灯具合用一套灯具，发生火灾时保持正常照度。在消防控制室等场所设置的备用照明，当电源满足负荷分级要求时，不应采用蓄电池组供电。

3）消防应急照明的照度。复合建筑的公共空间，部分区域疏散照明地面水平照度值的要求，会相对提高规范标准。以北京丽泽城市航站楼综合交通枢纽为例，经过对枢纽的公共区以及服务公共区的疏散走道进行特殊消防论证后，均提高了照度标准，其应急照明设计主要技术参数见表3-15。

表3-15　北京丽泽城市航站楼综合交通枢纽应急照明设计主要技术参数

类别	设置场所	照度要求	供电方式	应急照明投入时间	连续供电时间	备注
备用照明	变电所、柴油发电机房	不低于200lx	双电源+发电机	不大于5s	不小于3h	
	消防控制室	不低于300lx	双电源+发电机	不大于5s	不小于3h	
	消防水泵房、防烟排烟风机房	不低于100lx	双电源+发电机	不大于5s	不小于3h	
	电话总机房（运营商机房）	不低于500lx	双电源+发电机	不大于5s	不小于3h	

（续）

类别	设置场所	照度要求	供电方式	应急照明投入时间	连续供电时间	备注
疏散照明	疏散楼梯间、疏散楼梯间的前室或合用前室、避难走道及其前室、避难层、避难间、消防专用通道	不低于10lx	双电源+发电机+EPS	不大于0.25s	EPS连续供电时间不小于2h	持续工作时间已增加灯具持续应急点亮时间0.5h
	枢纽公共区以及服务于公共区的疏散走道	不低于10lx	双电源+发电机+EPS	不大于0.25s	EPS连续供电时间不小于2h	
	除枢纽公共区以外的疏散走道、人员密集的场所	不低于3lx	双电源+发电机+EPS	不大于0.25s	EPS连续供电时间不小于2h	
	人防工程疏散通道	不低于5lx	双电源+发电机+EPS	不大于5s	EPS连续供电时间不小于2h	
	其他场所	不低于1lx	双电源+发电机+EPS	不大于5s	EPS连续供电时间不小于2h	

（4）消防配电设计要点　复合建筑包含多种功能空间，客流运送就是交通枢纽承载的功能之一，建筑体系复杂、人员密集。当发生突发事件时，一旦中断供电，建筑里的人员可能会恐慌，造成秩序严重混乱，也可能会造成重大损失或产生重大政治影响。因此，对用电设备进行合理的负荷分级尤其重要。各建筑的功能分区和防火分级是确定用电负荷分级的直接依据，复合建筑作为一个整体，需对不同业态相同功能的负荷进行梳理协调，对于建筑的消防负荷等级应按各业态消防最高负荷等级统一。出于对用电安全可靠性的考虑，对于复合建筑的用户负荷等级可适当提高，特别是涉及安全用电、消防设施用电等应有充分保证，确保建筑的安全使用。

第四节　建筑电气抗震

一、地震危害

地震是一种自然灾害，地壳的运动、板块的摩擦、火山的喷发等都会引发地震。我国地处环太平洋地震带和喜马拉雅-地中海地震带上，地震频发，且多属于典型的内陆地震，强度大、灾害重，是世界上地震导致人员伤亡最为严重的国家之一。地震带来的危害也是很大的，地震可能会引起地面破坏或建筑物的损坏，人们会受到地震引起的振动、崩塌和飞散物的威胁。如果发生强烈地震时，不仅建筑物可能出现倒塌，还可能造成人员伤亡和经济损失。地震的直接灾害发生后，还会引发出次生灾害，火灾、水灾、可燃气体泄漏等，这些地震次生灾害的损失甚至超过了地震直接灾害。地震引起的电路、燃气、电器等损坏可能引发火灾，这种火灾往往难以预测和控制，因此，必须采取有效的措施来预防火灾的发生，保护建筑及人身的安全。

在当前的科学技术条件下，地震是无法控制和避免的。临震地震预报尚缺乏足够的准确性，避免地震人员伤亡、减轻经济损失的根本途径就是增强建筑的抗震能力，减轻损伤程度。

二、电气工程抗震措施

抗震设防烈度达到6度及以上的地区，建筑电气工程设施必须进行抗震设计，具体措施如下：

1）重要电力设施可按设防烈度提高1度进行抗震设计，但设防烈度为8度及以上时可不再提高。

2）设备的固有频率应与地震动频率相错开，以减少共振的可能性。为了提高电气系统的抗震性能，应优先选择具备抗震性能的电气设备，如带有减振设计的设备。电梯、照明和应急电源、广播电视设备、通信设备、消防系统等建筑电气设备自身及与结构主体的连接，应进行抗震设防。建筑电气设备不应设置在可能致使其功能障碍等二次灾害的部位；需要地震下仍要连续工作的附属设备，应设置在建筑结构地震反应较小的部位。

①变压器的安装设计应满足下列要求：安装就位后应焊接牢固，内部线圈应牢固固定在变压器外壳内的支承结构上；变压器的支承面宜适当加宽，并设置防止其移动和倾倒的限位器；应对接入和接出的柔性导体留有位移的空间。

②蓄电池、电力电容器的安装设计应满足下列要求：蓄电池应安装在抗震架上；蓄电池间连线应采用柔性导体连接，蓄电池宜采用电缆作为引出线；蓄电池安装重心较高时，应采取防止倾倒措施；电力电容器应固定在支架上，其引线宜采用软导体。当采用硬母线连接时，应装设伸缩节装置。

③配电箱（柜）、通信设备的安装设计应满足下列要求：配电箱（柜）、通信设备的安装螺栓或焊接强度应满足抗震要求；靠墙安装的配电柜、通信设备机柜底部安装应牢固，当底部安装强度不够时，应将柜后顶部与墙壁通过机械锚栓进行连接；非靠墙安装的配电柜、通信设备柜等落地安装时，其根部应通过机械锚栓或预埋件固定在面层以下的结构楼板或梁上固定方式，当设防烈度为8度或9度时，可将几个柜在重心位置以上连成整体；壁式安装的配电箱与墙壁之间应采用机械锚栓连接；配电箱（柜）、通信设备机柜内的元器件应考虑与支承结构间的相互作用，元器件之间采用软连接，接线处应做防震处理；配电箱（柜）面上的仪表应与柜体组装牢固。

3）变电所、柴油发电机房、通信机房、消防控制室、安防监控室和应急指挥中心应布置在地震力或变位较小的场所，且应避开对抗震不利或危险场所。

4）电气设备间及电缆管井不应该设置在易受振动破坏的场所。

5）地震时应保证正常人流疏散所需的应急照明及相关设备的供电。地震时需要坚持工作场所的照明设备应就近设置应急电源装置。地震时应保证火灾自动报警及联动控制系统正常工作。

设在水平操作面上的消防、安防设备应采取防止滑动措施，水平操作面应设置抗震措施。应急广播系统宜预置地震广播模式。地震时应保证通信设备电源的供给、通信设备正常工作。

6）当设置备用电系统时，备用电系统应具备快速启动能力，并能承受地震产生的振动和冲击。柴油发电机组的安装设计应满足下列要求：

①应设置振动隔离装置。

②外部管道应采用柔性连接。

③设备与基础之间、设备与减振装置之间的地脚螺栓应能承受水平地震力和垂直地震力。

7）设在建筑物屋顶上的共用天线等电气设备设施需要采取防护措施，以防止地震导致设备或其部件损坏后坠落伤人。

8）吊顶安装的灯具需要考虑地震时吊顶与楼板的相对位移。

9）建筑电气设备的基座或支架，以及相关连接件和锚固件应具有足够的刚度和强度，应能将设备承受的地震作用全部传递到建筑结构上。

10）电气线路应尽可能采用具有柔性的材料，如阻尼线或能够抵抗扭曲和振动的高性能电线。接地线在敷设时应考虑一定余量，以防止地震时被拉断。同时，电线应安装在固定的支持结构上，避免在地震时发生位移。电缆槽盒的洞口的设置，应减少对主要承重结构构件的削弱。消防系统、应急通信系统、电力保障系统等电气配管内径大于60mm，电缆梯架、电缆槽盒、母线槽的重力不小于150N/m，均应进行抗震设防。当采用硬母线敷设且直线段长度超过80m时，应每50m设置伸缩节。配电装置至用电设备间连线宜采用软导体，当采用穿金属导管、刚性塑料导管敷设时，进口处应转为挠性线管过渡，当采用电缆梯架或电缆槽盒敷设时，进口处应转为挠性线管过渡。

11）电气管路敷设时应满足下列要求：

①线路采用金属导管、刚性塑料导管、电缆梯架或电缆槽盒敷设时，应使用刚性托架或支架固定，不宜使用吊架；当必须使用吊架时，须安装横向防晃吊架。

②金属导管、刚性塑料导管、电缆梯架或电缆槽盒穿越防火分区时，其缝隙应采用柔性防火封堵材料封堵，并在贯穿部位附近0.6m范围设置抗震支撑。

③金属导管、刚性塑料导管的直线段部分每隔30m应设置伸缩节。

12）电梯的设计应满足下列要求：

①电梯和相关机械、控制器的连接、支承应满足水平地震作用及地震相对位移的要求。

②运行速度不小于45m/min的垂直电梯宜具有地震探测功能，地震时电梯应能够自动就近平层停运。

三、中信大厦建筑电气抗震案例

为了保证消防系统、应急通信系统、电力保障系统等重要电气工程在地震后能正常运行，避免因地震剧烈加速度的晃动发生坠落、失效、泄露而导致人员、财产、物资的伤害与损失，使建筑机电设施保持稳定与完好，将地震所造成的生命损失减少到最低程度。电气抗震设计采取以下措施：

1）变压器的安装就位后焊接牢固，内部线圈应牢固固定在变压器外壳内的支承结构上；变压器的支承面适当加宽，并设置防止其移动和倾倒的限位器；封闭母线与设备连接采用软连接。并对接入和接出的柔性导体留有位移的空间。

2）柴油发电机组的安装设置振动隔离装置；与外部管道采用柔性连接；设备与基础之间、设备与减振装置之间的地脚螺栓可以承受水平地震力和垂直地震力。

3）根据抗震要求设计配电箱（柜）、通信设备的安装螺栓或焊接强度；交流配电屏、直流配电屏、整流器屏、交流不间断电源、油机控制屏、转换屏、并机屏及其他电源设备，同列相邻设备侧壁间至少有两点用不小于M10螺栓紧固，设备底脚应采用膨胀螺栓与地面加固。靠墙安装的配电柜、通信设备机柜应在底部安装牢固，当底部安装螺栓或焊接强度不够时，将其顶部与墙壁进行连接；非靠墙安装的配电柜、通信设备柜等落地安装时，其根部采用金属膨胀螺栓或焊接的固定方式，并将几个柜在重心位置以上连成整体；墙上安装的配电箱等设备直接或间接采用不小于M10膨胀螺栓与墙体固定。配电箱（柜）、通信设备机柜内的元器件考虑与支承结构间的相互作用，元器件之间采用软连接，接线处应做防震处理；配电箱（柜）面上的仪表与柜体组装牢固。配电装置至用电设备间连线进口处转为挠性线管过渡。

4）电梯包括其机械、控制器的连接和支承满足水平地震作用及地震相对位移的要求；垂直电梯具有地震探测功能，地震时电梯能够自动就近平层并停运。

5）提高母线固有频率，避开1~15Hz的频段；母线的结构采取措施强化，部件之间采用焊接或螺栓连接，避免铆接；电气连接部分采用弹性紧固件或弹性垫圈抵消振动，连接力矩适当加大并采取措施予以保持。

6）设在建筑物屋顶上的电气设备等，设置防止因地震导致设备损坏后部件坠落伤人的安全防护措施。

7）应急广播系统预置地震广播模式。

8）安装在吊顶上的灯具考虑地震时吊顶与楼板的相对位移。

9）引入建筑物的电气管路在进口处应采用挠性线管或采取其他抗震措施；进户缆线留有余量；进户套管与引入管之间的间隙采用柔性防腐、防水材料密封。

10）电气设备系统中内径大于等于60mm的电气配管和重量大于等于15kg/m的电缆桥架及多管共架系统须采用机电管线抗震支撑系统。刚性管道侧向抗震支撑最大设计间距不超过12m；柔性管道侧向抗震支撑最大设计间距不超过6m。刚性管道纵向抗震支撑最大设计间距不超过24m；柔性管道纵向抗震支撑最大设计间距不超过12m。

11）电气线路采用金属导管、电缆梯架敷设时，使用刚性托架或支架固定，当使用吊架时，安装防横向晃动吊架；金属导管、电缆梯架穿越防火分区时，在贯穿部位附近设置抗震支撑；铜排、金属导管、刚性塑料导管的直线段部分每隔30m设置伸缩节。高区的铜排、金属导管、刚性塑料导管的直线段部分每隔3m设置伸缩节。

第五节　应急响应

一、突发事件与安全风险

复合建筑的业态多、建筑密度高，尤其是与综合交通枢纽相融合时，随着客流量增加、换乘种类复杂，日常运营面临着较大的安全风险。近年来，由自然因素和人为因素引发的公众场所突发事件频繁发生，严重威胁着复合建筑中的人们生命健康和公共财产安全，引发社会舆情，并在一定程度上影响了社会秩序的稳定。雷击、火灾、水灾、地震等成为复合建筑需要重点防范和应对的突发事件。

建筑安全风险（R）概率通过式（3-4）计算。

$$R = H_L V_L + H_F V_F + H_E V_E + H_I V_I + \cdots \tag{3-4}$$

式中　H_L——雷击危险要素；

H_F——火灾危险要素；

H_E——地震危险要素；

H_I——水灾危险要素；

V_L——防雷系统的脆弱性；

V_F——防火系统的脆弱性；

V_E——抗震系统的脆弱性；

V_I——防水系统的脆弱性。

复合建筑安全风险概率取决于各个用户区域建筑安全风险概率和公共区域建筑安全风险概率，R_c 通过式（3-5）计算。

$$R_c = (R_1 + R_2 + \cdots + R_n) + R_p \tag{3-5}$$

式中　R_c——复合建筑安全风险概率；

R_n——用户区域建筑安全风险概率；

R_p——公共区域建筑安全风险概率。

复合建筑面临的突发的事件具有以下特征：

（1）突发性　突发事件具有突发性，其爆发的时间、地点、方式、强度往往出乎人们的意料、使人猝不及防，手足无措。而且突发事件事先没有明显征兆，具有不可预测性。

（2）不确定性　当突发事件发生以后，人们往往会感到不知所措，这不仅仅因为突发事件的开端无法用常规性规则进行判断，而且其后的发展可能涉及的影响也是没有经验性的知识进行指导，一切都是瞬息万变的。另外在经济全球化的时代背景之下，各种因素交织、互动，前所未有的新型突发事件不断出现，也加剧了突发事件的不确定性。人流量大且混乱不易管理，这极大地增加了突发事件的处置难度。

（3）危害性　突发事件往往会威胁社会公众的生命健康和公共财产安全。一旦发生突发事件，首当其冲受威胁的就是人的生命安全，其次就是各种公共财产遭到破坏，并会造成社会秩序紊乱。此外，突发事件还会妨碍正常运营，造成暂时的运营中断，以致会阻碍某些经济活动、社会活动的正常开展。

（4）扩散性　突发事件的发生很容易造成一连串的棘手问题，产生多米诺骨牌效应。而且，由于突发事件造成的危害和影响有时候不再仅仅局限于发生点，它还会由点及面向外扩散和传播，殃及其他地区，造成更加严重的后果。一旦突发事件得不到及时有效的遏制，就有可能产生“涟漪效应”，从而引发次生、衍生灾害。

（5）紧迫性　突发事件的突发性和危害性决定了决策者的反应时间非常有限。由于复合建筑人员众多、建筑结构复杂，突发事件一旦发生，很快会造成一定的后果，如交通堵塞、人员伤亡等。决策者必须在第一时间组织疏散和救援，及时采取应对措施，控制事态发展、防止损失扩大。因此，突发事件爆发后，应急管理者往往面临着巨大的时间和心理压力，即使在有关信息不充分、资源条件有限的情况下，也必须快速拉响应急响应，采取非常态措施，非程序化做出行政决定，以把握决策处置的有利时机。

二、突发事件分级与管理

1. 概述

依据突发事件可能造成的危害程度、波及范围、影响力大小、人员及财产损失等情况，将突发公共事件划分为不同的级别，并有针对性地采取不同的措施。复合建筑突发事件分级可根据建筑规模、功能、重要性，将复合建筑可能发生的突发事件由高到低划分为特别重大（Ⅰ级）、重大（Ⅱ级）、较大（Ⅲ级）和一般（Ⅳ级）四个级别，依次用红色、橙色、黄色和蓝色表示来进行预警和分级管理。一般来说，特别重大的突发事件由国家统一组织协调，调度各方面的力量和资源进行处置；重大的突发事件由省级政府部门调度多个部门和相关单位力量进行联合处置；较大的突发事件由市级政府部门调度个别部门、力量和资源进行处置；一般的突发事件由基层部门牵头处置。对复合建筑突发事件进行分级管理的意义是可以根据危害程度、波及范围等情况科学地确定突发事件的级别，明确突发事件应急管理的责任主体和响应层级，有助于更好地控制突发事件的蔓延、提高应急管理资源的使用效率。既不会因为对事件危害性和影响力估计不足，导致应急资源准备不充分而影响处置效果，也不会因为过度动员资源，造成应急资源的浪费。

突发事件的应急预案管理主要包括应急预案的启动和终止、应急预案的实施以及对应急预案实施过程和实施效果的评估等内容，并结合实际，根据对突发事件应急预案的管理，发现应急预案的不足，动态调整突发事件应急预案。应急预案的启动与终止需要满足一定的条件，只有突发事件的严重程度达到规定的级别时，才可以按照规定的程序启动突发事件应急预案。复合建筑内的各运营管理单位作为责任主体，需要各司其职、协同应对，信息共享、应急联动的应急管理，根据突发事件响应等级启动相应级别的应急预案或响应规程。当突发事件达到了一定级别，先期处置布防有效应对的前提下，才启动相应级别的应急预案。

2. 北京丽泽城市航站楼综合交通枢纽工程案例

为了避免频繁的火灾报警对枢纽的正常运行造成影响，或由于响应不及时导致人员被困，确保整个枢纽对火灾的发展状态有统一的认知，建议在枢纽内根据火灾的发展划分为三个级别，并对不同的级别分别采取行动。分级标准见表3-16，表中最后一列为各类火灾发展状态对应的内部预警级别。根据当前北京市地铁车站内火灾专项应急预案，地铁运营公司内部对突发事件预警由高到低顺序分为一级、二级、三级、四级。分级响应方案见表3-17。

表3-16　枢纽建议的火灾发展分级

火灾发展分级	现象	对应地铁运营公司的内部突发事件预警级别
Ⅰ级	初期，主要是冒烟，明火不明显，尝试内部工作人员灭火	四级
Ⅱ级	灭火器灭火失败，开始产生明火，喷淋可能启动	三级
Ⅲ级	喷淋控制火灾失效，火源附近或热烟气下方的人员有明显的灼热和疼痛感或大空间内火灾开始蔓延至相邻可燃物	二级、一级

表3-17　枢纽建议的火灾分级响应方案

消防控制室编号	火灾报警区域	火灾发展级别	应急疏散响应
M14	站台（站厅）	Ⅰ级	消防控制室收到火灾信息
		Ⅱ级	14号线及相关区域和16号线站台组织疏散
		Ⅲ级	枢纽整体疏散，其他各线均过站不停车
M16	站台	Ⅰ级	消防控制室收到火灾信息
		Ⅱ级	14号线和16号线组织疏散
		Ⅲ级	枢纽整体疏散，其他各线均过站不停车
	站厅	Ⅰ级	消防控制室收到火灾信息
		Ⅱ级	14号线和16号线组织疏散
		Ⅲ级	枢纽整体疏散，其他各线均过站不停车
机场线	站台	Ⅰ级	消防控制室收到火灾信息
		Ⅱ级	机场线站台和站厅组织疏散
		Ⅲ级	枢纽整体疏散，其他各线均过站不停车
	站厅	Ⅰ级	消防控制室收到火灾信息
		Ⅱ级	机场线站厅疏散，站台过站不停车
		Ⅲ级	枢纽整体疏散，其他各线均过站不停车

（续）

消防控制室编号	火灾报警区域	火灾发展级别	应急疏散响应
丽金线	站台	Ⅰ级	消防控制室收到火灾信息，进行火灾确认和初期灭火
		Ⅱ级	丽金线站台和站厅组织疏散
		Ⅲ级	枢纽整体疏散，其他各线均过站不停车
	站厅	Ⅰ级	消防控制室收到火灾信息，进行火灾确认和初期灭火
		Ⅱ级	丽金线站厅疏散，站台过站不停车
		Ⅲ级	枢纽整体疏散，其他各线均过站不停车
M11 线	站台	Ⅰ级	消防控制室收到火灾信息，进行火灾确认和初期灭火
		Ⅱ级	11 号线站台和站厅组织疏散
		Ⅲ级	枢纽整体疏散，其他各线均过站不停车
	站厅	Ⅰ级	消防控制室收到火灾信息，进行火灾确认和初期灭火
		Ⅱ级	11 号线站厅疏散，站台过站不停车
		Ⅲ级	枢纽整体疏散，其他各线均过站不停车
枢纽消防控制室	B2	Ⅰ级	消防控制空收到火灾信息，进行火灾确认和初期灭火
		Ⅱ级	枢纽 B2 层和 B1 层公共大厅组织疏散，其他各线均过站不停车
		Ⅲ级	各站台通过员工和播音强调，乘客在站台层听候指挥，不要去往站厅层
	B1 值机大厅	Ⅰ级	消防控制室收到火灾信息，进行火灾确认和初期灭火
		Ⅱ级	组织 B1 层人员疏散、关闭 B1 层车行隧道
		Ⅲ级	枢纽整体疏散，各线均过站不停车
	航空行李系统	Ⅰ级	消防控制室收到火灾信息，进行火灾确认和初期灭火
		Ⅱ级	行李系统防火分区（包含机场线的行李机房）启动疏散
		Ⅲ级	枢纽整体疏散，机场线控制进站；其他各线过站不停车
	车库	Ⅰ级	消防控制空室收到火灾信息，进行火灾确认和初期灭火
		Ⅱ级	关闭所有机动车出入口，车库启动人员疏散
		Ⅲ级	枢纽整体疏散，各线均过站不停车
	后勤设备	Ⅰ级	消防控制室收到火灾信息，进行火灾确认和初期灭火
		Ⅱ级	后勤设备区启动人员疏散
		Ⅲ级	枢纽整体疏散，各线均过站不停车
商业	中庭	Ⅰ级	消防控制室收到火灾信息，进行火灾确认和初期灭火
		Ⅱ级	地上中庭及商业区启动人员疏散
		Ⅲ级	枢纽整体疏散，各线均过站不停车

三、突发事件监测与预警

1. 监测与预警原理

突发事件在发生之前都存在一定的迹象或征兆，而发现这些迹象或征兆就是引导和帮助人们提前感知突发事件的线索，进而实现从源头上把握突发事件的发展演变轨迹。复合建筑应该建立完善统一的突发事件监测与预警系统，加强对突发事件发生迹象或征兆的识别和获取，才可以减轻突发事件带来的重大损害，甚至提早将突发事件消灭于萌芽状态，贯彻从源头上治理突发事件的理念。突发事件监测系统应该是一个全方位的监测平台，当发生突发事件时，突发事件监测系统会立即采集与突发事件相关的各类信息，对各种可能引起突发事件的重点危险源及其表象进行实时、持续、动态的监视和测量，分析各种潜在的风险源和致灾因子，并识别和分辨出各类风险源、致灾因子的关键要素，判定当前突发事件所处的状态和即将演变的趋势，辅助突发事件应急管理者及时准确地判断，做出有效决策。

预警是将收集的一切警告信息和事先确定的预警阈值，分门别类地进行整理并加以综合分析，通过信息处理系统，及时、准确上报，并且接收决策部门的反馈信息，以便及早采取有效的应急措施，达到及早控制突发事件或防止突发事件扩散的目的。

监测说明的是根据现有信息推测将要发生什么，而预警则是一种行动建议。因此，预警应该在监测的基础上解释清楚可能发生什么，如何行动才能避免事件影响的最坏结果。这两者是一个紧密联系的整体，没有准确的监测评估，就无法做出准确的预警指示，预警来源于对风险和致灾因子恶化演变的准确监测。同时，预警系统的启动也有利于决策者调集主要力量，协助相关的监测人员继续跟踪调查，做好动态监测工作，确保监测结果的准确性。所以，从这一角度看，监测与预警是一个不可分割的统一体。

从目前的技术来看，首先可以将风险或致灾因子分为可直接监测和不可监测两种，然后采用安全科学、管理科学、现代信息科学技术、计算机技术等知识技术手段，对潜在的大型交通枢纽突发事件进行监测和预警。对于可监测的风险或致灾因子，可以将部分信息输入事先设计好的系统，并经过系统的加工、分析、转换，而后进入信息输出阶段，得到风险和致灾因子监测结果，判断突发事件发生的可能性大小，然后决定是否需要做出预警决策。而对于那些由于监测技术的局限，或者从其出现征兆到形成突发事件的时间极短，因而无法准确监测的风险和致灾因子，则直接进入信息输出阶段。不过，随着科学技术的发展，各种监测工具和监测手段将不断优化完善，某些原本不可监测的风险和致灾因子也将得以监测，或者可以通过监测某些相关指标，间接得到监测结果。此外，通过借助于各种科学技术来监测预报突发事件的准确性会不断提高。

2. 监测与预警技术支撑

突发事件动态监测与预警系统是一个横跨多个学科、集各种科学技术和方法于一体的复杂性、综合性、系统性工程。突发事件动态监测与预警系统通过借助先进的信息技术，可以增强系统的应对能力，保持系统信息畅通，有效监控事态的恶化蔓延，减少各种损失，保持整个建筑体系的稳定运行。随着科学技术的日新月异，智能视频监控技术、地理信息系统以及数据采集系统等技术逐渐被运用于对突发事件的监测与预警工作，并且随着技术的不断完善日渐发挥着强大的作用，为监测与预警系统提供强有力的技术支撑。

（1）智能视频监控技术　智能视频监控是基于计算机视觉技术对监控场景的视频图像内容进行分析，提取场景中的关键信息，并形成相应事件和告警的监控方式，是新一代基于视频内容分析的监控系统。如果把摄像机看作人的眼睛，而智能视频监控系统或设备则可以看作人的大脑。智能视频监控技术借助计算机强大的数据处理功能，对视频画面中的海量数据进行高速分析，过滤掉用户不关心的信息，仅仅为监控者提供有用的关键信息。智能视频监控技术具备以下功能：

1）周界警戒及入侵检测：在复杂的天气环境中（例如雨雪、大雾、大风等）精确地侦测和识别单个物体或多个物体的运动情况并进行运动轨迹跟踪，包括运动方向、运动特征等。

2）物品被盗或移动检测：当监控场景中的物体被盗和移动，算法将自动检测这种动作，常用于贵重物品和关键设备的监控。

3）遗留、遗弃物品检测：当一个物体（如箱子、包裹、车辆、人物等）在敏感区域停的时间过长，或超过了预定义的时间长度就产生报警。

4）流量统计：统计穿越入口或指定区域的人或物体的数量。例如为业主计算某天光顾其店铺的顾客数量。

5）拥挤检测：识别人群的整体运动特征，包括速度、方向等，用以避免形成拥塞，或者及时发现异常情况。典型的应用场景包括超级市场、火车站等人员聚集的地方。

6）PTZ 跟踪：侦测到移动物体之后，根据物体的运动情况，自动发送 PTZ 控制指令使摄像机能够自动跟踪物体，在物体超出该摄像机监控范围之后，自动通知物体所在区域的摄像机继续进行追踪。

7）焰火检测：根据发生火情过程中烟火表现出的时-空特征进行烟火的实时检测。

8）人体行为分析：在目标检测分类的基础上，利用人体的各种行为特征对其所进行各种行为的描述和分析，提取那些危险和有潜在危险的行为，如打斗、抢夺和突然倒地等行为。

9）人脸识别：自动检测和识别人物的脸部特征，并通过与数据库档案进行比较来识别或验证人物的身份。

10）车辆识别：识别车辆的形状、颜色、车牌号码等特征，并反馈给监控者。此类应用可以用在被盗车辆追踪等场景中。

（2）地理信息系统　地理信息系统（Geographical information System，GIS）是以地理空间数据为基础，采用地理模型分析方法，适时地提供多种空间的和动态的地理信息，对各种地理空间信息进行收集、存储、分析和可视化表达，是一种为地理研究和地理决策服务的计算机技术系统。GIS 技术包括数据库管理、图形图像处理、地理信息处理多方面的基础技术，在计算机软件和硬件的支持下，运用系统工程和信息科学的理论，科学管理和综合分析具有空间内涵的地理数据，可以为突发事件处理、监测网络运作等方面提供直观准确的图像表达，完善的分析模型为突发事件应急管理者的决策提供了详细的理论依据。

（3）数据采集系统　数据采集器是一种具有现场记录、分析功能的设备或现场记录、离线分析机器设备等状态数据功能的便携式分析仪器。它能够把安装在机器设备上的传感器所测得的信号进行信号输入，配合使用各种测量分析技术以及多样化的显示格式，从而组成一个监测系统，主要应用于对机器设备进行定期巡回状态监测和故障诊断等方面。数据采集器能和计算机一起组成一个独立的监测诊断系统，这是机器设备的计算机辅助诊断手段之一。通过数据采集系统，相关专家能够迅速监测查询出设备存在的故障，避免操作人员在不知情的情况下盲目操作设备而造成一些事故灾难。

3. 火灾、地震、水灾突发事件的监测与预警

通过现代技术实现对建筑内各种风险和致灾因子相关的数据、信息进行全面的收集整合，交由信息加工子系统对这些数据信息进行筛选、甄别和处理，得出风险和致灾因子的特征属性，预测子系统进一步完成判断这些风险和致灾因子可能演化成为何种突发事体任务，做出应急管理决策的同时发布预警信息，根据突发事件的种类，开展监测与预警工作。

突发事件中火灾、地震、水灾的监测预警工作，可以根据建筑内配备的专用的监测设备，以及事先设定的具有针对性的监测指标的阈值，以数据信息的形式监测隐患。

1）针对火灾事件，信息收集子系统根据专门的监测设备反馈的信息，例如通过某些烟雾报警器、火灾报警器、温度报警器等工具，在火灾发生并且各项指标突破阈值时，这些报警器会迅速拉响警报，将火灾信息直接送给预测子系统、相关专家和预警决策子系统，然后由应急指挥中心根据各系统反馈的信息统一做出应急处置决策。

2）针对地震突发事件，可以采用传统方法和现代技术手段相结合的方法，既要记录太阳黑子的活动周期，还要监测某些动物的异常活动，也要重视对地磁场、地下水体等方面的监测。若有明显的地震征兆，并且有突破阈值的趋势，则要迅速上报应急指挥中心，向群众发布预警信息，立即启动地震灾害应急预案。

3）对于水灾突发事件，事先设立防水防汛治理系统。由信息收集子系统在暴雨发生时，重点对建筑整体及周边的雨量、水位、变形缝的变形情况以及潜水泵工作时的运行指标等进行实时的收集，再将收集到的各种有效指标进行加工计算和分析。在水灾可能发生并且各项指标突破阈值时，将潜在的水灾隐患信息直接报送给预测子系统、相关专家和预警决策子系统，然后由应急指挥中心启动防水防汛系统，争取在短时间内将积水排除，消除潜在的水灾隐患。

四、突发事件应急处置

复合建筑经常为多运营主体，面对突发事件，应协同治理，以网络技术和信息技术为基础，应急管理部门、各运营责任部门、主管部门、公众等多元主体相互协调、共同参与，对于潜在的或已经发生的突发事件，在应急管理的各阶段采取相应的措施，以有效地预防、应对突发事件，最大程度地维护公共利益和社会安全。

突发事件应急救援信息要在应急管理部门、各运营责任单位之间共享，提高救援效率，减少突发事件造成的损失。建立健全应急管理联动机制，对应急管理主体的资源进行整合，明确各主

体的应急管理职责，加强各主体应急管理部门和人员的协调与配合，形成积极承担、相互协调、冗余管理的机制。

总　结

复合建筑体系复杂、人员密集，要求电气系统应具有安全性、可靠性以保证一旦发生火灾、地震、水灾等紧急情况时，应能承受灾害带来的冲击，增加建筑的抗灾能力，降低建筑的脆弱性，避免建筑里的人员的恐慌和可能产生秩序严重的混乱，或者造成重大损失或产生重大影响，面对灾害来临时系统的风险抵御承受力以及灾后的缓冲能力和恢复能力，保持建筑应急功能正常运行，实现“韧性建筑”。

【思考题】

1. 简述复合建筑防雷设计要素。
2. 简述复合建筑电气防火措施。
3. 简述复合建筑电气抗震措施。

04

第四章　智能化系统

Methods and Practice of Electrical Design for Composite Buildings

第一节 概 述

智能化系统是在建筑中对各类智能化信息的综合应用，是集架构、系统、应用、管理及优化组合为一体，具有感知、传输、记忆、推理、判断和决策的综合智慧能力，形成以人、建筑、环境互为协调的整合体，为人们提供安全、高效、便利及可持续发展功能环境的系统，实现感知识别、数据处理、学习优化、业务交互等功能。通过传感器或其他设备获取和识别来自外部环境的数据，并将其转化为可处理的形式；将获取到的数据进行处理和分析，提取有用的信息；通过不断学习和优化算法，提高系统性能和决策能力；提供与用户或其他系统进行交互的界面，使其能够理解和响应外部指令。

一、复合建筑智能化系统建设目标

传统的建筑智能化系统，通常将智能建筑综合信息集成系统（IBMS）、物业及设施管理系统（IPMS）、建筑物管理系统（BMS）、公共安全系统（SMS）、“一卡通”管理系统（ICMS）等建筑设备管理系统的软件配置和硬件设备分别进行单独的部署。传统的建筑智能化系统主要基于人工运维方式，设备的使用率很低（平均低于30%），能耗高，设备的资源无法自动调度，当一个系统的设备繁忙时，另外系统设备的闲置资源无法支持繁忙系统，重复建设率很大；安全性很低，存在大量人为隐患，建设周期过长。同时重要的是无法实现智能化系统监控和管理信息的互联互通及共享交换，无法满足智能建筑在综合管理和服务方面业务协同的功能需求，从而导致智能化系统建设投资的极大浪费。现代智慧型建筑充分应用云计算、物联网、综合能耗管理、建筑信息模型、大数据、无线网络等技术，是智能建筑业界将要面临的一个重大技术革命。

复合建筑的智能化系统应是运用云计算、传感网、物联网、大数据、无线网等现代信息科技和网络技术，构建建筑智慧环境，有效节省各种资源，形成基于智能信息和绿色环保的全新智慧建筑生态环境，为智慧建筑营造一个人与自然和谐统一的环境，展示一个舒适、健康、环保、节能的人性化生活办公新概念，创造一个与环境相协调、能自身持续发展、具有高效率高性能的智慧建筑。

二、复合建筑智能化系统设计原则

（1）标准化

复合建筑的智能化系统必须采用符合或高于国家、行业标准的产品。

（2）可靠性

系统的可靠性是一个系统的最重要指标，直接影响系统的各项功能的发挥和系统的寿命。系统必须保持每天 24h 连续工作。子系统故障不影响其他子系统运行，也不影响集成系统除了该系统之外的其他功能的运行。

（3）实用性

以实用为第一原则。在符合需要的前提下，合理平衡系统的经济性与超前性。应对用户区和公共区不同要求进行协调。

（4）先进性

充分利用当代先进的科学技术和手段，基于办公业务的要求，以信息系统为平台，构建一套先进实用的业务数据共享和交换的业务系统，以计算机集成和专用软件来补充纯硬件系统功能方面上的不足。

（5）灵活性

在同一设备间内连接和管理各种设备，以便于维护和管理，节省各种资源及费用。

（6）开放可扩展性

要采用各种国际通用标准接口，可连接各种具有标准接口的设备，支持不同的应用。系统应留有一定的余量，满足以后系统扩展升级的需要。

（7）易维护性

因为复合建筑分布面积广，系统庞大，要保证日常运行，系统必须具有高度的可维护性和易维护性，尽量做到所需维护人员少，维护工作量小，维护强度低，维护费用低。

（8）独立性

作为一套完整的无源系统，它与具体采用何种网络应用、设备无关，具备相对的独立性。

（9）经济性

复合建筑所选用的设备与系统，以现有成熟的设备和系统为基础，以总体目标为方向，局部服从全局，力求系统在初次投入和整个运行生命周期获得优良的性能/价格比。

第二节 智慧建筑云平台

一、概述

智慧建筑采用智慧建筑云平台（SBC），实现建筑内各信息系统、网络系统、监控系统、管理系统间的互联互通和数据共享交换，是现代智慧建筑的技术核心。智慧建筑云平台（SBC）就是通过建筑信息模型和建筑物运营及设施管理（FM），将智能建筑物内智能化各应用系统通过模型有机地联系在一起，集成为一个相互关联、完整和协调的综合监控与管理的大系统，使系统信息高度共享和合理分配，克服以往因各应用系统独立操作、各自为政的“信息孤岛”现象。具体说就是将智能建筑物内智能化的各应用系统，即综合信息集成系统（IBMS）、物业及设施管理系统（PM + FM）、建筑物管理系统（BMS）、公共安全系统（SMS）、信息设施管理（ITSI）、机房工程等系统，集成在统一的计算机网络平台和统一的人机界面浏览、显示、操作的环境上，从而实现智能化各应用系统之间的信息资源的共享与管理，各应用系统之间的互操作、快速响应与联动控制，以达到自动化监视与控制的目的。SBC 架构如图 4-1 所示。

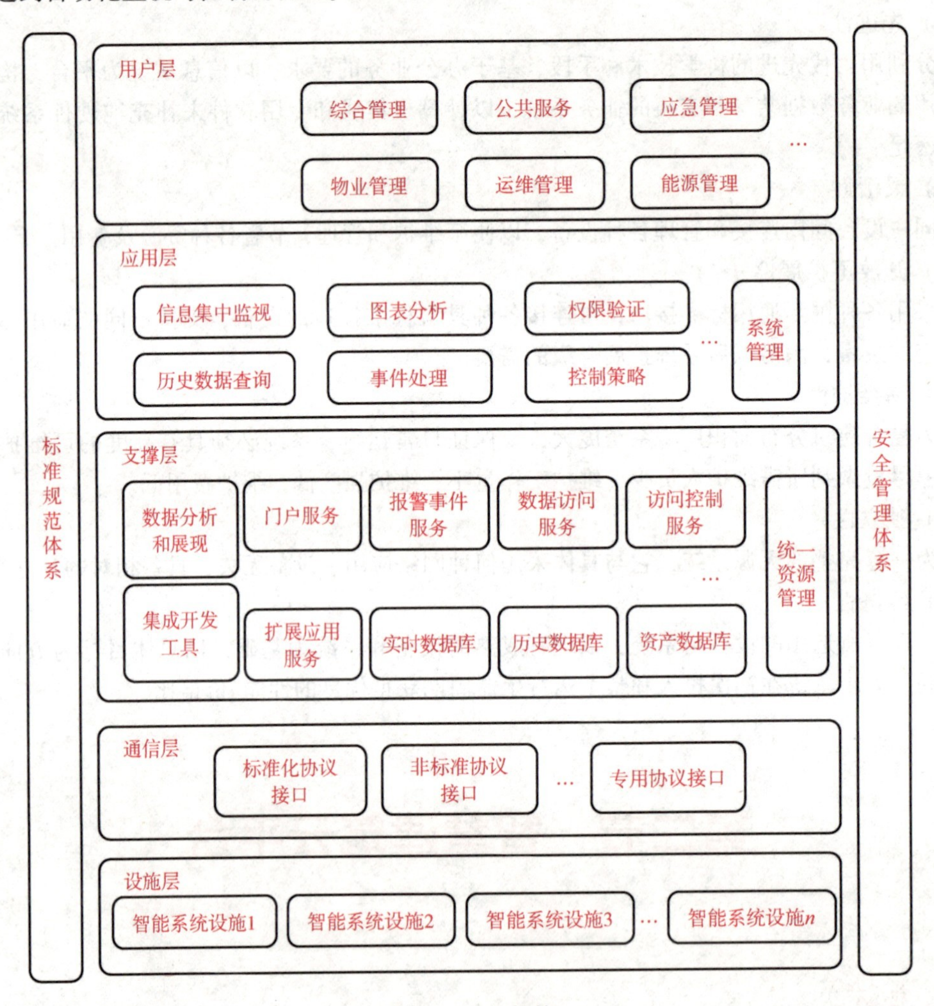

图 4-1　SBC 架构

SBC 采用分布式计算和主题数据库技术。分布式计算技术通过网络将庞大的计算处理程序自动分拆成无数个较小的子程序，再交由多部服务器所组成的庞大系统经搜寻、计算分析之后将处理结果回传给用户，网络服务提供者可以在数秒内完成处理数以千万计的信息，达到“超级计算机”同样强大效能的网络服务。主题数据库技术建立在元数据基础之上，采用标准化管理，建设智慧建筑标准体系；采用数据建模管理，建设具有基础性、标准性、准确性和权威性的基础数据，形成智慧建筑主题数据。SBC 平台可以快速支撑通过图形查询和调用在设计阶段、建造阶段的静态历史数据及信息，也可以实现在运营阶段涉及设施管理、设备运行、能耗管理、安全监控、应急指挥调度等动态实时数据及信息的快速查询和调用，同时，利用主题数据库的数据二次加工能力，实现各个不同系统数据之间的有机关联，提高数据的利用价值。

SBC 由计算虚拟机、云数据库、智能化物联网、智能控制终端构成，汇集了网格计算、虚拟化技术、嵌入式技术、高速网络、无线通信、射频识别（RFID）、传感器、微电子机械系统（MEMS）技术等。SBC 平台的基本原理就是基于建筑内高速智能化物联网“云”提供信息管理服务、数据管理服务、建筑管理服务、建筑设备管理服务、综合安全管理服务、“一卡通”管理服务等。智慧建筑服务终端所需的应用、数据、存储和计算都由后台的服务器集群来提供和完成。智慧建筑“云”架构的核心是应用，智慧建筑内所有的监控与管理的应用都能够通过 SBC 上的智能终端操作并在终端上显示出来。

云计算是分布式计算、并行计算、效用计算、网络存储、虚拟化、负载均衡等传统计算机和网络技术发展融合的产物。云平台除了能够提供传统的各类云计算服务，还要求可以实现对软硬件基础资源、IaaS 及 PaaS 提供的服务资源的整合、提供快速构建应用的基础框架以及开发平台，还要求可以对现有的各类应用系统进行整合集成，最终提供统一展示的机制，用户可以通过各类应用终端进行访问互动操作。

二、SBC 总体构架要求

1. 资源池应用要求

从资源利用率和业务连续性保障两大重点出发，估算云计算资源池的规模，选择虚拟化方案，设计其层次、基础操作系统和架构，并据此实现资源池的管理与监控系统。资源池架构设计的难点在于实现效率与稳定性的最佳结合，实现符合建筑管理需要的管理系统和管理流程，实现简单有效的管理、实现系统状态的及时查看和故障告警，以及预留升级与扩展的接口。

2. 数据和业务的融合应用要求

在数据库层面，实现云数据库和非结构化数据的云存储，整合各业务的系统数据内容、约束关系和业务流程。一方面，保障数据的统一管理、监控和备份；另一方面，在集中化资源的基础上，实现业务系统的统一管理和统一呈现，形成统一联动的智慧建筑。

3. 统一标准化的应用要求

智慧建筑存在许多完全不同的业务与管理需求，其软件操作方式差异较大，有些复杂流程适合 C/S 架构操作，则需要在云平台建设中，应用虚拟桌面和虚拟视图的支持，且需要定制适合的便携设备接口；有些查询业务适合 B/S 方式操作，则需要在云平台部署 Web 或流媒体服务，并且为不同的显示设备（如计算机、平板计算机、平板显示器）适配不同的页面或多媒体内容，从而实现不同设备能够查看的内容是一致的，能够向统一的云平台提交更新，能够做到随时随地的泛在管理。

4. 结构要求

智慧建筑云平台采用集中化和基于虚拟化的资源管理方式，将计算机和存储设备进行统一管理，形成统一的资源池，建筑物中安全监控和传感器等通过代理设备，将信息通过 TCP/IP 协议传递到 SBC，由 SBC 进行存储、分析和业务逻辑支撑。业务人员可以通过多种方式连接到 SBC 平台，进行业务处理和查询工作，用户可以通过展示设备等查看相关信息或操作。维护人员和管理层则可以通过后台接口对平台进行配置、维护和监控，以及查看报表信息。智慧建筑云平台分别由操作域、展现域、平台域、管理域、物联网域组成，是一种按需应用交付的解决方案，能够通过云平台对所有智慧建筑的应用实现虚拟化、集中部署和管理，并能作为一项服务，通过云终端向所有用户交付应用。

（1）操作域　主要功能是向智慧建筑管理人员提供直接的操作端和查询端，以及接收报警信息等内容。

（2）展现域　是向智慧建筑业主和用户提供信息浏览和查询服务，以及业务交互。展现内容由 SBC 在云端提供，交互逻辑由操作域进行配置，展现域和 SBC 的交互采用通用协议进行传输，应支持对各业务系统的统一展现。

（3）平台域　是智慧建筑云平台核心部件，提供所有业务应用资源和业务逻辑的支撑。

（4）管理域　是提供针对 SBC 平台本身的监控、配置和调度操作。利用 SBC 平台提供的接口，实现中心化的管理操作和报表查询。管理域的本身具有较高安全要求，因此对核心功能只提供专用接入，不提供远程接入方式。

（5）物联网域　是提供传统安全传感器、摄像头和设备控制系统的接入。SBC 通过提供开发式、可扩展的数据接口，可以提供对多种类型传感器和控制设施的接入和控制、对于非 TCP/IP 接入设备，如 OPC 设备，需要采用代理设备转换数据格式并汇聚到 SBC 平台。物联网设备以自动化设备为主，可以自主上报数据，并根据需要下载控制指令。

三、SBC 总体业务应用要求

1. 虚拟化资源池

集中化部署的计算和存储资源，以及提供网络连接与物联网设备接入。计算资源以虚拟化方式提供，并提供基于虚拟化的管理和监控接口。提供虚拟机镜像模板管理、镜像监控、动态迁移、快照和高可用性管理，自动故障恢复和安全补丁升级等管理内容。

2. PaaS 层业务支撑

平台即服务（PaaS）提供整体化的数据接口、存储存取控制和日志分析与查询接口；提供云终端（虚拟桌面）支撑；提供多媒体解码和播放；提供各业务系统的逻辑功能，提供报警信息的处置和传达；向上层展示提供业务交互处理能力。

3. SaaS 层的应用与管理

软件运营服务（SaaS）提供实际业务功能的展示和交互，根据使用方式和终端类型，向用户呈现相应信息和交互界面。提供 C/S 和 B/S 两类交互界面，以及基于 LED、大屏幕等信息提示和宣传。

4. 管理与配置

即管理域内容，通过专网接口提供平台配置、监控和管理功能；提供平台容错、升级、备份和平滑扩展的各项操作。

四、SBC 数据库要求

1. SBC 数据库系统

SBC 数据库系统包括综合数据仓库、物业及设施管理专业数据库、建筑设备管理专业数据库（含能耗管理数据库）、综合安防管理专业数据库（含视频图像存储数据库）等。智慧建筑云平台数据库系统设计，应采用云平台集中综合数据库与各分布式各业务及监控系统专业数据库相结合的设计原则，以便通过 Web 快速查询和调用各业务及监控系统数据和信息，以及以网络浏览器方式快速连接和接管各业务及监控系统的浏览、查询和互操作。

2. 云数据远程管理

以云平台虚拟服务器专门提出的一整套全面的远程管理解决方案，目的是为了全面地提高虚拟服务器的灵活性和可管理性。通过安装集成的云数据库基础设施远程管理控制软件包，客户即可拥有全面的硬件健康和性能监控、远程控制、漏洞扫描、补丁管理以及灵活的配置和电源管理等功能。

3. 云数据基础设施管理

采用先进的云数据基础设施管理软件，可帮助客户以完全相同的方法连续分析和优化物理与虚拟资源。它汇聚了行业领先的基础设施管理软件组合的诸多优势，可加快复杂云平台数据库系统的部署、简化日常运营，同时前瞻性地管理数据库系统容量和电源，是一个集成的管理解决方案。

4. 云数据设施资源自动管理

具备出色的标准化和自动化功能，可帮助客户的信息化管理部门在更短的时间内为业务提供所需的资源，更加有效地利用设备和人力，提高系统的可靠性和一致性。能够一致、高效地管理从规划到淘汰等各个环节的整个基础设施生命周期。它针对云数据基础设施（包括物理和虚拟资源）的设计、供应和集成提供了标准化的方法和工具，实现云数据基础设施重新配置的自动化。

5. 云数据备份与冗灾管理

旨在保护和恢复关键数据库应用环境。它有助于实现虚拟服务器环境的自动灾难恢复以及存储环境的协调复制。

五、SBC 安全要求

云平台的安全性设计包括网络安全、信息系统安全、操作与控制安全等，复合建筑的网络架构由互联网、物业办公网、智能化物联网三层网络构成。根据三层网络架构，网络安全应遵循以下设计原则：

（1）互联网接入安全要求　云平台互联网接入设置“互联网接入区”，通过外防火墙和VPN实现逻辑隔离，并由“互联网接入区”提供物业办公网的互联网接入服务。

（2）物业办公网安全要求　云平台物业办公网通过设置“物业办公网络区”，并经“互联网接入区”的互联，在物业办公网“办公网络区”，部署统一双因子身份认证和用户管理，提供云平台与各业务及监控系统横向之间的信息互联互通和数据共享与业务协同的网络安全。

（3）智能化物联网安全要求　平台智能化物联网设置“物联网络区”，“物联网络区”通过VPN逻辑隔离和内防火墙与物业办公网互联。在智能化物联网部署各业务及监控系统和各系统专业数据库系统，通过智能化物联网提供各业务及监控系统之间的信息互联互通及数据共享交换和功能协同。

（4）MPLS VPN应用与管理

1）复合建筑的云平台宜采用双重MPLS VPN网络逻辑隔离技术应用。MPLS VPN具有在网络安全性、扩展性、服务质量（QoS）保障等方面的良好性能，得到广泛应用，已经成为网络安全的基本配置。

2）信息系统安全要求。信息系统安全应与网络安全融合，在关键路径上实现网络与信息安全的一体化，关键网络节点上既提供强大的数据转发能力，又提供深入到应用的信息安全功能，提升安全性的同时保证网络的可靠性。采用信息平台间网络交换机与防火墙统一部署的模式。信息系统防火墙应具有入侵防御与检测、病毒过滤、带宽管理和URL过滤等功能，应采用目前信息系统安全防护技术最领先的入侵防御/检测或称之为具有免疫性的防火墙系统。信息系统安全性应满足以下要求：

①能够抗御所有已知攻击：无论是来自互联网的攻击，还是提供“物业办公网络区”对业务及监控智能化物联网的已知攻击，常见的网络攻击方式有XSS攻击、SQL注入、CSRF攻击、DDOS攻击和DNS劫持等。

②抗御未知攻击：即使黑客使用任何未知攻击技术，包括0日攻击等，入侵到了云平台虚拟机内部，通过免疫、自我治愈和神经检测等功能，仍会维持云平台综合信息集成门户网站的正常工作。

③依据最先进的计算机生物安全的原理设计和研制的，具有人体的自我防御功能的Web服务器。

④物理隔离：由双主机母板构成两个工作区：“隔离区”和“无菌区”。门户网站服务器不再是一个贯通外网WAN和内网LAN的通道。

⑤免疫功能：Web原文件和数据库将被放在“无菌区”里，没有任何人可以从互联网直接接触它们。“隔离区”里的Web文件将被认证技术和加密技术加以保护。没有任何病毒或蠕虫可以感染网页，无论是已知病毒还是未知病毒。

⑥自我治愈功能：无论是网页或Web content被篡改还是被插入恶意代码，甚至被删除，都可以在被访问的瞬间自动修复，不会中断门户网站的正常运行，并且可以自动修复和自动启动HTTP Daemon。

⑦防止篡改或伪造：被篡改的网页对外显露时间是0s，网站访问者永远看不到任何被篡改的内容，不加重服务器CPU工作负荷。

⑧防止失窃和泄密：即使攻击者入侵了网站服务器，黑客仍旧不能盗窃系统的机密及敏感的文件和信息以及系统Web程序。防止从动态文件中窃取内部用户密码、数据库的口令、IP地址等重要信息。

⑨数字皮肤功能：内置双层专用千兆防火墙和先进的Web内防火墙（WAF）；可以同时监测过滤http和https通信协议；如果抓住攻击，马上自动封闭攻击者的IP。

⑩实时消除门户网站服务器中的各种安全漏洞等。

⑪具有24h系统自我监测功能；大幅降低网管工作强度。

⑫自动报警功能：可以在第一时间将入侵报警发送到网管人员的手机或电邮上。

⑬远距离管理功能。

⑭支持云平台多重虚拟机结构，支持多层结构的浏览器网站结构。

⑮支持MS-IIS环境。

⑯与其他传统安全产品兼容，如防火墙，CA认证等。

3）系统操作与控制安全要求。系统操作与控制安全性设计的重点是防止和记录外部及内部的违规或非法操作与控制。智慧建筑云平台在智能化物联网与建筑设备管理系统和综合安防管理系统之间设置“控制通信网关”。“控制通信网关”可以实时监测物联网上和监控系统中发生的各类与安全有关的事件，如网络入侵、内部资料窃取、泄密行为、破坏行为、外部和内部的非法操作与控制等，将这些情况真实记录，并能对于严重的外部和内部的违规和非法操作进行阻断，实现监控系统的操作与控制的安全性。“控制通信网关”作用如同飞机上的黑匣子，在发生网络犯罪案件时，能够提供侦测与取证的证据和数据，并具有防止证据和数据销毁或篡改的功能。“控制通信网关”同时具有网络安全审计跟踪功能，收集需审计跟踪的信息。通过列举被记录的安全事件的类别，提供如违规或非法操作的时间、用户名、密码、操作内容、控制对象等全过程的操作与控制记录信息。能适应各种不同的需要，如对存在某些潜在的入侵攻击源进行侦测、查找和追踪，跟踪记录所有涉及安全的数据和信息。安全审计的重要作用就是对系统安全性的分析和评估，从安全审计分析和评估中得到可能造成网络及信息系统安全相关的数据和信息。

六、与系统集成应用要求

1. 云平台支撑系统应用要求

SBC支撑系统软件提供资源的虚拟化和统一化支撑。其中虚拟化支持CPU和芯片组等VT技术的软件模块实现，统一化则由虚拟化管理软件支撑，并进行定制化的开发完善其功能。根据应用的不同，支撑软件由虚拟化服务器支撑和远程虚拟桌面支撑两类构成。可以根据实际需要，将服务器设备安装不同的软件，从而实现不同的支撑平台。支撑软件同时向管理平台提供管理操作支持和状态上报。

2. 与系统集成要求

业务及监控系统应用软件负责提供业务逻辑与流程，以及用户展示界面。业务软件在实现方式上可能是基于虚拟桌面的 C/S 架构，也可能是基于 B/S 的 Web 服务端。业务软件的实现集中在云平台的 PaaS 和 SaaS 层，终端不需要进行特殊的软件开发。支撑软件负责提供虚拟化环境和管理接口，提供静态和动态的 Web 服务及数据库访问服务；提供并发的远程桌面支持和隔离 C/S 系统容器。智能化业务应用系统可以是第三方开发的软件系统。基于 SBC 的智慧建筑一级平台架构分为三层，分别实现云平台资源管理、通用功能管理和业务实现，在这样的架构中体现了业务联动和数据的融合，体现了智慧建筑管理的统一性。

七、SBC 通信接口要求

1. 门户页面接口要求

智慧建筑云平台包括的应用系统有智慧信息集成系统（IBMS）、物业及设施管理系统（PM + FM）、建筑设备管理系统（BMS）、综合安防管理系统（SMS）、一卡通管理系统（ICMS），均应采用基于 Web 的浏览器（B/S）的系统模式。配置本系统门户页面。

2. 数据库接口要求

智慧建筑云平台包括的系统数据库，应符合 JDBC/ODBC 数据库互联标准，提供数据库访问的应用程序编程接口（API）。

3. 实时监控数据互联通信接口要求

智能化监控系统及各监控系统接口应采用标准的控制网络或现场总线通信方式，采用以太网络 TCP/IP 通信协议，用户层接口必须遵循统一的数据包结构。智能化监控系统的实时数据交换应采用 OPC 通信协议和实时数据通信接口。

八、SBC 网络功能要求

1. 网络浏览功能

智慧建筑云平台充分实现智能化各应用系统信息的网上浏览，在世界各地，只要能够通过互联网与智慧大厦智能化物联网（经内外防火墙）连接，就能依权限实时在线浏览权限范围内智能化各应用系统，甚至各个设备的运行状态以及历史信息。

2. 网络监视功能

智慧建筑云平台具有通过网站链接调用的方式，实现对智能化各应用系统的监视功能。在智慧大厦智能化物联网中的任一授权用户，都可以监视智能化各应用系统的各种设备运行状态及报警/故障状态。智慧建筑云平台具有通过网站链接调用的方式实现对智能化各应用系统的控制功能。在智慧大厦智能化系统物联网中的任一授权用户，都可以对智能化各应用系统的各种设备进行授权控制。该网络控制功能只对高级用户开放，并需采用硬件（UK）方式确认控制授权。无权用户该项网络控制功能在首页上被屏蔽（不显示）。

3. 信息交互功能

通过云平台数据库系统，实现智能化各应用系统信息和数据的综合集成及数据管理的功能，可实现智能化各应用系统之间信息的交互和数据共享，可通过信息引发相应监控系统的联动响应程序。实现信息交互的智能化各应用系统包括智慧建筑管理系统、物业及设施管理系统、建筑设备管理系统、综合安防管理系统、“一卡通”管理系统、智慧会议系统、智慧办公室系统、智慧会所系统、电子公告及信息查询系统等。

4. 信息查询功能

智慧建筑云平台具有提供多种方式的信息查询，可以查询智能化各应用系统及现场设备监控的各类信息（设备状态信息、报警信息、维护信息、视频监控图像、门禁出入人员资料与信息、访客资料与信息及影像、水电气及空调分室计量），以及基于设计阶段、建造阶段的原始数据、图样、设备性能参数等资料和信息。

5. SBC 设置功能

（1）设备运行管理功能配置　通过智慧建筑云平台软件，可以在智慧建筑云平台一级对整个系统的运行配置进行设置。主要对设备运行以及智慧建筑云平台软件与设备关联运行所需的内容进行设置。例如在智慧建筑云平台的设备信息设置功能中，系统提供了设备的分类、具体设备属性描述的增添、删除等功能。

（2）安全监控功能配置　网络权限的设置由网络管理员来完成，由操作系统及相关网管软件来实现；智慧建筑云平台提供按部门进行分类，系统可为系统管理员提供一个用户权限管理界面，以便对系统使用权限进行分配，包括功能模块的使用分配（即限定使用特定的模块及应用系统）、操作功能（即限定增加、删除、改动等权限）的使用分配。

（3）计算功能设置　系统需要提供多种灵活的计算方式，并可进行设置。可对各类设备系统的耗能、计量、设备运行时数、成本等统计的计算公式，不同的层次的统计功能的设置，可以由相应权限的管理者自定义。

（4）维护管理设置　系统提供一系列对系统和设备进行维护管理的设置，例如数据备份周期的设置功能可以方便有效地备份历史记录。

九、智能化应急指挥调度系统

1. 系统总体要求

在复合建筑中突发安全事件（如火灾报警等）、紧急事故（如停水停电，电梯锁人等）、自然灾害（如地震、洪水等）时，应急指挥调度子系统启动应急处置预案快速指挥调度，将灾害造成的损失减低到最低限度。通过智慧建筑云平台（SBC）、建筑设备管理系统（BMS）、综合安防监控系统（SMS）、火灾报警系统（FAS）信息互联互通，并具有实时数据交换和数据共享的能力。

2. 技术应用

1）应急指挥调度子系统通过复合建筑的电子地图可视化图形页面，将与突发事件相关的所有信息包括实时报警滚动信息条（文字）、突发事件位置信息、突发事件实时状态信息、电视监控图像信息、现场语音信息、移动通信信息等与突发事件周边的相关影像信息、相关历史资料和数据信息等显示在智能化监控中心大屏幕显示屏上。

2）应急指挥调度子系统具有根据应急事件等级和处理的轻重缓急自动联动及通知与突发事件处理相关的部门和主管人员的能力；并具有通过网络举行视频会议的能力，参与应急处理的各单位、部门和个人都可以通过可上网笔记本计算机调用应急事件相关影像和语音信息，并具有与应急处理指挥中心进行多方实时图像显示和语音对讲的功能。

3）应急指挥调度子系统图形工作站采用19″以上触摸屏，可以显示和调用与应急事件相关的所有信息，并可实现应急多方可视对讲功能；系统具有实时记录应急处理指挥中心现场影像和现场语音的功能。

4）应急指挥调度子系统可以按照突发事件的实时状态，分别在智能化监控中心大屏幕上自动显示突发事件状态信息（事件滚动信息条）、现场影像、周边道路影像、人员组织情况、现场通信情况、可视对讲影像和语音，为应急调度和指挥提供决策依据。

5）应急指挥调度子系统根据突发事件的等级和分类，系统自动检索和启动应急处理预案。通过应急预案的处理流程和现场实时信息组织调度和指挥，系统根据应急预案自动显示相关资料和数据，辅助提供应急调度和指挥决策的依据。

6）应急指挥调度子系统具有提供对各级和各类突发事件应急处理的预案库。应急预案应分为预设方案和行动方案，应急处理预案的编制应根据本地的各种可用资源进行合理的调配和组织。

7）应急指挥调度子系统具有如下功能，通过图形化用户界面来自动流程化处理报警，用户可以拖拽所需要的动作控件图标至工作流程设计区，并使其相互关联。

3. 系统功能要求

1）应急报警信息分为四级，用红色、橙色、黄色和蓝色不同颜色显示报警信息条。可按入侵报警、火灾报警、突发事件等各监控系统分类报警。可选择显示已确认、未确认、全部报警信息。

2）双击任意报警信息条，显示与该报警设备所处楼层电子地图、查询该报警点处理信息。查询报警处理信息内容包括报警等级、报警发生的时间、确认报警的时间、报警确认人姓名。点击楼层电子地图上报警设备图标，能显示应急报警实时状态图，实时状态图显示内容包括报警状态（报警、恢复、处理、故障）。

3）双击任意报警信息条，可操作和设置应急预案检索、应急通信、应急信息发布等，实时连续打印应急事件报警信息，打印报警信息页所有相关信息，打印所有操作、设置和查询的信息。

4）双击任意报警信息条，可在页面“报警提示”窗口显示与该报警点相关的操作预案，如联动控制流程，报警确认程序、报警应急处理预案、应急信息发布、联络通信等。

第三节 物业资产管理系统

一、概述

物业资产管理系统应根据复合建筑房产、设备、安全管理的需求，系统采用 B/S + C/S 计算机结构模式的一体化物业及设施管理系统，将建筑内的物业管理、设施管理、事务管理、访客管理、节能管理，以及智能化系统安防及设备监控管理相关信息、数据、存储、备份、查询均集成到复合建筑物业及设施管理平台上和数据库中，为建筑内工作人员和客户提供安全、舒适、便捷、节能、环保、高效的工作与商业活动环境。

建筑信息模型技术应用于智慧建筑物业及设施管理（PM + FM）已成趋势。将传统建筑内独立运行并操作的各类设施与设备，汇集到统一的基于可视化图形的复合建筑智慧建筑物业及设施管理平台上，实现统一的设施管理和设备监控。将复合建筑内建筑设施、机电、消防、安防、摄像机、门禁等各监控系统设备和监控点的空间定位及空间位置信息，通过可视化图形进行汇集、分析、应用、展现，建立复合建筑建筑物可视化模型。复合建筑在设计阶段、建造阶段、智能化系统运行阶段的所有数据和信息可以从模型中查询、显示和调用。例如，通过图形获取复合建筑设计阶段的设计图样和建筑结构计算参数等；建造阶段通过图形查询水电气管线槽安装位置、材料和尺寸，机电设备及材料的二维码参数等；在二次装修时，可以了解哪里有管线，哪里是承重墙不能拆除等；智能化系统运行阶段通过电子地图实时显示报警点、监控摄像机、门禁读卡机、机电设备的位置、状态、影像和运行数据等。在安防和消防报警时，在电子地图上可以快速定位所在位置，并查看周边的疏散通道和重要设备。

二、物业资产管理系统应用要求

通过信息应用系统对复合建筑设施管理运维数据的汇集、累积与分析，对于智慧建筑来说具有很大的价值。复合建筑物可以通过数据来分析目前存在的问题和隐患，也可以通过数据来优化和完善现行管理。例如，通过信息平台汇集能耗管理数据，并且累积形成一定时期能源消耗情况；又如，通过累积数据分析不同时间段空余车位情况，进行车库管理。

应用物联网技术对于现代高层及超大面积建筑物的设施管理来说至关重要。如果没有物联网技术，设施管理还是停留在靠人为简单操控的阶段，没有办法形成一个统一高效的管理平台。在复合建筑智慧建筑设施管理（FM）中采用物联网技术相接合的方式，不但能为建筑物实现可视化的信息模型管理，而且为建筑物的所有组件和设备赋予了感知力与生命力，从而将建筑物的运行维护提升到智慧建筑的全新高度。

三、物业资产管理系统技术要求

物业资产管理系统宜采用以下商业化的技术应用和标准软件系统。

（1）数据库系统　采用 MS SQL 数据库，可与 ORACLE、SYBASE 进行数据共享和交换。

（2）物业资产管理系统的功能模块　物业资产管理系统的功能模块包括物业管理、设施管理、应急管理、设备运行、能源管理、访客管理、计量及收费管理、观光及票务管理等。

四、物业资产管理系统功能要求

1. 物业管理软件功能要求

物业管理子系统应用数字化技术，通过互联网和智能化物联网处理物业管理过程中的各项日常业务，达到提高效率、规范管理、向客户提供优质服务的目的。物业管理软件应具有高可靠性、安全性，操作方便，采用中文、电子地图图形页面。物业管理软件应能与数字化设施监控管理、综合安防管理、客户的信息服务等数据库实现数据的交互和共享。

（1）房产管理　对复合建筑房产资源进行集中统一的数字化管理（包括商业公租房、办公用房、生活用房、机房等），详细记录建筑及房间位置、建筑结构及类型、房屋使用功能，建筑单元平面布局等信息（包括图形图像资料）。对所管理的房屋的接收、查验、维修建立资料档案库，为复合建筑提供房屋租赁、调换等业务管理和服务，以及环境管理和绿化管理等。

在单一的 Web 入口集成各种需求分析管理图表，如使用总面积圆饼图、各楼营业部门使用面积比重、各楼部门分布图、建筑内人数占用分析等。

（2）房屋维修管理　依据国家对房屋维修管理的有关规定和复合建筑的实际情况，制订出房屋的修缮计划。物业管理中心随时检视建筑及房屋的应急维修，物业管理部门可以提供物业管理信息网站和物业管理客户服务“呼叫中心”等方式，接受客户房屋维修的申请，物业管理中心确定维修任务类型和维修工作人员，通过物业管理信息网站和物业服务中心通知客户维修申请处理的相关信息。在物业维修部门完成维修工作后，将客户维修验收及反馈意见，以及维修材料清单等信息记录于物业维修档案数据库中。系统具有根据设备运行时间统计进行保养提示的功能。制订标准工作计划可以作为定期性检修（或预防性维护、预防性保养）、临时性检修（或称故障维修）、模块化维修等工作的工作计划标准样版。

（3）收费管理　建立统一的财务核算及收费管理，主要包括水、电、煤气三表收费以及物业费、房租费、停车费、保安费、卫生费、有线电视费等。由物业管理中心建立复合建筑内各部门独立核算的收费记录数据库。收费方式可以采用单位或部门账户自动划拨，可通过连接“一卡通”综合应用管理系统数据库，复合建筑水、电、煤气以及空调分室计量系统数据库，建立复合建筑内的物业网络化电子财务结算体系。

（4）保洁管理 对复合建筑范围内的绿化、清洁、消毒、垃圾清运等工作进行组织、记录和检查；实行内部核算后按有关规定定期向各部门收取费用。

监控潜在的室内环境危害，如石棉、氡、含铅涂料等。提供基于网络的并可直接连接到空间和设备库存的视图的搜索，确保所有危险材料得以快速、准确地定位、跟踪和消减。

（5）其他管理功能 物业管理通过管理集成，实现空间管理、租赁管理、停车场管理等。

2. 设施管理软件功能要求

1）设施管理子系统是物业管理的重要内容，通过智能化系统物联网与物业管理信息网络的融合，将建筑机电设备及设施运行状态和故障报警信息，以及复合建筑计量表读数上传至物业管理应用数据库中。设施及设备运行与建筑设备监控系统（BAS）监控电子地图图形链接及显示。建立设施及设备档案，自动生成系统保养计划，对设施及设备运行数据进行采集和记录。

2）设施运行管理包括设施运行文档管理、编制设施管理规范及制订量化考核指标和考核办法，设施及设备运行监控、设施及设备运行数据采集与记录、主要设施及设备预防性监测、设施及设备巡查到位跟踪及巡查记录，提供综合节能管理数据报表等。

3）设施保养管理。具有可根据设备运行时间统计进行保养提示的功能。设施保养管理内容包括制订设施及设备保养与维修计划和设施及设备运行保养自动提示功能、设施及设备维修单自动生成、设施及设备保养与维修记录、设施及设备备品备件管理等。

4）设施及机电设备巡查的功能内容包括在重要的强智能化设备机房设置在线巡查站。设施及机电设备采用 RFID 或二维码标注设备信息，维修保养人员定期对重要设施和机电设备进行巡查，通过巡查站在线确认巡查到位，并实时将巡查的信息传送到物业设备管理中心。设施及机电设备巡查系统具有设置巡查路线、巡查实时到位记录，联动巡查区域摄像机跟踪显示的功能。

5）设施信息管理。复合建筑设施及机电设备信息管理，主要是对复合建筑内设施及机电设备、智能化系统设备及器材采用 RFID 或二维码技术进行分类登记，对其运行及故障报警数据实时统计和管理，建立设施及机电设备、智能化系统设备定期维修和保养登记记录数据库，建立机电设备及设施、智能化系统设备及器材产品档案资料、设备安装资料和图样、采购厂商信息等资料库。建立复合建筑设施及机电设备、智能化系统设备及器材备品备件库存数据库，以及上述设备的采购、更换、位置、数量、价格、折旧、保养、维修、配件、出入库等均通过统一的物业管理数据库平台进行登记和查询等管理。

6）综合安防及机电设备监控管理。通过系统集成管理数据库相关智能化应用系统监控信息及数据导入，对公共安全系统的各种报警信息与报警确认信息，以及机电设备监控系统设备的运行状态与故障报警的信息与数据进行统计及优化，实现信息与数据的共享和备份。由 FM 查询最新实时信息及历史数据，当监测数据或状态异常时，可通过手机短信及电子邮件实时通报，让管理者对于设备信息状态可以随时掌握。

7）紧急应变（非常态）的物业及设施管理。当灾难发生，通过与FM联动，在最短时间内获取最新信息、人员分布位置、系统故障程度、灾害类型等，以确保生命安全、避免财物损失。运用疏散计划、职员位置及有害物料存放地点的报表以帮助进行迅速的决策。方便紧急事故小组管理及时发报，状况恢复计划管理；逃生路线/危险物品区域/防烟区划等，分类管理。FM风险管理应用系统在紧急事件发生时，可以立即通报给管理者最新信息并有效追踪灾害发生状况，将组织机构的风险与损失降到最低。

8）信息增值服务软件功能要求

①会议室预定管理。用户可通过登陆会议预约管理系统预定不同时间段的会议室，当预定被批准后，系统将自动发送会议预定成功信息，同时可通过多媒体信息发布系统，在会议室多媒体显示屏上发布相关会议资讯。

②应用模块功能要求。主要体现在面向客户的信息增值服务。通过复合建筑物业及设施管理信息网站和客户服务中心建立起物业管理与复合建筑客户之间高效的应用信息交互平台，达到提高沟通效率、扩展服务项目、降低物业管理成本、达到向客户提供优质服务的目的。面向客户的信息增值服务内容包括复合建筑物业管理综合信息服务、物业管理增值信息服务等。

③访客管理模块功能要求。到复合建筑的来访者可以实现网上预约登记、现场自助登记（持信息授权码）、接待前台登记（提供身份有效证件）。访客系统支持二维码和第二代身份证的应用，并实现门禁道闸系统与访客系统的信息互联互通、数据共享交换和联动控制。访客管理需要与安防措施相互结合。例如访客二维码两次有效还是一次有效，访客卡应是一次有效，离场时回收后开启门禁模式。

④票务管理模块功能要求。售票和检票道闸控制、客流统计、自动寄存管理。采用B/S与C/S相结合的计算机结构模式。通过统一的监控与管理页面，实现对售检票信息和检票道闸控制监控状态及报警信息的显示、信息的交互与数据共享。

⑤综合能耗统计与管理模块功能要求。综合能耗管理模块主要建立能源消耗和成本控制数据库。可按周、按月、按季查询预定的设备运行时间表、日程表，节假日表，具有最佳设备启/停功能；自动生成能源计划与实际消耗趋势图及状况总览，以及自动生成能源分析及评估一览表。提供相应的冷热源设备运行图，历史、实时、预测新风量趋势图、曲线图、甘特图、统计报表等。历史、实时、预测空调温度控制趋势图、曲线图、甘特图、统计报表等。历史、实时、预测能耗趋势图，历史、实时、预测用电量趋势图、曲线图、甘特图、统计报表等。

⑥“一卡通”管理系统要求。“一卡通”管理模块主要由门禁及道闸管理、停车场管理、访客管理、餐厅管理、商业消费管理、考勤管理、发卡管理等功能组成。实现对CPU卡的发放、回收、授权、充值、消费、出入等管理功能。用户持授权CPU卡，可同时在指定的范围和不同的场所使用。实现人员管理、身份认证、消费、娱乐、金融、费用结算和门禁控制等功能。

第四节　信息设施管理系统

一、综合布线系统

1. 运营商网络与通信接入网络

语音、数据接入系统分别由电信、联通等多家主要通信运营商提供接入服务，实现“双网接入，双路由布线”，确保通信接入系统的可靠性。移动通信网络要实现电信、联通、移动等多家运营商的手机信号系统全面覆盖整个建筑。

2. 物业办公网络与通信网络

复合建筑在物业办公网络与通信网络系统中，首先要根据建筑物内的建筑环境来进行水平布线、垂直干线布线等子系统的设计。公共区建设干万兆光纤至楼层，千兆铜缆至桌面的物业管理网、办公网、电话网、无线网络，复合建筑将公共区域的信息发布点位纳入物业办公网络统一管理，全楼 VLAN 系统（内部 IP 电话）可与座机绑定。运营商将网络与通信设置各自竖井，其中包括接入机房的各种设备及竖井的光缆。用户自行负责各自区域的配置。具体应该做好以下几项工作：

1）评估和了解复合建筑中不同业态空间不同用户的通信需求。

2）评估和了解复合建筑中物业管理对智能化系统设备布线的要求。

3）评估各个业态空间相互融合的程度，明确相互之间的综合布线的相互关系，尽量减少互相干扰。

二、数字程控交换机系统

1. 总体要求

1）数字程控交换机（PABX）是连接复合建筑内部通信调度和计算机网络两大系统的关键设备。

2）电话交换机系统包括 IP 电话、传真、电子邮件、无线通信、会议电视、可视电话、可视图文以及多媒体通信，支持在公共建筑物内的 CDMA、GSM 微蜂窝基站组网的内容。

3）语音交换系统将采用数字程控交换机技术实现。数字程控交换机设置在通信机房，系统建议采用总/分机模式，实现总分机间的互转和分机间的互拨。

4）程控语音交换系统按照语音布点容量（20%）冗余进行配置。

5）所有电话实现对外直拨为长号，对内互拨为短号（无须付费）。

6）对各楼层的长号及短号分别控制管理，考虑部分楼层的其他用途的需求，能分区域使用短号，各区域之间相互独立。

7）设计应实现低功率、双向数字通信、动态信息分配和无缝越区切换等功能。

8）面向用户的信息交互服务，通过智能建筑项目网站和呼叫中心（含手机短信）两种方式，同时向智能建筑项目用户提供信息收发和信息交互服务。

9）具有接入以太网功能，具有丰富的IP，支持IP资源板卡，可通过LAN/WAN接入IP电话；系统应有内置的IP中继功能；同时系统应具有通过IP网络接入远端模块的功能，控制、管理和计费应在主局实现。

2. 基本要求

1）交换机系统（PBX）必须具有先进水平并同时满足先进性和成熟性的设备，从交换技术到软硬件保障措施来保障设备运行的高度安全可靠。

2）交换机系统（PBX）必须为世界范围内广泛应用的、成熟的产品，全球范围内位居前列的产品。

3）随着企业的业务发展，系统能方便快捷地构建基于IP的企业内部融合通信网络。

4）交换机系统（PBX）必须是全数字、时分、标准编码的交换系统，支持话音交换、数字传输、语音压缩、综合数据业务网（ISDN）、IP接入、CTI接口、内置自动呼叫分配及路由（ACD）等功能。

5）提供全面标准的信令、协议接口，支持中国1号信令、中国7号信令、ISDN PRI、IP（H.323和SIP）；支持多种中继线接入和接出（模拟/数字中继线），数字中继接口符合CCITT标准G.703，阻抗75Ω；内部用户接口应支持模拟接口、数字接口（如2B+D等）及IP接口（H.323和SIP）等方式。

6）具有较强的组网能力，支持集中式和分布式等多种组网方式。交换机必须支持集中控制、分散接入的结构。单系统的中心点和远程点之间必须支持IP连接方式，实现集中控制和管理与分布式处理的有机结合。

7）交换机系统（PBX）采用机架安装，符合19in机柜标准，结构紧凑、合理，外形美观，散热性好。

8）交换机系统（PBX）设计应采用开放式体系结构，使交换机成为一体化综合通信平台，在统一的硬件平台上，可以不断扩充新功能，提供新业务，为跟踪新技术发展，平滑扩容，满足不断增长的需求提供保障。

9）交换机系统（PBX）必须具有内置语音信箱功能，通过语音信箱功能可实现自动话务员功能。

10）系统设备可以提供电话会议桥功能，方便企业召开电话会议，支持多种会议方式。

11）系统支持手机与座机捆绑功能，当有来电时，座机与手机会同时振铃，员工可以选择用手机或座机应答来电。

12）系统设备支持来电显示、呼叫转移、语音留言、呼叫录音、智能呼叫路由功能，并能提供自动呼叫分配（ACD）功能。

13）系统提供相关的电话管理软件，利用该软件，使所有员工都可以访问过去只能由呼叫中心内部员工或者在每一桌面上都配备了价格昂贵的专有功能电话的企业的员工才能访问到的功能与设备。利用一个模拟电话或数字终端，以及一个桌面联网 PC 机，电话管理软件就可使员工从 PC 机上控制自己所有的电话呼叫。

14）既能满足目前传统语音通信需求又能兼顾到未来发展 IP 通信、IP 组网以及其他增值业务和技术的需求，在此基础上建立基于成熟有效技术的话音通信网和多媒体通信系统，保证该设备在未来技术不落后，以尽可能小的投资获得较大的回报。

三、智能化物联网系统

1. 总体要求

智能化物联网由智能化专网和感知网组成，底层是物联网感知层，上层是由商用以太网组成的智能化专网（安防网＋综合管理网）。物联网感知层由分布在楼层的感知物联网路由器、感知物联网交换机等组成。智能化传输网采用三层网络构成，即接入层（第一层网络），汇聚层（第二层网络），核心层（第三层网络），其中安防管理网和建筑管理网的接入层，汇聚层、核心层各自独立组成通信网络。

2. 系统功能

智能化传输网垂直主干采用环路光纤分路技术与以太网光端口交换机的组网方式，配置双缆双井双路由环网光纤垂直主干。建筑或楼层各监控系统现场控制器和设备可采用现场控制总线方式进行连接，但需要通过各监控系统楼层网络控制器或网络适配器实现与智能化物联网的互联互通，实现各监控系统现场各类终端设备的网络连接。

1）基于双缆双井双路由环网光纤垂直主干，安防系统包括入侵（侦测）报警、视频监控、门禁控制、访客可视对讲等功能，建筑设备管理系统，公共广播连入综合安防系统。

2）建筑或楼层水平布线采用现场控制总线通信线缆布线方式，经建筑或楼层视频配线架、网络控制器、网络适配器、网络与总线转换器等方式，实现与楼层智能化物联网交换机的连接。

3. 物联网感知层技术要求

1）建筑或楼层感知网通过感知网路智能适配器与智能化各监控系统在感知网络层实现互联互通，使所有智能化监控系统达到深度融合，实现“泛在感知”和联动控制，从而将智能化系统整体技术应用和实现功能，提升到感知互联的智慧化水平。

2）通过智能化物联网管理系统可以对感知网路由智能适配器和具有物联网内核的智能控制器、执行器、传感器进行“快速单键式”的操作，从而使所有智能化监控系统在各楼层监控设备直接实现“泛在感知”、协同工作和联动控制。跨系统的联动控制不需要依赖于上位机软件的转发，从而极大提高系统的实时性、稳定性和可靠性。智能化物联网管理系统还能对感知网络的总线通信、智能化适配器、现场智能控制器、执行器、传感器进行全面监测和管理。

3）智能化物联网感知网络由智能适配器、智能控制器、网络摄像机、智能执行器、传感器等组成。感知网络智能适配器支持即插即用，支持快速单键式操作，智能化物联网管理平台界面友好、使用简单，用户经过简单培训就能掌握，复合建筑竣工后对协同控制策略的调整用户可以自行完成，不依赖于集成商。

四、计算机与通信系统

复合建筑计算机网络系统结构通常采用核心、分布、接入三个层次，分成核心区和 DMZ 区两部分，在以太网层面不分内外网络。在核心区设立两台万兆核心交换机，互为备份。设立存储设备为低码流数据提供存储。在 DMZ 区设立代理服务器、Web 服务器、FTP 服务器、Modem 池、防火墙、路由器，负责 Intranet 接入和与外界的连接，确保安全。

在配线间设立两台互为备份的万兆汇聚交换机，两台汇聚交换机以双归形式与核心交换机万兆连接，保证系统可靠、安全。汇聚交换机可以分担网络流量，网络结构清晰。演播区采用千兆交换机与核心交换机连接。

为每个用户提供不同的服务和管理，采用 MPLS 交换技术，为每个用户提供需求的带宽和保证，通过 VPN 技术实现一些特殊服务。为了保证网络安全，网络系统在建设开始就要考虑网络安全问题，网络安全由三部分组成：组织、技术、流程。组织安全要求大厦建立一整套安全管理体制，包括每个员工的安全意识。流程安全是建立安全策略和安全级别，对不同用户提供不同安全保证。

五、无线网络覆盖系统

利用综合布线系统，搭建一个 WLAN 无线网络系统。系统采用 802.11b、802.11g 或 802.11b/g/n/ac 协议。无线网络系统需要覆盖商业公共区域、设备机房、避难楼层，以及各楼层公共区域，设计单位应根据楼层建筑结构的特点，具体确定无线路由器（WiFi）AP 点和天线的数量和位置。

以建筑或楼层为区域建立 GSM 或者 CDMA 无线转发微蜂窝基站，采用低功率的微蜂窝状无绳电话数字通信技术，形成整个区域范围内无线移动通信信号的完整覆盖，以克服复合建筑结构造成对无线信号的屏蔽和衰减。增强建筑内无线寻呼和移动电话通信的无线信号，提高无线通信设备的通信能力。区域范围内基站数量的确定应能保证通信设备呼入呼出的接通率，保证用户便携式通信设备在移动时基站能留有足够的空余信道进行动态信道分配。区域范围内各基站位置的确定应以各基站定位时基站发射信号的场强边缘轮廓图为依据，能满足用户在区域范围内移动通信时，做到无缝越区切换，确保用户通信时始终有畅通的信道。

六、多媒体会议系统

1. 设计原则

（1）先进技术性原则　主要体现在采用音频信号的集中控制技术，采用高质量，高声压级的线阵列音箱系统精确控制声场覆盖，减少顶棚对声波的反射，防止主扩声箱覆盖舞台而引起的“啸叫”。在音色得到保证的情况下，使现场扩声的声压级、声场不均匀度、传输频率特性等声学特性指标符合国家标准。并采用可远程监控的功率放大器，提高整个系统的性能。

（2）可靠性原则　设计时要选择世界知名品牌，并至少通过多年众多用户实践证明的高可靠性、高稳定性的产品，并针对可能出现的问题，提供完善的可靠性方案。

（3）通用性原则　是指在设计时，在满足功能、保证系统的性能情况下，选择通用性强的设备和系统。通俗易懂，无论是场内场外的调声员均可熟练使用。在选择设备时，设备的接口必须是国际上的通用标准，数字设备的软件和固件均可无限次升级，使系统的扩展性和兼容性更强，也保持了系统的先进性。

（4）安全性原则　所选择的音响设备、安装辅助材料、连接器件及电源供应设备均有3C认证等主要电气安全标准认证。在保证音质和满足声学特性指标的情况下，选择效率高、节能环保的功放音箱系统，提高系统的安全性，也响应可持续发展的世界主题。

（5）突出以人为本、按需设计的原则　即充分考虑使用功能和操作特点的需求，做到量体裁衣按需设计。工程上采用主流技术（先进、实用、成熟技术）、主流产品（符合主流技术要求的常用成熟产品）。

（6）经济性、实用性原则　是指追求最佳投资效能比，使系统达到世界先进水平，系统做到经济适用。

2. 安全保障

所有设备和电气控制器材、装置全都满足相应的国际安全标准和操作规程，具有故障自动保护的功能，以保证器材和电气控制系统对人身是安全的。所有电线、电缆为耐火型、阻燃型或低烟幕型的，减少事故的发生，或避免发生事故时有害烟幕对人员的伤害。

3. 系统稳定性

扩声系统是个“声音闭环系统”存在声反馈问题，扩声系统在临界状态下会给声音带来严重的失真（声染色），因而扩声系统要有充分的稳定性，这是保证扩声系统声音质量的一个重要因素。传声增益指标的保障可由扬声器的选型与布局以及优良的指向特性、传声器的合理选型与布置和舞台、观众厅建筑声学处理等综合手段予以保证。在设计中，将会给予重点考虑。

4. 噪声控制

对于扩声系统总噪声级的保障，一般会在设备选型时，部分采用数字处理设备，并对设备的信噪比进行严格控制。对系统布线、接插件焊接质量及接地系统等进行严格的工艺控制。

七、有线电视及卫星电视接收系统

有线电视系统由本地运营商提供有线电视接入服务，运营商提供有线电视机房设备、垂直主干传输网络，以及建筑或楼层智能化小间有线电视网络和电视放大及分配设备。有线电视系统设计方案涉及满足有线电视运营商主干传输网络敷设空间，建筑或楼层智能化小间运营商有线电视分配线路与水平布线系统连接。

八、信息引导及发布系统

1. 总体要求

信息引导及发布系统包括公共信息公告及发布、多媒体信息查询等功能。在商业等附属楼大厅预留大屏幕和信息查询机接口，在建筑一层公共区设置电子公告显示屏。

1）系统采用网络信号传输方式，支持数字电视和数字广告媒体信号的显示。

2）提供可对电子公告显示屏进行远程操作。

3）提供与智能化综合信息集成系统和智能化物联网的互联，通过本系统信息资源数据库服务器，并经过组织、处理和控制，以显示各类相关的所需信息。

2. 系统功能

1）公众信息系统包含信息采集、编辑、制作、信息发布功能。

2）在计算机网络中心设立“信息编辑、制作中心”，它将来自信息、数据处理中心、有线电视、互联网、局域网、管理部及展览部等的数字、文字、图形、图像等信息，经编辑后通过局域网送往室内外多媒体显示屏、厅内滚动字幕条、触摸屏及其他多媒体终端，让各方面均能获得及时和丰富的资讯信息。

3）信息发布系统的建设是建立一个互动的多媒体资讯平台。该信息资讯平台可提供即时信息、资讯、政府公告、天气报告、广告等。系统的主要目标是通过控制中心在指定的时间将指定的信息显示给特定的人群。

4）多媒体动态广告、静态广告、网络广告，多种广告相结合方式。

5）提供更多的广告形式的选择。

6）系统可以播出 IPTV 电视信号，能同步显示和播放电视、录像、影碟、摄像机等视频节目，以及二、三维动画和图文信息等。显示时间可调节，画面可循环和分割显示。

7）支持多语言播放。应支持播放预定义的中英文信息，紧急信息可以优先覆盖预定义的播放信息。紧急信息可以手动清除。

8）互动查询系统（针对触摸屏），访客可透过触摸屏得到复合建筑内各类业务资讯和服务指南。

9）电梯间设置多媒体信息显示屏，显示新闻、天气预报、通知等实时动态文本信息和背景音乐等信号。

10）应能通过计算机的操作对显示屏的色彩和亮度做一定范围的调整。

11）系统支持播出数字高清信号。

12）可以选择采用有线电视信号，并具有编辑及制作节目的能力。

13）可实现多媒体信息查询方式。

14）满足视频模拟信号播出（可转换为数字信号）和数字信号播出方式。

15）实现视频与字幕的叠加功能。信息显示系统兼顾通知广播的功能，应该能够快速、方便地叠加和穿插播出文字信息。

16）可多点发布（可与消防室、安防室、会议中心联合发布）。

17）可分组发布（含电梯轿厢内）。

18）可控制终端开关电源（至少为待机）。

19）留有与各分区业主的接口，可上、下传送。

第五节 建筑设备管理系统

一、总体要求

1. 建筑设备管理系统概念

建筑设备管理系统能够集成智能化系统物联网上所连接的智能化各应用系统，实现对电子地图图形页面的浏览监控、实时信息的交互、数据的共享、系统间的控制联动等。

通过建筑设备管理系统（BMS），实现对复合建筑内上述智能化各应用系统设备运行状态的监视，信息的浏览和查询，综合能耗管理和计量，以及对上述智能化应用系统设备进行实时联动控制及运行参数的设置和修改。

2. 建筑设备管理系统要求

建筑设备管理系统应采用 B/S + C/S 计算机结构模式，提供具有开放性、标准化的通信协议（TCP/IP）和信息网络的数据集成路由器及标准查询语言（SQL）的建筑设备管理系统（BMS）门户网站，可以通过 Web 浏览器方式浏览、电子地图图形显示、监控、查询。机电设备监控包括冷热源设备、空调设备、给水排水设备监控、电梯设备监控、变配电设备监控、照明设备监控、擦窗机及融雪装置等。

3. 建筑设备管理系统功能。

1）BMS 系统通过智能化物联网连接智能化各应用系统，可提供有关的互动控制编程，确保对突发事件提供快速响应功能及提示应急处理预案，供值班人员参考等一系列措施。

2）BMS 应与火灾报警系统之间建立通信接口。火灾报警系统为独立运行和管理的系统。BMS 对火灾报警系统只设置监视功能。

3）BMS 与暖通设备监控系统各个监控子系统之间的通信，采用开放式网络交换信息。

4）BMS 与综合安防监控系统之间通信，应采用开放式网络交接协议，提供监控功能。各工作站只作为操作人员监控用，即使工作站失效时，网络通信也可以正常运作。

5）擦窗机、融雪装置及景观照明的通信，采用开放式网络交换协议接驳至 BMS。

6）BMS 系统配备先进的工业级的工作站，软件系统应采用中文窗口系统，软件具备操作指导程序并设有密码保护功能。

7）各个 BMS 设备均需配备不间断电源 UPS，可确保工作稳定性。

8）整个系统需具备新旧产品兼容能力，同时提供完整数据通信网络，包括交换/集线器和数据存储装置等。

4. 智能化应用系统间联动控制功能

1）BMS集成的智能化各应用系统设备运行状态和联动控制状态通过楼层电子地图显示。

2）安防报警与门禁控制、公共广播、停车场、电梯、应急照明、机电设备的联动。

3）火灾报警与门禁控制、视频监控、停车场联动。

4）物业管理信息与门禁、公共广播、停车场、电梯、应急照明、漏水报警、给水排水、擦窗机及融雪装置等机电设备的联动。

5. 智能化应用系统间数据共享功能

1）各实时监控系统报警、故障、维修信息及数据的采集、备份、列表、查询、显示。

2）各实时监控系统间联动控制信息及数据的采集、备份、列表、查询、显示。

3）与各实时监控系统间的信息及数据集成，采用智能化系统物联网结构连接，采用开放性的TCP/IP协议进行信息和数据的交互。

4）与各实时监控系统间的联动控制可通过现场总线，采用开放性的OPC协议进行联动控制信息和数据的交互。

5）提供与智能电力监控系统的信息集成（包括柴油发电机组的运行监控信息）。

二、暖通设备监控系统

1. 概述

暖通设备监控系统采用B/S+C/S计算机结构模式。通过浏览器方式对建筑机电设备及设施进行集中和分布的监控和数据的管理。实现统一的电子地图图形监控页面、监控实时信息的交互、系统报警、建筑节能管理与设备运行数据的存储、备份和优化；实现设备运行、维修、保养和备品备件的管理，以及能源及设备节能管理等。

2. 暖通设备监控系统监控内容

1）空调设备。

2）送排风设备。

3）VAV变风量末端设备。

4）用户冷却塔设备。

5）联网型风机盘管系统。

6）冷源中心监控系统（含冰蓄冷）。

7）热力站监控系统。

8）燃气报警控制系统。

3. 系统要求

1）暖通设备监控系统实现对建筑内所属设备的运行状态、故障情况、能源使用及统计分析，以及综合节能管理等实行综合自动监测、控制与管理，以达到安全、节能、舒适和优化管理。

2）暖通设备监控系统采用实时监控、集中管理、分布控制的系统，BAS监控主机设于智能化监控中心机房，空调机房及其他需要对系统进行控制的场所设工作站或控制屏。系统应支持多种通信接口和协议，并具有接口开放和开发功能，系统通过通信接口集成各类系统和设备，如空调系统、电梯设备通信接口（与综合安防监控系统共享接口）。

3）暖通设备监控系统建立标准、统一的数据库，并具有标准的开放接口，便于被集成信息的综合利用和支撑大厦物业及设施管理信息集成，为建筑内的综合信息管理，以及应急指挥调度提供基础实时信息和数据。

4）暖通设备监控系统采用智能化物联网和现场总线两层网络结构，BAS 监控管理服务器通过智能化物联网（工业以太网结构）和楼层网络控制器连接，通信采用 TCP/IP，楼层网络控制器与现场总线上挂接的 DDC/PLC 控制器连接，通信采用符合 TCP/IP 或 BACnet 协议方式。

5）暖通设备监控系统管理层数据采用 B/S 结构，可根据用户需要设置多个操作分站，而无须增加软件。用户通过 Web 浏览方式安全地对系统进行授权许可范围内的访问。

6）现场控制器（DDC/PLC）实现现场监控方式，控制器之间采用现场总线连接方式。DDC/PLC 控制器具有独立的监测和控制能力，DDC/PLC 控制器应具有 32 位以上 CPU，应可根据需要随意增加/减少扩展模块，扩展模块和 DDC/PLC 应具备相同通信协议方式，扩展模块也可根据需要直接挂接在现场总线上。网络故障不会影响控制器的现场监测和控制功能。每个控制器点数预留 10% ~15% 的余量以备扩展。现场控制器（DDC/PLC）应可以通过网络适配器，将现场总线协议转换成标准的 TCP/IP 协议，并连接到智能化物联网上。

7）VAV-BOX 控制采用专用 VAV 控制器进行监控，VAV 控制器通过 VAV 网络控制器接入智能化物联网。

4. 技术应用要求

1）用智能化物联网和建筑设备自动化实时控制技术，实现办公及业务信息网络和智能化物联网信息与数据的互联互通，采用 B/S 与 C/S 相结合的计算机结构模式，实现建筑自动化控制信息的网络化浏览和自动化设备的网络实时监控操作。应用网络和自动化控制技术的结合，大大提高了自动化监控系统运行的效益，提高了操作和管理的效率。

2）新一代网络化的建筑自动控制技术应用，改变了以往建筑自动化系统基于 BACnet 和 LonWorks 采用复杂应用软件和专有的通信协议来配置系统，网络化建筑自动化系统采用开放标准的 WebXL/XML 协议，Web Srevers 的技术应用。通过 HTML 发布站点的页面来配置系统，并将应用软件和实现功能嵌入到 WebXL 现场控制器中。用户只要通过浏览器，就可以在世界任何地方操作和控制 WebXL 现场控制器，而无须安装任何用户端软件。WebXL 现场控制器之间的通信也是使用开放标准的 TCP/IP 来完成。建筑自动化新技术应用的重点是现场控制器的网络化、通信协议的标准化。

3）空调及送排风系统监控功能。空调系统应使用成熟的 VAV 控制软件，自成体系、自成界面。对重要房间的温度测量、显示，超设定报警功能（界面）。通过电子地图图形页面上的空调设备监控图标，连接空调系统设备实时运行状态图，空调设备实时运行状态图上显示设备包括空调主机、室内分机、计量电表等。显示空调设备运行状态，显示设备运行参数等。提供空调系统对室内外温湿度、室内二氧化碳浓度环境参数的采集和监控。最大限度地满足用户对舒适度的需求。能够自动生成空调及送排风设备运行数据图表，如曲线图、甘特图、统计报表等。

三、漏水报警监测系统

漏水报警监测系统采用定位检测。漏水一旦发生，则产生语音报警并自动拨打报警电话，将报警信息以语音方式传达给操作员。

1. 系统要求

1）稳定性，系统某一接点或某一设备的故障不影响其他设备和系统的正常运行；选型设备本身具有较好的稳定性和良好的故障保护功能。

2）扩展性强，每单元可以连接检测线不小于200m。

3）提供开放协议，方便二次开发。

4）同时检测多处泄漏，而不会误报。

5）检测线的精确度为1m。

6）提供干接点与串联端口输出。

2. 系统功能

通过电子地图图形页面上的漏水报警监控图标，连接漏水报警设备实时监测状态图，漏水报警实时运行状态图上显示设备报警位置、报警点数等。当检测线感应到液体泄漏或断线时，将激活声音、灯光警报，并于液晶屏幕上显示发生泄漏或断线的日期、时间、检测线名称及位置等参数。

四、给水排水控制系统

给水排水系统应采用B/S＋C/S计算机结构模式。通过浏览器方式对建筑内给水排水设施进行集中的数据管理和分布的设备监控。实现统一的电子地图图形监控页面、监控实时信息的交互、系统报警、建筑节能管理与设备运行数据的存储、备份和优化；实现设备运行、维修、保养和备品备件的管理，以及能源及设备节能管理等。

1. 系统总体要求

1）给水排水系统实现对建筑内所属设备的运行状态、故障情况、能源使用及统计分析，以及综合节能管理等实行综合自动监测、控制与管理，以达到安全、节能和优化管理。

2）给水排水系统应采用实时监控、集中管理、分布控制的系统，其监控主机设于智能化监控中心机房。系统应支持多种通信接口和协议，并具有接口开放和开发功能，系统通过通信接口集成于BMS系统内。

3）给水排水系统建立标准、统一的数据库，并具有标准的开放接口，便于被集成信息的综合利用和支撑大厦物业及设施管理信息集成，为建筑内的综合信息管理，以及应急指挥调度提供基础实时信息和数据。

4）给水排水系统采用智能化物联网和现场总线两层网络结构，给水排水监控管理服务器通过智能化物联网（工业以太网结构）和楼层网络控制器连接，通信采用TCP/IP，楼层网络控制器与现场总线上挂接的DDC/PLC控制器连接，通信采用符合TCP/IP或BACnet协议方式。

5）BAS系统管理层数据采用B/S结构，可根据用户需要设置多个操作分站，而无须增加软件。

2. 技术应用要求

采用智能化物联网和建筑设备自动化实时控制技术，实现办公及业务信息网络和智能化物联网信息与数据的互联互通，采用B/S与C/S相结合的计算机结构模式、实现建筑自动化控制信息的网络化浏览和自动化设备的网络实时监控操作。应用网络和自动化控制技术的结合，大大提高了自动化监控系统运行的效益，提高了操作和管理的效率。

3. 系统功能

通过电子地图图形页面上的给水排水设备监控图标，连接给水排水设备实时运行状态图，给水排水设备实时运行状态图上显示设备包括给水排水泵、水箱、水池。显示给水排水设备运行状态（开、关、故障），给水排水设备运行参数。能够自动生成给水排水设备运行数据图表，如曲线图、甘特图、统计报表等。

五、电力监控系统

1. 总体功能要求

1）电力监控系统通过变电所现场控制站的电力监控仪表等采集和主控单元与监控主机通过计算机网络相连，以实现复合建筑变电所无人值守、集中管理的功能和能耗统计、分析功能。

①融入建筑智能化电力监控系统技术更高层次的要求。

②先进的集中监控+区域监控的冗余网络结构。

③双机双网的冗余后台监控系统结构。

④良好的自诊断和自恢复功能。

⑤开放性的计算机监控系统。

2）系统设计应力求简洁可靠，应确保系统整体的安全性和可靠性，并符合10kV变电站及各变电所项目电力系统运行、维护和管理的需要，在一定时期内保持其先进性。

3）采用分层分布式结构，以计算机保护、监控装置为核心，应用计算机数字信号处理技术和通信技术，把保证变配电系统安全可靠运行而相互有关联的各部分联结为一个有机的整体，完成变配电系统正常测量和监视、事故过程记录与分析、开关操作、数据存储、处理、共享、打印等全部功能。

4）系统设备（软件和硬件）的配置应满足工程使用的实际需要，保证系统的完整性和经济性，并具有一定的可扩性和开放性。

5）系统的各种软件、硬件接口必须是开放的并且对业主公开所有的接口技术规格。投标人必须对采购人今后对本系统的二次开发活动提供技术支持。

2. 电气系统分析功能要求

1）在线稳定性分析，在线仿真设备启动或负荷变化对电力系统的影响。

2）模拟断路器的操作，预测保护装置动作顺序，模拟并制订操作流程。

3）在线负荷预报功能。

4）选择性分析。

5）针对不同运行方式下，提供各母线或设备端口处全类型最大及最小短路电流计算结果，并基于短路电流分析结果进行中压分断设备选型校验。

6）按照实际运行方式，针对每条回路进行全类型最大及最小短路电流计算。根据短路电流分析结果进行低压保护设备选型校验，断路器保护灵敏性校验，及动力电缆选型校验。针对各低压断路器提供最终的保护定值。对回路末端电缆压降进行计算。

3. 监控功能要求

（1）10kV 系统监控功能

1）监视 10kV 配电柜所有进线、出线和联络的断路器状态。

2）监视所有进线三相电压、频率。

3）监视 10kV 配电柜所有进线、出线和联络三相电流、功率因数、有功功率、无功功率、有功电能、无功电能等。

（2）变压器监控功能

1）超温报警。

2）温度监控。

（3）0.23kV/0.4kV 系统监控功能

1）监视低压配电柜所有进线、出线和联络的断路器状态。

2）监视所有进线三相电压、频率。

3）监视低压配电柜所有进线、出线和联络三相电流、功率因数、有功功率、无功功率、有功电能、无功电能等。

4）统计断路器操作次数。

（4）直流屏运行状态的监测

（5）柴油发电机运行状态的监测

4. 系统性能指标

1）所有计算机及智能单元中 CPU 平均负荷率。

2）正常状态下：≤20%。

3）事故状态下：≤30%。

4）网络正常平均负荷率≤25%，在告警状态下10s内小于40%。

5）人机工作站存储器的存储容量满足三年的运行要求，且不大于总容量的60%。

5. 测量值指标

1）交流采样测量值精度：电压、电流为≤0.5%，有功、无功功率为≤1.0%。

2）直流采样测量值精度≤0.2%。

3）越死区传送整定最小值≥0.5%。

6. 状态信号指标

1）信号正确动作率100%。

2）站内SOE分辨率2ms。

7. 系统实时响应指标

1）命令从生成到输出或撤销时间：≤1s。

2）模拟量到人机工作站CRT显示：≤2s。

3）状态量及告警量输入变位到人机工作站CRT显示：≤2s。

4）全系统实时数据扫描周期：≤2s。

5）有实时数据的画面整幅调出响应时间：≤1s。

6）动态数据刷新周期：1s。

8. 实时数据库容量

模拟量、开关量、遥控量、电度量应满足复合建筑配电系统要求。

9. 历史数据库存储容量

1）历史曲线采样间隔：1s~30min，可调。

2）历史趋势曲线，日报、月报、年报存储时间≥2年。

3）历史趋势曲线≥300条。

10. 系统平均无故障时间（MTBF）

1）间隔层监控单元：50000h。

2）站级层、监控管理层设备：30000h。

3）系统年可利用率：≥99.99%。

11. 抗干扰能力

1）对静电放电：4级。

2）对辐射、无线电频率：3级（网络4级）。

3）对电气快速瞬变：4级。

4）对浪涌：3级。

5）对传导干扰、射频场感应：3级。

6）对电源频率磁场：4级。

7）对脉冲磁场：5级。

8）对衰减振荡磁场：5级。

9）对振荡波：2 级（信号端口）。

12. 电力监控软件功能

1）通过通信管理层与各现场控制站进行可靠的通信，采集来自现场控制站的所有信息并向各现场控制站发出远程操作命令。

2）具备专门的监控图形绘制软件，可根据用户的要求绘制不同的监控图形，以满足对整个系统的监控要求，可绘制系统图、系统主接线图、回路柜排列图、回路单线排列图、网络拓扑图、通信监视图、地理分布图等，具体如下：

①复合建筑整体电力系统监控对象的构成与分布情况。

②变电站智能监控体系组成与分布情况。

③间隔设备的排列顺序和物理位置。

④显示现场各类开关量状态、模拟量测量值。

⑤完成遥信、遥测、遥脉、遥调、遥控、定值等显示功能。

⑥维护周期、工作牌设置。

⑦能量图形的动态拓扑分析与逻辑互锁。

⑧监控设备工作状态的动态拓扑分析。在图形显示上所有断路器的工作/故障状态均在监控计算机上用开关通/断图标和相应等级电压的颜色表示，接通时开关图标呈接通状态，且用相应颜色表示；断开时开关图标呈断开状态，且用相应颜色表示；故障脱扣时开关图标呈断开状态，且用相应颜色表示。对需进行遥控操作的断路器，可在监控计算机上，用鼠标点击通/断按钮图标进行遥控操作，并有安全的双重验证。这些断路器的图标均用单线系统图的形式呈现在监控计算机的显示屏幕上，其状态与实际情况完全一致。这使得运行人员能直观地得到变、配电系统运行的工况和执行各种控制、操作指令。

3）数据检测。监控软件能实时采集整个系统所有数据：

①实时检测进线侧的电流、电压、有功功率、无功功率、功率因数、频率、有功电度、无功电度等参数。

②实时检测出线回路的电流、电压、有功功率、无功功率、功率因数、频率、有功电度、无功电度等参数。

③实时检测母线电压（三相相电压、线电压）。

④完成“四遥”功能，并预留自动控制功能。除了在电压、电流等各种需要实时监测的运行参数位置图形处显示其当前数值外，还须以列表、波形图、模拟指针等方式显示这些数值。

4）电能质量分析

①实时分析各种电力品质数据，如电压、电流三相不平衡度，电压、电流总谐波含量，2 ~ 31 次谐波含量，电压波峰系数。

②用标准电力品质分析线性图表形式体现用电质量，分析影响电能质量的重要污染因素。

5）数据的记录、分析与存储

①定时将所有运行参数的测量值生成实时数据库和历史数据库，数据记录间隔可以自行设置，

数据至少可保存两年以上。

②具有所有信号动作记录、操作记录、报警记录和保护记录。具有事件顺序记录显示（SOE）：将保护装置的动作和开关跳、合闸按动作顺序进行记录，分辨率1ms。

③可提供各种符合电力系统要求的模拟量实时曲线和历史曲线，并且可以在曲线组内逐条显示也可以多条组合显示。

④记录越限时间、复限时间、越限的最大或最小值、平均值、极值等统计功能。

⑤用电峰、谷、平记录。

⑥可提供各种班报、日报、月报记录和整点记录，并根据最终用户要求生成各类报表，并可以设置为手动打印和自动定时打印。

⑦可提供原始参数表的修改记录。

⑧可记录主站层设备的启动日志和各种通信网络通道异常报警记录。

⑨记录系统的故障和事故报警并自动生成相应的报表。

6）监控软件的人机界面功能

①人机界面为多窗口的图形化与数字化相结合的界面，该界面具有美观、实用、灵活、舒适、安全等特点，并可根据用户的视觉要求设置不同的画面以减少长期监视所带来的视觉疲劳和烦躁等感觉。

②一次系统图包含回路图显示测量值及开关状态，通过一次系统图可查看各个供电设备如低压开关、计算机监控设备的当前状态和详细资料。一次系统图对于带电母线应进行动态着色，将失去电源的母线段和受电的母线清晰分开，帮助操作员清晰辨别供电系统运行状态。

③显示降压变电所的所内总平面布置图、设备平面布置图、监控系统配置图等。从各个设备平面布置图可以进入响应的低压模拟图。

④具有越限值变色、纵向伸缩、横向伸缩、横向平移等分析功能。

⑤可提供系统内各回路控制原理图，并可根据控制原理图判断合闸故障的原因。

7）监控管理软件必须具备制作操作功能，提供操作票编辑工具软件，完成典型操作票制作。可在线修改操作票，并支持操作票打印输出。

8）系统自诊断功能：监控系统具有在线自诊断能力。可以诊断出通信通道、计算机外设（打印机等）、I/O模块等故障，并进行报警和在系统自诊断表中记录。

9）系统应采用图库一体化的配置方式，在定义统一类型的设备模型后，应该能够重复引用此类模型，在编辑用户界面的时候，可以直接套用模型完成，方便用户在后期进行自己维护。

六、综合能源计量管理系统

1. 总体功能要求

1）综合计量系统要求采用系统管理层、区域管理层和网络智能计量仪表三层设备和两级网络结构，三层设备之间通过上述两级网络进行通信，构成能源计量管理系统。

2）区域管理单元、网络智能计量仪表之间可采用环形或星形信号线路连接，并可根据各类需计量的仪表数量及分布灵活组合配置。

3）能源计量管理系统考虑系统的稳定性、先进性及安全性。

2. 综合计量功能

综合计量系统功能应符合国家节能和绿色建筑标准的相关规定，包括水、电、气、空调计量。实现能源合理控制、计量准确，计费合理，经济实用，稳定可靠，充分考虑建筑物营运的需求。

1）计量到每个功能用户，自动抄表，分散采集，集中控制，读数准确，减少错误率，大大提高工作效率。

2）系统对复合建筑内的空调能量、水、电的数据进行集中统一采集，随时查询，并根据采集数据进行统计分析，监测区域用户的异常空调能量、水、电，对用户电表、空调冷热量表故障进行报警，提高了信息化、自动化水平。

3）对空调能量、水、电的使用数据进行综合的分析、统计、打印和查询等功能，并根据区域用户需要可选择不同样式报表的打印。为物业的整个系统能源管理以及空调能量、水、电费用的收缴提供可靠的依据。

4）分时计量功能，系统可按客户的需要分时段设定不同的单价，进行分段计费。

5）可以实现与综合能耗管理系统（IEA）集成，提供实时的能耗监测和计量数据。

6）空调计量系统通过楼层各办公区（室）空调末端设备联网采集启停状态、温度控制设置、风量调节参数等，结合计量表计算出的冷热消耗量，完成空调能耗分室计量所需数据的采集、传送、计量、统计等功能。

7）由综合能耗管理系统（IEA），建立综合空调能耗统计分析及计算模型，采用科学合理的计量算法，最终得到用户分室使用空调的计量数据，并将精密计量数据和参数反馈到楼层空气处理机（AHU），使得 AHU 设备能根据实际变负荷工况进行变频和智能阀自适应的变流量调节。空调末端计量可以有效实现冷热量（包括水量和风量）的合理分配，以及用户对空调使用时间、温度、风量进行自适应控制和合理调整。

3. 综合计量软件功能

系统支持主流操作系统和多种商业数据库软件，如 MSSQL 等，可根据不同行业选配不同操作系统和数据库软件。软件功能可根据用户需求进行定制。

1）图形化监视。以图形化方式形象、实时、准确、快速地反映现场设备数据、状态等各种运行参数；定时检测点跟踪记录为用户使用历史以及趋势提供数据源。设有监控图编辑器：对强大的图形化监视环境提供定制工具，像操作员一样可定制出令自己满意的图形化监视图。

2）检测点查询。可定制需要跟踪记录的用户一次仪表；并具有设备动态检测记录功能，通过这个功能管理者很方便地了解到用户的使用时间、使用状态，以及现场设备的性能。可以动态记录用户在特定时段内的使用状况，并生成动态曲线，为系统的准确性提供具有说服力的历史依据，为用户对计量数据产生异议时，提供参考依据。

3）多种费用管理。定价方式支持普通单价、分量单价、分时单价等多种单价方式；分摊方式支持价格分摊、用量分摊、分表分摊、总表分摊等多种分摊方式。

4）开放计费类型。系统除了可以中央空调计费以外，还可以支持水表、电表等其他符合系统特性的一次仪表计费。也可实现同一种计费类型允许设置两种不同的计费方式和单价，在需要的情况下还可以进行扩展3~5个不同单价计费具体类型。

5）报表管理查询。报表管理上采用日表自动生成机制，物业可以灵活地对日表进行统计，从而统计出任意指定时间范围的用户报表。支持固定月份、分段报表、详细报表等多种报表方式。

6）设备故障报警。当设备出现故障时，系统除声光报警以外，同时能对报警的时间、类型和设备号及故障进行记录，使整个系统的故障报警体系更加完善。

7）日志查询功能。日志查询则提供了一种良好的追溯机制。报警、故障、日志的有机结合，形成能源计量管理系统完善的安全机制。

8）多级权限管理。分组多级权限管理方式比传统的仅按级别进行权限设置的方式更灵活。系统最高可设置五级密码，密码的级别可确定不同的权限。

9）数据备份。保证用户数据的安全性，采集器、区域管理器、管理软件的三位一体备份机制为用户数据安全性提供最强有力的保障。

10）系统集成。系统提供多种集成接口与其他系统进行数据集成，将本地计费管理软件设备数据通过集成接口方式提供给其他系统作为计费数据来源。

11）能耗计量数据统计。提供各项能源数据监测界面，对各项能源能耗数据实时计量，并实现数据上传省市级数据中心。

12）能耗计量报告。各能源管理组逐时、逐日、逐月、逐年能耗值报告，帮助用户掌握自己的能源消耗情况，找出能源消耗异常值。单位面积能耗（EUI）等多种相关能耗指标报告为能耗统计、能源审计提供数据支持。提供不同时间范围下能源管理组的能耗值排序，帮助找出能效最低和最高的设备单位。提供不同时间范围内能源管理组能耗值的比较。

第六节 综合安防管理系统

一、概述

复合建筑综合安防管理系统是保障人身和财产安全的重要手段和有效措施。安全防范系统可以有效地报警、发现、制止、处理诸如盗窃、非法入侵、破坏、暴力犯罪事件的发生。现代安全防范的策略注重于安全体系的建立，不再强调单一安全防范系统设备的技术先进性和功能的优越性，转而重视综合安全防范监控与管理的整体综合技术性能和应变、自动化、多功能的联动响应功能。在技术应用方面，强调数字化与智能化技术应用相结合，重视综合安全防范管理系统平台在系统网络结构、系统软件结构、系统数据库结构、系统网络安全策略等软件技术应用和软件功能方面。特别注重在发生突发安全事件时，实现安全报警与应急预案的执行和操作过程的实际应变能力。因此综合安全防范管理系统平台的目标定位，就是要建立一个可根据安全事件的突发性和多样性，遵循预先编制好的应急预案，通过各单一安全防范子系统、设备、功能的相互协同运作，各种及各类信息和实时数据的高度共享，实现对突发安全事件的快速应变处理的综合监控和管理的运作平台。综合安全防范管理系统平台无论从物理上，还是从逻辑上都应将入侵和紧急及侦测报警、门禁控制、闭路电视监控、停车场、电子巡更管理等单一专业安全防范子系统看作是一个安全监控和管理的整体，实现各单一子系统在技术应用和安全防范功能上的协同，信息与数据共享的同步和一致。

综合安防监控系统通过统一的安全监控与管理的电子地图可视化图形页面，实现安防各监控子系统的监控状态及报警信息的显示、安防各监控子系统间实时信息的交互与数据共享、安防各监控子系统间的控制联动等功能。综合安防监控系统（SMS）配置应急指挥调度子系统。

二、总体要求

综合安全管理系统的功能是将入侵、紧急及侦测报警系统、门禁系统、视频监控系统、电子巡更管理系统、停车场管理系统、火灾报警系统集成为一个安全防范监控与管理的有机整体的大系统。实现安全防范功能协同、联动控制、信息共享、数据同步、操控一致；同时各安全防范监控系统具有独立操作及监控显示的能力。综合安全管理系统遵循“集中管理，就地控制”原则，从而形成一个纵深多层次、全方位、高度集成管理的综合安全防范管理体系。通过该综合安全管理系统，实现对以上各安全防范监控系统的综合报警信息显示、电子地图浏览、安全防范监控及报警装置运行状态监视，对系统取消布防和报警联动控制等参数的设置和修改。综合安全管理系统具有实时处理多路报警信息的能力；与报警监控图像联动显示和连续打印记录的功能。具有语言报警功能，即在报警时，在声光报警的同时，弹出地图。具有与门禁、照明、广播、电梯等设备联动控制的能力，有门禁（或门磁）状态显示功能，列表打印功能，速通门哨位机（人员图像显示）扩展功能。具有通过智能化物联网和互联网将报警信息传送到综合信息集成管理中心，以及公安机关的能力。综合信息集成及应急事件处理部门执行人员或公安机关也可以通过互联网络在授权下监视和查询报警信息。综合安全管理系统实现功能的重点是：报警信息的实时性、准确性、可靠性，支持对突发事件的应急处理，对整体环境的感知能力，采用实现的预案进行准确迅速的处置，支持与第三方系统的应用和管理的信息集成，并提供集成通信接口。通过集成综合安全管理系统的建设，将大大提高复合建筑安全防范管理的效率和能力，提供一个对人身和财产安全的可靠环境空间。

三、综合安防技术应用

1. 概述

现代的安全防范系统将传统的安防系统独立运作模式和被动的视频安防监控为重点的安防报警系统功能要求，转而以防破坏、防爆炸、防恐怖袭击、事先侦测和视频监控图像的智能分析与突发事件响应相结合的多重防范及协同功能为重点。一旦出现恐怖分子或潜在的犯罪分子，安全防范系统应该具有强有力的预防能力，能够在犯罪分子入侵建筑后，通过主动侦测、智能分析、及时发现。

公共安全新技术应用的重点是：数字化与智能化技术的整合，将入侵报警、侦测报警、视频监控图像智能分析报警等主动发现，将报警、视频跟踪、门禁控制形成“一体化”的主动式安全防范体系，同时将报警与出入口控制、电子巡查进行功能协同，实现检测、捕捉、识别和快速应急处理相结合。实现“一体化”安防应用系统功能要求、设备、信息及数据的整合，实现“一体化”系统快速、自动化、多功能应变响应综合技术应用。

2. 视频安防监控新技术应用

数字视频监控技术是目前视频安防监控所采用的主流技术。数字视频技术应用系统由现场数字监控前端摄像机、网络视频转换与传输设备、网络视频监控中心设备等组成。通过智能化物联网对现场监视摄像机、控制设备、模数转换设备、网络传输设备、网络视频存储设备、数字视频矩阵、大屏幕显示设备等进行操作和监控，有 CCTV 系统指定摄像头指定时间的动态检测功能，CCTV 影像远传监控功能，摄像头、线路被破坏报警功能，实现数字化视频信号的采集、分析、传输、存储、选择、调用等各项功能。

数字视频系统的主控设备（或现场数字视频编码器）将现场监控摄像机数字视频信号进行数字化压缩，并将压缩后的数字视频信号通过网络进行传输。视频安防监控系统新技术应用的重点是：视频信号的数字化和网络化传输与存储；视频监控图像的智能分析、报警、识别、跟踪等技术的应用。采用 GIS 楼层地图进行日常安全防范管理，结合数字视频系统与智能分析搭起以防为先、杜绝安全隐患的数字安防平台。

3. 系统组成

综合安全管理系统由中央监控管理主机、数据服务器、物联网路由器、防火墙组成。同时设置报警/信息打印机，完成系统信息和报警信息的纸质打印输出，可将连续打印与报警相关联信息作为书面记录文档。由上述系统设备共同组成整个综合安全管理二级平台的智能化物联网。所有智能化物联网中的组成部分都通过该网络进行连接和通信，为系统扩展和第三方系统集成提供了极大的灵活性。可支持多个中央主控系统，还可以通过广域网组成更大的安保管理系统。

（1）中央监控管理主机　其主要功能是：系统操作管理、系统信息显示、图形监控警报处理、文本显示、系统操作指导、系统辅助设计、工程辅助设计、系统故障自诊断、现场数字控制、组合控制设定、节假日设定、快速信息检索、汇总报告、信息资料传送、系统远程通信等，所有功能均采用模块化设计，用户可根据实际需求修改和扩充。系统可设定不同用户等级，提供简便实用的图形化窗口方式人机界面，极其方便系统管理员的操作。同时，由于采用客户至服务的网络结构，系统管理员可以方便地增减中央监控工作站的实际数量，并且可以方便地变更中央监控工作站的具体位置，从而提高系统的利用率，使整个综合安防系统能够高效、灵活地服务。另外，中央监控管理主机的应用软件具有实时多任务、多用户的功能，能够自动生成工程设定汇总表、系统设定汇总表、系统信息汇总表、系统报警信息汇总表等各类综合安防系统的综合报表，并通过系统配置的打印机输出。

(2) 数据服务器 其主要功能是：对整个综合安全防范管理系统平台中的数据进行不间断存储。它主要存储系统数据，门禁用户配置数据和报警/事件历史记录等。同时它也负责把修改的配置数据及时传送到系统中相应的系统设备中（如 RTS、IEI、CU 等系统设备）。因此，保证了整个系统数据的高度统一性和一致性。通过操作，数据服务器还可以连续不断地检查系统设备与各部件的运行状况，以及确保整个系统的时钟（时间）同步。根据不同的要求，可对数据库配置冗余热备份。

(3) 实时服务器 物联网路由器是个基于物联网系统架构的控制器与中央监控管理主机之间系统信息交流的通道，也是现场设备与后台设备之间的数据网关和通道。作为分布式数据库的关键一环，物联网路由器具有本地的数据库，上行至服务器数据、下达至智能控制器的数据均在此中转，当后台中央数据库出现问题时，完全可以保证所辖的所有智能控制器能正常独立运行。

(4) 控制通信网关 在综合安防管理系统和公共网系统之间设置防火墙，可以实时监测物联网上和监控系统中发生的各类与安全有关的事件，如网络入侵、内部资料窃取、泄密行为、破坏行为、外部和内部的非法操作与控制等，将这些情况真实记录，并能对于严重的外部和内部的违规和非法操作进行阻断，实现监控系统的操作与控制的安全性。控制通信网关的作用如同飞机上的黑匣子，在发生网络犯罪案件时，能够提供侦测和取证的证据和数据，并具有防止证据和数据销毁或篡改的功能。同时还具有网络安全审计跟踪功能，收集需审计跟踪的信息。通过列举被记录的安全事件的类别，提供如违规或非法操作的时间、用户名、密码、操作内容、控制对象等全过程的操作与控制记录信息。能适应各种不同的需要，如对存在某些潜在的入侵攻击源进行侦测、查找和追踪，跟踪记录所有涉及安全的数据和信息。安全审计的重要作用就是对系统安全性的分析和评估，从安全审计分析和评估中得到可能造成网络和信息系统安全相关的数据和信息。

(5) 网络结构 综合安防管理系统网络设计采用两级网络结构，即由网络管理层与物联网网络组成，实现对安全防范报警装置运行状态的监视和控制。其中网络管理层采用标准以太网结构，使用开放的 TCP/IP 协议进行通信，提供与第三方应用系统间的信息和数据的交互；物联网网络采用现场总线式网络，使用开放的 OPC、ODBC、SNMP、API、XML 接口协议，实现与第三方监控和信息应用系统间的控制联动及信息联动的通信接口，可进行端到端事故管理，并通过电子邮件、掌上计算机（PDA）、第三方通知的开放接口及计算机辅助发送系统传递信息。双向通信，客户的警报系统接收实时数据，而且可自动同步对警报进行更新，向安防子系统发布操作命令，确保事故流程和业务逻辑管理的高效进行。

(6) 软件组成 采用业界标准的数据库软件、多用户、多任务操作系统平台、综合安防集成系统软件（服务器端及客户端）、KVM 服务器管理模块、视频流、存储管理模块、3D 电子地图模块、权限安全管理模块、跨系统联动模块、数据库管理模块、数据挖掘和分析功能模块、视频监控系统模块、门禁报警系统模块、停车场管理系统模块、机房监控系统模块、速通门管理系统模块、防暴安全检查系统接口、航空障碍灯监控数据接口、建筑摇摆监控数据接口、结构变形监控数据接口、电源状态监控数据接口、防雷系统监控数据接口、消防信息监控数据接口等。

（7）数据库

1）数据库结构。综合安防管理系统采用分布式的数据库及数据存储架构。通过数据库分区的方式，允许安全防范系统管理人员可以使用分布式访问权限来访问监控中心数据库的权限分区。采用了这项技术，在物理和逻辑上是一个单一整体的数据库系统，可以实施集中的数据安全防范管理，如防火墙、防病毒软件、桌面安全、反间谍软件等，同时也可以满足不同数据库用户的独立运作。

2）数据库性能。有海量数据处理能力，高性能（数据吞吐量），高可靠性，客户独立模式，数据复制，据分区管理等性能。

（8）安全管理

1）安全管理模式。综合安防管理系统采用三层安全管理的模式。第一层，对来自信息网络（办公局域网与互联网）的安全防范和管理；第二层，对来自控制网络间（智能建筑管理网络、集成各专业网络）的安全防范和管理；第三层，对来自本系统网络（各安防监控应用子系统现场总线网络）的安全防范和管理。

2）身份认证管理。对于网络安全用户来说，合理地利用网络的资源成为必不可少的环节之一，而在一个比较安全的网络环境下进行合理的网络资源利用就需要有一个合法的身份认证系统来保证该用户身份的明确性；防火墙的身份认证系统会为用户提供一个非常灵活快捷的身份系统认证方式，保证用户最大化地利用网络所提供的资源。

3）用户权限设置管理。综合安防管理二级平台应提供操作权限管理机制，它通过操作者、用户名、权限组、组织机构、功能模块五级组合构成系统操作权限，通过这一机制可将操作者权限最小限制在某人只能对某一部门或组的某一项功能进行操作。

4）账号和密码管理。综合安防管理系统的用户账号和密码管理应具备安全性，这就要求用户一定要设置密码，并且确保密码的安全性。

5）单点登录管理。最终用户将在各子系统应用中使用唯一的用户标识以登录其可以访问的不同应用系统。被授权的用户使用一个独特的用户名和密码登录进入系统，根据分配给用户的访问特权，用户应或者通过或拒绝访问个体应用。

6）安全审计管理。安全审计系统必须实时监测网络上和用户系统中发生的各类与安全有关的事件，如网络入侵、内部资料窃取、泄密行为、破坏行为、违规使用等，将这些情况真实记录，并能对严重的违规行为进行阻断。安全审计系统所做的记录如同飞机上的黑匣子，在发生网络犯罪案件时能够提供宝贵的侦破和取证辅助数据，并具有防销毁和篡改的特性。

安全审计跟踪机制的内容是在安全审计跟踪中记录有关安全的信息，而安全审计管理的内容是分析和报告从安全审计跟踪中得来的信息。安全审计跟踪将考虑要选择记录什么信息以及在什么条件下记录信息。

收集审计跟踪的信息，通过列举被记录的安全事件的类别（例如对安全要求的明显违反或成功操作的完成），能适应各种不同的需要。已知安全审计的存在可对某些潜在的侵犯安全的攻击源起到威慑作用。

四、视频监控系统

1. 概述

视频监控系统管理平台采用浏览器/服务器（B/S）结构的视频监控与管理的系统结构，并可通过安防网对建筑物内的公共部位和要害部位进行图像监视。公共部位有主要进出口通道、地下停车库、人行楼梯、自动扶梯、电梯前厅及轿厢、主楼及裙楼门厅等；要害部位有主要技术区域、重要非技术区域（财务办公区、档案室）等。监视图像传送到安保监控中心后，安保监控中心对整个视频监控区域进行实时图像的监控和记录，使安保监控中心人员掌握人员活动情况和动态。远程授权用户可以通过互联网络浏览监控图像，以及调用历史监控图像资料。

2. 视频监控系统组成

视频监控系统采用数字信号传输方式，满足统一的数字视频信号的存储、显示和远程调用。系统配置包括 IP 高清摄像机、视频综合监控管理平台、存储管理服务器、磁盘阵列、多媒体视频管理服务器、解码器、大屏幕 LCD 拼接系统等。

3. 技术应用

（1）图像压缩处理技术应用　图像监控系统采用了 H.264（或 MPEG-4）图像压缩编码标准，它基于 TCP/IP 网络，适合多种传输介质；必须具有图像清晰、图像数据占用带宽低、图像实时性好、系统稳定等特点。在带宽和计算机处理能力允许的情况下，可多视频画面同时传输。摄像机图像分辨率为不小于 1280×720，高风险区域摄像机图像分辨率不小于 1920×1080。

（2）流媒体技术应用　由于视频源多，情况各异，图像监控所需的视频传输数据往往会彼此间或和其他系统争用带宽。图像监控系统应采用强大的流媒体软件技术专门设计适合大型建筑图像监控系统所使用的视频服务器软件。它的主要作用是根据网络带宽、流量和用户的请求合理地分配各个视频流数据的传输，并可以依据用户网络的实际情况采取网络组播（MutilCast）技术以降低多个用户请求同一视频流数据时的网络流量，从而保证了图像质量，并有效降低在多用户并发操作下的图像延迟和带宽占用。同时也保证了高级别用户可以及时有效地获取所需信息，而且图像监控系统的使用不会影响在同一网络上其他系统的正常运行。

（3）数据传输技术应用　在 TCP/IP 网络协议之上应开发专用通信层的图像监控系统，针对图像数据的混合传输做优化处理，适合多点视频和数据的并发传输，降低系统资源的占用率。同时设计专用文件传输协议，用于录像文件的传输。

（4）Web 浏览技术应用　Web 浏览技术是目前在广域网（Internet）上最流行的客户端访问技术。图像监控系统应通过增强监控主机（视频服务器）的客户端管理功能，在局域网上实现客户端的 Web 浏览。这样，客户机不需要安装任何其他客户端软件，只要安装了 IE 浏览器软件，通过输入视频服务器的 IP 地址，就可实现对远程图像的实时监控。

（5）图像显示技术应用

1）视频图像拼接技术。

2）在云台镜头控制中，通过鼠标在屏幕上的指向即可摄像机转动和变焦。在放大控制时，可平滑控制摄像机转动，方便跟踪目标。

3）多种格式显示。

4）客户端浏览时，对多机大容量系统，设置管理服务器方式，所有用户资料/权限集中管理，客户端只需访问服务器一个地址，即可浏览全部图像，客户端浏览可多达同时打开16个画面。客户端多画面中可同时显示不同现场主机内的不同画面。支持客户端软件浏览和Web浏览。

4. 基于网络化开放式数据库结构

在智能化总集成机房配置采用视频数据服务器，对视频图像进行行为分析以及集中存储系统。在总控中心配置视频管理工作站、视频解码设备，对视频监控系统的IP摄像机、视频存储系统、视频流管理服务器、LCD拼接系统、解码器等进行管理，支持多种电视墙组合，实现对拼接屏的控制。支持前端任意图像的轮回巡视和分组切换，以及解码控制。支持模拟键盘操作，实现统一的数字化视频存储、显示和远程图像调用等功能。

视频监控中心配置拼接式显示屏组成屏幕墙以画面分割形式进行监视。通过控制键盘及监控计算机对系统进行全面控制，通过通信接口协议或硬接点的方式连接安保子系统所传送的有关报警信息，并实现报警与监控图像的联动，通过软件电子地图显示报警点状态和所联动的监控图像。联动电子地图显示图形可以记录在硬盘设备中，并可通过网络上传至复合建筑智慧建筑云平台系统（SBC）数据库中。系统具有实时处理报警信息，联动报警图像记录，以及联动控制照明和报警音响设备的能力。

5. 系统总体功能

1）通过网络浏览器方式，提供视频监控电子地图可视化图形页面。可实现对入侵报警子系统、巡更管理子系统、视频监控子系统、门禁控制子系统、访客可视对讲子系统、停车场管理子系统报警联动显示相应监控图像的功能。在公共区域、公共通道、电梯、重点楼层楼梯前室、电梯前室、重要房间、设备机房、楼层强智能化间设置监控摄像机。

2）视频监控系统具有视频分析功能，自动联动数字录像和声光报警。监控管理员可通过时间区间和报警事件快速搜寻与锁定所需的画面。实现对视频图像进行移动、跟踪、控制区域、异常动作等进行智能分析、报警和跟踪的功能。

3）提供与综合安防管理系统之间联动控制的机制和功能。

4）提供与综合信息集成数据库采用开放性ODBC方式的连接，视频监控系统具有独立的基于网络化的视频管理数据库，可以实现与智能化集成系统实时数据的连接；视频监控系统提供独立的OPC服务器，可以实现与公共安全系统之间联动控制的开放性通信接口（如OPC接口）和数据库接口（如ODBC接口）。

5）视频监控系统采用基于浏览器/服务器（B/S）和客户端/服务器（C/S）结构的公共安全系统监控与管理的计算机结构模式，提供与智能化综合信息集成网站页面的连接，视频监控应用系统具有独立的网络发布功能，经Web发布的首页和多重子页面必须遵循网页页面连接标准协议以实现智慧建筑云平台门户网站与视频监控应用系统网站的首页或多重子页面进行超连接。

6）视频监控系统可实现数字系统与模拟系统相结合的一体化运行、监控、操作、管理的模式。系统可控制多部网络数字监控副机，监控主副机间可以实现互操作和互为备份操作的能力，可形成多个区域分布式的网络监控分中心。

7）系统具备图像拼接（多台摄像机图像拼接为一幅图像）功能，可以将楼层建筑2D平面图，同时通过集成平台将楼层的各视频点位进行拼接，在发生紧急情况下，可以提供复合建筑的电子地图，并结合视频监控，制订应急预案。

8）室外摄像机具备防雷功能。

6. 视频监控分项功能

（1）摄像机监视及控制功能　能全天候清晰监视目标场所，能对摄像机云台、变焦镜头控制及其他电动控制。重要部位在正常的工作照明下，监视图像质量不应低于现行国家标准规定的4级。

（2）电子地图功能　监控点应直观地显示在电子地图上，并能点击显示监控点图像及监控点位置等相关信息。发生报警或其他警情时，能自动切换到相应监控点（包括摄像机切换和预置点），在屏幕上弹出该点图像，并在电子地图上给出指示，计算机发出声音报警，联动硬盘录像机记录相关报警信息；在进行摄像机切换和控制时也能在电子地图上指示最近监控点。经过授权，任一客户端能显示和控制任一监控点的图像。

（3）预置应急预案系统　预置各类应急预案，报警发生时，能调阅各种预置的应急预案。

（4）流媒体服务功能　具备视频流媒体发布功能，可提供外部系统的访问。

（5）图像的记录和存储功能　所有图像在存储管理系统的磁盘阵列内，通过存储管理服务器与视频监控平台可以调用任何一路图像与视频，所有图像集中存储总集成机房存储阵列中，图像通过网络在授权工作站上可以回放。

（6）系统监控功能　监控数字硬盘录像机的工作状态、视频参数、网络流量信息、硬盘空间状况等各种状态系统信息，能发出各种声光报警，进行必要的调控和平衡。管理报警日志及操作日志，并统一记录到后台数据库，通过电子地图的方式可直观地取得报警信息。

（7）集成功能　系统能通过综合安防平台将视频监控系统、报警系统、门禁系统接入。

（8）系统扩展功能　系统硬件在系统扩容时可以方便地扩展，能与前期投入设备相兼容。

（9）系统分级控制功能　可划分多级权限，不同客户端用户对同一监控点或同组监控点实现分级控制。

7. 视频监控系统软件功能

（1）资源统一管理

1）支持门禁系统、视频监控系统资源的统一管理。

2）支持组织机构和监控区域的增加、删除及修改。

3）支持组织机构和监控区域多层级管理。

4）支持模糊查询。

（2）用户统一管理

1）支持对角色的增加、修改及删除。

2）支持门禁系统、视频监控系统用户的统一管理。

3）支持角色查询。

4）支持临时角色，灵活设置角色到期时间。

5）支持部门搜索。

6）支持部门角色关联。

7）支持用户按部门进行划分。

8）支持不少于5级用户级别划分，满足用户多级别划分的需求。

（3）门禁业务

1）支持门禁设备的管理。

2）支持人员门禁权限的配置。

3）支持门禁事件报警联动处理。

4）支持门禁数据的检索和视频系统的联动。

（4）实时预览

1）实时预览支持单画面、4画面、6画面、7画面、9画面、16画面。

2）可在预览画面中即时回放前几秒到几十秒内的录像，满足监控人员快速追溯历史画面。

3）在实时预览时，支持操作人员人为判断异常报警，并手动转发报警至关联用户。

4）支持手机监控，支持HarmonyOS、iOS、Android、Symbian、Windows Mobile等操作系统，并可实现基本的云台控制，支持4G、5G、WiFi网络接入。

（5）语音对讲广播

1）支持客户端和前端单个设备、多个设备进行语音对讲、语音广播。

2）支持客户端与客户端之间进行语音对讲。

（6）图片管理功能

1）支持各类事件、报警的抓图。

2）支持以事件、卡、人员、报警等查询图片。

（7）存储管理

1）支持配置录像计划的多个自定义模板，有移动侦测、报警录像、计划录像等多种录像存储类型。

2）支持流媒体集群部署。

3）支持公网设备接入。

4）可实现磁盘异常修复、录像锁定、多录像分组等功能。

5）支持通过直观的图形界面对历史视频数据进行管理，可分别实现常规回放、分段回放和按事件回放三种模式。

6）对同一个录像文件支持16分段的切割回放。

7）客户端支持灵活的录像备份策略，如本地备份、光盘刻录备份、蓝光刻录、FTP上传备份。

8）支持16画面的同步回放和异步回放。

9）支持N+M热备。

（8）报警管理

1）支持多种类型的智能分析报警的接入，如穿越警戒面、区域入侵、人员聚集、徘徊、物品遗留等。

2）支持入侵报警主机的接入，采用网络模块实现报警信号的获取、处理，对报警主机的防区进行布防/撤防/旁路。

3）支持门禁、报警业务处理。

（9）电子地图

1）点击导航图上，可以将当前窗口的地图显示中心快速切换到点击所指定的位置。

2）支持电子地图。

3）支持GIS地图。

4）支持在地图上直接处理各类视频和报警业务。

5）支持在地图上动态显示GPS信息，实时监控动态目标的状况。

（10）大屏和电视墙控制

1）满足不同用户的清晰和带宽需求。

2）支持配置事件联动解码上墙，灵活配置。

3）支持拼接屏的拼接布局预设和切换。

4）支持通过iPAD客户端控制大屏视频显示。

5）支持大屏客户端直接进行操作控制。

（11）系统联动

1）系统内部联动。通过各类报警事件配置，可实现客户端报警联动（弹图、声音、对讲、字符叠加）、录像联动、云镜联动、报警输出联动、短信联动、邮件联动、电子地图联动、抓图以及后续图片的检索。

2）系统外部联动。通过标准报警协议定制，支持报警转发其他平台，控制其他系统设备。例如，门禁开关联动、灯光开关联动。

五、出入口控制系统

1. 概述

1）系统应能根据建筑物的使用功能和安全技术防范管理的要求，对需要控制的各类出入口，按各种不同的通行对象及其准入级别、进、出权限等实施实时控制与管理，并应具有报警功能。此外，人员安全疏散口应符合国家建筑设计防火规范的要求，对消防联动必须与门禁联动。

2）对卡及持卡人的管理，采用统一发卡，可将卡制作成工作证、出入证、贵宾卡、临时卡等，并可对不同的卡进行不同的授权。若出现卡丢失，可在数据库中将其删除；使用过的卡可重新授权给其他人使用。可以设置卡的生效和截止日期。具有批添加和批删除卡，以及卡查询功能。

3）系统由前端设备、传输网络和机房设备组成。系统结构采用门禁控制器、物联网路由器、管理工作站三级层次结构；门禁控制器可以脱离控制主机而独立工作，物联网路由器可以脱离系统管理工作站独力工作，使系统更加安全可靠。

4）应有防止同类设备非法复制的密码系统，密码系统应能在授权情况下修改。

5）系统具备自动记录、打印、储存、防篡改和防销毁等功能，记录保存时间应不少于30日。

6）系统应能独立运行，并能与入侵报警子系统、视频安防监控子系统、建筑设备监控子系统、综合能耗管理子系统等联动。

7）与视频安防监控系统联动，提供出入时或暴力强行入门时的现场监视的联动触发功能。门禁系统应能通过开放的数据接口在网络管理层与视频安防监控系统集成在统一平台上，实现软件上的联动。

8）与入侵报警系统联动，提供非法入侵时的门锁自动锁定。门禁系统应能通过物联网总线与报警系统自适应联动，联动控制策略通过门禁管理系统平台上下发布，实现硬件上的联动。

9）所有物联网路由器均应具有TCP/IP网络接口，直接与安防网联网。

2. 系统功能要求

（1）门禁系统

1）门禁系统采用智能化物联网和现场总线相结合的联网方式，门禁系统管理平台提供门禁实时监控电子地图，查询持卡人资料和门禁读卡机读卡记录。门禁系统可集成指纹读卡机、密码读卡机、普通刷卡读卡机。

2）提供门禁系统与火灾报警系统之间联动控制的机制和功能，当本办公区域发生确认的火灾报警时，可自动开启通道门电控锁。

3）提供与智能化综合信息集成的电子地图图形页面的连接，门禁系统具有独立的网络发布功能，经Web发布的首页和多重子页面必须遵循网页页面连接的“超文本传送协议”以实现智能化集成系统门户网站与门禁控制子系统网站的首页或多重子页面进行超连接。

4）通过统一的门禁控制管理平台，实现通过感应式CPU卡、密码、二代身份证、指纹等方式开启重要通道和门禁控制的功能。

5）当区域内发生特殊情况时（如火灾报警），门禁系统与报警信息联动，可自动开启门禁通道门。

6）门禁系统与综合安防监控系统联动，当有人非法闯入时，门禁系统联动相应位置的摄像机，实时监控现场情况。

7）门禁系统可以实现在线电子巡查的功能。

8）门禁系统具有与第三方系统和设备通信与数据库接口。

9）门禁系统可以同时满足现场总线和智能化物联网相结合的网络结构模式。

（2）速通门系统

1）在地下一层夹层、首层的电梯区出入口区域以及观光入口处，设置人员控制速通门装置，每个电梯区出入口区域应设置数个标准通道和至少一个加宽通道，并设置访客临时卡回收装置。

2）采用第二代身份证和临时通行卡、指纹相结合的通行管理模式，满足物业及设施管理系统进行访客管理的功能要求。

3）速通门系统也有对多个系统集成的功能要求。

系统兼容任何读卡器。通过各类读卡器装置，与后台门禁系统数据库连接，对进入人员实行全面的控制与管理。可对未被授权者实行有效隔离。配合多种方式的访客卡回收设备和软件，方便管理人员对访客人员进行通行管理。

消防信息集成，体现在收到消防火警信号后，火警控制接口通过切换 12～24V 直流电激活，门将被打开并保持开放。在持续报警发生过程中，通道门将继续保持监控，如发生未经授权的访问时，通道依旧会触发声光报警。

系统报警联动，是指可以通过综合安防管理平台对多种自定义报警信息联动设置和预案设置，设备异常报警、紧急报警或消防报警时，系统联动电子地图闪现报警点并弹出现场地图和实时视频监控速通门运行状态，同时报警信息并伴随预案提示，使相关管理人员得到确认以及快速现场处理。

4）其他功能要求：

支持双向通行：系统应支持双向电子控制通行，可实现快速刷卡连续通过。

多模式工作状态：系统配合门禁系统，根据用户的使用需求进行门的常开、常闭、免刷卡通行、正常通行，可以自由设置任意时间段进出模式。

人流统计：各种工作方式下均能提供人流统计功能，包括双向进出量，未经授权进出报警，受力报警等状态信息。

多种控制模式：系统可以通过门禁系统、读卡器、按钮、远程触摸屏控制以及 IE 访问控制。网络中的任意授权计算机、平板和手机都可以使用标准网页浏览器，如 IE、Safari 来远程控制快速通道。

防尾随功能：可以同步监测通道使用者和防尾随，支持监测小孩、雨伞、行李、拉杆箱、计算机包、残疾人车。红外防尾随可提供开门信号，并提供报警信号。

多实体跟踪：能够在通道中跟踪多个实体，不需要等待一个授权的用户通过后再开始处理第二获授权用户。

多渠道报警方式：设备内置单/双音频报警发声器及 3 色 LED 指示灯，可根据发现人员未授权进入通道、发现人员未授权通过通道不同状态发出声光报警提示，也可以发出有效卡、无效卡、闯入报警等不同状态的提示，且在火警发生时能提供显著通行指示。

安全保护：闸机接入低于 36V 的直流电源，当系统收到消防火警信号，设备将切换成自动打开模式，方便疏散。接收到紧急信号后，在有电源供应状态下门扇可设置成自动打开，且具有辅助通行指示，方便疏散。若外部整机电源与备用电源均断电后，门可自由推动，确保紧急状态下人员的快速安全通过。

5）速通门采用双门翼摆动开闭通行方式，机箱采用拉丝不锈钢，门开启方式为摆动式的摆闸，出于安全考虑，闸机控制电压需在直流 36V 电压以下，电子控制双方向通行。行人摆闸的入流方向应有明显的指示标识。道闸处具备防尾随、防翻越功能。速通门通行速度不小于 30 人/min。

六、保安无线对讲系统

1）系统覆盖整个复合建筑，要求提供多个可用频道。根据建筑功能需要，无线对讲系统可采用 350MHz、400MHz、800MHz 政务无线通信。无线对讲系统可以与应急指挥调度通信主机联网，采用数字对讲机设备，实现集群通信功能。

2）严格遵照无线电管理局所要求的低功率多点覆盖的设计原则。确保无线对讲系统通信的清晰、畅通，使整个系统达到覆盖均匀，信号清晰，稳定可靠。

3）覆盖信号是由无源室内分布器件通过馈线均匀地传送到各个楼层配置的无线转发天线。严格按照器件和馈线的技术指标进行计算，并控制室内覆盖入口功率天线在 15dBm 以下，符合国家电磁环境卫生标准。

七、入侵报警系统

1. 系统概述

入侵报警系统具有防盗报警、安全侦测和报警联动功能，实现对各个入侵报警防区进行报警监控点和报警的布防、撤防、屏蔽及应急状态下的设置，支持报警、防拆、故障（可分清开路和短路）和正常等四个状态的报警。控制器有 LED 不同颜色指示显示。

入侵（侦测）报警功能应集成到综合安防管理系统中。入侵（侦测）报警在整个安防系统中起着重要的主导作用，是实现综合安防系统以防范为核心的基础，因此在大规模综合安防系统中，通常的做法是将入侵（侦测）报警系统与综合安防管理系统融为一套系统，并采用同一套软件进行操作。入侵报警系统还具有利用门禁读卡机门磁状态进行分区监视的功能，即读卡机门磁除了参与读卡机的逻辑控制之外，可以作为防区传感器使用。系统应具备探测器丢失、线路短路、断路报警功能。

2. 入侵报警智能控制器性能要求

入侵报警（侦测）系统智能控制器应内置时间控制程序和事件响应程序，可以自动对报警区域和重要防范部位进行报警（侦测）探测器的布防、撤防、屏蔽。可根据时间的特点，设置不同用户区域报警和侦测探测器的设防、撤防、屏蔽的时间段，如当发生火灾报警突发事件，可立即设置相关区域报警探测器为设防状态。

智能控制器的每一个入侵报警探测器输入点，每条连接报警探测器的线路都具有四种监控状态，即线路被短路状态、线路被断路状态、探测器报警状态和探测器正常状态，该功能具有防止报警线路被破坏的功能。入侵报警系统可独立运行。

3. 系统功能要求

（1）入侵报警功能

1）提供入侵报警电子地图图形页面、红外探测器等报警探测器报警信息、报警联动照明控制等功能。在公共通道、楼层楼梯前室、电梯前室、重要用户房间、设备机房、强电小间、智能化小间设置红外监测探测器和门磁开关。

2）当发生入侵报警时，报警监控管理中心视频安防图像监视屏上立即弹出与报警点相关的摄像机图像信号，值班安防人员可以通过操作云台和可变镜头监视周界报警区域的人员活动情况，同时自动进行联动图像的录像。

3）当发生入侵报警时可操作控制报警区域现场前端设备（如照明灯）状态的恢复。夜间当发生报警时，可联动报警区域照明灯（探照灯）的自动开启。

4）24h 监控，全面设防，无盲区和死角。

5）入侵报警系统的防区划分应能确定报警的准确位置；防区间具有相互报警逻辑确认的功能，提高报警的准确性和正确性，降低报警的漏报和误报率。

6）入侵报警系统主干采用智能化物联网传输方式，楼层采用总线传输方式。

7）入侵报警系统能对设防区域的非法入侵、盗窃、破坏等进行实时有效的探测与报警，具有防破坏报警功能。

8）入侵报警系统能按时间、防区、事件、报警任意编程设防和撤防，应能对设备运行状态和信号传输线路进行正常、报警、开路、短路检测和状态显示，对系统设备故障可实时报警。

9）探测器具有抗天气环境干扰和温度变化的能力。

10）系统可同时接收入侵报警、侦测报警两路报警，并通过两路报警的逻辑判断确认报警的真实性，降低漏报和误报率。

11）报警监控管理中心可操作控制报警区域现场前端设备（如照明灯）状态的恢复。

12）报警区域联动公共照明。夜间发生报警时，该报警区域公共照明灯可自动开启。

13）当发生入侵报警时，报警监控管理中心闭路电视图像监视屏上立即弹出报警电子地图及与报警点相关的摄像机图像画面，值班安防人员可以通过操作云台和镜头变焦，监视周界报警区域的人员活动情况，同时自动进行联动图像的录像。

（2）侦测报警功能

1）可以通过时间设置侦测报警时间区域。

2）当发生侦测报警时，报警监控管理中心闭路电视图像监视屏上立即弹出报警电子地图及与报警点相关的摄像机图像画面，同时自动进行联动图像的录像。

（3）报警监控工作站功能

1）报警监控工作站具有紧急报警和处理功能及向上一级接处警中心报警的能力。

2）报警监控工作站具有实现手机短信和电话语音发送及联动警灯和警笛的功能。

3）报警监控工作站终端通过显示电子地图识别报警区域、报警状态和相关联的视频监控图像。

4）报警监控工作站具有报警信息（包括语音、文字、图像）、报警状态和报警时间的实时记录功能。

5）报警监控工作站具有调用门禁状态和持卡人出入门禁的记录信息。

6）报警监控工作站具有连续打印报警实时状态的功能，实时报警状态内容包括报警时间、地点、报警探测器类别、报警状态、报警状态恢复时间、报警确认时间、报警确认人姓名、报警处理结果，以及相关报警联动的信息和控制流程信息。

7）报警监控工作站具有通过电话与互联网络传送到远程专业安防监控管理中心（如 110 报警中心或当地公安机关）能力。

（4）报警联动控制功能

1）当发生入侵（侦测）报警时，通过综合安防管理二级平台根据入侵报警点属性所设置的报警等级，联动相应系统做出联动控制响应。

2）联动入侵报警区域的报警电子地图，显示该报警区域的入侵报警探测器状态，以观测报警区域相关联的报警探测器的状态。并通过双击报警电子地图上相关联的视频监控摄像机图标，立即在电子地图上显示该摄像机图像，并通过电子键盘进行该图像的变焦、变距和云台的操作。

3）联动入侵（含侦测）报警点区域相关联视频监控摄像机在监控中心主监视屏幕上进行显示。

4）重要区域的入侵报警可联动门禁系统进行相关通道的封闭。

5）联动报警打印机进行实时和连续的打印。

6）联动报警录像机对报警区域非压缩图像进行连续录像。

八、保安巡更管理系统

1. 系统概述

保安巡更管理系统采用门禁读卡器和无线巡更点相结合的方式进行电子巡更的操作。根据安防需要从中任意组合电子巡更路线，增加了实际电子巡更运作过程中设置电子巡更路线的灵活性。

门禁读卡机可配置为电子巡更读卡机，其功能完成普通门禁读卡机的功能以及具备电子巡更功能。系统通过管理平台配置用于电子巡更功能的读卡器，并在电子地图上的电子巡更站图标来标记。配置完成后，保安人员与“门禁卡”完全兼容，加写电子巡更识别卡进行电子巡更操作，读卡机通过对电子巡更卡的识别来判定这是一个“门禁卡”还是一个电子巡更卡，如果是电子巡更卡，则该次刷卡操作并不进行相应的开门/关门动作，而同时将电子巡更到位的信息传送到监控中心，并通过电子巡更电子地图上的电子巡更站图标实时显示电子巡更站状态。要求门禁系统与视频监控系统形成联动关系确保给予事件的视频图像识别系统的应用。

2. 系统技术应用

采用门禁读卡机 + 无线电子巡更站的电子巡更方式是一种在线电子巡更的方式。相对离线方式电子巡更系统更具优势，主要表现在：所有的电子巡更信息点具有唯一的地址，可通过安防监控管理工作站进行电子巡更路径的设定和变更，每一个电子巡更站可多次设定在同一个或不同的电子巡更路线内；电子巡更站以星形连接方式，采用 RS485 数据传输方式接入智能控制器，具有防破坏功能；所有的电子巡更信息站的电子巡更信息，可实时地显示在监控管理主机的电子地图上，以便系统管理/操作人员及时掌握电子巡更信息；与无线对讲系统和闭路电视监控系统相配合，及时了解电子巡更现场信息，加强对突发情况的应急处理能力，同时从客观上，又起到保护电子巡更人员的作用；可方便地更换电子巡更站的地址。

电子巡更保安人员在规定的时间区域内到达指定的电子巡更点，用专用的电子巡更卡向监控中心发出“电子巡更到位”信号。管理中心就会同时记录电子巡更到位的时间、电子巡更点编号、电子巡更卡卡号。如果在规定的时间内，指定电子巡更点未发出“到位”的信号，该电子巡更站将向保安管理中心发出未被巡视的状态信号，并记录在案，并可联动摄像机实时监视电子巡更点状态。在所指定的电子巡更监控主机的显示屏上会显示所有设定的电子巡更路径的电子巡更情况。每次完成电子巡更任务后，电子巡更专用监控主机将自动生成该次电子巡更活动的电子巡更报告，可通过网络打印机输出。电子巡更监控主机可自动将电子巡更报告保存若干时间，相应的报告保存时间参数，可在电子巡更监控主机上通过系统软件进行设定和更改。

3. 系统功能要求

采用在线与无线相结合的巡查方式，提供巡查管理电子地图图形页面，巡查到位联动监视图像、巡查路线设置、巡查记录查询等管理。在公共通道、楼层楼梯前室、电梯前室、办公区、设备机房、强电小间、智能化小间设置保安巡查点和设施及机电设备巡查点。

（1）在线巡更方式　设置门禁读卡机具有在线巡查的功能，保安人员根据预先设置好的巡查路线，依次在具有在线巡查点功能的读卡机上刷“保安巡查卡”。在线巡查点读卡机就会实时将巡查保安人员姓名、巡查到位时间，以及联动巡查附近的监控图像传送到监控中心管理工作站上；同时，在公共电梯厅、公共走廊设置远距离自动数据采集装置，实时地对保安所处的位置进行读取，便于指挥和调度。

（2）无线（离线）巡查方式　作为在线巡查点的盲点补充，使用带地址码巡查点，通过手提巡查记录器（数据采集器）阅读每个位置的巡查站，经记录传输器传输已被阅读的巡查点资料到系统计算机主机。手提巡查记录器可下载巡查路线，巡查地点及多条巡查计划。保安人员可以根据实际情况选择自己的巡查路线、地点并可随时查看自己需要检查的部位、顺序及时间。

（3）电子巡更管理软件功能

1）提供巡查路线的设定和修改。

2）提供巡查时间的设定和修改。

3）可采用在线门禁控制读卡机和无线巡查点相结合的巡查管理模式。

4）报警监控中心记录巡查员的“巡查到位”时间，巡查不到位记录及提示。

5）在巡查员确认巡查到位时，该巡查点可联动相应区域和巡查路线上的视频监控摄像机，实时提供保安人员监控巡查点现场状况图像和巡查行走路线图像。

6）离线巡更系统软件，必须为全中文软件界面，应可提供详细的巡检分析报表，包括巡检记录，漏点记录，异常记录/无异常记录，统计报表等信息，巡更人员到达各巡更点的日期、时间、班次，漏检巡更点和异常信息等，可以通过时间查询、路线查询、地点查询、班次查询、人员查询等多种方式进行方便快捷查询，巡检路线、班次、人员、次序可随时进行方便的设置、修改。

7）可实时打印巡查资料，可通过系统管理平台查询巡查资料。

九、防爆安全检查系统

在复合建筑的主要入口配置安检门和金属探测器，当被检查人员从安检门通过时，人身体上所携带的金属超过一定重量、数量或形状预先设定好的参数值时，安检门即刻报警，并显示造成报警的金属所在区位。在停车场入口配置车底防爆检查设备，该设备可以有效防止车底藏匿炸弹、武器、生化危险品等进入大厦，当发现可疑物品时可立即报警，并联动车辆拦阻桩启动，以阻止可疑车辆进入。

十、第三方系统数据接口

1. 消防信息数据接口要求

火灾报警系统提供与综合安防管理系统的 OPC 实时数据交换接口，在 SMS 电子地图的可视化图形上显示火灾报警系统报警信号和报警联动设备状态，火灾报警系统采用总线通信接口和提供通信协议。

2. 建筑健康监控数据接口要求

建筑摇摆监控系统提供与综合安防管理系统的 OPC 实时数据交换接口，在 SMS 电子地图的可视化图形上显示建筑健康监控信号，建筑健康监控系统采用总线通信接口和提供通信协议。

3. UPS 电源状态监控数据接口要求

提供与综合安防管理系统的 OPC 实时数据交换接口，在 SMS 电子地图的可视化图形上显示电源状态监控信号，UPS 监控系统采用总线通信接口和提供通信协议。

4. 防雷监控数据接口要求

防雷监控系统提供与综合安防管理系统的 OPC 实时数据交换接口，在 SMS 电子地图的可视化图形上显示防雷监控信号，防雷监控系统采用总线通信接口和提供通信协议。

5. 电梯管理数据接口

在 BAS 系统电子地图图形电梯监控页面上设置的电梯运行图标，连接电梯实时运行状态图，电梯实时运行状态图上显示内容包括电梯停靠楼层、电梯故障报警等。能够自动生成设备运行数据及累计运行时数、因故障停梯累计时间统计图表，如曲线图、甘特图、统计报表等。

6. 航空障碍灯监控数据接口要求

航空障碍灯监控系统提供与综合安防管理系统的 OPC 实时数据交换接口，在 SMS 电子地图的可视化图形上显示航空障碍灯报警信号状态，航空障碍灯监控系统采用总线通信接口和提供通信协议。

7. 重要用户安防数据接口要求

重要用户安防系统提供与综合安防管理系统的 OPC 实时数据交换接口，在 SMS 电子地图的可视化图形上显示银行安防数据信号，银行安防数据接口要求采用总线通信接口和提供通信协议。

第七节　机房工程

一、概述

机房工程应成为智能化系统工程中向各类智能化系统设备及装置提供安全、可靠和高效地运行及便于维护的基础条件设施的运行环境，确保电子设备的正常运行和数据的安全存储，是建筑智能化系统的一个重要部分。智能化系统机房宜设置在便于进出线、远离潮湿场所和电磁干扰场所，并应预留发展空间，主要包括信息接入机房、信息网络机房、运营商机房、有线电视机房、综合配线机房、消防安防监控中心、消防安防分控室、公共广播机房及智能化设备间等。机房工程应配置可靠供电系统、防雷接地系统、照明系统、安防系统和电气消防系统等，涵盖了建筑装修、供电、照明、防雷、接地、UPS不间断电源、精密空调、环境监测、火灾报警及灭火、门禁、防盗、闭路监视、综合布线和系统集成等技术。

二、机房建设要求

1）机房面积及设备布置要求见表4-1。

表4-1　机房面积及设备布置要求

机房设置	
机房的位置要求	1）机房宜设在建筑物首层及以上各层，当有多层地下层时，也可设在地下一层 2）机房不应设置在厕所、浴室或其他潮湿、易积水场所的正下方或与其贴邻 3）机房应远离强振动源和强噪声源的场所，当不能避免时，应采取有效的隔振、消声和隔声措施 4）机房应远离强电磁场干扰场所，当不能避免时，应采取有效的电磁屏蔽措施
机房的分类集中设置	1）信息设施系统总配线机房宜与信息网络机房及用户电话交换机房靠近或合并设置 2）安防监控中心宜与消防控制室合并设置 3）与消防有关的公共广播机房可与消防控制室合并设置 4）有线电视前端机房宜独立设置 5）建筑设备管理系统机房宜与相应的设备运行管理、维护值班室合并设置或设于物业管理办公室 6）信息化应用系统机房宜集中设置，当火灾自动报警系统、安全技术防范系统、建筑设备管理系统、公共广播系统等的中央控制设备集中设在智能化总控室内时，不同使用功能或分属不同管理职能的系统应有独立的操作区域

（续）

机房设置	
信息网络机房的设置要求	1）自用办公建筑或信息化应用程度较高的公共建筑，信息网络机房宜独立设置 2）商业类建筑信息网络机房应根据其应用、管理及经营需要设置，可单独设置，也可与信息设施系统总配线机房、建筑设备管理系统等机房合并设置
建筑设备管理机房的面积及设置要求	1）建筑设备管理系统中各子系统宜合并设置机房 2）各子系统合设机房宜设于建筑物的首层、二层或有多层地下室的地下一层，其使用面积不宜小于 $20m^2$ 3）各子系统分设机房时，每间机房使用面积不宜小于 $10m^2$ 4）大型公共建筑必要时可设分控室
安防监控中心的面积及设置要求	1）宜设于建筑物的首层或有多层地下室的地下一层，其使用面积不宜小于 $20m^2$ 2）综合体建筑或建筑群安防监控中心应设于防护等级要求较高的综合体建筑或建筑群的中心位置。在安防监控中心不能及时处警的部位宜增设安防分控室 3）安防监控中心的设置尚应符合现行国家标准《安全防范工程技术规范》（GB 50348）的有关规定
进线间（信息接入机房）的面积及设置要求	1）单体公共建筑或建筑群内宜设置不少于 1 个进线间，多家电信业务经营者宜合设进线间 2）进线间宜设置在地下一层并靠近市政信息接入点的外墙部位 3）进线间应满足缆线的敷设路由、成端位置及数量、光缆的盘长空间和缆线的弯曲半径、配线设备、入口设施安装对场地空间的要求 4）进线间的面积应按通信管道及入口设施的最终容量设置，并应满足不少于 3 家电信业务经管者接入设施的使用空间与面积要求，进线间的面积不应小于 $10m^2$ 5）进线间设置在只有地下一层的建筑物内时，应采取防渗水措施，宜在室内设置排水地沟并与设有抽、排水装置的集水坑相连 6）当进线间设置涉及国家安全和机密的弱电设备时，涉密与非涉密设备之间应采取房间分隔或房间内区域分隔措施 7）住宅建筑进线间的设置应按现行国家标准《住宅区和住宅建筑内光纤到户通信设施工程设计规范》（GB/T 50846）有关规定执行
弱电间的设置要求	1）弱电间宜设在进出线方便，便于设备安装、维护的公共部位，且为其配线区域的中心位置 2）智能化系统较多的公共建筑应独立设置弱电间及其竖井 3）弱电间位置宜上下层对应，每层均应设独立的门，不应与其他房间形成套间 4）弱电间不应与水、暖、气等管道共用井道 5）弱电间应避免靠近烟道、热力管道及其他散热量大或潮湿的设施 6）当设置综合布线系统时，弱电间至最远端的缆线敷设长度不得大于 90m；当同楼层及邻层弱电终端数量少，且能满足铜缆敷设长度要求时，可多层合设弱电间 7）智能化系统性质重要、可靠性要求高或高度超过 250m 的公共建筑，有条件时每层可设置不少于两个弱电间 8）弱电间的面积应满足设备安装、线路敷设、操作维护及扩展的要求

（续）

机房设计	
机房的设计要求	1）机房宜采用矩形平面布局 2）与机房内智能化系统无关的管道不应穿越机房 3）机房的空调系统如采用整体式空调机组并设置在机房内时，空调机组周围宜设漏水报警装置，并应对加湿进水管及冷冻水管采取排水措施 4）大型公共建筑的信息网络机房、智能化系统总控室、安防监控中心等宜设置机房综合管理系统和机房安全系统
信息网络机房的面积及设置要求	1）机房组成应根据设备以及工作运行特点要求确定，宜由主机房、管理用房、辅助设备用房等组成 2）机房的面积应根据设备布置和操作、维护等因素确定，并应留有发展余地。机房的使用面积宜符合下列规定： ①主机房面积可按下列方法确定： 当系统设备已选型时，按下式计算：$A=K\sum S$，式中，A 为主机房使用面积（m^2）；K 为系数取值 5～7；S 为系统设备的投影面积（m^2） 当系统设备未选型时，按下式计算：$A=KN$，式中，K 为单台设备占用面积，可取 4.5～5.5（m^2/台）；N 为机房内所有设备的总台数 ②管理用房及辅助设备用房的面积不宜小于主机房面积的 1.5 倍
合用机房的面积及设置要求	1）合用机房使用面积可按下式计算： $A=K\sum S$，式中，A 为机房使用面积（m^2）；K 为需要系数，需分类管理的子系统数量：≤3 时，K 取 1；4～6 时，K 取 0.8；≥7 时，K 取 0.6～0.7；S 为每个需要分类管理的智能化子系统占用的合用机房面积（m^2/个） 2）机房的长宽比不宜大于4:3。设有大屏幕显示屏的机房，面对显示屏的机房进深不宜小于5m 3）当合用机房内设备运行环境条件要求较高或设备较多，其发热、噪声干扰影响较大时，操作人员经常工作的房间与设备机房之间宜采用玻璃墙隔开 4）合并设置机房时，各系统设备宜统一安装于标准机柜内，并宜统一供电、统一敷线，不同系统的设备、线缆、端口等应有明显的标识
弱电间（弱电竖井）的面积及设置要求	1）弱电间与配电间宜分开设置，当受条件限制必须合设时，强、弱电设备及其线路必须分设在房间的两侧，各种设备箱体前宜留有不小于 0.8m 的操作、维护距离 2）弱电间的面积，宜符合下列规定： ①采用落地式机柜的弱电间，面积不宜小于 2.5m(宽)×2.0m(深)；当弱电间覆盖的信息点超过 400 点时，每增加 200 点应增加 1.5m^2(2.5m×0.6m)的面积 ②采用壁挂式机柜的弱电间，系统较多时，弱电间面积不宜小于 3.0m(宽)×0.8m(深)；系统较少时，面积不宜小于 1.5m(宽)×0.8m(深) ③当多层建筑弱电间短边尺寸不能满足 0.8m 时，可利用门外公共场地作为维护、操作的空间，弱电间房门须将井道全部敞开，但弱电间短边尺寸不应小于 0.6m 3）当弱电间内设置涉密弱电设备时，涉密弱电间应与非涉密弱电间分别设置；当建筑面积紧张，且能满足越层水平缆线敷设长度要求时，可分层、分区域设置涉密弱电间和非涉密弱电间 4）弱电间内的设备箱宜明装，安装高度宜为箱体底边距地 0.5～1.5m

（续）

机房布置	
机房设备布置要求	1）机房设备应根据系统配置及管理需要分区布置，当几个系统合用机房时，应按功能分区布置 2）需要经常监视或操作的设备布置应便于监视或操作 3）工作时可能产生尘埃或有害物质的设备，宜集中布置在靠近机房的回风口处 4）电子信息设备宜远离建筑物防雷引下线等主要的雷电流泄流通道 5）设备机柜的间距和通道应符合下列要求： ①设备机柜正面相对排列时，其净距离不宜小于1.2m ②背后开门的设备机柜，背面离墙边净距离不应小于0.8m ③设备机柜侧面距墙不应小于0.5m，侧面离其他设备机柜净距不应小于0.8m，当侧面需要维修测试时，则距墙不应小于1.2m ④并排布置的设备总长度大于6m时，两侧均应设置通道 ⑤通道净宽不应小于1.2m 6）壁挂式设备中心距地面高度宜为1.5m，侧面距墙应大于0.5m 7）活动地板下面的线缆宜敷设在金属槽盒中

注：1. 机房的设置应满足设备运行环境、安全性及管理、维护等要求。
2. 有工作人员长时间值守的机房附近宜设卫生间和休息室。

2）机房对土建专业的要求见表4-2。

表4-2 机房对土建专业的要求

房间名称		室内净高（梁下或风管下）/m	楼、地面等效均布活荷载/(kN/m²)	地面材料	顶棚、墙面	门（及宽度）	窗
电话站	程控交换机室、总配线架室	≥2.5	≥4.5	防静电活动地板	饰材浅色、不反光、不起灰	外开双扇防火门 1.2~1.5m	良好防尘
	话务室	≥2.5	≥3.0	防静电活动地板	吸声材料	隔声门 1.0m	良好防尘设纱窗
	电力电池室	≥2.5	<200Ah时，4.5 200~400Ah时，6.0 ≥500Ah时，10.0	防尘、防滑地面	饰材不起灰	外开双扇防火门 1.2~1.5m	良好防尘
进线间（信息接入机房）		≥2.2	≥3.0	水泥地	墙身及顶棚需防潮	外开双扇防火门≥1.0m	—

（续）

房间名称		室内净高（梁下或风管下）/m	楼、地面等效均布活荷载/(kN/m^2)	地面材料	顶棚、墙面	门（及宽度）	窗
信息网络机房、建筑设备管理机房、信息设施系统总配线机房		≥2.5	≥4.5	防静电活动地板	饰材浅色、不反光、不起灰	外开双扇防火门 1.2～1.5m	良好防尘
广播室	录播室	≥2.5	≥2.0	防静电地毯	吸声材料	隔声门1.0m	隔声窗
	设备室	≥2.5	≥4.5	防静电活动地板	饰材浅色、不反光、不起灰	外开双扇防火门 1.2～1.5m	良好防尘设纱窗
消防控制室		≥2.5	≥4.5	防静电活动地板	饰材浅色、不反光、不起灰	外开双扇甲级防火门 1.5m或1.2m	良好防尘设纱窗
安防监控中心		≥2.5	≥4.5	防静电活动地板	饰材浅色、不反光、不起灰	外开双扇防火门 1.5m或1.2m	良好防尘设纱窗
有线电视前端机房		≥2.5	≥4.5	防静电活动地板	饰材浅色、不反光、不起灰	外开双扇隔音门 1.2～1.5m	良好防尘设纱窗
会议电视	电视会议室	≥3.5	≥3.0	防静电地毯	吸声材料	双扇门 ≥1.2～1.5m	隔声窗
	控制室、传输室	≥2.5	≥4.5	防静电活动地板	饰材浅色、不反光、不起灰	外开单扇门 ≥1.0m	良好防尘
弱电间		≥2.5	≥4.5	水泥地	墙身及顶棚需防潮	外开防火门 ≥0.7m	—

注：1. 如选用设备的技术要求高于本表所列要求，应遵照选用设备的技术要求执行。

2. 当300Ah及以上容量的免维护电池需置于楼上时不应叠放。如需叠放时，应将其布置于梁上，并需另行计算楼板负荷。

3. 会议电视室最低净高一般为3.5m，当会议室较大时，应按最佳容积比来确定，其混响时间宜为0.6～0.8s。

4. 室内净高不含活动地板高度，室内设备高度按2.0m考虑。

5. 电视会议室的围护结构应采用具有良好隔声性能的非燃烧材料或难燃材料，其隔声量不低于50dB(A)。电视会议室的内壁、顶棚、地面应做吸声处理，室内噪声不应超过35dB(A)。

6. 电视会议室的装饰布置，严禁采用黑色和白色作为背景色。

3）机房对电气、暖通专业的要求见表4-3。

表4-3　机房对电气、暖通专业的要求

房间名称		暖通			电气		备注
		温度/℃	相对湿度（%）	通风	照度/lx	应急照明	
电话站	程控交换机室	18～28	30～75	—	500（0.75m水平面）	设置	注3
	总配线架室	10～28	30～75	—	200（地面）	设置	注3
	话务室	18～28	30～75	—	300（0.75m水平面）	设置	注3
	电力电池室	18～28	30～75	注3	200（地面）	设置	—
进线间（信息接入机房）、弱电间		18～28	30～75	注2	200（地面）	—	—
信息网络机房		18～28	40～70	—	500（0.75m水平面）	设置	注3
建筑设备管理机房		18～28	40～70	—	500（0.75m水平面）	设置	注3
信息设施系统总配线机房		18～28	30～75	—	200（地面）	设置	注3
广播室	录播室	18～28	30～80	—	300（0.75m水平面）	—	—
	设备室	18～28	30～80	—	300（地面）	设置	—
消防控制室		18～28	30～80	—	500（0.75m水平面）	设置	注3
安防监控中心		18～28	30～80	—	500（0.75m水平面）	设置	注3
有线电视前端机房		18～28	30～75	—	300（地面）	设置	—
会议电视	电视会议室	18～28	30～75	注4	750（0.75m水平面）	设置	—
	控制室	18～28	30～75	—	≥300（0.75m水平面）	设置	—
	传输室	18～28	30～75	—	≥300（地面）	设置	—
弱电间	有网络设备	18～28	40～70	注2	≥200（地面）	设置	注3
	无网络设备	5～35	20～80				

注：1. 地下电缆进线室一般采用轴流式通风机，排风按每小时不大于5次换风量计算，并保持负压。

2. 采用空调的机房应保持正压。

3. 电视会议室新风换气量应按每人大于或等于30m³/h。

4. 投影电视屏幕照度不宜高于75lx，电视会议室照度应均匀可调，会议室的光源应采用色温3200K的三基色灯。

4）机房不间断电源（UPS）装置及连续供电时间要求见表4-4。

表4-4　机房不间断电源（UPS）装置及连续供电时间要求

机房名称	供电时间	供电范围	备注
安防监控中心	≥0.25h	安全技术防范系统主控设备	建筑物内有发电机组时
	≥3h		建筑物内无发电机组时

（续）

机房名称	供电时间	供电范围	备注
用户电话交换机房	≥0.25h	电话交换机、话务台	建筑物内有发电机组时
	8h		建筑物内无发电机组时
信息网络机房	≥0.25h	交换机、服务器、路由器、防火墙等网络设备	建筑物内有发电机组时
	≥2h		建筑物内无发电机组时
消防控制室	≥3h	火灾自动报警及联动控制系统	系统自带

注：1. 蓄电池组容量不应小于系统设备额定功率的1.5倍。

2. 用户电话交换机房由发电机组供电时应按8h备油。

3. 避难层（间）设置的视频监控摄像机和安防监控中心的主控设备无柴油发电机供电时应按3h备电。

5）动环监控系统要求。机房工程电力电源及机房内环境监控系统（简称动环监控系统）是对分布在各机房的电源柜、UPS、空调、蓄电池等多种动力设备及门磁、红外、玻璃破碎、水浸、温湿度、烟感等机房环境的各种参数进行遥测、遥信、遥调和遥控，实时监测其运行参数，诊断和处理故障，记录和分析相关数据，并对设备进行集中监控和集中维护的计算机控制系统。主要监测内容参考如下：

①监测市电供电质量（电压、电流、有功功率无功功率、功率因数、频率等参数）。

②监测电池状态，具有实时自动监控、显示和记录蓄电池组电压、充放电电流、蓄电池单体电压、单体温度，环境温度、蓄电池单体内阻功能。

③监测精密空调的温湿度等各项参数及压缩机、风机、加热器、加湿器、去湿器、滤网等部件工作状态，出现报警情况立即通过电话或短信通知相关人员。

④监测机房内的温湿度，一旦机房内的温湿度超过设置的温湿度应立即报警，并联动空调新风系统进行调整。

⑤监测监视机房新风系统的各项参数及风机、空气净化器、滤网等部件工作状态，出现报警情况立即通过电话或短信通知相关人员。

⑥设置漏水检测装置，有水存留或泄漏发生时，感应线缆将信号送出，监控系统发出报警信号。

总　结

智能建筑以建筑物为平台，基于对各类智能化信息的综合应用，集架构、系统、应用、管理及优化组合为一体，具有感知、传输、记忆、推理、判断和决策的综合智慧能力，形成以人、建筑、环境互为协调的整合体，为人们提供安全、高效、便利及可持续发展功能环境的建筑。智能化系统工程设计应以智能化的科技功能与智能化系统工程的综合技术功效相对应，以现代科技持续对应用现状推进导向的主动性，规避智能化功能模糊、制订工程技术方案雷同或照搬的盲目性和简单化倾向。

智能化集成系统是建筑智能化系统工程展现智能化信息合成应用和具有优化综合功效的支撑设施，是以实现绿色建筑、满足建筑的业务功能、物业运营及管理模式为目标，形成对智能化相关信息采集、数据通信、分析处理等支持能力，并应具有标准化通信方式和信息交互的支持能力。智能化集成系统包括智能化信息集成（平台）系统与集成信息应用系统。

信息设施系统是为建筑智能化系统工程提供信息资源整合，具有综合服务功能的基础支撑设施，并应具有对建筑内外相关的语音、数据、图像和多媒体等形式的信息予以接受、交换、传输、处理、存储、检索和显示等功能。信息设施系统包括信息接入系统、布线系统、移动通信室内信号覆盖系统、卫星通信系统、用户电话交换系统、无线对讲系统、信息网络系统、有线电视及卫星电视接收系统、公共广播系统、会议系统、信息导引及发布系统、时钟系统等。

建筑设备管理系统营造建筑物运营条件的基础保障设施，是保证建筑设备运行稳定、安全及满足物业管理的需求，实现对建筑设备运行优化管理及提升建筑用能效率，达到绿色建筑的建设目标。建筑设备管理系统应具有建筑设备运行监控信息互为关联和共享的功能，包括建筑设备监控系统、建筑能效监管系统，以及需纳入管理的其他业务设施系统等。

综合安防管理系统应成为确保智能化系统工程建立建筑物安全运营环境整体化、系统化、专项化的重要防护设施，可以有效地应对建筑内火灾、非法侵入、自然灾害、重大安全事故等危害人们生命和财产安全的各种突发事件。公共安全系统包括安全防范综合管理（平台）和入侵报警、视频安防监控、出入口控制、电子巡查、访客对讲、停车库（场）管理系统等。

机房工程主要作用是为电子设备提供一个稳定、安全、可靠的运行环境，确保电子设备的正常运行和数据的安全存储，是建筑智能化系统的一个重要部分。智能化系统机房宜设置在便于进出线、远离潮湿场所和电磁干扰场所，并应预留发展空间，机房工程应配置可靠供电系统、防雷接地系统、照明系统、安防系统和电气消防系统等。

【思考题】

1. 试述复合建筑智能化系统发展趋势。
2. 试述复合建筑安防系统设计要素。
3. 试述复合建筑智能化集成要求。

05

第五章　精品案例

Methods and Practice of Electrical Design for Composite Buildings

第一节　深圳宝安国际机场T3航站楼

第二节　张家口奥体中心

第三节　北京市丽泽金融商务区地下空间一体化工程

第四节　青岛国际贸易中心

第一节　深圳宝安国际机场 T3 航站楼

一、工程概况

深圳宝安国际机场 T3 航站楼如图 5-1 所示，地处滨海，建筑融入海洋与大地，追求与自然环境的融合，也非消隐于环境中，而是如同生物一样成为自然界的组成部分。建筑灵感来自海洋生物“蝠鲼”水中跃起的瞬间。航站楼主要由主楼中心区、中央指廊区、指廊中心区、东翼指廊区、西翼指廊区、十字北指廊、十字东指廊及十字西指廊六部分组成，航站楼将室内空间与外部造型整体设计，营造城市空间到航站楼整个流程空间的连贯过渡。主楼大公共空间采用大跨度柱网，由中央跃层空间上下贯穿。指廊区出发层为数百米长连贯无柱空间，包裹双层表皮幕墙，每个方向都有自然光透过，结合起伏的开洞设计，形成流动空间。整个建筑内部处于用光营造出的戏剧性环境中。建筑面积为 45 万 m^2，地上 4 层，地下 2 层。建筑高度 62m，建筑耐火等级一级，地下室防水等级一级，设计使用年限为 50 年。主体结构采用钢筋混凝土框架结构，屋顶采用钢网架结构，支撑屋顶结构采用钢结构。该项目获得全国优秀工程勘察设计行业建筑工程一等奖，中国建筑学会建筑工程优秀设计奖（建筑电气）二等奖。

图 5-1　深圳宝安国际机场 T3 航站楼

二、变配电系统模型架构

1）航站楼消防与安防等防灾用设备、应急照明、信息及弱电系统专用电源（PCR/DCR/SCR）等负荷为特级负荷供电；民航专用电源（边检、安检、海关的检查设备、航行管制、导航、通信、气象、助航灯光系统的设备；航班预报设备；飞行及旅客服务用房等）、联检大厅照明、值机及候机厅照明、卸货区照明等；电梯、排水泵、雨水泵等按一级负荷供电；厨房动力等其余设备的供电电源均按二级负荷考虑。负荷统计见表5-1。

表5-1 负荷统计

序号	负荷分类	设备容量/kW	需用系数	计算容量/kW	备注
1	动力	3335	0. 49	1641. 7	
2	照明	22960	0. 6	13709. 2	
3	空调	3697	0. 56	2057. 4	
4	应急动力	3790	0. 8	3032	消防负荷
5	应急照明	944	0. 9	847. 8	
6	应急空调	4414	0. 75	3291	
7	专用电源	2430	0. 745	1809	包括信息及弱电系统用电
8	应急专用电源	3100	0. 79	2451	
9	登机桥活动端转动电源	3100	0. 3	930	50kW/每个桥
10	400Hz专用电源	7479	0. 5	3740	C/D类90kVA E类150kVA F类180kVA×2
11	PCA空调预制冷电源	8781	0. 5	4391	C类125kVA D类169kVA E类169kVA F类169kVA×2
12	机务用电	1860	0. 95	1767	
13	行李系统用电			4800	预留
总计		40577			

2）航站楼规划三个开闭站，分别在E东翼指廊区KB1、F西翼指廊区KB2和B中央指廊区KB3，10kV外电源分别从E东翼指廊区、F西翼指廊区机坪地下埋地进入航站楼后，经专用水平和竖向电缆桥架，于地下一层不同电气管廊内敷设，送至各相应开闭站。航站楼内每个开闭站均有三路10kV电源进线，两路自上级110kV站不同母线段直接引来，一路从110kV站送经能源中心发电机房，与高压发电机组电源互锁后再送至开闭站。航站楼全楼开闭站变压器总装机容量为62200kVA，开闭站及变电所分布如图5-2所示。

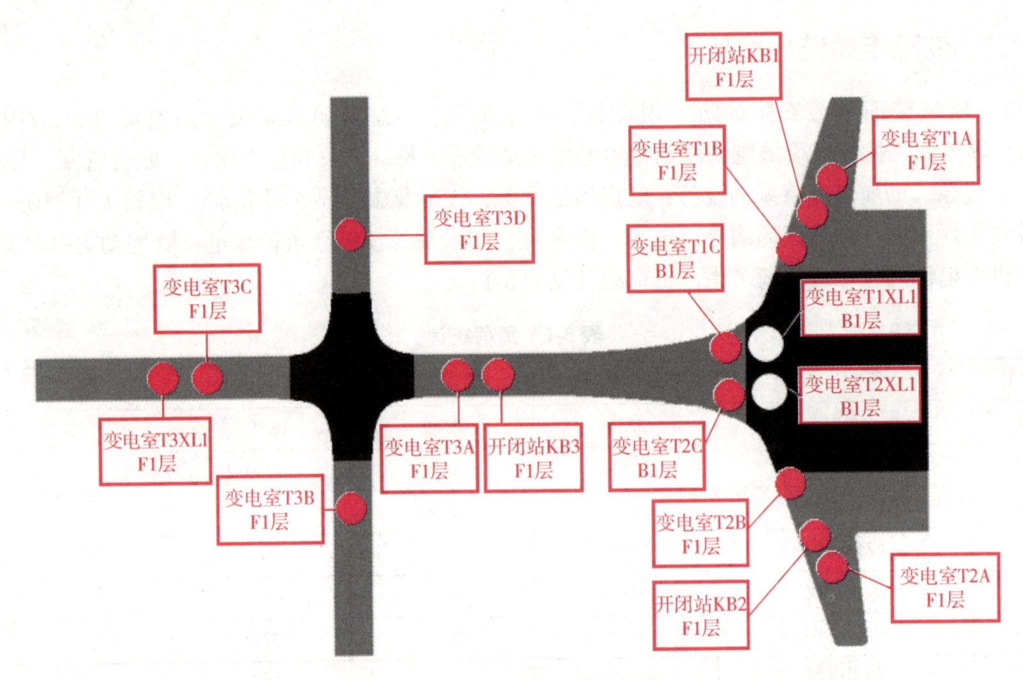

图 5-2　开闭站及变电所分布

开闭站所带变电所装机容量见表 1-2。正常运行时采用两路从 110kV 站直接送来的高压电源（1#、2#）单母线分段方式运行，第三路高压电源（3#）为备用电源。1#高压电源进线断路器和 3#高压电源馈出断路器设置备用电源自投装置，两断路器同时只能合一个，设机械与电气闭锁防误操作；2#高压电源进线断路器和 3#高压电源馈出断路器设置备用电源自投装置，两断路器同时只能合一个，设机械与电气闭锁防误操作。

10kV 高压配电采用放射方式，高压电缆自开闭站直放至分散的各变电所，在各开闭站预留备用配出回路。外电源分东西两侧进线，配出高压电缆也分桥架、分管廊敷设。高压电缆选用环保型、防白蚁及防鼠咬、无卤低烟、阻燃（成束阻燃 A 类）、交联聚乙烯绝缘铜芯电力电缆。

表 5-2　开闭站所带变电所装机容量

序号	开闭站编号	所带变电所编号	所带变电所装机容量/kVA
1	KB1	T1A、T1B、T1C、T1XL1	10000
			10000
2	KB2	T2A、T2B、T2C、T2XL1	10400
			10400
3	KB3	T3A、T3B、T3C、T3D、T3XL1、T3YJW1、T3YJW2	10700
			10700

航站楼楼内设置变压器共计38台（不含机坪远机位预装式箱式变电站，北指廊行李变电所变压器），总装机容量62200kVA（含机坪远机位预装式箱式变电站容量及北指廊行李变电所容量）。变电所每组变压器低压侧单母线分段互为备用方式运行，根据负荷等级及供电要求，单台变压器负荷率按55%控制，变电所变压器配置见表5-3。

表5-3　变电所变压器配置

序号	变电所编号	变压器装机容量/kVA	变压器容量/kVA×台数	用途	备注
1	T1A	6400	1600×4	公共变电所	首层
2	T1B	6400	1600×4	公共变电所	首层
3	T1C	3200	1600×2	公共变电所	地下一层
4	T2A	7200	1600×2，2000×2	公共变电所	首层
5	T2B	6400	1600×4	公共变电所	首层
6	T2C	3200	1600×2	公共变电所	地下一层
7	T3A	4000	2000×2	公共变电所	首层
8	T3B	5000	1250×4	公共变电所	首层
9	T3C	5000	1250×4	公共变电所	首层
10	T3D	5000	1250×4	公共变电所	首层
11	T1XL1	4000	2000×2	行李变电所	地下一层
12	T2XL1	4000	2000×2	行李变电所	地下一层
13	T3XL1	1600	800×2	行李变电所	预留
14	T3YJW1	400	400×1	预装式变电所	机坪
15	T3YJW2	400	400×1	预装式变电所	机坪
总计		62200			

3）航站楼内特级负荷在发生全部市政10kV外电源停电故障时，由航站楼外能源中心高压发电机组进行供电；航站楼内信息及弱电系统网络与控制设备设不间断电源装置（UPS）；应急照明设集中蓄电池组逆变装置（EPS）。10kV高压发电机房设置在航站楼外西南侧能源中心。由航空港110kV变电站送出的作为航站楼内各开闭站备用电源的10kV高压线路，先送至能源中心10kV高压发电机房，与在高压发电机房设置的高压发电机组电源互锁后，再分别放射式送至航站楼内各开闭站。在每台变压器低压侧将非特级负荷设置单独母线段，平时由市电提供电源，当三路市政高压均失电后，位于航站楼外能源中心高压发电机组投入运行，同时在航站楼内相关区域中各变电所与开闭站进行负荷管理，将全部非特级负荷切除后，在相关区域开闭站将高压备用电源投入，向建筑内相关区域中各变电所特级负荷供电。

各变电所需由能源中心高压发电机组进行保障供电的设备和系统负荷：发生三路市政10kV电源失电，非火灾情况下，航站楼中必须由自备高压发电机供电的特级负荷；发生三路市政10kV

电源失电，火灾情况下，航站楼中必须由自备高压发电机供电的特级负荷。

航站楼内开闭站需由能源中心高压发电机组进行保障供电的设备和系统负荷：发生三路市政10kV电源失电，非火灾情况下，航站楼开闭站供电范围内各变电所必须由自备高压发电机供电的特级负荷之和。

4）空侧机坪机务用电、机坪高杆照明（含障碍灯）、400Hz及PCA用电等用电设备电源，由航站楼内低压供电，所有电源线路以及站坪所需的其他线路从机坪层（首层）引出。空侧远机位机坪机务用电，由航站楼内高压供电，在航站楼西北侧与东北侧远机位机坪处各设置一台400kVA预装式箱式变电站，自航站楼KB3开闭站为每个预装式箱式变电站各提供两路10kV高压电源，规划电源线路从KB3开闭站地下一层送至机坪。

三、建筑物防雷

1）深圳地区年平均雷暴日为73.9d/a，属于强雷区，根据建筑物年预计雷击次数计算结果为8.9次/年，建筑物按第二类防雷建筑物设防，采用传统的法拉第笼式防雷体系。

2）屋顶天窗、排水沟等屋面设施也应与屋面一起整体设计防雷，考虑接闪、连接及引下，屋面上所有凸起的金属构筑物或管道等，均应与屋面金属板可靠连接成一体。屋面上的非金属物体、无金属外壳或保护网罩的电气设备（如航空障碍灯、亮度传感器、摄像机、透明非金属屋顶等），均应置于独立接闪装置的保护之下，独立接闪杆导体材质采用ϕ12不锈钢圆棒。所有凸出屋面的设备均采用独立接闪杆保护，引下线单独敷设至外沿周圈与外幕墙引下线连接，利用建筑物外侧钢结构柱、幕墙钢结构柱或外墙混凝土结构柱内主钢筋做防雷装置引下线。需利用玻璃外幕墙金属结构做防雷引下线，所有竖向金属拉索连接与截面应符合引下线要求，每层楼板处外幕墙整体做等电位联结。引下线穿楼板时应就近与结构板内上层钢筋有效联结构成等电位，每个方向至少有一点焊接。利用结构基础桩基做防雷装置接地极，地面选择四处做防雷接地冲击电阻测试井。

3）建筑物年预计雷击次数计算结果为8.9次/年，建筑物入户设施年预计雷击次数计算结果为132.2次/年，总计为141次/年，建筑物电子信息系统设备，因直击雷和雷电电磁脉冲损坏可接受的年平均最大雷击次数为0.0176次/年，雷电防护等级为A级。为预防雷电电磁脉冲引起的过电流和过电压，在变压器低压侧、重要设备供电的末端配电箱的各相母线上、由室外引入建筑物的线路入口处的配电箱、控制箱、前端箱等装设SPD。

四、信息化应用系统

1）信息集成系统是一个集航班营运、指挥调度、旅客服务、查询服务为一体的指挥管理系统，它满足“信息处理量大、管理复杂”的特点，有效地保证了机场生产调试各部门之间的大量信息的及时准确地传递、处理。信息集成系统的建设目标是能提供一个信息共享的运营环境，使各信息智能化系统均在信息集成系统统一的航班信息之下自动运作。它能支持航站楼的运营模式，支持机场各生产运营部门在运行指挥中心的协调指挥下进行统一的协调、调度、管理，以实现最优化的生产运营和设备运行，为航站楼安全高效的生产管理提供信息化、自动化手段。并能为旅客、航空公司以及机场自身的业务管理提供及时、准确、系统、完整的航班信息服务。最终，使机场成为以信息集成系统为核心，各信息智能化系统为手段，信息高度统一、共享、调度严密、管理先进和服务优质的机场。系统包括航站楼信息管理及集成系统、离港控制系统、航班信息显示及值机引导系统、时钟系统、运营监控管理系统、行李分拣系统、飞机泊位引导系统、安检信息管理系统、地理信息系统等。

2）航站楼信息管理及集成系统。计算机信息管理系统是机场智能化系统核心，实现对航班、航班服务、资源分配、计费统计等一系列工作的综合、完善、统一管理。它也是机场信息中心，承担着机场内部各子系统的信息枢纽作用。另外，系统提供了相关弱电子系统在系统集成上的平台。

3）离港控制系统。通过该系统办理机场航站楼的国内出发、国内中转的相关手续。同时，完成客机平衡配载、航班控制及行李查询等任务。系统独立与中航信通信连接，通过自身的网络系统实现通信路由和信息数据处理互为备份。

4）航班信息显示及值机引导系统。为旅客提供进出港航班动态信息、值机办票信息、候机引导信息、登机提示信息、行李提取及引导提示、中转航班信息等。为工作人员提供的信息有行李输送信息、行李分拣信息以及相关的航班动态信息。显示组成主要包括 LED、LCD、PDP（或液晶）和有线电视等。

5）时钟系统。为航站楼各区域和部门提供统一准确时间、协调各部门工作，系统采用子母钟控制原则，采用北斗/GPS 接收机接受校时信号，信号经处理后向母钟定时发送校准信号。

6）飞机泊位引导系统。为航站楼各近机位飞机停靠提供引导信息。各引导装置单元之间组网统一管理。

五、应急管理系统

任何影响机场正常运营或业务运作的异常事件可定义为事故。包括航班相关事故，旅客相关事故，社会公共相关事故及典型突发事件等以及设施设备相关等紧急情况。机场的异常事件需要一套完备的应急管理系统，以辨别相关事故，维护事故处理流程预案，便于各部门对应急预案的查询检索，从而进一步提高机场对类似事件的应对能力，优化相关应急流程。应急管理系统的一个重要特性，是将机场的组织架构与整体应急流程相关联，并对这些流程进行维护与管理。应急管理系统应是一个基于用户配置的流程维护管理系统，用以事故和紧急情况识别，并创建、保存与更新事故相关的处理流程。包含根据不同等级或不同类型的应急事件维护相应的应急流程，便于查找或检索，同时随时更新应急流程。系统提供完善的系统管理和足够的安全保护，以限制对机密数据的访问。

六、智能化集成系统

1）信息集成系统是航站楼进行信息处理及机场日常运营的多任务管理系统，能实现航站楼各部门之间的信息及时、准确地传递和处理。信息集成系统的建设对于提高航站楼的运作效率、管理水平、经济效益是十分必要的。系统将采用中心数据库结构的计算机网络，以高速主干网连接航站楼内的管理系统、信息系统及部分弱电子系统。系统由高速主干网、虚拟化主机平台、机场运行数据库、核心应用系统、信息交互平台、运维监控平台等构成。信息集成系统作为一个健壮可扩充集成环境，提供多种接口方式，按运营业务流程将各信息子系统连接起来，而这些子系统可以分布在子网或外部网络中、具有异构的操作平台和异构的数据存储形式。系统将为各子系统提供一个全局性的、顺畅的运营数据流通环境，形成一个适应航班运营流程的高性能的信息集成系统。信息集成系统的目标是以计算机管理技术和计算机网络技术为基础，为机场航站楼提供一个先进的、完善的、设计合理的计算机信息管理系统。

2）系统架构信息集成系统由网络设备、硬件平台、系统软件、应用软件、用户终端等多层次组成。系统架构以机场运行数据库为核心，建设“五大平台”，即网络平台、硬件设备平台、信息交互平台、应用平台和运维监控平台。机场运行数据库是面向航班信息、营运信息、资源信息以及客货行相关信息的数据集合。主要存储的信息有航班计划类信息、航班动态类信息、营运保障计划、资源分配信息、短期营运数据和旅客行李信息等，也包含其他公用的基础数据、业务规则数据等。

3）网络平台作为机场骨干网，是集成系统重要的物理基础。通过 IP 地址分配策略，可在机场骨干网上划分功能化子网，核心生产运营系统、航班信息显示系统和离港系统等子系统作为功能化子网共享网络资源。骨干网必须满足标准化、可扩展的要求，采用分布式处理、集中控制的方法，进行全网的统一管理，支持 TCP/IP，应具备可靠性和容错性。

4）硬件设备平台。主要有存储、服务器和接入设备等，所有设备均放置信息中心机房。物理主机采用 X86 架构的服务器，通过集群软件，组成相应功能的服务器群，应用于机场各个业务系统。

5）信息交互平台是机场各个弱电和信息系统的信息交换中心，负责集成系统与子系统、子系统与子系统之间的数据交换。信息交互平台采用消息中间件技术，提供标准的接口方式实现系统间的数据交换，可以以单条数据、多条数据或者数据文件的格式进行。信息交互平台是机场子系统扩展的重要保证平台，它支持机场未集成的子系统和今后新建系统接入集成环境的需要，为各类其他系统提供接口服务。

6）应用平台是信息集成系统的功能核心，主要提供各类运行功能模块，通过应用平台机场工作人员完成日常的航班运行保障，包括航班计划的制订、航班动态的处理、资源预分配和实时调整、进行地面服务保障、运行过程中的协调和告警处理等。应用平台主要包括的应用模块有：航班信息管理、资源分配管理、地面服务管理、运行协调和告警、民航电报处理、CDM 支持模块、贵宾服务管理、应急预案管理、航班查询和统计、基础数据管理、用户和权限管理等。

7）运维监控平台是机场弱电和信息系统运行维护的平台，提供用户对整个集成系统环境的监控功能。监控对象包括各种主机、存储设备、系统软件（数据库和消息中间件）以及应用系统，监控各种预定监控指标以及不正常事件。运维监控平台能够进行多种方式（弹框、声音、颜色等）的告警提醒。主机监控包括 CPU、内存、磁盘空间和关键系统进程及应用系统进程等；数据库监控包括数据库连接、关键进程、监听器、Session、数据文件以及 SQL 性能等；消息中间件包括关键进程、队列深度等；应用系统包括关键应用进程、CPU 和内存占用情况、业务操作响应时间等。

七、信息化设施系统

1）本工程在地下一层设置电话交换机房，建立了卫星通信系统，进行高速数据传输、图像传输、综合数据与语音通信、移动数据通信、计算机网络连接等综合业务，与 DDN 数字数据网互为备份，可以保证数据通信的不间断性、可靠性。

2）无线通信增强系统。为避免无线基站信道容量有限，忙时可能出现网络拥塞，手机用户不能及时打进或接进电话。另外由于大楼内建筑结构复杂，无线信号难于穿透，室内易出现覆盖盲区。因此，大楼内应安装无线信号室内天线覆盖系统以解决移动通信覆盖问题，同时也可增加无线信道容量。

3）会议电视系统。本工程在会议室设置全数字化技术的数字会议网络系统（DCN 系统），该系统采用模块化结构设计，全数字化音频技术。具有全功能、高智能化、高清晰音质，方便扩展和数据传递保密等优点。可实现发言演讲、会议讨论、会议录音等各种国际性会议功能，其中主席位置设备具有最高优先权，可控制会议进程。

4）电视信号接自外有线电视网，各楼设置电视前端机房，在各候机厅、会议室等处设有线电视插座，有线电视系统采用分配分支系统，系统出线口电平为 69dB ± 6dB，要求图像质量不低于四级。有线电视系统根据用户情况采用分配-分支分配方式。

5）公共广播系统。系统作为航班信息发布的主要辅助手段，向旅客发布实时航班信息，航班发布间隙提供背景音乐，还可以提供找人、失物招领以及紧急广播等服务功能。系统按照航站楼内区域的工艺用途分区，系统音源包括自动航班广播、背景音乐、消防广播、公共人工服务广播等。航站楼公共广播系统是消防紧急广播与机场业务合二为一的广播系统，在平时作为机场业务广播使用，在有火灾报警信号时，切换为消防广播使用。系统采用全数字音频网络系统，采用开放、通用的数字音频标准，构建星形结构的广播以太网。系统由系统管理服务器、设备管理工作站、航班自动广播系统、消防广播系统、功能控制中心人工呼叫站和 GUI 终端、登机口及各服务柜台人工呼叫站、数字音频矩阵系统、数字功率放大器、现场各种扬声器、噪声探测器等组成。在业务广播时，主要由自动广播及人工广播组成，自动广播系统根据航班动态信息自动生成航班广播信号，在相关区域广播；在登机口、服务柜台及功能中心等地方，可根据需要通过人工呼叫站进行人工广播；在其他紧急情况下，公共广播系统可进行紧急广播，指导旅客疏散，调度工作人员进行应急处理工作。在消防广播时，消防控制中心工作人员通过消防广播控制台启动本楼的消防广播（预录广播或人工广播）或通过人工呼叫站进行人工广播。

6）无线局域网。航站楼无线局域网为相关信息智能化系统的无线应用（如离港系统的移动值机、行李再确认系统等）和旅客无线上网提供网络平台。候机大厅、登机口、行李分拣滑槽区、近机位区域、到达迎客厅等处设置无线网，旅客无线上网和信息智能化系统的无线应用通过

SSL VPN 实现安全隔离。

7）安检信息管理系统。安检信息管理系统的目标是建设一套多数据源集成的，灵活、可扩展、易维护的综合性安检信息管理系统。与离港控制系统、安检系统、安全防范系统以及信息集成系统进行集成，获取全面旅客信息，满足机场各相关单位对于旅客及行李的信息采集、验证、处理、查询的共同需求，有效地跟踪确认各种旅客信息，为机场各安全检查相关单位提供多方面的信息服务和有效的支持联防手段，同时满足机场安检部门的业务人员管理需求。系统最终能够为机场各业务单位提供一个关于旅客综合性安检信息的共享平台，系统所提供的安全检查信息及其流程，应满足各个联检单位协商定制相关的安全协防职责及业务操作流程的需求。在系统平台上可以进行共享或交互信息。系统涉及的用户包括机场安检、联检单位和航空公司等安全检查相关单位。

8）内部调度通信系统是航站楼内建立的一套独立调度通信交换网，供航站楼内各业务部门之间指挥调度、相互通信使用。系统提供丰富的接口，可以与广播系统、有线通信系统、数字无线集群调度通信系统连接进行各种需要的通信。系统采用数字终端实现内部的通信。

9）网络系统及网络安全系统是整个航站楼信息智能化系统的通信基础，支持信息弱电系统所有的基于网络的功能和业务。系统采用业界领先的成熟可靠技术，为信息弱电系统提供 24h 连续高可靠运行的、安全的数据及媒体传输平台。

八、建筑设备监控系统

（1）智能化集成系统　通过建筑设备监控平台提供的接口定时汇集航站楼 BAS 各个装置的使用数据，并进行累积，要求建筑设备监控平台通过 OPC 接口方式与智能化集成系统连接。对各个系统的各主要设备相关数字量（或模拟量）输入（或输出）点的信息（状态、报警、故障）进行监视和相应控制。监控数据的内容及要求如下：

1）提供航站楼所有空调系统、通风系统、三级泵系统、给水/排水系统等设备的启停状态、运行状态、故障报警信号。

2）提供各类温度、压力、流量传感器、电动阀门开度、风门执行器、过滤器报警等设备的参数和状态。

3）提供各个设备所需的各类报表文件。

4）功能与界面保持与建筑设备监控系统一致。

（2）建筑能耗分析管理系统　能耗分析管理系统作为航站楼中能耗信息、能源设备运行信息的交汇与处理的中心，通过能源计划、能源监控、能源统计、能源消费分析、重点能耗设备管理、报表分析、能源计量设备管理等多种手段，使管理者对航站楼的能源成本比重，发展趋势有准确的掌握，使各子系统和设备的运行处于有条不紊、协调一致的高效且经济的状态，最大限度地节省能耗和日常运行管理的各项费用，保证各系统能得到充分、高效、可靠的运行，并将航站楼的能源消费计划任务合理分配到各个空间区域等，使节能工作责任明确，促进航站楼健康稳定发展，最终给航站楼管理者带来可观的经济效益。

1）实现整体能耗状况的实时监测和细致化管理，从而为其他高级应用提供设施各类能耗的全方位实时高精度数据。

2）实现对动力设备运行状态的实时监视，从而进一步保障设备的正常工作。

3）实现能源计量、能耗数据透明化，从而便于产品成本的精确核算。

4）实现对整个能源系统运行的综合监测，电力、燃气、水等能源供应中断、事故跳闸、故障原因分析，便于实施系统的安全保护，从而避免事故的发生。

5）实现对整个能源系统运行历史参数的存储，从而帮助企业管理决策。

6）实现对能耗计划与实绩的管理，从而有效地调节、管理能耗成本。

7）实现对整个能耗-煤耗量、能耗-污染物的转化与监测，从而严格满足国家、地区节能减排政策。

8）实现对整个能源系统问题诊断，从而帮助管理工程师实施有效的改善，并为节能改造提供依据。

（3）电梯监控系统

1）电梯监控系统是一个相对独立的子系统，纳入设备监控管理系统进行集成。

2）电梯现场控制装置应具有标准接口（如 RS485、RS232 等）。

3）在安防消防中心设电梯监控管理主机，显示电梯的运行状态。

4）监控系统配合运营，启动和关闭相关区域的电梯；接收消防与安防信息，及时采取应急措施。

5）系统自动监测各电梯运行状态，紧急情况或故障时自动报警和记录，自动统计电梯工作时间，定时维修。

6）电梯对讲电话主机及对讲电话分机应满足工程管理需要。

7）电梯轿厢内设暗藏式对讲机，对讲总机设在消防控制室，用于紧急对讲。

（4）电力监控系统　本工程的电力监控系统是一个相对独立的子系统，电能监测中采用的分项计量仪表具有远传通信功能，纳入设备监控管理系统进行集成。

九、公共安全系统

1）航站楼安防集成管理系统是建立在 CCTV 监控子系统、出入口控制子系统上的网络化集成管理平台。集成系统的运行不影响各子系统的独立运行，集成系统负责配置联动控制中各环节的响应逻辑和调度各子系统的联动响应过程。集成系统故障时，各子系统依然可以独立稳定运行。

2）视频监控系统主要是在各主要区域、通道、入口和隔离门等处设置相应种类的视频摄像头，实现对整个航站楼的视频监控。控制室设有录像机和大屏幕监视器，当遇到重要情况时，可利用键盘将任一台摄像机的图像调到大屏幕上连续监视，并可录像。系统采用全网络数字视频监控系统，在局部重要区域（如安检、边检、海关、检验检疫等检查区域及相关旅客排队和活动的区域）配置 IP 全数字摄像机，可实现 7 天 24h 连续不间断工作的能力，包括 24h 不间断录像，数字摄像机分辨率不小于 720P，在此分辨率下保存全部图像资料和拾音器的声音信号 90 天，并以此进行存储量的计算。

3）系统后台软件具备中文菜单管理界面，操作简单，能在人机交互的操作系统环境下运行，在操作过程中不出现宕机现象，一旦出现故障，系统可以自动切换至备用设备继续工作，并不影响系统的运行；同时权限根据具体的功能设置，可以设置上百种不同的权限等级，可提供操作员不同的操作权限、监控范围和系统参数；系统状态显示，以声光和/或文字图形显示系统自检、电源状况（断电、欠压等）、受控出入口人员通行情况（姓名、时间、地点、行为等）、设防和撤防的区域、报警和故障信息（时间、部位等）及图像状况等；处警预案，入侵报警时的入侵部位、图像和/或声音应自动同时显示，并显示可能的对策或处警预案，软件具备报警后热点画面显示功能，可以实现大屏弹出式显示，可设定任一监视设备或监视设备组显示报警联动的图像并联动录像设备；报表生成，可生成和打印各种类型的报表，报警时能实时自动打印报警报告（包括报警发生的时间、地点、警情类别、值班员的姓名、接处警情况等）；报警按钮、探测器等报警设备一旦触发报警信号，此信号输入至设备小间编码器报警输入接口，编码器可以实现与之相对应的报警区域的摄像机的联动，及时记录现场情况。

4）门禁系统是在航站楼内公共区域至隔离区域、重要机房的通道以及消防状态下的跨区域通道的主要入口设置门禁设备。

5）在旅客服务、办票、海关、安检、商业柜台等处设置手动报警按钮。安检设置人脸识别系统。

6）安防集成管理系统是整个安防系统的集成平台，是闭路电视监控系统、门禁系统的联动控制枢纽，也是与其他信息弱电系统如信息集成系统、安检信息管理系统、智能楼宇管理系统、火灾自动报警系统、围界监控报警系统等的系统接口平台。

7）安防系统包含视频监控（报警）系统、门禁（巡更）系统等两个子系统，它们应结合成为一个有机整体。不但子系统之间应有良好的联动关系，对外界信号（如消防报警信号）也应有良好的联动关系。

十、电气消防系统

1）本工程火灾自动报警及消防联动控制系统采用控制中心报警系统，既集中与分散相结合的控制方式。在航站楼一层设置一个消防控制中心，五个消防分控室，如图 5-3 所示，分散设置的火灾报警主机与位于消防控制中心的网络控制器、网络图形工作站组成火灾报警网络系统。控制层网络之间采用 100/1000M BASE-T 以太网，以标准 TCP/IP 协议互相通信，在物理连接上利用航站楼综合设备网络 VLAN 路由，组成上层管理网，构建火灾自动报警及联动控制系统的分布控制、集中管理系统框架。

消防控制中心设置火灾自动报警控制器、网络图形工作站及服务器、多线联动控制盘、总线联动控制盘、消防电源盘、应急广播分区联动盘、消防电话主机、消防水炮控制、分布式光纤报警主机、图像报警处理主机、视频矩阵、监视屏墙等设备，负责整个航站楼消防通信、共用消防设备（消防水泵）的联动控制、所管辖区域的消防风机的联动控制，以及报警信息的显示、打印、网络上传等。

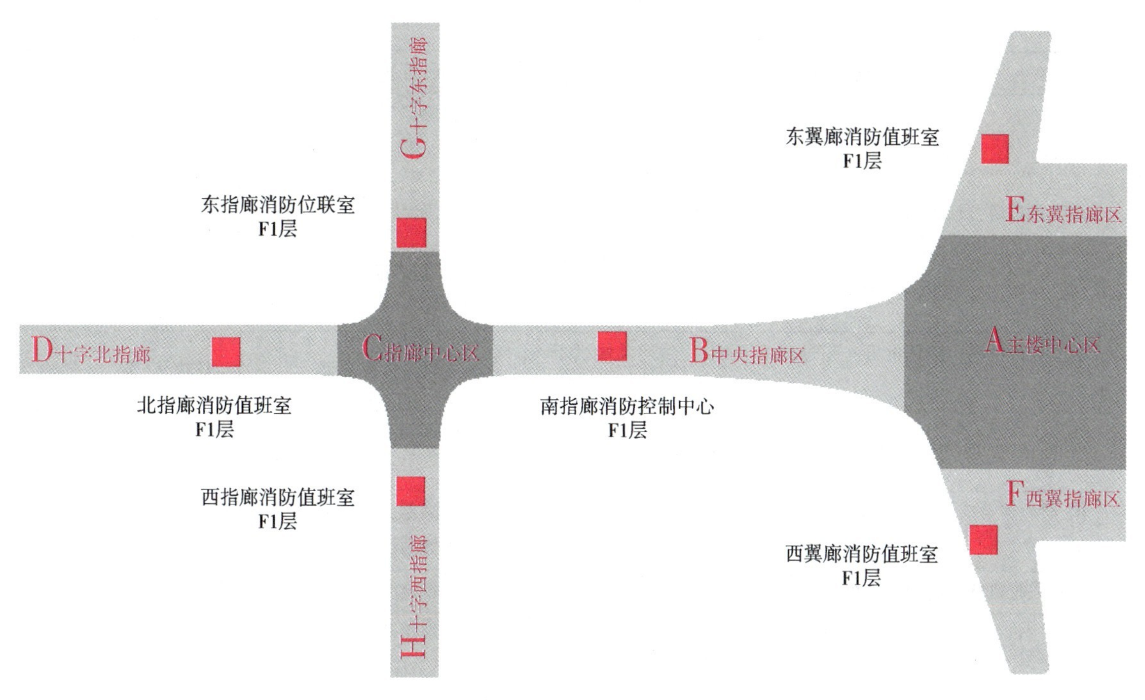

图 5-3　消防控制室布置

在各个消防分控中心设置火灾报警控制器、多线联动控制盘、总线联动控制盘（完成消防风机的总线手动启停控制）、消防联动电源盘等设备，负责本区域报警信息处理及本区域内消防风机的联动控制，并将消防风机的启停状态信号通过通信总线返回至消防控制中心显示。各消防分控中心多线联动控制盘的手动控制，采用由航站楼消防巡查人员 24h 监管措施。

根据不同场所的需求，现场设置各种报警探测器、手动报警按钮、联动模块、消火栓按钮、声光报警装置、各种联动用中继器、电话插孔、电话分机等设备。结合“舱”和“独立防火单元”的设计概念，在“舱”和“独立防火单元”内设计点式感烟探测器，实现对“舱”和“独立防火单元”火灾的早期报警。而位于主楼和指廊的拱形钢屋面下的“燃烧岛”（开敞区域的商业零售）区域，由于存在可燃物聚集集中的情况，宜采用适用于高大空间的火灾报警探测器及时向消防控制中心报警，及时组织灭火救援工作，避免造成旅客的恐慌和混乱，减低财产损失，维持机场正常的运营管理。火灾探测器的具体配置见表 5-4。

表 5-4　火灾探测器的具体配置

场所名称	探测器保护类型	备注
一般区域、普通办公室、业务用房、员工用房、VIP/CIP 休息室、商业零售、行李分检大厅、行李提取大厅、空调机房、泵房、楼梯间前室、设备机房等、登机桥	光电感烟探测器	智能探测器

（续）

场所名称	探测器保护类型	备注
厨房	感温探测器、燃气泄漏探测器	智能探测器
热交换机房、开水间、停车区、货运通道、装卸区	感温探测器	智能探测器或普通探测器配模块
10kV 配电房、变电所、配电间	智能光电感烟探测器、智能感温探测器	联动气体灭火
行李处理机房，空调机房（超过 12m 区域）、到达及候机子廊高大空间区域	红外光束感烟探测器	探测器配模块
PCR，DCR，SCR 间、功能控制中心，UPS 机房	光电感烟探测器、感温探测器	智能探测器，联动气体灭火
B1 层通高中庭、L1 层中庭、L4 层夹层、值机大厅高大空间区域	图像探测器，红外光束感烟探测器的组合	联动消防水泡
自动扶梯机坑、自动步道机坑	缆式线型定温探测器	探测器配模块
防火卷帘门两侧	光电感烟探测器、感温探测器	智能探测器
封闭电缆桥架及线槽	分布式光纤感温探测器	
设备管廊强弱电线槽及桥架	分布式光纤感温探测器，光电感烟探测器	智能探测器

航站楼是人员密集的重要公共建筑，配电设置电气火灾报警系统。系统具有下列功能：探测剩余电流、配电柜内温度等信号，发出声光信号报警，准确报出故障线路地址，监视故障点的变化。储存各种故障和操作试验信号，显示系统电源状态。剩余式电气火灾报警电流值设定为300mA，当系统发出报警后，经人工确认，在现场手动切断剩余电流电线路上的电源，并做线路检修，尽快恢复供电。监控探测器采用分离式结构，带温度探测器，当配电柜内温度过热时发出报警。防火剩余电流动作报警系统作为整个航站楼的智能化集成系统的一个子系统设置，主机设于消防控制室内。

2）为保证消防设备电源可靠性，本工程设置消防设备电源监控系统，实现对消防设备电源的实时监测，可显著提高消防设备的可靠性、稳定性及备战能力，采用消防设备电源监控系统可实现有效降低消防设备供电电源的故障发生率，确保消防设备的正常工作，对有效保障人民生命和国家财产安全产生意义深远的积极作用。消防设备电源监控器独立安装在消防控制室，专用于消防设备电源监控系统，通过软件远程设置现场传感器的地址编码及故障参数，方便系统调试及后期维护使用。当各类为消防设备供电的交流或直流电源（包括主、备电），发生过压、欠压、缺相、过流、中断供电故障时，消防电源监控器进行声光报警、记录；显示被监测电源的电压、电流值及故障点位置；监控器提供 RS232 和 RS485 接口上传故障信息至消防控制室图形显示装置，消防设备电源监控系统的传感器采集电压和电流信号时，采用不破坏被监测回路的方式，同时监测开关状态；传感器自带总线隔离器，均安装于配电箱（柜）内。

3）为保证防火门充分发挥其隔离作用，在火灾发生时，迅速隔离火源，有效控制火势范围，为扑救火灾及人员的疏散逃生创造良好条件，本工程设置防火门监控系统。对防火门的工作状态进行24h实时自动巡检，对处于非正常状态的防火门给出报警提示。在发生火情时，该监控系统自动关闭防火门，为火灾救援和人员疏散赢得宝贵时间。防火门监控系统功能包括：

①监控报警功能。监控器能接收火灾自动报警系统的信息，报警时发出声光报警信号，同时显示屏指示报警区域，显示报警时间及报警信息，直至监控器手动复位；复位后，若报警信号未消除，报警状态会再次启动。

②控制输出功能。当接收到火灾自动报警系统的信息时，控制输出继电器关闭常开防火门。

③通信故障报警。当监控器与所接的任一监控终端之间发生通信故障时或监控模块自身发生短路、断路故障时，监控画面中相应的被监控终端显示故障提示，同时设备上的黄色“故障”指示灯亮，并发出故障报警声音。

④电源故障报警。当主电源或备用电源发生故障时，监控器也发出声光故障信号并显示故障信息，可进入相应的界面查看详细信息并可解除故障声响。

⑤自检功能。设备自行检查所有状态指示灯、显示屏、喇叭是否正常。

⑥记录存储与查询功能。当监控器监控到报警或故障等事件时，监控器能自动记录事件类型，事件发生时间，事件发生区域以及事件的详细信息，能存储事件记录超过10000条。监控器还能提供记录查询功能，可根据需要，自定义查询日期。

⑦电源功能。紧急状态下，当主电源发生停电、欠压等故障时，监控器可自动切换到备用电源工作，当主电源恢复正常供电时，自动切回到主电源，切换过程中监控器保持连续平稳运行。

⑧远程控制功能。当监控距离较远时，可采用区域分机延长通信距离和供电距离，并将监控信息上传至监控器，监控器可对监控终端进行远程监控和远程复位。

⑨权限控制功能。为确保监控系统的安全运行，监控器软件操作权限分为三级，不同级别的操作员具有不同的操作权限。

本工程采用的集中控制型消防应急灯系统，系统由设置消防控制中心应急照明控制器、设置在各区域配电室内的应急照明配电箱以及终端消防应急照明灯具、消防应急标志灯具联网组成。值机大厅、行李提取大厅、候机厅、餐厅、防烟楼梯间前室、消防电梯前室等场所设应急疏散照明，系统能够对当前终端消防应急照明灯具和消防应急标志灯具的灯具、线路及备电电池状态进行检测，如消防应急照明灯具和消防应急标志灯具的灯具、供电线路或电池发生故障，应急照明控制器能够报警，并定性故障发生点，提醒工作人员在第一时间进行维护，确保建筑内应急照明和疏散指示灯具的正常工作。消防联动采用RS232（RS485）协议，FAS系统提供联动RS232（RS485）协议及协议接口。集中控制型消防应急灯系统应满足现行国家标准《消防应急照明和疏散指示系统》（GB 17945）的要求。集中控制型消防应急标志采用绿色LED光源，其表面亮度应大于80cd/m^2，小于300cd/m^2。地面标志灯防护等级不低于IP67。

第二节 张家口奥体中心

一、工程概况

张家口奥体中心如图5-4所示，总建筑面积为34.06万m^2；体育场建筑面积为7.27万m^2，固定座椅5万座，地上5层，首层为功能用房层，二、五层为观众平台层，可承办国内综合性赛事和国际单项赛事。体育馆建筑面积为5.13万m^2，建筑高度约30m，地上3层，地下1层，可承办国内综合性赛事和国际单项赛事，兼做专业队训练设施。其中，游泳馆建筑面积为1.93万m^2，固定座椅1500座，建筑高度约20m，地上3层，局部地下1层，看台沿单侧布置，首层为泳池、功能用房，二层为观众层，三层为机房、控制室等。综合训练馆建筑面积为7.25万m^2，建筑高度约24m，地上2层，可作为专业队训练设施，平日可用作全民健身设施对大众开放，因靠近体育馆，故可兼做体育馆的热身馆。速滑馆建筑面积为4.26万m^2，固定座椅5000座、活动座椅5000座，建筑高度约30m，可承办国内综合性赛事和国际单项赛事，同时可兼作冰球馆使用，无比赛时可承办商业和文艺演出、会展等。其他附属设施建筑面积为8.96万m^2，包含商业和配套休闲餐饮服务等功能，商业主要沿可经营界面布置，包括一些健身俱乐部、儿童培训、体育用品专卖等业态，餐饮服务等空间。

图5-4 张家口奥体中心

二、强电系统

1. 负荷分级

1）负荷分级及供电措施见表5-5。

表 5-5 负荷分级及供电措施

体育场负荷分级及供电措施			
负荷级别	用电负荷名称	供电措施	备注
一级负荷	火灾自动报警系统及消防联动控制设备	双市电 + UPS	消防
	消防水泵、防烟排烟风机	双市电	消防
	疏散照明、备用照明	双市电 + EPS	消防
	计算机系统、安防系统	双市电 + UPS	
	场地照明、场地扩声	双市电 + 临时发电机	
	灯光、扩声、大屏幕、升旗控制系统、计时记分装置、成绩处理系统	双市电 + UPS + 临时发电机	
	电视转播及新闻摄影电源、大型电子显示屏	双市电 + 临时发电机	
	主席台、贵宾室及接待室	双市电	
二级负荷	裁判员休息室、运动员休息室、检录处、新闻发布室、兴奋剂检测室、包厢、观众席等照明	双市电	
	热力机房、生活水泵、污水泵、客梯用电	双市电	
三级负荷	其他负荷	市电	
速滑馆负荷分级表及供电措施			
负荷级别	用电负荷名称	供电措施	备注
一级负荷	火灾自动报警系统及消防联动控制设备	双市电 + UPS	消防
	消防水泵、防烟排烟风机	双市电	消防
	疏散照明、备用照明	双市电 + EPS	消防
	计算机系统、安防系统	双市电 + UPS	
	场地照明、场地扩声	双市电 + 临时发电机	
	灯光、扩声、大屏幕、升旗控制系统、计时记分装置、成绩处理系统	双市电 + UPS + 临时发电机	
	电视转播及新闻摄影电源、大型电子显示屏	双市电 + 临时发电机	
	主席台、贵宾室及接待室，主要通道照明	双市电	
二级负荷	裁判员休息室、运动员休息室、检录处、新闻发布室、兴奋剂检测室、包厢、观众席等照明	双市电	
	热力机房、生活水泵、污水泵，客梯用电，直接影响比赛的空调系统、制冰系统等	双市电	
三级负荷	其他负荷，例如普通办公用房，广场照明	单路市电	
	普通车库，景观	单路市电	

（续）

体育馆负荷分级及供电措施			
负荷级别	用电负荷名称	供电措施	备注
一级负荷	火灾自动报警系统及消防联动控制设备	双市电 + UPS	消防
	消防水泵、防烟排烟风机	双市电	消防
	疏散照明、备用照明	双市电 + EPS	消防
	计算机系统、安防系统	双市电 + UPS	
	场地照明、场地扩声	双市电 + 临时发电机	
	灯光、扩声、大屏幕、升旗控制系统、计时记分装置、成绩处理系统	双市电 + UPS + 临时发电机	
	电视转播及新闻摄影电源、大型电子显示屏	双市电 + 临时发电机	
	主席台、贵宾室及接待室	双市电	
	主要通道照明	双市电	
二级负荷	裁判员休息室、运动员休息室、检录处、新闻发布室、兴奋剂检测室、包厢、观众席等照明	双市电	
	客梯用电、热力机房、生活水泵、污水泵	双市电	
	直接影响比赛的空调系统、冰场制冰系统	双市电	
三级负荷	其他负荷	单路市电	
综合训练馆负荷分级及供电措施			
负荷级别	用电负荷名称	供电措施	备注
二级负荷	火灾自动报警系统及消防联动控制设备	双市电 + UPS	消防
	消防水泵、防烟排烟风机	双市电	消防
	疏散照明、备用照明	双市电 + EPS	消防
	计算机系统、安防系统	双市电 + UPS	
	场地照明	双市电	
	运动员休息室、观众席等照明	双市电	
	客梯用电、热力机房、生活水泵、污水泵	双市电	
三级负荷	其他负荷	单路市电	
游泳馆负荷分级及供电措施			
负荷级别	用电负荷名称	供电措施	备注
二级负荷	火灾自动报警系统及消防联动控制设备	双市电 + UPS	消防
	消防水泵、防烟排烟风机	双市电	消防
	疏散照明、备用照明	双市电 + EPS	消防
	计算机系统、安防系统	双市电 + UPS	

（续）

游泳馆负荷分级及供电措施			
负荷级别	用电负荷名称	供电措施	备注
二级负荷	场地照明、场地扩声	双市电+临时发电机	
	灯光、扩声、计时记分装置、成绩处理系统	双市电+UPS+临时发电机	
	运动员休息室、观众席等照明	双市电	
	客梯用电、泳池水处理系统、生活水泵、污水泵	双市电	
三级负荷	其他负荷	单路市电	

2）负荷统计见表5-6。

表5-6 负荷统计

体育场负荷统计表/kW						
负荷分类 负荷分级	照明	应急照明	动力	消防动力	小计	备注
一级负荷	1585	211	—	184	1796	消防动力不计入
二级负荷	140	—	133	—	273	
三级负荷	2131	—	410	—	2541	
总计	3856	211	543	184	4610	
速滑馆负荷统计表/kW						
负荷分类 负荷分级	照明	应急照明	动力	消防动力	小计	备注
一级负荷	1190	93	0	590	1283	消防动力不计入
二级负荷	296	—	1576	—	1872	
三级负荷	832	—	2944	—	3776	
总计	2318	93	4520	590	6931	
体育馆负荷统计表/kW						
负荷分类 负荷分级	照明	应急照明	动力	消防动力	小计	备注
一级负荷	805	250	0	1425	1055	消防动力不计入
二级负荷	511	—	567	—	1078	
三级负荷	2303	—	3339	—	5642	
总计	3619	250	3906	1425	7775	

（续）

训练馆负荷统计表/kW						
负荷分类 负荷分级	照明	应急照明	动力	消防动力	小计	备注
二级负荷	390	150	98	84	638	消防动力不计入
三级负荷	1250	—	1870	—	3120	
总计	1640	150	1968	84	3758	
游泳馆负荷统计表/kW						
负荷分类 负荷分级	照明	应急照明	动力	消防动力	小计	备注
二级负荷	606	75	240	260	921	消防动力计入
三级负荷	790	—	180	—	970	
总计	1396	75	420	260	1891	

2. 供电电源

1）本工程市政外电源拟由市政采用2组4路高压10kV电力电缆埋地方式引来。要求每组两路10kV进线同时运行，两路电源不会同时发生故障，受到损坏。10kV高压配电系统为单母线分段运行，同时供电，互为备用，每路10kV电源均能承担全部负荷。园区共设置2座高压配电室和8座分变电室。St1#、St2#、Sk1#、Sk2#分变电室由1#高压配电室双重电源10kV（A1B1）供电，Gy1#、Gy2#、Gy3#、Sw1#分变电室由2#高压配电室双重电源10kV（A2B2）供电。变、配电室设置见表5-7。

表5-7　变、配电室设置

10kV电源	变、配电室编号	位置	供电区域	变压器装机容量/kVA	小计/kVA
A1B1	1#高压配电室	体育场首层南侧	体育场、速滑馆	—	14160
	St1#	体育场首层南侧	体育场东南侧用电	2×1600	5700
	St2#	体育场首层北侧	体育场西北侧用电	2×1250	
	Sk1#	速滑馆地下一层北侧	速滑馆北侧用电	2×2000+2×1600	8460
	Sk2#	速滑馆一层南侧	速滑馆南侧用电	2×630	
A2B2	2#高压配电室	体育场首层北侧	体育馆、训练馆、游泳馆用电	—	18900
	Gy1#	体育馆地下一层西北侧	体育馆运营（含人防）；制冷制冰用电	2×2000+2×1600	1570

（续）

10kV 电源	变、配电室编号	位置	供电区域	变压器装机容量/kVA	小计/kVA
A2B2	Gy2#	体育馆地下一层东南侧	体育馆运营（含人防）用电	2×2000+2×1250	15700
	Gy3#	体育场首层南侧	训练馆运营（含人防）用电	2×1000	
	Sw1#	游泳馆地下一层南侧	游泳馆（含人防）用电	2×1250	2500

2）电力监控系统

①本工程设置电力监控系统，为变配电系统的实时数据采集、开关状态检测及远程控制提供了基础平台，对电力配电实施动态监视，实现用电数据的实时采集、存储、显示、导出。电力监控系统示意图如图 5-5 所示。

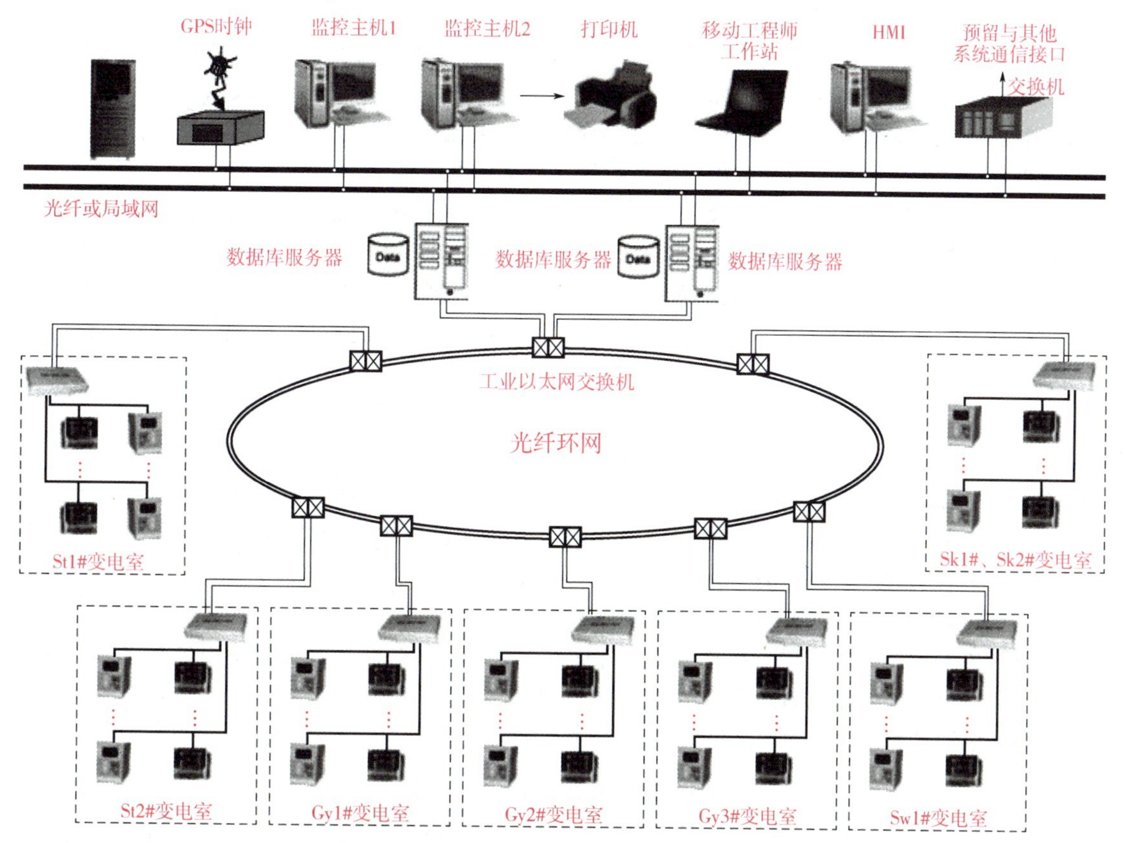

图 5-5　电力监控系统示意图

②系统采用分散、分层、分布式结构设计，整个系统分为现场监控层、通信管理层和系统管理层，工作电源全部由UPS提供。

③10kV开关柜。采用计算机保护测控装置对高压进线回路的断路器状态、失压跳闸故障、过电流故障、单相接地故障遥信；对高压出线回路的断路器状态、过电流故障、单相接地故障遥信；对高压联络回路的断路器状态、过电流故障遥信；对高压进线回路的三相电压、三相电流、零序电流、有功功率、无功功率、功率因数、频率、电度等参数，高压联络及高压出线回路的三相电流进行遥测；对高压进线回路采取延时速断、过流、零序、欠电压保护；对高压联络回路采取速断、过流保护；对高压出线回路采取速断、过流、零序、变压器超温跳闸保护。

④变压器。高温报警，对变压器冷却风机工作状态、变压器故障报警状态遥信。

⑤低压开关柜。对进线、低压联络和出线回路的三相电压、电流、有功功率、无功功率、功率因数、频率、有功电度、无功电度、谐波进行遥测；对电容器出线的电流、电压、功率因数、温度遥测；对低压进线回路的进线开关状态、故障状态、电气操作储能状态、准备合闸就绪、保护跳闸类型遥信；对低压联络的进线开关状态、过电流故障遥信；对出线回路的分合闸状态、开关故障状态遥信；对电容器出线回路的投切步数、故障报警遥信。

⑥直流系统。提供系统的各种运行参数，包括充电模块输出电压及电流、母线电压及电流、电池组的电压及电流、母线对地绝缘电阻；监视各个充电模块工作状态、馈线回路状态、熔断器或断路器状态、电池组工作状态、母线对地绝缘状态、交流电源状态；提供各种保护信息：输入过电压报警、输入欠电压报警、输出过电压报警、输出低电压报警。

⑦系统性能指标。所有计算机及智能单元中CPU平均负荷率。正常状态下≤20%；事故状态下≤30%；网络正常平均负荷率≤25%，在告警状态下10s内小于40%；人机工作站存储器的存储容量满足三年的运行要求，且不大于总容量的60%。交流采样测量值精度：电压、电流为≤0.5%，有功、无功功率为≤1.0%；直流采样测量值精度≤0.2%；越死区传送整定最小值≥0.5%。信号正确动作率100%；站内SOE分辨率2ms。控制命令从生成到输出或撤销时间≤1s；模拟量越死区到人机工作站CRT显示≤2s；状态量及告警量输入变位到人机工作站CRT显示≤2s；全系统实时数据扫描周期≤2s；有实时数据的画面整幅调出响应时间≤1s；动态数据刷新周期1s。历史曲线采样间隔1s~30min，可调；历史趋势曲线、日报、月报、年报存储时间≥2年；历史趋势曲线≥300条。系统平均无故障时间（MTBF）：间隔层监控单元50000h；站级层、监控管理层设备30000h；系统年可利用率≥99.99%。

3）应急电源与备用电源

①柴油发电机组。本工程为赛时重要负荷及大型活动预留柴油发电机组备用电源接口。赛时或举办大型活动时，采用临时发电机组作为备用电源供电。

②EPS电源装置主要技术参数见表5-8。

表5-8 EPS电源装置主要技术参数

设置场所	容量/kVA	电源转换时间/s	持续供电时间/min	备注
消防控制室照明、弱电小间	100	0.1	90	应急疏散照明集中电源
灯光配电间	80	0.1	90	场地应急照明

③UPS不间断电源装置主要技术参数见表5-9。

表5-9 UPS不间断电源装置主要技术参数

设置场所	容量/kVA	类型	持续供电时间/min	备注
消防控制室	50	在线互动式	180	消防自动报警设备
安防控制室	50	在线互动式	60	安防系统
园区通信机房	100	在线互动式	60	固定通信设备
园区网络机房	100	在线互动式	60	计算机系统
计时计分机房	100	在线互动式	60	计时计分设备
场地控制机房	30	在线互动式	60	灯光、大屏、扩声、升旗控制系统

④蓄电池。本工程应急疏散指示照明灯具采用集中控制型方式，应急疏散指示照明蓄电池持续放电时间不小于60min。

⑤分布式电源。本工程在体育馆屋面设置光伏发电系统，主要供体育馆、训练馆地下车库照明用电，并在室外地面采用景观及庭院照明，采用自带光伏蓄电型发电板灯具。本项目光伏发电容量约120kW。屋面光伏发电系统为低压并网光伏系统，系统应有计量装置、防逆流和防孤岛效应保护。

3. 配电系统

根据建筑及功能以及日后管理，配电干线采用放射与树干相结合的配电方式。消防负荷、重要负荷、容量较大的设备及机房采用放射方式，就地设配电柜；容量较小分散设备采用树干式供电。消防水泵、消防电梯、防烟及排烟风机等消防负荷的两个供电回路，消防负荷在最末一级配电箱处自动切换；二级负荷采用双路电源供电，适当位置做双电源互投后再放射式供电。

4. 照明系统

1）一般场所照度标准及功率密度值见表5-10，比赛场地照度标准及模式见表5-11。

表5-10 一般场所照度标准及功率密度值

序号	类别	参考平面及其高度	照度标准值/lx	功率密度值	URG	R_a
1	办公、会议室、贵宾室、接待室	0.75m水平面	300	9	19	80
2	医务室、警卫室、国旗奖牌存放间、安检区	0.75m水平面	300	9	19	80
3	兴奋剂检查室、血样收集室、医务室	0.75m水平面	300	9	19	80
4	运动员用房、裁判用房、检录处	0.75m水平面	300	9	22	80
5	通信、网络机房、消防控制室	控制台面	500	15	19	80
6	扩声、转播机房、计时记分机房、灯光扩声控制室等	控制台面	500	15	19	80

（续）

序号	类别	参考平面及其高度	照度标准值/lx	功率密度值	URG	R_a
7	新闻中心、评论员室	0.75m 水平面	500	15	—	80
8	新闻发布厅	桌面（主席台）	500（800）	18	—	80
9	混合采访区	750	—	—	—	80
10	观众休息厅（开敞式）	地面	100	5	—	80
11	观众休息厅（房间）	地面	200	7	22	80
12	走道、楼梯间、浴室卫生间	地面	100	4	—	
13	设备机房、库房	地面	100	4	—	80
14	室外楼梯平台、广场	地面	20	—	—	60
15	热身场地	地面	300	9	—	80

表 5-11　比赛场地照度标准及模式

等级	使用功能	照度标准值			照度均匀度						光源			眩光指数
		E_h	E_{vmai}	E_{vauv}	U_h		U_{vmai}		U_{vauv}		R_a	R_9	T_{cp}/K	GR
					U_1	U_2	U_1	U_2	U_1	U_2				
—	清扫模式	100	—	—	—	—	—	—	—	—				≤55
Ⅰ	足球训练娱乐	200	—	—	—	0.3	—	—	—	—				≤55
Ⅱ	田径训练娱乐	200	—	—	—	0.3	—	—	—	—				≤55
Ⅱ	足球专业训练和业余比赛	300	—	—	—	0.5	—	—	—	—				≤50
Ⅲ	田径专业训练和业余比赛	300	—	—	0.4	0.5	—	—	—	—				≤50
Ⅲ	田径专业比赛	500			0.4	0.6	—	—	—	—				≤50
Ⅳ	足球专业比赛	500	—	—	0.5	0.6	—	—	—	—	≥90	≥20	≥5500	≤50
Ⅳ	电视转播足球比赛	—	1000	750	0.5	0.7	0.4	0.6	0.3	0.5				≤50
Ⅳ	重大电视转播田径比赛	—	1000	750	0.5	0.7	0.4	0.6	0.3	0.5				≤50
Ⅴ	电视转播足球国际比赛	—	1400	750	0.5	0.7	0.4	0.6	0.3	0.5				≤50
Ⅴ	重大电视转播田径国际比赛	—	1400	750	0.5	0.7	0.4	0.6	0.3	0.5				≤50
Ⅵ	高清电视转播足球比赛	—	2000	750	0.7	0.8	0.6	0.7	0.4	0.6				≤50
Ⅵ	高清电视转播田径比赛	—	2000	750	0.7	0.8	0.6	0.7	0.4	0.6				≤50
应急照明		20lx												

（续）

速滑馆比赛场地照度标准及模式															
等级	使用功能	照度标准值			照度均匀度						光源			眩光指数
		E_h	E_{vmai}	E_{vaux}	U_h		U_{vmai}		U_{vaux}		R_a	R_9	T_{cp}/K	GR
					U_1	U_2	U_1	U_2	U_1	U_2				
—	清扫模式	100	—	—	—	—	—	—	—	—	≥90	≥20	≥5500	
Ⅰ	训练和娱乐活动	300	—	—	—	0.3	—	—	—	—				≤35
Ⅱ	业余比赛、专业训练	500	—	—	0.4	0.6	—	—	—	—				≤30
Ⅲ	专业比赛	1000	—	—	0.5	0.7	—	—	—	—				≤30
Ⅳ	国家、国际比赛	—	1000	750	0.5	0.7	0.4	0.6	0.3	0.5				≤30
Ⅴ	重大国家、国际比赛	—	1400	1000	0.6	0.8	0.5	0.7	0.3	0.5				≤30
Ⅵ	HDTV 转播重大国家、国际比赛	—	2000	1400	0.7	0.8	0.6	0.7	0.4	0.6				≤30
应急照明		20lx													

体育馆比赛场地照度标准及模式														
等级	使用功能	照度标准值			照度均匀度						光源		眩光指数
		E_h	E_{vmai}	E_{vauv}	U_h		U_{vmai}		U_{vauv}		R_a	T_{cp}/K	GR
					U_1	U_2	U_1	U_2	U_1	U_2			
—	清扫模式	100	—	—	—	—	—	—	—	—	≥20	≥4000	≤55
Ⅰ	训练娱乐	300	—	—	—	0.5	—	—	—	—	≥90	≥5500	≤30
Ⅱ	篮球专业训练和业余比赛	500	—	—	0.4	0.6	—	—	—	—	≥90	≥5500	≤30
Ⅱ	冰球专业训练和业余比赛	500	—	—	0.4	0.6	—	—	—	—	≥90	≥5500	≤30
Ⅲ	篮球专业比赛	750	—	—	0.5	0.7	—	—	—	—	≥90	≥5500	≤30
Ⅲ	冰球专业比赛	750	—	—	0.5	0.7	—	—	—	—	≥90	≥5500	≤30
Ⅳ	篮球电视转播比赛	—	1000	750	0.5	0.7	0.4	0.6	0.3	0.5	≥90	≥5500	≤30
Ⅳ	冰球电视转播比赛	—	1000	750	0.5	0.7	0.4	0.6	0.3	0.5	≥90	≥5500	≤30
Ⅴ	篮球电视重大转播比赛	—	1400	1000	0.6	0.8	0.5	0.7	0.3	0.5	≥90	≥5500	≤30
Ⅴ	冰球电视重大转播比赛	—	1400	1000	0.6	0.8	0.5	0.7	0.3	0.5	≥90	≥5500	≤30
Ⅵ	篮球电视重大转播比赛	—	2000	1400	0.7	0.8	0.6	0.7	0.4	0.6	≥90	≥5500	≤30
Ⅵ	冰球电视重大转播比赛	—	2000	1400	0.7	0.8	0.6	0.7	0.4	0.6	≥90	≥5500	≤30
应急疏散		20lx											

（续）

训练馆比赛场地照度标准及模式													
等级	使用功能	照度标准值			照度均匀度						光源		眩光指数
		E_h	E_{vmai}	E_{vauv}	U_h		U_{vmai}		U_{vauv}		R_a	T_{cp}/K	GR
					U_1	U_2	U_1	U_2	U_1	U_2			
—	清扫模式	100	—	—			—	—	—	—	≥20	≥4000	≤55
Ⅰ	训练娱乐	300	—	—		0.5	—	—	—	—	≥90	≥5500	≤30
Ⅱ	篮球专业训练和业余比赛	500	—	—	0.4	0.6	—	—	—	—	≥90	≥5500	≤30
Ⅱ	冰球专业训练和业余比赛	500	—	—	0.4	0.6	—	—	—	—	≥90	≥5500	≤30

游泳馆比赛场地照度标准及模式													
等级	使用功能	照度标准值			照度均匀度						光源		眩光指数
		E_h	E_{vmai}	E_{vauv}	U_h		U_{vmai}		U_{vauv}		R_a	T_{cp}/K	GR
					U_1	U_2	U_1	U_2	U_1	U_2			
—	清扫模式	100	—	—	—	—	—	—	—	—	≥20	≥4000	≤55
Ⅰ	训练娱乐	200	—	—		0.3				—	≥90	≥5500	≤30
Ⅱ	游泳专业训练和业余比赛	300	—	—	0.3	0.5	—	—	—	—	≥90	≥5500	≤30
Ⅱ	水球专业训练和业余比赛	300	—	—	0.3	0.5	—		—	—	≥90	≥5500	≤30
Ⅲ	游泳专业比赛	500	—	—	0.4	0.6	—		—	—	≥90	≥5500	≤30
Ⅲ	水球专业比赛	500	—	—	0.4	0.6	—		—	—	≥90	≥5500	≤30
Ⅳ	游泳专业转播比赛	—	1000	750	0.4	0.6	0.4	0.6	0.3	0.5	≥90	≥5500	≤30
Ⅳ	水球专业转播比赛	—	1000	750	0.4	0.6	0.4	0.6	0.3	0.5	≥90	≥5500	≤30

2）照明设备选型及安装方式

①确定灯具形式时，优先选用节能型光源。

②游泳馆灯具应采用铝质金属制造，密闭型，具有防潮防腐蚀功能。在游泳池两侧安装水下照明。室内水下照明参考1000～1100lm/m² 设计，灯具上口宜布置在水面以下0.3～0.5m，灯具间距2.5～3.0m（浅水池）和3.5～4.0m（深水池）。灯具应为防护型，灯具供电电压为12V。

③室外夜景照明设计应满足光污染控制的相关要求，不对周边建筑物及环境带来光污染，控制建筑外立面可产生反射光和炫光的材质以及室外照明中射向夜空、建筑外窗和溢出场地边界的光束。

3）照明控制

①本工程所有公共区照明采用智能照明控制系统，系统由传感器、执行器、通信组件组成，

具有多种网关接口，并最终纳入建筑设备监控系统中。

②通过将体育场（馆）中的照明回路接入智能照明系统，根据承接不同体育赛事、演出任务的灯光布置效果，对其照明回路的开关、调光模式进行编辑，并设置相应的模式控制面板，执行不同赛事的灯光模式。智能照明系统的模式控制面板是不可逆执行开关，即多次按下都执行同一模式，不会产生误操作。同时智能控制面板具有指示灯功能，能够指示现场灯光的效果状态，方便现场监视。

③一般不在公共区域安装控制面板。通过将走廊等公共区域的照明回路接入照明控制系统，并在公共区域的顶棚适当位置加装热线传感器，通过监测人体和周围环境的温差和位移，实现对公共区域回路的控制，达到人来灯亮人走灯灭的效果。

④对于入口坡道、敞开式休息厅等室外或采光良好的区域，还可使用带有照度感应能力的热线传感器头，这样当室内照度水平相当时，即使人经过，灯具也不会点亮，最大限度利用自然光节能。传感器还具有 10s ~ 30min 的延时设定功能，可根据被控区域的使用情况任意设定，杜绝了灯具频繁开关对其寿命的损害。

⑤将会议室、贵宾室、接待室的照明回路接入智能遥控开关控制，并将其调光灯具的调光镇流器接入调光模块，进行调光控制。其房间内百叶窗选取电动百叶窗，并通过系统电动机模块进行控制，为其在房间顶棚安装无线传感器，方便客人在座位上遥控室内灯具和百叶窗。可在无线遥控器及墙壁上的控制面板中预设会议场景、休息场景、会客场景等多个模式，让客人或工作人员可进行“一键化”操作。配合场景调光、模式控制、无线遥控、远程控制、百叶窗联动等丰富的功能，为客人提供更加高级舒适的照明体验及良好的会议氛围。

⑥根据体育场有比赛、打扫、练习等进行不同模式灯光控制的需求，可对不同照明回路进行合理的组合，分配不同的照明控制模式，应对体育场日常照明比赛、打扫、练习等不同状态，并可以通过在控制开关上简单的设置来控制这些模式、群组的实现。例如，在保洁工作室设置“打扫”开关，保洁人员在打扫时，按下“打扫”开关，灯具实现间隔点亮，维持可见状态，同时不会浪费过多的电力，清扫结束后，保洁人员回到自己的工作室整理物品，同时将“打扫”模式关闭；这样就可以轻松地做到一人职守，轻松控制。

⑦对于体育场的外景、景观照明一般是在重大节假日，或重要比赛时使用的，有些场馆的室外照明比较灵活。可在中控室对其室外照明的不同效果编辑成不同模式，根据体育场外景的不同需求，由中控室直接进行控制，方便景观照明的管理。

⑧对于体育场集中控制和监视的需求，为了可以在中控室对整体的照明情况进行监视和控制，提供两种方案进行选择，在中控室加装与整体体育场照明回路同数量的控制面板，这样可以有效并直观地看到每条回路的开关状态。

⑨在室外车道、休息大厅、公共走道、楼梯间、包厢区等区域采用集中控制方式，根据不同功能区域分开回路，由中控室集中控制。

⑩在辅助用房区、办公室、机房区等非公共区域采用就地控制。

⑪应急疏散照明采用集中控制、集中电源疏散照明系统。

三、防灾系统

（1）建筑防雷系统　本工程根据年雷击次数将所有建筑均按二类防雷建筑设计。本工程所有建筑电子信息系统雷电防护等级为A级。利用建筑金属构件做接闪带，其网格不大于10m×10m，所有凸出屋面的金属体和构筑物应与接闪带进行电气连接。为预防雷电电磁脉冲引起的过电流和过电压，在变压器低压侧、向重要设备供电的末端配电箱的各相母线上、由室外引入或由室内引至室外的电力线路、信号线路、控制线路、信息线路等装设电涌保护器（SPD）。低压配电系统接地形式采用TN-S系统，其中性线和保护地线在接地点后要严格分开。凡是正常不带电而当绝缘破坏有可能呈现电压的一切电气设备金属外壳均应可靠接地。防雷接地、变压器中性点接地及电气设备、信息系统等接地共用统一的接地装置，要求接地电阻不大于1Ω。室内采用总等电位联结，将建筑物内保护干线、设备进线总管、建筑物金属构件进行连接。

（2）电气消防系统

1）本工程为一类防火建筑，采用控制中心报警系统设置在体育场消防控制中心，在速滑馆、体育馆、游泳馆分别设置消防控制室。

2）设置在消防控制室内的消防设备有火灾报警控制器、消防联动控制器、消防控制室图形显示装置、消防专用电话总机、消防应急广播控制装置、消防应急照明和疏散指示系统控制装置、消防电源监控器等设备，或具有相应功能的组合设备；设置在消防控制室内的消防控制室图形显示装置能监控建筑物内设置的全部消防系统及相关设备，显示其动态信息和消防安全管理信息，并能将相关信息传输给城市消防远程监控中心。

3）在办公及管理用房、空调机房、变配电室设置点型感烟火灾探测器，在热力机房、厨房、开水间、气体灭火房间设置点型感温火灾探测器，在厨房燃气场所设置可燃气体探测器，在高大空间场所设置线型光束感烟火灾探测器和吸气式感烟火灾探测器或图像型火焰探测器。消防联动控制系统的功能与作用是：在消防控制室设置联动控制台，控制方式分为自动控制和手动控制两种。通过联动控制台，可以实现对消火栓、自动喷洒灭火系统、防烟、排烟、加压送风系统的监视和控制，火灾发生时手动切断一般照明及空调机组、通风机、动力电源。当发生火灾时，自动关闭总煤气进气阀门。

4）在消防控制室内设置消防直通对讲电话总机，除在各层的手动报警按钮处设置消防对讲电话插孔外，在变电室、水泵房、电梯机房、冷冻机房、防烟排烟机房、建筑设备监控室、管理值班室等处设置消防直通对讲电话分机。

5）在消防控制室设置电梯监控盘，除显示各电梯运行状态、层数外，还应设置正常、故障、开门、关门等状态显示。火灾发生时，根据火灾情况及场所，由消防控制室电梯监控盘发出指令，指挥电梯按消防程序运行，可以对全部或任意一台电梯进行对讲，说明改变运行程序的原因；除消防电梯保持运行外，其余电梯均强制返回一层并开门。火灾指令开关采用钥匙型开关，由消防控制室负责火灾时的电梯控制。

6）在消防控制室设置消防广播机柜，机组采用定压式输出。在地下泵房、冷冻机房等处设号角式15W扬声器，在其他场所设置3W扬声器。消防紧急广播按建筑层分路，每单体建筑一路。当发生火灾时，消防控制室值班人员可自动或手动进行火灾广播，及时指挥疏导人员撤离火灾现场。

7）为防止接地故障引起的火灾，本工程设置电气火灾报警系统，可以准确实时地监控电气线路的故障和异常状态，及时发现电气火灾的隐患，及时报警、提醒有关人员去消除这些隐患，避免电气火灾的发生，是从源头上预防电气火灾的有效措施。与传统火灾自动报警系统不同的是，电气火灾监控系统早期报警是为了避免损失，而传统火灾自动报警系统是在火灾发生并严重到一定程度后才会报警，目的是减少火灾造成的损失。

8）为保证消防设备电源可靠性，本工程设置消防设备电源监控系统，通过检测消防设备电源的电压、电流、开关状态等有关设备电源信息，从而判断电源设备是否有断路、短路、过压、欠压、缺相、错相以及过流（过载）等故障信息并实时报警、记录的监控系统，从而可以有效避免在火灾发生时，消防设备由于电源故障而无法正常工作的危急情况，最大限度地保障消防联动系统的可靠性。

9）为保证防火门充分发挥其隔离作用，在火灾发生时，迅速隔离火源，有效控制火势范围，为扑救火灾及人员的疏散逃生创造良好条件，本工程设置防火门监控系统。对防火门的工作状态进行24h实时自动巡检，对处于非正常状态的防火门给出报警提示。在发生火情时，该监控系统自动关闭防火门，为火灾救援和人员疏散赢得宝贵时间。

10）集中控制疏散指示系统。在火灾情况下，集中控制疏散指示系统可根据具体情况，按程序控制疏散指示标志/照明灯的显示状态，更准确、安全、迅速地指示逃生线路。火灾初期，有了集中控制疏散指示系统，人们可避免误入烟雾弥漫的火灾现场，争取宝贵的逃生时间。

（3）电气抗震系统

1）变电所、柴油发电机房、通信机房、消防控制室、安防监控室和应急指挥中心应布置在地震力或变位较小的场所，且应避开对抗震不利或危险场所。

2）电梯、照明和应急电源、广播电视设备、通信设备、消防系统等电气设备与结构主体的连接，应进行抗震设防。建筑电气设备不应设置在可能致使其功能障碍或受到二次灾害的部位；发生地震后需要连续工作的附属设备，应设置在建筑结构地震反应较小的部位。建筑电气设备的基座或支架，以及相关连接件和锚固件应具有足够的刚度和强度，应能将设备承受的地震作用全部传递到建筑结构上。

3）地震时应保证正常人流疏散所需的应急照明及相关设备的供电。

4）应急广播系统宜预置地震广播模式。地震时应保证通信设备电源的供给、通信设备正常工作。

5）消防系统、应急通信系统、电力保障系统等电气配管内径大于60mm，电缆梯架、电缆槽盒、母线槽的重力不小于150N/m，均应进行抗震设防。当采用硬母线敷设且直线段长度超过80m时，应每50m设置伸缩节。刚性管道侧向抗震支撑最大设计间距不得超过12m；柔性管道侧向抗震支撑最大设计间距不得超过6m，刚性管道纵向抗震支撑最大设计间距不得超过24m；柔性管道纵向抗震支撑最大设计间距不得超过12m。

6）垂直电梯应具有地震探测功能，地震时电梯能够自动停于就近平层并开门运行。

7）安装在顶棚上的灯具，应考虑地震时顶棚与楼板的相对位移。

四、智能化系统

（1）信息化应用系统　信息化应用系统功能应满足建筑物运行和管理的信息化需要，并提供建筑业务运营的支撑和保障。系统包括公共服务、智能卡应用、物业管理、信息设施运行管理、信息安全管理、基本业务办公和专业业务等信息化应用系统。公共服务系统应具有访客接待管理和公共服务信息发布等功能，并宜具有将各类公共服务事务纳入规范运行程序的管理功能。根据建设方物业信息管理部门要求对出入口控制、电子巡查、停车场管理、考勤管理、消费等实行“一卡通”（即一卡、一库、一网）管理，“一卡”是指在同一张卡片上实现开门、考勤、消费等多种功能；“一库”是指在同一软件平台上做到卡的发行、挂失、充值、资料查询等管理，系统共用一个数据库，软件必须确保出入口控制系统的安全管理要求；“一网”是指各系统的终端接入局域网进行数据传输和信息交换。场馆运营服务管理系统是利用计算机和网络存储容量大、速度快、查询方便等特点，将体育场馆运营部门的业务数据、业务资料、文档数据等转成电子数据，统一存储、统一管理，最大限度地实现信息共享，通过动态数据分析为场馆的运营者、管理人员、服务人员提供决策支持依据。信息设施运行管理系统应具有对建筑物信息设施的运行状态、资源配置、技术性能等进行监测、分析、处理和维护的功能。信息网络安全管理系统通过采用防火墙、加密、虚拟专用网、安全隔离和病毒防治等各种技术和管理措施，确保经过网络的传输和管理措施，确保经过网络传输和交换的数据不会发生增加、修改、丢失和泄露。体育比赛信息及管理系统是通过相应的系统集成软件，利用体育场馆信息网络系统，实现赛场内场地灯光系统、场地扩声系统、屏幕显示系统、计时计分及现场成绩处理系统、主计时时钟控制系统、现场录像采集及回放系统等各个系统的监控管理，是赛会组织、运行的支撑，是媒体、公众及其他与会人员获取信息的主要途径，将为赛会组织提供安全、可靠、及时、便捷的信息服务。

（2）信息设施系统

1）信息接入系统，接入机房，设置于园区通信机房内，通信机房可满足三家运营商入户。本工程允许使用移动通信设备的区域设置移动通信信号转发系统，采用全频段收发系统，园区移动通信机房位于体育场首层，末端设备设置于各建筑相应弱电机房内。

2）信息网络系统为建筑物或建筑群的管理者及建筑物内的各个使用者提供有效可靠的各类信息的接收、交换、传输、存储、检索和显示的综合处理，并提供决策支持能力与服务。系统采用专业化、模块化、结构化的系统架构形式，具有灵活性、可扩展性和可管理性等特征。中心网络机房位于体育场首层，网络系统设备设置于各自区域的弱电机房内。

3）本工程普通电视信号由室外有线电视信号引来，园区设卫星天线接收卫星信号。有线电视接入系统位于体育场首层有线电视机房，体育场、速滑馆、体育馆、训练馆、游泳馆分别设置有线电视前端设备，位于各自相应机房内。

4）本工程应急广播与背景音乐共用一套音响装置，扬声器分专用应急广播扬声器、背景音乐兼应急广播扬声器。广播区域划分应在满足消防应急广播区域划分的前提下，满足建筑功能划分的需要。可对每个区域的话筒音源单独编程或全部播出。系统应具备隔离功能，某一回路扬声器发生短路，自动从主机上断开，以保证功放及控制设备的安全。系统主机为标准的模块化配置，并提供标准接口及相关软件通信协议，以便系统集成。系统采用100V定压输出方式。从功放设备的输出端至线路上最远的用户扬声器的线路衰耗不大于1dB（1000Hz）。火灾时，自动或手动打开相关层消防应急广播，同时切断背景音乐广播。

5）本工程在会议厅、新闻发布厅等场所设独立的广播系统（包括机柜、专用音响等设备），专用音响设备必须具有消防接口，火灾时，消防系统通过消防模块，强制切断正常广播；另设专用的火灾应急广播扬声器，由消防控制室控制。

6）本工程按照体育场、速滑馆、体育馆、游泳馆等功能分区分别进行信息导引及发布系统，系统主机设置在各个建筑消防控制室内。本系统由视频显示屏系统、传输系统、控制系统和辅助系统组成，可实现一路或多路视频信号同时或部分或全屏显示。通过计算机控制，在公共场所显示文字、文本、图形、图像、动画、行情等各种公共信息以及电视录像信号，并利用信息系统作为电子导向标识，辅助人员出入导向服务。系统主机设置在首层监控中心。信息屏主要设置在运动员、媒体、贵宾、观众等不同类型人群的主要出入口处，在第一时间将最新鲜的资讯传递给受众，并根据不同区域和受众群体，做到分级分区管理，有针对性地发布信息。另外从经济的角度考虑，还可以获得可观的广告收益。

（3）体育专用设施系统

1）大屏幕信息显示系统由硬件部分和软件部分组成。硬件部分包括显示图像和文字信息的显示屏和显示牌、专用数据转换设备、信号显示传输电缆以及用来控制显示屏和显示牌工作的控制设备和显示信息处理设备。软件部分包括显示屏和显示牌的驱动控制软件、显示信息加工和处理软件。LED大屏幕具备接收计时记分及现场成绩处理系统传来数据的功能，能够将实时处理的成绩信息显示在屏幕上；同时LED大屏幕可以接收来自电视转播系统的视频画面，将实时转播画面或经过处理的慢动作回放画面显示在大屏幕上。

2）计时计分及现场成绩处理系统是体育场馆进行体育比赛最基本的技术支持系统，担负着所有比赛的成绩的采集、处理、存储、传输和显示，对赛事的顺利进行至关重要。计时计分及成绩处理系统由赛事主委会提供，本工程仅预留电源及路由条件。

3）本工程系统服务器设置在中心网络机房，包含制票、售票、验票、信息管理等子系统，不同工作站设置在场馆运营管理用房。本次设计考虑到使用的灵活性，统一采用手持式验票机进行验票，在观众主要出入口设置无线信息接入点，便于手持验票的使用。

4）本工程在体育场、速滑馆、体育馆、游泳馆建筑内设置时钟系统。标准时钟系统是为赛场工作人员、运动员、观众提供准确、标准的时间，竞赛走廊区域设置5in双面时钟，在房间内及观众平台设置3in单面子钟。标准时钟系统应具备把母时钟产生时钟信号，经校时后，传输给分布在场馆中的各个子钟，并按子钟的时间显示方式显示出标准时间的能力。场馆智能化系统可以通过场馆计算机网络获取标准时钟系统数据库服务器中的标准时间，用于同步各子系统的工作。

5）本工程体育场升旗为立杆式升旗系统，速滑馆、体育馆、游泳馆升旗为挂杆式升旗系统。系统由现场同步控制器、后台控制系统组成，系统配置本地控制器，触摸屏控制方式，保证系统网络故障时，系统仍然可按国歌时间升降国旗。在旗杆附近配置升旗系统电气控制柜，保证体育馆升旗时，所奏国歌的时间与国旗上升到旗杆顶部的时间同步。

6）本工程在体育场、速滑馆、体育馆、游泳馆建筑内设置现场影像采集回放系统。作为场馆智能化系统中场馆专用系统的一个重要组成部分，现场影像采集及回放系统能够让比赛和训练的运动员、教练员、裁判员获得即点即播的比赛录像或其他的视频信息，同时裁判员也能够从这些资料中及时获取比赛信息，弥补人本身局限性对比赛造成的影响，保证比赛的公正公平，提高裁判的执法水平。

7）电视转播与现场评论系统是将各固定主播摄像机位的摄像信号，现场评论员席的电视信号以及比赛场区新闻发布厅等处的其他摄像信号及时送至设在室外的广播电视综合区内的电视转播技术用房进行编辑后，经电视转播车发送到转播机房的光缆接口传输至电视台，然后向外转发。

8）场地扩声系统技术指标见表5-12。

表5-12　场地扩声系统技术指标

扩声指标	最大声压/dB	传输频率特性/Hz	传声增益	声场不均匀度	系统噪声	语言清晰度STI
二级	≥105dB	250～4000Hz平均声压级为0dB，此频带内允许±4dB的变化（1/3倍频程测量）	250～4000Hz平均不小于-10dB	（1000Hz和4000Hz）<10dB	扩声系统不产生明显可觉察的噪声干扰	0.6～0.65

（4）建筑设备监控系统

1）本工程建筑设备监控系统（BAS）采用直接数字控制技术，对全楼的暖通空调系统、给水排水系统进行监控，对各个智能子系统如电梯系统及供电系统、照明系统进行监视。体育场建筑设备监控点AI=215，AO=7，DI=74，DO=7；速滑馆建筑设备监控点AI=280，AO=140，DI=914，DO=246；体育馆建筑设备监控点AI=534，AO=120，DI=720，DO=92；训练馆建筑设备监控点AI=286，AO=26，DI=317，DO=24；游泳馆建筑设备监控点AI=287，AO=24，DI=318，DO=24。

2）建筑能效监管系统对冷热源系统、供暖通风和空气调节、给水排水、供配电、照明、电梯等建筑设备进行能耗监测。根据建筑物业管理的要求及基于对建筑设备运行能耗信息化监管的需求，对建筑的用能环节进行相应适度调控及供能配置适时调整。

3）电梯监控系统是一个相对独立的子系统，由制造商成套提供，纳入设备监控管理系统进行集成。系统自动监测各电梯运行状态，紧急情况或故障时自动报警和记录，自动统计电梯工作时间，定时维修。

（5）公共安全系统　本工程按照体育场、速滑馆、体育馆、游泳馆功能分区分别设置系统，系统主机设置在各个建筑消防控制室，其中体育场控制室为一级平台，其他为二级平台。安全防范综合管理系统平台系统功能应包含视频类设备远程管理及控制、报警类设备远程管理及控制、门禁类设备远程管理及控制、电子地图应用、远程监看和控制图像、系统日志、数据集中存储、权限集中管理等基本功能，支持语音对讲、语音广播、远程门禁控制及管理、照明设备远程控制等功能。系统包括设备主机软件、系统平台管理软件、手机监控客户端软件等视频监控系统平台中涉及的全系列软件；系统要求兼容本工程视频编码设备、报警主机设备、门禁控制设备、智能视频分析设备。

（6）智能化集成系统　本工程对信息设施各子系统通过统一的信息平台实现集成，实施综合管理，各子系统提供通用接口及通信协议。集成的重点是突出在中央管理系统的管理，控制仍由下面各子系统进行。集成软件平台安装在主机服务器上，实现把所有子系统集成在统一的用户界面下，对子系统进行统一监视、控制和协调，从而构成一个统一的协同工作的整体。包括实现对子系统实时数据的存储和加工，对系统用户的综合监控和显示以及智能分析等其他功能。对于管理数据的集成，要求控制系统在软件上使用标准的、开放的数据库进行数据交换，实现管理数据的系统集成。

第三节　北京市丽泽金融商务区地下空间一体化工程

一、工程概况

北京市丽泽金融商务区地下空间一体化工程如图 5-6 所示，位于北京市丰台区丽泽金融商务区核心区域，包括航站楼、地下空间、丽泽 SOHO 办公楼。其中，地下空间总建筑面积为 7.85 万 m^2，航站楼总建筑面积为 30.53 万 m^2，丽泽 SOHO 办公楼为 17.28 万 m^2。建筑耐火等级是地上一级，地下一级。地下设计使用年限为 100 年，地上设计使用年限为 50 年。丽泽 SOHO 办公楼获得北京市优秀设计一等奖。

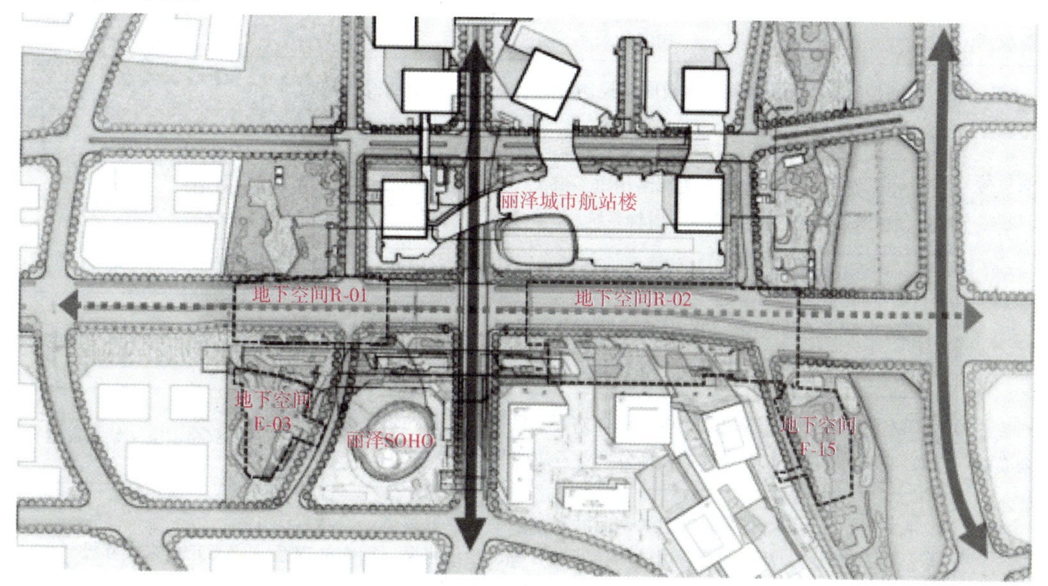

图 5-6　北京市丽泽金融商务区地下空间一体化工程

二、强电系统

（1）负荷分级

1）地下空间负荷分级见表5-13。

表5-13 地下空间负荷分级

负荷级别	用电负荷名称	供电方式
一级负荷	消防控制室、火灾自动报警及联动控制装置、公共安全系统、信息网络系统、电子信息系统的设备机房用电	双路市电＋UPS
	火灾应急照明及疏散指示标志	双路市电＋EPS
	消防水泵、消防电梯、防烟排烟设施、自动灭火系统、消防电梯及其排水泵、电动防火卷帘、消防水管保温设备等消防负荷、消防排污泵、主要通道的照明、值班照明、警卫照明、生活水泵、排污泵、客梯、事故风机	双路市电末端互投
二级负荷	自动扶梯、货梯、空调系统设备、换热换冷站	双市电（负荷端配电箱互投/空调由一段低压母线单独回路供电）
三级负荷	其他电力负荷及一般照明、租户用电	单路市电

2）航站楼负荷分级见表5-14。

表5-14 航站楼负荷分级

负荷级别	用电负荷名称	供电方式
特级负荷	消防控制室、火灾自动报警及联动控制装置、火灾应急照明及疏散指示标志	双路市电＋柴油发电机组＋EPS/UPS
	航空：安检用电、边检海关网络用电、海关、边检监控中心、海关判图室、航空弱电系统、航显系统、时钟系统、值机岛离港系统	
	接驳：接驳网络系统、安防系统、电子信息系统的设备机房	
一级负荷	消防水泵、消防电梯、消防扶梯、防烟排烟设施、自动灭火系统、消防排水泵、电动防火卷帘等消防负荷	双路市电＋柴油发电机组
	雨水泵、污水泵、变电所用电、部分站厅、换乘与转接通道、商业开放区、公共大厅等公共区域照明、部分商业备用照明	双路市电＋柴油发电机组
	地下车库、车道、部分站厅、换乘与转接通道、商业开放区、公共大厅等公共区域照明，部分商业备用照明、普通客梯、生活水泵、行李处理系统用电、事故风机、疏散通道及楼梯间照明用电、自动扶梯	双市电末端互投

（续）

负荷级别	用电负荷名称	供电方式
二级负荷	换热站	双市电末端互投
	空调系统设备、航空枢纽大厅的送排风机、换冷站	由一段低压母线单独回路供电
三级负荷	其他电力负荷及一般照明	单路市电

3）丽泽 SOHO 负荷分级见表 5-15。

表 5-15 丽泽 SOHO 负荷分级

负荷级别	用电负荷名称	供电方式
特级负荷	消防系统（含消防控制室内的消防报警及控制设备、消火栓泵、喷淋泵、消防电梯及其排水泵、防烟排烟风机、加压风机、电动防火卷帘、应急照明等）；航空障碍灯；安防监控系统用电；电子信息系统机房用电	双路市电＋柴油发电机组＋EPS/UPS
一级负荷	主要通道照明	双市电末端互投
	客用电梯	
	生活水泵；排污泵；厨房冷冻设备；24h 冷却水系统用电等	
二级负荷	商业照明	双市电末端互投
	空调负荷、供暖热交换泵等	由一段低压母线单独回路供电
三级负荷	办公租户用电、地下层普通照明、室外照明及一般电力负荷	单路市电

（2）负荷统计　负荷统计见表 5-16。

表 5-16 负荷统计

负荷级别 建筑名称	特级负荷/kW	一级负荷/kW	二级负荷/kW	三级负荷/kW
地下空间	—	2283	1737	4931
航站楼	1209	2121	1133	2337
丽泽 SOHO	1462	3265	1808	8932

（3）供电电源

1）地下空间由市政采用两路高压 10kV 双重电源，容量为 10900kVA。

2）5 条轨道线分别由市政电源独立供电。航站楼与综合开发配套项目由市政外电源拟由市政采用两组（四路）高压 10kV 双重电源，容量为 37700kVA，其中航站楼部分 9700kVA，综合开发配套项目 28000kVA。

3）丽泽 SOHO 由市政采用两路高压 10kV 双重电源，容量为 15500kVA。

（4）应急电源与备用电源

1）航站楼设置1台1200kW柴油发电机组。当两路市政电源同时失电时或两台配电变压器同时故障失电时，柴油发电机将自启动，柴油发电机组作为应急电源和备用电源使用，包括消防控制室、火灾自动报警及联动控制装置、火灾应急照明及疏散指示标志等消防设备；安检用电、边检海关网络用电、海关、边检监控中心、海关判图室、航空弱电系统、航显系统、时钟系统、值机岛离港系统、接驳网络系统、安防系统、电子信息系统的设备机房等非消防特级负荷。

2）丽泽SOHO设置2台1200kW柴油发电机组。当两路市政电源同时失电时或两台配电变压器同时故障失电时，柴油发电机将自启动，由柴油发电机带丽泽SOHO特级负荷。

3）分布式电源。在F15地块、64#地和65#地办公屋顶分别设置光伏发电系统。

（5）变电所设置

1）地下空间变电所设置见表5-17。

表5-17　地下空间变电所设置

名称	变压器装机容量/kVA	位置	配电范围	备注
F15地块变电所	2×1600	地下一层	F15地块	下进下出，变电所设排水措施
R01地块1#变电所	2×1600	地下一层	R01地块 E03地块	
R02地块2#变电所	2×1250	地下一层	R02地块左半部分	
R02地块3#变电所	2×1000	地下一层	R02地块右半部分	

2）航站楼变电所设置见表5-18。

表5-18　航站楼变电所设置

名称	变压器装机容量/kVA	位置	配电范围
64#地电力开关站	—	地下一层	64#地块及65#裙房部分商业
64#综合开发配套高压总配电室	—	地下一层	64#地块变电所及65#裙房商业变电所1
64#办公变电所	2×1600+2×2000（预留）	地下二层	64#办公
64#商业变电所	2×1600（预留）	地下二层	64#街区商业
65#商业变电所1	4×1600（预留）	地下一层	65#裙房商业
65#地电力开关站	—	地下一层	65#地块
航空接驳高压总配电室	—	地下二层	航空接驳
1#航空接驳变、配电站	2×1600+2×1250	地下二层	航空接驳
2#航空接驳变、配电站	2×2000	地下二层	航空接驳
65#综合开发配套高压总配电室	—	地下一层	65#地块商业及办公
65#办公变电所	2×2000（预留）	地下三层	65#办公
65#商业变电所2	2×2000+2×1600（预留）	地下一层	65#裙房商业

3）丽泽 SOHO 变电所设置见表 5-19。

表 5-19 丽泽 SOHO 变电所设置

变电所位置	变电所编号	变电所位置	服务区域	建筑功能	变压器容量
高区变电所	35BDS1	35F 避难层	25F～46F	中、高区办公	2×1250kVA
高区变电所	35BDS2	35F 避难层	25F～46F	中、高区办公	2×1250kVA
低区变电所	13BDS1	13F 避难层	3F～24F	低区办公	2×1000kVA
低区变电所	13BDS2	13F 避难层	3F～24F	低区办公	2×1000kVA
主变电所	B2BDS	地下二层	B4～2F	车库、裙房	2×2000kVA
冷站变电所	B3BDS	地下三层	制冷机房	—	2×1250kVA

（6）智能配电系统　智能配电系统通过操作员工作站，实现对变电所的无人和少人化管理，系统独立设置在变电室值班室内，操作人员通过计算、分析和处理以实现对配电系统的有效监测管理以及对电能的全方位监控和管理功能。系统可做到中低压一体化监控、一二次设备融合管理、电气资产健康度深度分析以及电能管理和电能质量分析的功能。智能配电系统功能见表 5-20。

表 5-20 智能配电系统功能

元器件	要点	功能要求
智能低压开关柜	总体要求	1）智能低压配电设备，应配有相应的数字化监控管理平台或软件及通信组件，并开放通信协议 2）低压开关柜内应配置独立智能以太网关，柜间实现 TCP/IP 以太网通信，保证数据高速可靠传输，简化设备接线 3）低压开关柜、开关设备及通信组件应保证系统的兼容性、稳定性和可靠性
	测温管理	1）开关柜和断路器具备基于负载电流变化的动态温升监测诊断功能，能够根据运行电流确认合理运行温度，无须人工干预自动设置对应的超温报警阀值 2）测温装置必须提供远程通信接口并开放通信协议，通过通信接口实现功能 3）控制中心收到温度异常预警，实时监测每个温度监测点的温升情况 4）通过计算机浏览器监测变电站内断路器的预警和温升情况 5）监控管理中心在收集到开关柜测量点温度后，依据开关设备的温升模型分析开关设备当前的运行温升情况是否超出正常运行工况。结合运行电流、历史趋势有效地发现潜在风险，建立开关设备健康状况的档案，为设备失效预测提供了在线诊断和分析的依据，减小非预期性故障停电概率
	框架断路器	1）断路器控制单元同时具有长延时、短延时、瞬时三段保护功能，并具有图形显示及中文菜单功能 2）框架断路器需配置电子控制单元，可以测量显示电流、电压、功率、电能、频率、相序、功率因数，并且同时具有谐波测量功能 3）控制单元具有触头磨损、机械寿命测量功能；断路器可以配置通信模块提供开放的 Modbus RTU 和 TCP/IP 通信接口；具有无线连接功能，可以实现带电升级，并且可以在断电的情况下读取故障事件信息

（续）

<table>
<tr><th>元器件</th><th>要点</th><th>功能要求</th></tr>
<tr><td>智能低压开关柜</td><td>塑壳断路器</td><td>1）塑壳断路器采用电子控制单元，同时具有 LSI 三段保护，提供长延时、短延时、瞬时短路保护功能
2）塑壳断路器的电子控制单元本身具有数据显示功能，可以测量电流、电压、功率、频率、电量等参数，并具有谐波检测功能
3）控制单元有需量测量显示功能及区域选择性功能。断路器具有触头磨损、机械寿命、电气寿命测量功能
4）断路器配置通信模块提供开放的 Modbus RTU 和 TCP/IP 通信接口</td></tr>
<tr><td rowspan="2">现场管理</td><td>测温管理</td><td>1）开关柜和断路器具备基于负载电流变化的动态温升监测诊断功能，能够根据运行电流确认合理运行温度，无须人工干预自动设置对应的超温报警阀值
2）不仅可通过就地人机界面看到温度信息，而且测温装置必须提供远程通信接口并开放通信协议，通过通信接口实现如下功能：
①控制中心收到温度异常预警，实时监测每个温度监测点的温升情况
②通过计算机浏览器监测变电站内断路器的预警和温升情况
3）监控管理中心在收集到开关柜测量点温度后，依据开关设备的温升模型分析开关设备当前的运行温升情况是否超出正常运行工况。结合运行电流、历史趋势有效地发现潜在风险，建立开关设备健康状况的档案，为设备失效预测提供了在线诊断和分析的依据，以减小非预期性故障停电概率</td></tr>
<tr><td>针对机械特性监测的管理</td><td>1）监控管理中心在收集到断路器机械特性的监测数据后，依据断路器的运动机理模型分析断路器机械部件的工作状况
2）结合出厂数据、历史趋势有效地发现潜在风险，建立开关设备健康状况的档案，为设备失效预测提供在线诊断和分析的依据，提供专家维护建议，以减小非预期性故障停电概率
3）断路器监测系统需随同提供移动端监测显示界面。开关设备的监测数据可以实时通过计算机浏览器访问</td></tr>
<tr><td>智能监控软件</td><td colspan="2">1）实现低压一体化监测控制管理平台
2）模块化设计的系统，按照搭接式的功能结构进行设计
3）数据通信和采集功能，电力监控系统支持多种自动化协议，该过程是自动的，可监控的，一旦发生故障应有相关的报警提示
4）关键断路器老化分析管理，通过结合断路器跳闸信息，操作次数与环境信息，实现低压开关的老化程度分析预测。同时提供对应的断路器老化分析报告以及断路器配置信息报告
5）报警和故障快速定位，实现故障诊断和预防性维护；提供灵活的趋势分析和显示工具
6）趋势和曲线分析功能，所有需要进行历史数据保存的数据，能够通过趋势工具进行趋势分析和显示
7）能源数据看板功能。系统应能提供能源数据分析功能，将能源分析数据通过直观的数据仪表盘进行分析展现
8）设备管理功能，提供关键配电设备的设定管理功能，包括关键中低压开关设定参数实时监测，图表化显示等功能
9）自带防/反病毒软件，实现系统的安全运行</td></tr>
</table>

（7）配电方式 配电干线采用放射与树干相结合的配电方式。消防负荷、重要负荷、容量较大的设备及机房采用放射方式，就地设配电柜；容量较小分散设备采用树干式供电。办公楼租户供电采用双母线供电方式。

三、防灾系统

1. 建筑物防雷系统

根据《建筑物防雷设计规范》（GB 50057）及《建筑物电子信息系统防雷技术规范》（GB 50343）中对建筑物防雷分类的规定，本工程按二类防雷建筑设计，电子信息系统雷电防护等级为A级。建筑物的防雷装置满足防直击雷、侧击雷、防雷电感应及雷电波的侵入，并设置总等电位联结。

2. 电气消防系统

1）地下空间R02地下一层设置消防主控室，F15地块设置消防控制室。航站楼设置航空枢纽消防安防控制中心，综合开发配套设置64#地块商业办公消防安防控制室和65#地块商业办公消防安防控制室，5条轨道线分别设置消防安防控制室。丽泽SOHO地下一层设置消防控制室。

2）消防控制室内设置火灾报警控制器、消防联动控制器、消防控制室图形显示装置、消防专用电话总机、消防应急广播控制装置、消防应急照明和疏散指示系统控制装置、消防电源监控器、防火门监控器等设备，消防控制室内设置的消防控制室图形显示装置显示建筑物内设置的全部消防系统及相关设备的动态信息和消防安全管理信息，为远程监控系统预留接口，具有向远程监控系统传输相关信息的功能。消防控制室应采取防水淹、防潮、防啮齿动物等的措施。

3）在消防控制室设置电梯监控盘，除显示各电梯运行状态、层数显示外，还应设置正常、故障、开门、关门等状态显示。

4）在消防控制室内设置消防直通对讲电话总机，除在各层的手动报警按钮处设置消防对讲电话插孔外，在变电所、水泵房、电梯机房、冷冻机房、防烟排烟机房、建筑设备监控室、管理值班室等处设置消防直通对讲电话分机。

5）所有楼梯间及前室的照明以及变电所、消防控制室、安防中心、消防水泵房、防烟排烟机房、柴油发电机房、电信机房等的照明全部为备用照明。公共场所安全照明备用照明按一般照明照度标准值的10%~15%设置，安全照明的照度值大于20lx。应急照明电源采用双电源末端互投供电。主要疏散出口设置安全出口指示灯，疏散走廊设置疏散指示灯。

6）防止接地故障引起的火灾，本工程设置电气火灾报警系统，可以准确实时地监控电气线路的故障和异常状态，及时发现电气火灾的隐患，及时报警、提醒有关人员去消除这些隐患，避免电气火灾的发生，从源头上预防电气火灾的发生。

7）为保证防火门充分发挥其隔离作用，在火灾发生时，迅速隔离火源，有效控制火势范围，为扑救火灾及人员的疏散逃生创造良好条件，本工程设置防火门监控系统。对防火门的工作状态进行24h实时自动巡检，对处于非正常状态的防火门给出报警提示。

8）火灾自动报警系统按总线形式设计。火灾自动报警系统按照物业管理权限划分监控范围，火灾信息共享并实现以下逻辑关系：

①当某一业态发生火灾时，将确认火灾信息发送给非着火业态的其他业态，确认火灾后，启动建筑内的所有火灾声光报警器、消防广播、顺序启动全楼疏散通道的消防应急照明和疏散指示系统，并打开相应的疏散通道上的门禁、闸机等系统。

②相邻不同管理权的防火分区，设置信息模块，将该防火分区着火信息发送给卷帘控制方，控制方降落卷帘。非防火卷帘分隔时，也设置信息模块，将相邻防火分区着火信息进行传送。

③与轨道站厅接驳层、航空值机区消防广播单独回路，火灾时消防广播优先播放，轨道站厅业务广播（由轨道设置）、航空值机区业务广播（由航空设置）也单独回路，平时播放，火灾时切断；消防探测、联控等归属枢纽。轨道站厅层闸机设备、电梯、扶梯属于轨道，发生火灾时，枢纽给轨道发送确认火灾信息，轨道给闸机解锁的消防指令，给电梯降首的指令。

④站厅发生火灾，枢纽启动站厅的消防风机，同时将该区域着火地址信息发送给轨道方，轨道关闭站台设备，启动相应消防设施。站台层发生火灾，轨道启动站台消防风机，同时将站台着火地址信息发给枢纽，启动相应消防设施。

⑤共用楼梯的消防控制。非本楼梯所在管理业态层，该楼梯服务的防火分区加设信息模块，当发生火灾时，将着火地址信息发送给加压风机管理业态，联动该防火分区楼梯的加压风机。

⑥中庭在B1层设置双向信息模块，当地上或者地下防火分区着火时，卷帘落下，地上和地下分别设置红外探测、水炮，通过信息模块，确认火灾后，将信号传给综合开发，启动防烟排烟风机。

⑦每个业态的消防分控室设置一个信息模块，该信息模块传递枢纽消防控制中心确认发生火灾的信息。

3. 电气抗震系统

1）电梯、照明和应急电源、广播电视设备、通信设备、消防系统等的电气设备自身及与结构主体的连接，应进行抗震设防。垂直电梯应具有地震探测功能，地震时电梯能够自动停于就近平层并开门运行。

2）高低压配电柜、变压器、配电箱、控制箱等均应满足抗震设防规定。建筑电气设备不应设置在可能致使其功能障碍等二次灾害的部位；地震下需要连续工作的附属设备，应设置在建筑结构地震反应较小的部位。建筑电气设备的基座或支架，以及相关连接件和锚固件应具有足够的刚度和强度，应能将设备承受的地震作用全部传递到建筑结构上。

3）柴油发电机组应具备快速启动能力，并能承受地震产生的振动和冲击。

4）消防系统、应急通信系统、电力保障系统等电气配管内径大于60mm，电缆梯架、电缆槽盒、母线槽的重力不小于150N/m，均应进行抗震设防。刚性管道侧向抗震支撑最大设计间距不得超过12m；柔性管道侧向抗震支撑最大设计间距不得超过6m。刚性管道纵向抗震支撑最大设计间距不得超过24m；柔性管道纵向抗震支撑最大设计间距不得超过12m。

5）设在建筑物屋顶上的共用天线等电气设备设施需要采取防护措施，以防止地震导致设备或其部件损坏后坠落伤人。应急广播系统预置地震广播模式。安装在吊顶上的灯具，应考虑地震时吊顶与楼板的相对位移。

四、智能化系统

1. 地下空间

（1）设计目标

1）本工程智能化系统的建设为人们提供了一个功能完善、舒适优美的公共空间。以网络通信设施为基础，将基础网络与通信设施、有线电视系统、建筑设备监控系统、视频监控、智能视频分析、防盗报警、电子巡更、物业管理、信息发布系统、公共区域管理系统、音乐智慧公共广播、应急指挥与调度、集成管控平台等多个系统设计为一体的智能化管理系统，将使之成为新一代公共建筑的典范。

2）云计算、物联网、大数据分析技术、综合布线技术、网络通信技术、安全防范技术、自动控制技术、音频视频处理（识别）技术、传感器技术、负载均衡技术、温湿度检测技术、电流检测技术、电压检测技术、电功率检测技术等实现人、事、物之间的万物互联及运用。实现各个设备之间的数据交互、实现各个系统之间的信息交互、实现人与系统数据的相互融合，既能满足整体商业管理，又能满足每个人的个性化需求，最终实现地下空间商业的高度智慧化。

3）配套广播与电视、电话与网络等信息化设施，使用光纤与无线等通信技术，提供多样化、多媒体、时尚性的通信工具，满足人们的社会联系与沟通需求，实现文化建筑服务的便利性目标。

4）设置集成化系统、预留数字化功能，实现建筑智能化体系的协调运行，规划将智慧城市、数字建筑、云端服务等引入该建筑，追求以人为本、友好环境、绿色发展的社会发展目标，实现建筑运行的绿色化目标。

5）基于上述目标定位，本工程建设采用适度超前、先进、适用、优化组合的成套技术体系，实现建立一个安全、舒适、通信便捷、环境优雅的数字化、网络化、智慧化的地下空间一体化工程，满足对公众服务、管理办公及运营的要求。

6）局部管理办公区域采用射频433、315、zigbee、WiFi6、蓝牙、zwave等无线通信控制技术；采用的无线控制协议需加密算法，有效地解决系统安全保密性差、容易被攻击和破译等致命弱点；无线通信控制技术要求具备良好的稳定性、绕射性，较强的穿透性。

7）智能控制技术可做到对公共区域内的灯光控制、红外控制、电器控制、安防控制等各类传感设备接入和控制。

8）控制接口多样化。一般均有电源供应端口、无线遥控接口、电话遥控接口、计算机控制接口、通信控制端口、以太网（TCP/IP）接口、安防控制和安防报警接口。

9）提供交互式用户体验服务。通过智能终端（手机APP、PC客户端等）访问服务主机端或云端，进行场景设置、场景控制等用户交互式操作。

（2）设计原则

1）安全性和可靠性。项目必须具有高度的安全性、可靠性和稳定性，包括系统自身安全以及运行的可靠性。系统设计应严格按照用户需求提供多种安全措施及手段，防止各种形式与途径的非法侵入和机密信息的泄露。在信息通信系统设计中，既考虑信息资源的充分共享，更要注意信息安全的保护和隔离，因此管控平台应分别针对不同的应用和不同的网络通信环境，采取不同的措施，包括平台登录安全机制、安全通信协议控制、非法入侵通信自毁机制、数据存取权限控制、不可否认性以及不可抵赖性等认证设计。

2）成熟性和实用性。采用被实践证明为成熟、耐久和实用的技术及设备，最大限度地满足建筑多功能服务及将来业务发展的需要。

3）先进性与经济性。充分考虑技术迅速发展的趋势，在技术上应具有一定的超前性，采用国际或国内通行的先进技术，以适应现代科学技术的发展。总体设计要一步到位，要保证项目总体水平达到稳定可靠。以适度超前的意识为指导原则，保障将建成的项目在多年内不落后。选择较高的性能价格比以及经济优化设计方案，综合考虑设备价格、建安成本、软件开发费用以及运行维护费用等因素。

4）兼容性和可扩展性。为了满足系统所选用的技术和设备的协同运行能力、系统投资的长期效应以及项目发展系统功能不断扩展的需求，必须追求系统的开放性，采用开放的技术标准。设计中尽可能少采用具有垄断性设计、制造的零件，便于设备损坏时零件互换性差，产生昂贵而且周期长的设备维修周期。

5）标准化和模块化。根据建筑智能化系统总体结构的要求，各子系统符合标准化、模块化的要求，并能够代表时代科技水平。

6）保密性与可维护性。保持相对独立与封闭特征，避免信息外泄造成损失；具备故障诊断和分析工具，具备有效的维护与自恢复功能。

（3）信息化应用系统　信息化应用系统功能应满足建筑物运行和管理的信息化需要，并提供建筑业务运营的支撑和保障。系统包括公共服务、智能卡应用、物业管理、信息设施运行管理、信息安全管理、通用业务和专业业务等信息化应用系统。

（4）智能化集成系统

1）智能化集成系统是本工程建立一套独立的智能化集成平台，其结合计算机技术、网络技术、通信技术、自动控制技术，对建筑内所有相关设备进行全面有效的监控和管理，确保建筑内所有相关设备处于高效、节能、最佳运行状态，从而为工作人员提供一个安全、舒适、便捷、高效的工作环境。系统集成设计遵循“总体规划、分步实施”和“从上而下设计，从下往上实施”的原则，实现集成功能和相关的接口协议界面设计思路，与各集成系统采用的软件互联通信协议是国际标准接口协议。

2）本工程 IBMS 考虑到以后系统扩展的需求，智能化集成系统由独立于其他各子系统的第三方集成软件平台实现，多级智能化集成系统之间实时数据、控制命令的传输采用基于 TCP/IP 的开放式协议，由智能化专用网络支持。

3）系统支持 OPC/Modbus 等接口方式，集成的子系统有：公共广播系统、信息引导及发布系统、无线对讲系统、巡更系统、建筑设备监控系统、能效监管系统、智能照明系统、入侵报警系统、视频安防监控系统、电梯智能控制系统、停车场管理系统等。

（5）信息设施系统　信息接入系统由通信接入网系统、电话交换系统、无线通信系统组成，由市政光缆，通信运营商负责由地下二层市政综合管廊水信舱引入本工程地下一层进线间。配置200门电话交换机。为避免室内出现无线通信覆盖盲区，设置无线通信增强系统。同时还设置400MHz数字无线对讲系统，覆盖红线内、建筑物内外的公共区域，为消防、安保、维修、清洁等物业管理部门，提供工作或应急时通信的工具。信息引导及发布系统采用数字和视频显示、播控、编排、多媒体、计算机、网络和接口等技术，通过数据采集设备，获取实时信息，并在审核通过后，采用同步或异步控制方式控制不同地点的LED显示屏和液晶屏上显示动态文字和视频信息，并在紧急情况能够强制发布应急信息。有线电视系统由项目所在城市有线电视网络提供信源，有线电视节目及自办节目通过IPTV网传播，不单独设置同轴网络。公共广播系统采用背景音乐兼做消防应急广播使用。

（6）信息网络系统

1）本工程设置智能化专网、WiFi及公众服务网、商业运营网。智能化专网主要为智能化设备和建筑管理服务，主要承载包括建筑设备管理，能耗管理、停车场管理、公共广播、视频监控、出入口控制、入侵报警等系统的数据传输，如图5-7所示。WiFi及公众服务网络用于互联网接入

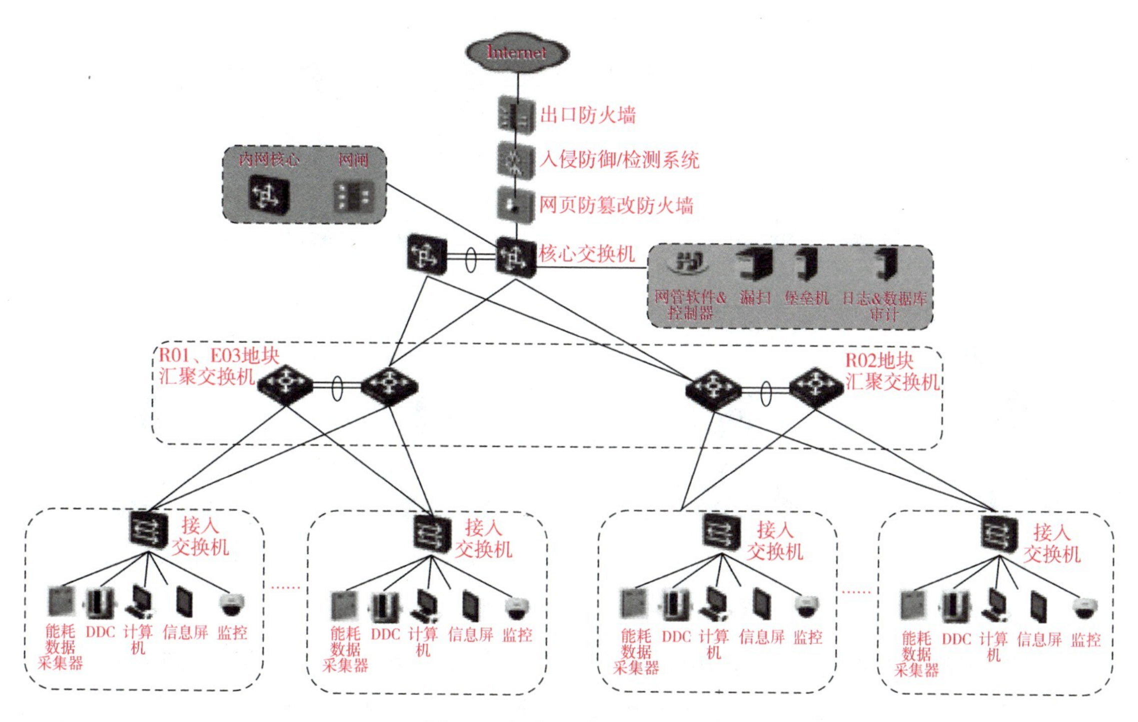

图5-7　智能化专网架构示意

及公众上网服务、WiFi 覆盖等，如图 5-8 所示。商业运营网主要为商业运营管理服务，如图 5-9 所示。各网络采用 VLAN 技术实现一虚多功能，支持文字、图表、视频、音频、多媒体信息，提供文件传输、互联网业务、多媒体应用等功能。WiFi 及公众服务网提供互联网络应用、无线上网服务等，采用 VPN + VLAN 措施保证各个业务之间的相互独立性与安全性。物业办公网专用于满足各个部门的内部办公需要，内网通过 VPN 网关与上级部门实现信息联通。为了确保内部办公行为的规范性、内部数据的完整性与安全性，本工程的各子网物理层隔离。为了使各子网之间数据能互联互通，在各子网间增加网闸、防火墙等相应网络安全设备。配套网络操作与管理系统构建开放式的网络运行环境，配套信息网络系统规范管理网络行为，要求采取各种措施保障网络信息的安全性与完整性，支持、约束、管理各个网络系统，侦测、警告、阻止各种非法入侵行为，支持、约束、管理内外部上网行为。

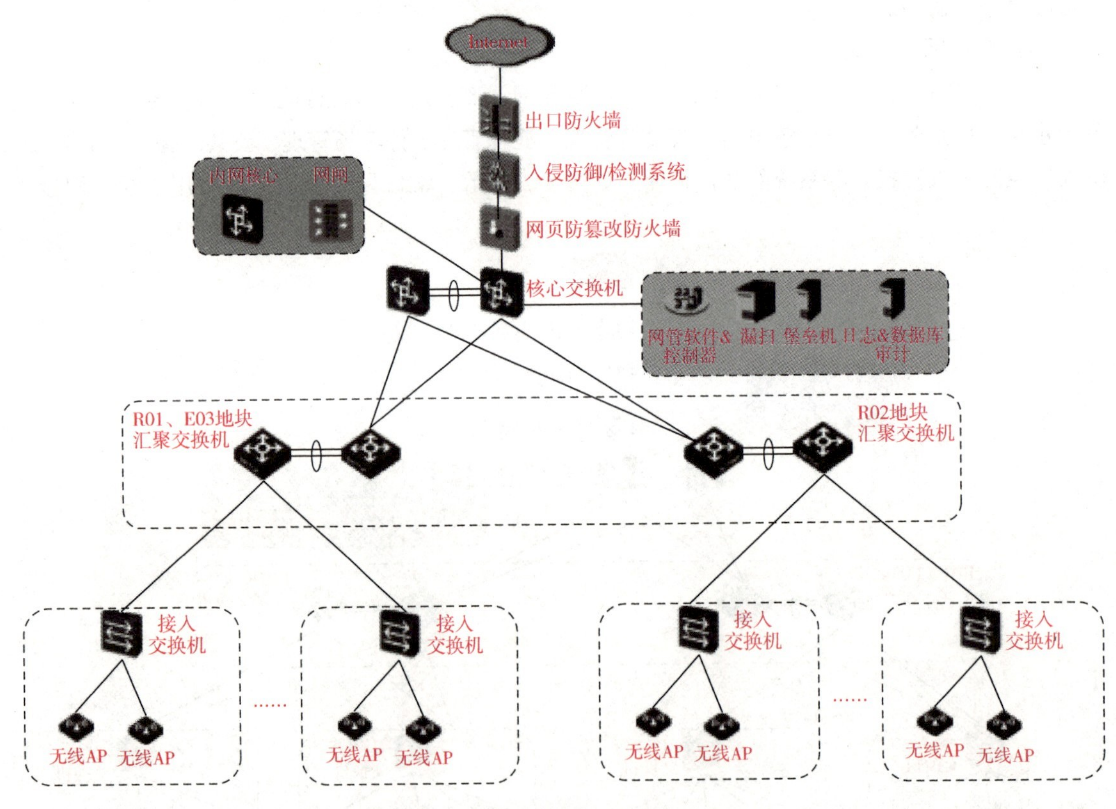

图 5-8　WiFi 及公众服务网架构示意

2）信息网络系统采用三层网络架构，即核心层、汇聚层、接入层。接入层采用千兆接入交换机，用户端口千兆接入，接入层单链路 10Ge 上联汇聚交换机，汇聚至核心层采用双链路 40Ge 上联。提供 QoS，具备可扩展性、可管理性、信息安全性，提供网络冗余。考虑本工程传输可靠性

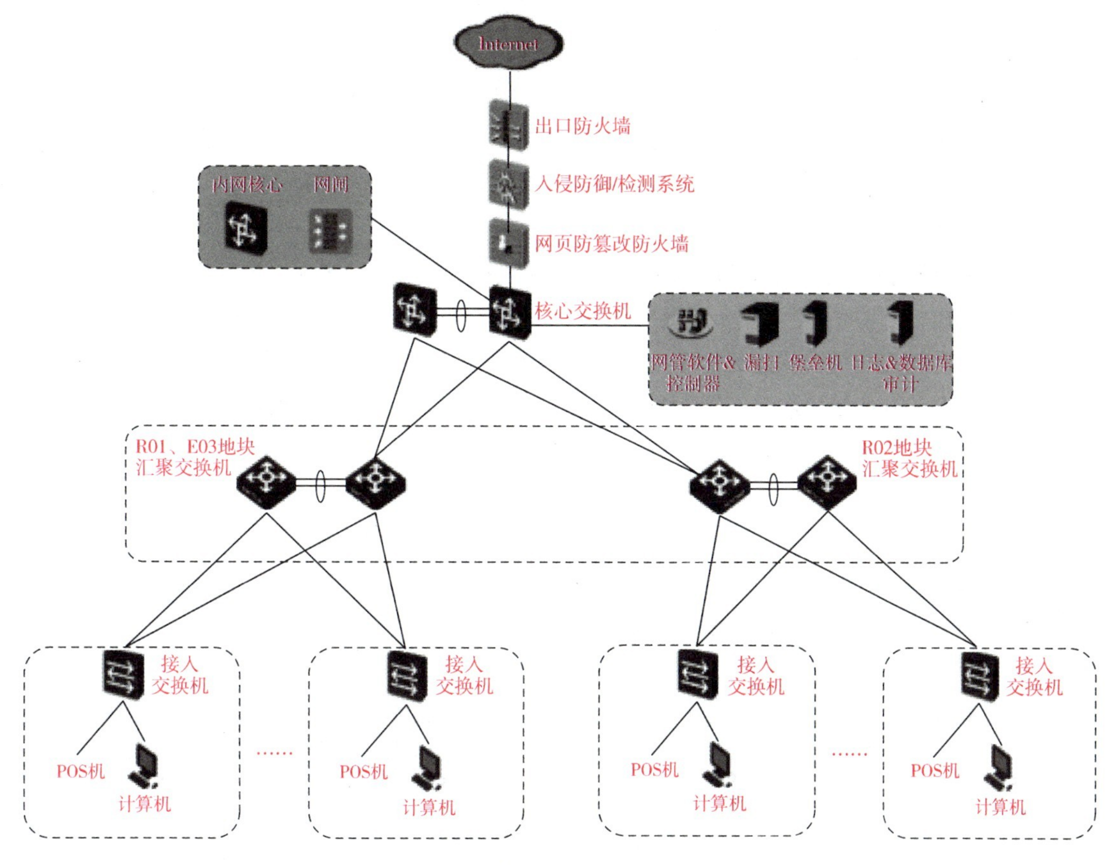

图 5-9　商业运营网架构示意

及可扩展性，所有子网采用冗余双核心架构。分别设置各类应用接入层交换机，接入交换机端口预留 10% 冗余量。所有网络设备支持多层交换、高宽带传输、高密度和高速率接入、支持不同网络协议和高容错性能，具有链路聚合、VLAN 路由、组播控制等功能。信息网络采用星形拓扑结构，支持最新主流网络协议，支持集数据、语音、视频、图像于一体的通信。所有网络核心设备均设置在数据网络机房。有大规模数据交换的场所，如消防、安保控制室、机房等，应通过光纤与接驳网络机房直连，支持万兆级数据交换。与 Internet 连接的网络须配置防火墙，提供完备的安全防护策略并对上网行为进行记录监察。

3）网络信息安全设计。信息系统安全涉及物理层、网络层、应用层三个层面的相关措施。在物理层面上，本工程将网络设备安装于网络机房、智能化小间、电控室等防护区内，各类网络机柜分楼层隔离设置、自带门锁。在网络层面上，本工程各个局域网在互联网接口设置 VPN 网关、防毒防火墙、入侵报警系统、认证计费系统，在 DMZ 停火区设置互联网服务器。在系统使用过程中，实施安装补丁程序、账号与密码保护、检测日志、关闭不需要的服务与端口、定期备份光盘等措施，网络管理系统纳入智能化集成管理范畴，提高监管力度。

（7）建筑设备管理系统

1）建筑设备监控系统（BAS），采用直接数字控制技术，对全楼的各类机电设备如换热站、空调机组、送排风机、排水泵、电梯、公共区域照明、变配电设施的运行、安全状况、能源使用和管理实行自动监视、测量、程序控制与管理，从而提高设备运行效率，节约能源，营造舒适的室内环境，达到管理方便、节能并降低运行成本。

2）建筑能效监管主机设置于建筑物业管理室。系统结合供电部分、机电设备（中央空调、给水排水、电梯、照明）、空气质量检测等设置建筑能效监管系统，是集成了人工智能、数据仓库等技术，对建筑的能耗数据进行采集和挖掘的大型信息化平台。系统主机设置于网络机房内。通过系统平台以及开放接口协议将变配电智能监控系统及远传计量系统所收集的各种能耗信息，在综合能源管理系统进行部分数据的共享，实现能源数据的集中，构成综合能源管理系统的数据源。

3）电梯监控系统纳入设备监控管理系统进行集成。电梯现场控制装置应具有标准接口（如RS485、RS232 等）。在监控中心设电梯监控管理主机，显示电梯的运行状态。监控系统配合运营，启动和关闭相关区域的电梯；接收消防与安防信息，及时采取应急措施。

4）城市通廊、公共卫生间等公共区域、停车场、景观、夜景照明等区域均采用智能控制系统，实现灯光软启、调光、一键场景、一对一遥控及分区灯光全开全关等管理，并可用遥控、定时、集中、远程等多种控制方式，甚至用计算机来对灯光进行高级智能控制，从而达到智能照明的节能、环保、舒适、方便的功能。

5）电力监控系统以计算机、通信设备、测控单元为基本工具，为变配电系统的实时数据采集、开关状态检测及远程控制提供了基础平台。它可以和检测、控制设备构成任意复杂的监控系统，在变配电监控中发挥了核心作用，加快对变配电过程中异常的反应速度。电能监测中采用的分项计量仪表具有远传通信功能，纳入设备监控管理系统进行集成。

（8）公共安全系统　公共安全系统由入侵报警系统、视频安防监控系统、视频客流监测系统、出入口控制系统、电子巡查系统、停车场管理系统等组成。安全管理平台采用 B/S 服务模式，运行于智能化专网上，系统故障不影响各个安防子系统与现场设施的独立运行。基于智能化专网构建公共安全系统，在数据网络机房配置服务器，在消防安防控制室工作站配置实时操作系统，监控并操作各安防子系统，具有相应的接口与软件实现安全信息集成。系统软件采用简体中文图形视窗操作界面，支持人机交互工作环境，具备操作员管理、系统状态显示、设备集中监控、处警预案联动、报表生成打印等功能。公共安全系统各子系统均采用数字系统，采用标准通信协议接口，包括 RS-422、RS-485、TCP/IP，子系统应开放其设备的各层通信协议。安防控制室为禁区，设有保证自身安全的防护措施和进行内外联络的通信设备，并设置紧急报警装置和向上一级处警中心报警的通信接口。

（9）机房工程 数据网络机房、消防安防控制室等按 C 级机房要求配置。

2. 航站楼智能化系统（略）

3. 丽泽 SOHO 智能化系统（略）

第四节 青岛国际贸易中心

一、工程概况

青岛国际贸易中心如图 5-10 所示，总建筑面积为 33.27 万 m^2，建筑功能为商业、甲级写字楼、五星级旅馆、公寓分为 A、B 和 C 塔楼。A 塔楼为办公楼，高度为 237.9m，45 层，其中首层至四层为商业和大堂区域，五 a 层至四十五层为办公区域。B 塔楼为五星级旅馆及公寓楼，其中首层至四层为商业裙房，五 a 层到二十层为旅馆部分。旅馆部分设置有空中大堂，附属餐厅有 2 个 400 人大宴会厅及游泳健身中心等设施。二十二层至五十层为公寓。C 塔楼为公寓住宅楼，共 45 层。其中首层到三层为裙房商业，四层和五 a 层为旅馆配套用游泳健身。六至四十五层为公寓楼层，其中部分楼层在北侧设置了 2 层通高的入户花园，丰富了户型和室外活动空间。裙房部分为地上 6 层，首层到四层为商业部分。裙房五层为宾馆大堂及配套餐饮和会所。建筑分类为一类，耐火等级为一级，设计使用年限为 50 年。青岛国际贸易中心获得全国优秀工程勘察设计行业奖一等奖。

图 5-10 青岛国际贸易中心

二、强电系统

1. 负荷分级

（1）特级负荷　消防系统（含消防值班室内消防控制设备、火灾自动报警系统、消防泵、消防电梯、疏散电梯、防火卷帘、防烟排烟风机、阀门等）、安保监控系统、建筑设备监控系统、卫星通信系统、电话交换机、计算机主机房设备、应急及疏散照明、值班照明、警卫照明、安全照明、航空障碍灯等。设备容量约为 10450kW。

（2）一级负荷　走道照明、会议照明、门厅照明、厨房、电梯、生活水泵、排水泵、热力站，设备容量约为 4926kW。

（3）二级负荷　自动扶梯、主要办公室等，设备容量约为 1800kW。

（4）三级负荷　一般照明及电力设备等，设备容量约为 28263kW。

2. 变电所

本工程按使用管理功能，配备五个变电所，见表 5-21。

表 5-21　变电所配备表

10kV 用户开关室编号	楼号	变电所编号	服务区域	变压器容量	变压器安装位置
1#开关站	B 塔楼	T2-1#	一～十层	2×1000kVA	B1 层
		T2-2#	十一～二十六层	2×1000kVA	十一层设备避难层
		T2-3#	二十七～三十九层	2×1000kVA	二十七层设备避难层
	地下车库＋P1 裙房	C-1#	P1 裙房、B1～B4 部分车库	2×1600kVA	B1 层
	地下车库＋P2 裙房	C-2#	P2 裙房、B1～B4 部分车库	2×1600kVA	B1 层
	地下车库	C-3#	部分车库	2×1000kVA	B1 层
	制冷机房＋锅炉房	C-4#	制冷机房、锅炉房	2×2000kVA	B1 层
	制冷机房		高压冷水机组	3×1400kVA	B4 层
	商业增容备用	C-5#		2×2000kVA	B1 层
2#开关站	A 塔楼	T1-1#	一～十层	2×1250kVA	B1 层
		T1-2#	十一～二十六层	2×1000kVA	十一层设备避难层
		T1-3#	二十七～三十九层	2×1000kVA	二十七层设备避难层
	C 塔楼	T3-1#	T3 南、北塔一～十六层	4×1000kVA	B1 层
		T3-2#	T3 南塔十七～三十层	2×1000kVA	C 南塔十七层设备避难层
		T3-3#	T3 北塔十七～三十层	2×1000kVA	C 北塔十七层设备避难层
		T3-4#	三十一～三十七层旅馆	2×1250kVA	三十层设备避难层

3. 供电电源

（1）高压系统　由市政引来五路10kV高压电源，1#高压开关室采用两路双重电源进线，两路电源同时供电，单母线运行方式，互为备用，母线不分段，不设母线联络开关。2#高压开关室采用三路高压电源接线，两用一备接线方式，其中任一段母线失电时，备用电源开关自动（或手动）投入。

（2）低压系统　变压器低压侧0.4kV采用单母线分段接线方式，低压母线分段开关采用自动投切方式时，低压母联断路器采用设有自投自复、自投手复、自投停用三种状态的位置选择开关，自投时应设有一定的延时，当变压器低压侧总开关因过负荷或短路故障而分闸时，母联断路器不得自动合闸；电源主断路器与母联断路器之间应有电气联锁。

（3）自备应急电源　在地下一层设置两处柴油发电机房，为商务办公，旅馆、公寓式旅馆提供应急电源和备有电源。自备应急电源配备表见表5-22。

表5-22　自备应急电源配备表

机房编号	柴油发电机编号	服务区域	柴油发电机容量/kW
1#柴油发电机房	G1柴油发电机组	A塔楼及预留	1600
	G4柴油发电机组	C塔楼公寓及旅馆	1250
2#柴油发电机房	G2柴油发电机组	B塔、P2裙房及部分地下车库	1600
	G3柴油发电机组	C塔办公部分、P1裙房及部分地下车库、预留	1600

4. 电力、照明系统

1）配电系统的接地形式采用TN-S系统。冷冻机组、冷冻泵、冷却泵、生活泵、热力站、电梯等设备采用放射式供电；风机、空调机、污水泵等小型设备采用树干式供电。

2）为保证重要负荷的供电，对重要设备如通信机房、消防用电设备（消防水泵、排烟风机、加压风机、消防电梯等）、信息网络设备、消防控制室、中央控制室等均采用双回路专用电缆供电，在最末一级配电箱处设双电源自投，采用双电源自投方式自复。

3）办公楼租户供电采用双母线供电方式。公共区域、办公、旅馆、公寓电力和照明单独回路供电和计费。

三、防灾系统

1. 建筑防雷

1）本工程A塔楼预计年雷击次数0.1953次/a，按第二类防雷建筑设计；本工程B塔楼预计年雷击次数0.1950次/a，按第二类防雷建筑设计；本工程C塔楼预计年雷击次数0.2307次/a，按第二类防雷建筑设计；本工程电子信息系统雷电防护等级为A级。

2）防直击雷措施

①接闪器。在屋顶明敷$\phi10$镀锌圆钢作为接闪带，网格不大于10m×10m，屋面上所有金属

构件、金属管道、冷却塔、擦窗机、设备金属外壳等凸出屋面的金属物均与屋面防雷装置可靠连接。

②引下线。利用建筑物钢筋混凝土屋顶、梁、柱及基础内的钢筋作为防雷引下线，建筑物内、外部所有垂直柱的钢筋均起到防雷引下线的作用。作为防雷引下线的钢筋不少于两根，直径不小于 $\phi16$，引下线的间距不大于 18m。引下线上端与接闪带焊接，引下线下端与建筑物基础底梁及基础底板轴线上的上下两层钢筋内的两根钢筋焊接。外墙引下线在室外地面下 1m 处引出与室外接地线焊接。

③接地装置。利用桩基及基础梁、基础底板轴线上的上下两层钢筋内两根主筋形成基础接地网，其中基础外缘两根主筋需焊连成电气环路，防雷接地、电力系统接地、防静电接地及各弱电系统接地共用次接地装置，实测的综合接地电阻不大于 0.5Ω。

3）防侧击措施

①建筑高度超过 45m 部分，除屋顶的外部防雷装置，还采取防侧击措施。

②对于水平凸出外墙的物体，当滚球半径 45m 球体从屋顶周边接闪器外向地面垂直下降接触到凸出外墙的物体时，采取与屋顶相同的防雷措施。

③建筑物上部占高度 20% 并超过 60m 的部位采取防侧击雷措施。

④外墙内、外竖直敷设的金属管道及金属物的顶端和底端应与防雷装置做等电位连接。

⑤结构圈梁中的钢筋应每三层连成闭合回路，并应同防雷装置引下线、钢结构楼板工字钢、混凝土楼板钢筋可靠连接。

4）防雷电波侵入措施

①配电变压器高压侧装设避雷器保护。

②进出建筑物的直接埋地的各种金属管道应在进出建筑物处与防雷接地网连接。

③固定在建筑物上的节日彩灯、航空障碍标志灯及其他用电设备的线路应设置电涌保护器。

2. 电气消防系统

1）本工程消防主控制室设在 B1 层，旅馆、办公设置消防控制分控制室。消防控制室内设置火灾报警控制器、消防联动控制器、消防控制室图形显示装置、消防专用电话总机、消防应急广播控制装置、消防应急照明和疏散指示系统控制装置、消防电源监控器、防火门监控器等设备，消防控制室内设置的消防控制室图形显示装置显示建筑物内设置的全部消防系统及相关设备的动态信息和消防安全管理信息，为远程监控系统预留接口，具有向远程监控系统传输相关信息的功能。机房的分级为：C 级。

2）本工程采用集中报警系统，系统的消防联动控制总线采用环形结构。燃气表间、厨房设气体探测器，烟尘较大场所设感温探测器，一般场所设感烟探测器，有客人场所设置带光、声报警的探测器。在适当位置设手动报警按钮及消防对讲电话插孔。在消火栓箱内设消火栓报警按钮。消防控制室可接收感烟、感温、气体探测器的火灾报警信号，水流指示器、检修阀、压力报警阀、手动报警按钮、消火栓按钮的动作信号。在每层消防电梯前室附近设置楼层显示复示盘。

3）消防联动控制系统。在消防控制室设置联动控制台，控制方式分为自动控制和手动控制两种。通过联动控制台，可以实现对消火栓、自动喷洒灭火系统、防烟、排烟、加压送风系统的监视和控制，火灾发生时手动切断一般照明及空调机组、通风机、动力电源。当发生火灾时，自动关闭总煤气进气阀门。

4）消防紧急广播系统。在消防控制室设置消防广播机柜。地下泵房、冷冻机房等处设号角式15W扬声器，其他场所设置3W扬声器。消防紧急广播按建筑层分路，每层一路。客房及公共建筑中经常有人停留且建筑面积大于100m^{2}的房间内应设置消防应急广播扬声器，当发生火灾时，消防控制室值班人员可自动或手动向全楼进行火灾广播，及时指挥疏导人员撤离火灾现场。

5）消防直通对讲电话系统。在消防控制室内设置消防直通对讲电话总机，除在各层的手动报警按钮处设置消防对讲电话插孔外，在疏散楼梯间内每层设置1部消防专用电话分机，在变电所、水泵房、电梯机房、冷冻机房、防烟排烟机房、建筑设备监控室、管理值班室等处设置消防直通对讲电话分机。

6）电梯监视控制系统。在消防控制室设置电梯监控盘，除显示各电梯运行状态、层数显示外，还应设置正常、故障、开门、关门等状态显示。火灾发生时，根据火灾情况及场所，由消防控制室电梯监控盘发出指令，指挥电梯按消防程序运行；对全部或任意一台电梯进行对讲，说明改变运行程序的原因；除消防电梯保持运行外，其余电梯均强制返回一层并开门。火灾指令开关采用钥匙型开关，由消防控制室负责火灾时的电梯控制。

7）应急照明系统。所有楼梯间及前室的照明以及变配电所、消防控制室、安防中心、消防水泵房、防烟排烟机房、柴油发电机房、电信机房等的照明全部为应急照明。公共场所应急照明一般按正常照明的10%～15%设置。应急照明电源采用双电源末端互投供电。在主要疏散出口设置安全出口指示灯，在疏散走廊设置疏散指示灯。

8）为防止接地故障引起的火灾，本工程设置电气火灾报警系统，可以准确实时地监控电气线路的故障和异常状态，及时发现电气火灾的隐患，及时报警、提醒有关人员去消除这些隐患，避免电气火灾的发生，这是从源头上预防电气火灾的有效措施。

9）在火灾发生时，防火门能迅速隔离火源，有效控制火势范围，为扑救火灾及人员的疏散逃生创造良好条件。为保证防火门充分发挥隔离作用，本工程设置防火门监控系统，对防火门的工作状态进行24h实时自动巡检，对处于非正常状态的防火门给出报警提示。

3. 电气抗震系统

1）高低压配电柜、变压器、配电箱、控制箱等均应满足抗震设防规定。建筑电气设备不应设置在可能致使其功能障碍受二次灾害的部位；地震后需要连续工作的附属设备，应设置在建筑结构地震反应较小的部位。建筑电气设备的基座或支架，以及相关连接件和锚固件应具有足够的刚度和强度，应能将设备承受的地震作用全部传递到建筑结构上。

2）柴油发电机组应具备快速启动能力，并能承受地震产生的振动和冲击。电梯、照明和应急电源、广播电视设备、通信设备、消防系统等电气设备自身及与结构主体的连接，应进行抗震设防。垂直电梯应具有地震探测功能，地震时电梯能够自动停于就近平层并开门运行。

3）设在建筑物屋顶上的共用天线等电气设备设施需要采取防护措施，以防止地震导致设备或其部件损坏后坠落伤人。应急广播系统预置地震广播模式。安装在吊顶上的灯具，应考虑地震时吊顶与楼板的相对位移。

4）消防系统、应急通信系统、电力保障系统等电气配管内径大于60mm，电缆梯架、电缆槽盒、母线槽的重力不小于150N/m，均应进行抗震设防。刚性管道侧向抗震支撑最大间距不得超过12m；柔性管道侧向抗震支撑最大设计间距不得超过6m。刚性管道纵向抗震支撑最大设计间距不得超过24m；柔性管道纵向抗震支撑最大设计间距不得超过12m。

四、智能化系统

1. 信息化应用系统

信息化应用系统功能应满足建筑物运行和管理的信息化需求并提供建筑业务运营的支撑和保障。该系统包括公共服务、智能卡应用、信息设施运行管理、信息安全管理、物业管理、基本业务办公和专业业务等信息化应用系统。

1）公共服务系统具有访客接待管理和公共服务信息发布等功能，有将各类公共服务事务纳入规范运行程序的管理功能。该系统基于信息网络及布线系统，该系统服务器设置于中心网络机房，管理终端设置于相应管理用房。

2）智能卡应用系统。根据建设方物业信息管理部门要求对出入口控制、电子巡查、停车场管理、考勤管理、消费等实行一卡通管理，“一卡”是指在同一张卡片上实现开门、考勤、消费等多种功能；“一库”是指在同一软件平台上，实现卡的发行、挂失、充值、资料查询等管理，软件必须确保出入口控制系统的安全管理要求；“一网”是指各系统的终端接入局域网进行数据传输和信息交换。

3）信息设施运行管理系统具有对建筑物信息设施的运行状态、资源配置、技术性能等进行监测、分析、处理和维护的功能。系统基于信息网络及布线系统，系统服务器设置于中心网络机房，管理终端设置于相应管理用房。

4）信息安全管理系统通过采用防火墙、加密、虚拟专用网、安全隔离和病毒防治等各种技术和管理措施，使网络系统正常运行，确保经过网络的传输和管理措施，使网络系统正常运行，确保经过网络传输和交换的数据不会发生增加、修改、丢失和泄露。

5）旅馆管理系统应与其他非管理网络安全隔离。网络采用先进的高速网，保证系统的快速稳定运转。网络速率方面应保证主干网可达到交换100M的速率，而桌面站点达到交换10M的速率，并可实现预订、团队会议、销售、前台接洽、团队开房、修改/查看账户、前台收银、统计报表、合同单位挂账、账单打印查询、餐饮预订、电话计费、用车管理等功能。

2. 智能化集成系统

集成管理的重点是突出中央管理系统的管理，控制仍由下面各子系统进行。集成管理能为本工程各个管理部门提供高效、科学和方便的管理手段。将建筑中日常运作的各种信息，如建筑设备监控、安防、火灾自动报警、公共广播、通信系统以及展览管理信息，各种日常办公管理信息，物业管理信息等构成相互之间有关联的一个整体，从而有效地提升建筑整体的运作水平和效率。

1）集成管理，要求进行集成的系统应该是一个开放性的系统，在集成过程中，首先要解决好各个系统间通信协议的标准化问题，使整个系统达到信息识别的唯一性，只有这样，才能真正达到各子系统之间的联动，也才能做到无论集成先后，均能平滑连接。

2）系统集成的规模，以建筑设备管理系统为模式，即 BMS 模式，先期将在建筑中有相互联动关系的各楼宇设备子系统进行相对集成，达到相互之间在处理和解决建筑中出现的问题时，能协同动作，提高效率，便于管理。在 BMS 中，以建筑设备监控系统（BA）为基础平台，进行相关的联动设计。

3. 信息化设施系统

（1）信息系统对城市公用事业的需求

1）本工程办公需输出入中继线 200 对（呼出呼入各 50%），另外申请直拨外线 1000 对。公寓需输出入中继线 100 对（呼出呼入各 50%），另外申请直拨外线 500 对（此数量可根据实际需求增减）。旅馆需输出入中继线 120 对（呼出呼入各 50%），另外申请直拨外线 100 对。

2）电视信号接自城市有线电视网，在顶层设有卫星电视机房，对建筑内的有线电视实施管理与控制。有线电视节目和卫星电视节目经调制后，经电视信号干线系统传送至每个电视输出口处，使获得技术规范所要求的电平信号，达到满意的收视效果。

（2）通信自动化系统

1）在旅馆的地下一层设置电话交换机房，拟定设置一台 600 门的 PABX。在办公楼的地下一层，拟定设置一台 2000 门的 PABX。在公寓的地下一层，拟定设置一台 1000 门的 PABX。

2）通信自动化系统中，程控自动数字交换机起着重要的作用。随着通信技术的发展，现今的 PABX 应将传统的语音通信、语音信箱、多方电话会议、IP 技术、ISDN（B-ISDN）应用等通信技术融合在一起，向用户提供全新的通信服务。

3）本工程建立卫星通信系统，进行高速数据传输、图像传输、综合数据与语音通信、移动数据通信、计算机网络连接等综合业务，与 DDN 数字数据网互为备份，可以保证数据通信的不间断性、可靠性。

（3）综合布线系统

1）本工程在旅馆的地下一层（工程部值班室），办公楼的地下一层设置网络室，分别对旅馆、办公楼内的建筑设备实施管理与控制。将旅馆、办公等的语音信号、数字信号的配线，经过统一的规范设计，综合在一套标准的配线系统上，此系统为开放式网络平台，方便用户在需要时，形成各自独立的子系统。综合布线系统可以实现世界范围资源共享，综合信息数据库管理、电子邮件、个人数据库、报表处理、财务管理、电话会议、电视会议等。

2）本工程将办公语音信号、数字信号、视频信号、控制信号的配线，经过统一的规范设计，综合在一套标准的配线系统上，此系统为开放式网络平台，方便用户在需要时，形成各自独立的子系统。综合布线系统可以实现资源共享，综合信息数据库管理、电子邮件、个人数据库、报表处理、财务管理、电话会议、电视会议等。

（4）会议电视系统　本工程在多功能厅设置全数字化技术的数字会议网络系统（DCN 系统），

该系统采用模块化结构设计，全数字化音频技术，具有全功能、高智能化、高清晰音质，方便扩展和数据传递保密等优点。可实现发言演讲、会议讨论、会议录音等各种国际性会议功能，其中主席设备具有最高优先权，可控制会议进程。

（5）有线电视及卫星电视系统　本工程在旅馆地下一层，办公楼和公寓地下一层分别设置有线电视机房，在旅馆顶层设有卫星电视机房，对旅馆内的有线电视实施管理与控制。有线电视节目和卫星电视节目经调制后，经电视信号干线系统传送至每个电视输出口处，使获得技术规范所要求的电平信号，达到满意的收视效果。系统设备包括卫星接收天线、功率分配器、接收机、解密器、制式转换器、前置放大器、频道放大器、频道转换器、有源混合器、供电单元、宽带放大器、分配器、分支器、终端电阻等。

（6）背景音乐及紧急广播系统

1）本工程在旅馆设置背景音乐及紧急广播系统，在办公楼和公寓设置紧急广播系统。中央背景音乐系统与紧急广播系统独立，物理分开（两组扬声器），紧急广播系统启动时，必须把中央背景音乐自动断开。

2）在旅馆和办公楼、公寓的一层设置广播室（与消防控制室共室），旅馆的中央背景音乐系统设备安装在客人快速服务中心内。背景音乐要求使用旅馆管理公司指定的数码 DMX 音源，一台机器可供四种音源。紧急广播系统安装在消防控制室内。

3）多功能厅设置独立的音响设备。会议扩声系统配备多台多路混音放大器、扬声器箱等专业设备。调音台有多路音源输入通道，每通道均可预选话筒或线路输入。各通道均应有语音滤波，衰减低音成分，增加语音的清晰度。可接入 CD、AM/FM 收音机、话筒等，并具备录音设备。扬声器的配置满足会场声压级的需要，并保证会场内声压的均匀度。

（7）信息导引及发布系统　本工程信息导引及发布系统主机设置于建筑物业管理室内。本系统由视频显示屏系统、传输系统、控制系统和辅助系统组成。可实现一路或多路视频信号同时或部分或全屏显示。通过计算机控制，在公共场所显示文字、文本、图形、图像、动画、行情等各种公共信息以及电视录像信号，并利用信息系统作为电子导向标识，辅助人员出入导向服务。

（8）无线通信增强系统　为避免无线基站信道容量有限，忙时可能出现网络拥塞，手机用户不能及时打进或接进电话。另外由于大楼内建筑结构复杂，无线信号难于穿透，室内易出现覆盖盲区。因此，大楼内安装了无线信号室内天线覆盖系统以解决移动通信覆盖问题，同时增加无线信道容量。

4. 建筑设备管理系统

（1）建筑设备监控系统

1）建筑设备监控系统融合了现代计算机技术、网络通信技术、自动控制技术、数据库管理技术以及软件技术等，采用“集散型系统”，通过中央监控系统的计算机网络，将各层的控制器、现场传感器、执行器及远程通信设备进行联网，共同实现集中管理、分散控制的综合监控及管理功能。

2）本工程在旅馆、办公和公寓分别设置建筑设备监控系统，建筑设备监控系统的总体目标是将建筑内的建筑设备管理与控制系统（HVAC、给水排水系统、供配电系统、照明系统等）进行分散控制、集中监视管理，从而提供一个舒适的工作环境，通过优化控制提高管理水平，从而达到节约能源和人工成本，并能方便实现物业管理自动化。旅馆建筑设备监控系统监控室设在地下二层（工程部值班室），办公建筑设备监控系统监控室设在地下二层。

3）系统设计所遵循的原则是注重系统的先进性、实用性、可靠性、开放性、适应性、可扩展性、经济性和可维护性。通过对工程中子系统的控制，对建筑内温、湿度的自动调节，对空气质量实现最佳控制，以及对室内照明进行自动化管理等手段，提供最佳的能源管理方案，对机电设备以及照明等采取优化控制和管理，确保节能运行，从而降低能源成本及运行费用，以达到以下性能指标：

①独立控制，集中管理：可以将建筑设备监控系统的工作站或服务器定义为节点服务器，并且根据弱电系统的整体要求，设置中央服务器。该结构使各节点服务器与中央服务器通过以太网（TCP/IP）连接，数据在各节点服务器之间，包括中央服务器之间进行通信，中央服务器对所有节点服务器中的数据、报警可以读取、打印和存储。

②可以自动调整网络流量：当数据被其他节点或中央服务器定制后，才由相应的节点服务器将缓冲区中的数据传送到网络上，减少对控制器的数据通信要求，同时减少网络数据的冗余传送。

③保证高可靠性：当整个网络断开后，本地的控制系统能由节点服务器继续提供稳定的系统控制。另外，当某个节点服务器出现故障时，对整个网络和其他节点没有影响。在网络恢复正常工作后，各节点服务器可以将存储的数据自动传到相应的节点和中央服务器。

④提升系统性能：节点服务器只对本地设备进行管理，系统的负荷由节点服务器分担，中央服务器的负担只限于本地设备管理和全系统中关键报警及数据的备份，这样可以保证整个系统的高性能。

⑤管理简单：中央服务器可以控制任何一个节点服务器中的设备，节点的报警可以自动传送到中央服务器，实现分布式控制，集中式管理。

⑥分布式数据库管理：采用分布式的数据库，由后台的数据自动备份机制保障所有用户数据在各服务器中安全保存。

4）建筑设备监控系统监控点数统计。旅馆部分建筑设备监控系统监控点数共计为866控制点（其中AI＝142点、AO＝147点、DI＝298点、DO＝275点）。办公部分建筑设备监控系统监控点数共计为1586控制点（其中AI＝383点、AO＝258点、DI＝578点、DO＝367点）。公寓部分建筑设备监控系统监控点数共计为832控制点（其中AI＝111点、AO＝121点、DI＝278点、DO＝322点）。

5）建筑设备监控系统功能。

①系统数据库服务器和用户工作站、数据库应具备标准化、开放性的特点，用户工作站提供系统与用户之间的互动界面，界面为简体中文，图形化操作，动态显示设备工作状态。系统主机的容量须根据图样要求确定，但必须保证主机留有15%以上的地址冗余。

②与服务器、工作站连接在同一网上的控制器，负责协调数据库服务器与现场DDC之间的通

信，传递现场信息及报警情况，动态管理现场 DDC 的网络。

③具有能源管理功能的 DDC 安装于设备现场，用于对被控设备进行监测和控制。

④符合标准传输信号的各类传感器，安装于设备机房内，用于建筑设备监控系统所监测的参数测量，将监测信号直接传递给现场 DDC。

⑤各种阀门及执行机构，用于直接控制风量和水量，以便达到所要求的控制目的。

⑥现场 DDC 能可靠、独立工作，各 DDC 之间可实现点对点通信，现场中的某一 DDC 出现故障，不影响系统中其他部分的正常运行。整个系统具备诊断功能，且易于维护、保养。

6）建筑设备监控系统对建筑内的设备进行集散式的自动控制，建筑设备监控系统实现以下功能：

①空调系统的监控：包括冷热源系统、通风系统、空调系统、新风系统等。

②给水排水系统：对给水排水系统中的生活泵、排水泵、水池及水箱的液位等进行监控。

③电梯及自动扶梯的监控：建筑设备监控系统与电梯系统联网，对其运行状态进行监测，发生故障时，在控制室有声光报警。在控制室内能了解到电梯实时的运行状况。电梯监控系统由电梯公司独立提供，设置在消防控制室。

④公共区域照明系统控制、节日照明控制及室外的泛光照明控制。

⑤变配电系统的监控：主要完成对供配电系统中各需监控设备的工作参数和状态的监控。

（2）建筑能效监管系统　本工程建筑能效监管主机设置于各个建筑物业管理室。系统可对冷热源系统、供暖通风和空气调节、给水排水、供配电、照明、电梯等建筑设备进行能耗监测。根据建筑物业管理的要求及基于对建筑设备运行能耗信息化监管的需求，应能对建筑的用能环节进行相应适度调控及供能配置适时调整。

（3）电梯监控系统

1）电梯监控系统是一个相对独立的子系统，纳入设备监控管理系统进行集成。

2）电梯现场控制装置应具有标准接口（如 RS485、RS232 等）。

3）在安防消防中心设电梯监控管理主机，显示电梯的运行状态。

4）监控系统配合运营，启动和关闭相关区域的电梯；接收消防与安防信息，及时采取应急措施。

5）系统自动监测各电梯运行状态，紧急情况或故障时自动报警和记录，自动统计电梯工作时间，定时维修。

6）电梯对讲电话主机及对讲电话分机由电梯中标方成套提供，要求满足工程管理需要。

7）电梯轿厢内设暗藏式对讲机，对讲总机设在消防控制室，用于紧急对讲。

（4）设置电力监控系统　为变配电系统的实时数据采集、开关状态检测及远程控制提供了基础平台，对电力配电实施动态监视，实现用电数据的实时采集、存储、显示、导出。

1）系统采用分散、分层、分布式结构设计，整个系统分为现场监控层、通信管理层和系统管理层，工作电源全部由 UPS 提供。

2）10kV 开关柜采用计算机保护测控装置对高压进线回路的断路器状态、失压跳闸故障、过电流故障、单相接地故障遥信；对高压出线回路的断路器状态、过电流故障、单相接地故障遥信；对高压联络回路的断路器状态、过电流故障遥信；对高压进线回路的三相电压、三相电流、零序电流、有功功率、无功功率、功率因数、频率、电能等参数，高压联络及高压出线回路的三相电流进行遥测；对高压进线回路采取速断、过流、零序、欠电压保护；对高压联络回路采取速断、过流保护；对高压出线回路采取速断、过流、零序、变压器超温跳闸保护。

3）变压器采用高温报警，对变压器冷却风机工作状态、变压器故障报警状态遥信。

4）低压开关柜对进线、母联回路和出线回路的三相电压、电流、有功功率、无功功率、功率因数、频率、有功电度、无功电度、谐波进行遥测；对电容器出线的电流、电压、功率因数、温度遥测；对低压进线回路的进线开关状态、故障状态、电气操储状态、准备合闸就绪、保护跳闸类型遥信；对低压母联回路的进线开关状态、过电流故障遥信；对低压出线回路的分合闸状态、开关故障状态遥信；对电容器出线回路的投切步数、故障报警遥信。

5）直流系统提供系统的运行参数：充电模块输出电压及电流、母线电压及电流、电池组的电压及电流、母线对地绝缘电阻；监视各个充电模块工作状态、馈线回路状态、熔断器或断路器状态、电池组工作状态、母线对地绝缘状态、交流电源状态。提供各种保护信息：输入过电压报警、输入欠电压报警、输出过电压报警、输出低电压报警。

6）系统性能指标

①所有计算机及智能单元中 CPU 平均负荷率。正常状态下：≤20%；事故状态下：≤30%；网络正常平均负荷率≤25%，在告警状态下 10s 内小于 40%；人机工作站存储器的存储容量满足三年的运行要求，且不大于总容量的 60%。

②测量值指标。交流采样测量值精度：电压、电流为≤0.5%，有功、无功功率为≤1.0%；直流采样测量值精度≤0.2%；越死区传送整定最小值≥0.5%。

③状态信号指标。信号正确动作率 100%。

④系统实时响应指标。控制命令从生成到输出或撤销时间：≤1s；模拟量越死区到人机工作站 CRT 显示：≤2s；状态量及告警量输入变位到人机工作站 CRT 显示：≤2s；全系统实时数据扫描周期：≤2s；有实时数据的画面整幅调出响应时间：≤1s；动态数据刷新周期：1s。

⑤实时数据库容量：模拟量、开关量、遥控量、电度量应满足本工程配电系统要求。

⑥历史数据库存储容量。历史曲线采样间隔：1s～30min，可调；历史趋势曲线，日报，月报，年报存储时间≥2 年；历史趋势曲线≥300 条。

⑦系统平均无故障时间（MTBF）。间隔层监控单元：50000h；站级层、监控管理层设备：30000h；系统年可利用率：≥99.99%。

5. 公共安全系统

（1）视频监控系统　本工程旅馆保安室设在一层（与消防控制室共室），办公和公寓在地下二层设置保安室，保安室内设系统矩阵主机、硬盘录像机、打印机，监视器及～24V 电源设备等。视频自动切换器接受多个摄像点信号输入，定时自动轮换（1～30s）输出监控信号，也可手动任选一个摄像机的画面跟踪监视、录像、打印。系统矩阵主机带输入、输出板；云台控制及编程、控制输出时、日、字符叠加等功能。在建筑的主要出入口、楼梯间、电梯前室、电梯轿厢及走廊等处设置摄像机。为确保建筑的安全，根据安全级别的不同划分不同安全分区，根据级别的不同设置相应的门禁系统，以免无关人员闯入。系统主机设置于建筑消防控制室。

（2）停车场管理系统　本工程停车场管理系统的主机设置在就近的管理用房内。工程停车场管理系统采用影像全鉴别系统，对进出的内部车辆采用车辆影像对比方式，防止盗车；外部车辆采用临时出票方式。

（3）中央电子门锁系统　每间客房设有电子门锁。在地下一层弱电管理用房设置管理主机，对各客房电子门锁进行监控。客房电子门锁改变传统机械锁概念，智能化管理提高旅馆档次。配备客房电子门锁后，客人只需到总台登记办理手续后，就可得到一张写有客人相关资料及有效住宿时间的开门卡，可直接去开启相对应的客房门锁，不需要再像传统机械锁一样，寻找服务生用机械钥匙打开客房门，从而免除不必要的麻烦，更具有安全感。

（4）紧急报警装置　在旅馆的总统套房门口、前台、残疾人客房、财务室等处设置紧急报警装置，当有紧急情况时，可进行手动报警至旅馆保安室。

（5）可视对讲访客系统

1）本工程在办公区的一层和公寓部分各设置一套可视对讲访客系统。该系统中对讲部分由分机、主机主板及电源箱组成；防盗安全门部分由门体、电控锁、机液压闭门器组成。

2）对讲分机安装在办公区用户前台和住户室内，除了可与主机进行通话和观察来访者外，还能通过线路开启防盗门上的电控锁；主机安装在防盗门上，主机上设有对讲机和由各房间号码的呼叫按钮标志牌，在环境变暗时，机内的光敏装置会自动点亮标志牌后的 LED 照明灯，方便夜间或环境黑暗时使用。

（6）无线巡更系统　无线巡更系统由信息采集器、信息下载器、信息钮和中文管理软件等组成，并可实现以下功能：

1）可按人名、时间、巡更班次、巡更路线对巡更人的工作情况进行查询，并可将查询情况打印成各种表格，如情况总表、巡更事件表、巡更遗漏表等。

2）巡更数据的储存与备份。定期将以前的数据备份，需要时可恢复到硬盘上。

3）根据用户要求定制其他功能，如各种巡更事件的设置、员工考勤管理等。

总　结

复合建筑不能因其功能复杂而形成电气系统的堆砌，复合建筑中的诸多电气系统应是有机协调和相互助益的，应是维系着“人—物—时”的三元关系形成的有机整体，也是实现精品工程的关键。精品工程具备安全、舒适、绿色、低碳、环保的建筑设计的基因，应围绕使用人群的期盼、更舒适安全的居住条件、更便捷服务体验进行设计，使工程建设实现最优配置，同时必须考虑其经济效益、成本核算。复合建筑设计凝结着科学管理、市场信誉、追求完美的精神文化内涵，也体现了一个设计师的人品，映射设计师职业精神，是对设计师职业道德的修炼，是一种积淀，一种内涵，也是一种力量，精品建筑电气设计给社会以其独特的方式保留人们物质历史和情感历史。它不仅仅是对历史文化的凝固，也是人们现实梦想乃至生命的凝固。限于篇幅，本章仅列举了一部分精品工程中的部分系统和参数，仅供参考。

参考文献

[1] 孙成群. 建筑电气设计导论 [M]. 北京：机械工业出版社，2022.

[2] 北京市建筑设计研究院有限公司. 建筑电气专业技术措施 [M].2 版. 北京：中国建筑工业出版社，2016.

[3] 许敏，刘志欣. 大型交通枢纽突发事件应急管理研究 [M]. 上海：上海交通大学出版社，2018.

[4] 顾金龙. 城市综合体消防安全关键技术研究 [M]. 上海：上海科学技术出版社，2017.

[5] 徐华. 照明设计基础 [M]. 北京：中国电力出版社，2023.

[6] 中国航空规划设计研究总院有限公司. 工业与民用供配电设计手册 [M].4 版. 北京：中国电力出版社，2013.

[7] 孙成群. 简明建筑电气设计手册 [M]. 北京：机械工业出版社，2022.

[8] 孙成群. 建筑电气关键技术设计实践 [M]. 北京：中国计划出版社，2021.

[9] 孙成群. 建筑工程设计编制深度实例范本：建筑智能化 [M]. 北京：中国建筑工业出版社，2019.

[10] 孙成群. 建筑工程设计编制深度实例范本：建筑电气 [M].3 版. 北京：中国建筑工业出版社，2017.

[11] 孙成群. 建筑电气设计方法与实践Ⅱ [M]. 北京：中国建筑工业出版社，2018.

[12] 孙成群. 建筑电气设计方法与实践 [M]. 北京：中国建筑工业出版社，2016.

[13] 孙成群. 建筑电气设计与施工资料集：工程系统模型 [M]. 北京：中国电力出版社，2019.

[14] 孙成群. 建筑电气设计与施工资料集：常见问题解析 [M]. 北京：中国电力出版社，2014.

[15] 孙成群. 建筑电气设计与施工资料集：技术数据 [M]. 北京：中国电力出版社，2013.

[16] 孙成群. 建筑电气设计与施工资料集：设备安装 [M]. 北京：中国电力出版社，2013.

[17] 孙成群. 建筑电气设计与施工资料集：设备选型 [M]. 北京：中国电力出版社，2012.

[18] 汪卉. 站城一体化工程供配电系统设计思考 [J]. 建筑电气，2023（6）42-46.

[19] 汪卉. 站城一体化工程电气消防系统控制策略分析 [J]. 建筑电气，2024（5）8-12.

[20] 汪卉，杨浩辰. ETAP 在综合交通枢纽工程电力系统设计中的应用 [J]. 建筑电气，2023（12）31-35.